我国近海海洋综合调查与评价专项成果

浙江及福建北部海域环境调查与研究

主编 徐 韧

U0302357

科学出版社

北 京

内 容 简 介

本书是"我国近海海洋综合调查与评价专项"的成果之一。全书共 13 章,前十一章详细介绍了浙江及福建北部海域海洋环境的基本现状,系统描述了浙江及福建北部海域海洋气象、海洋水文、大气化学、海水化学、沉积化学、海洋微生物、叶绿素与浮游植物、浮游动物、底栖生物、游泳动物分布现状及基本变化趋势特征,构建了浙江及福建北部海域区域海洋学研究框架与内容。第十二章分别从区域流场以及生态环境的角度进行特征总结描述。第十三章针对大气物质干沉降通量、溶解氧低值区分布特征、束毛藻分布对全球气候变化的响应等目前备受关注的科学问题展开深入的探讨。

本书可供海洋环境、海洋生态、海洋规划与管理等相关领域的研究人员、技术人员、管理人员及高等院校相关专业的师生参考。

图书在版编目(CIP)数据

浙江及福建北部海域环境调查与研究/ 徐韧主编.—北京:科学出版社,2014.5
ISBN 978-7-03-039763-8

Ⅰ.①浙… Ⅱ.①徐… Ⅲ.①海洋环境-调查研究-浙江省 ②海洋环境-调查研究-福建省 Ⅳ.①X145

中国版本图书馆 CIP 数据核字(2014)第 026695 号

责任编辑:陈沪铭 许 健 刘海涛
责任印制:刘 学 / 封面设计:殷 靓

科 学 出 版 社 出版
北京东黄城根北街 16 号
邮政编码:100717
http://www.sciencep.com

南京展望文化发展有限公司排版
上海欧阳印刷厂有限公司印刷
科学出版社发行 各地新华书店经销

*

2014 年 5 月第 一 版 开本:787×1092 1/16
2014 年 5 月第一次印刷 印张:25 1/2
字数:561 000
定价:206.00 元

《浙江及福建北部海域环境调查与研究》
编著委员会

序

　　余从 20 世纪 80 年代初进入海洋系统工作时，常耳闻老一辈海洋工作者的夙愿："查清中国海、挺进三大洋、登上南极洲"。几十年来，我国海洋事业的不断发展，"挺进三大洋、登上南极洲"已基本实现。早在 1985 年，"向阳红 10 号"就成功挺进南大洋，一举在南极大陆建立了"长城"科考站，之后又相继建立了"中山"站、"昆仑"站和"泰山"站。自 1999 年起，我国又开展了北极考察，建立了"黄河"站；与此同时，环球考察也已顺利完成；"蛟龙"号深潜器完成了 7 000 米深潜试验，取得了一系列丰硕成果。然而，我国在近海调查和评价方面虽然也做了大量工作，但与"查清中国海"尚有很大差距。

　　令人欣慰的是，通过近十年的努力，"我国近海海洋综合调查与评价"专项已圆满结束，取得了丰富的第一手近海调查资料和成果。我深感这些资料的宝贵和来之不易，从内心深处希望它们能发挥更大的作用，有更多的研究见著于世。近日，欣闻曾经风雨同舟的同仁们为此作了很大努力，根据他们承担的调查任务，结合其他综合调查成果，编撰了《浙江及福建北部海域环境调查与研究》一书，并请我作序。从学识和能力角度，我实不敢当，考虑到在东海分局的二十多年和参加这项综合调查前期工作的情结，简单谈点个人感想。希望这本书的出版，对了解和研究浙闽海域海洋环境现状以及海洋产业发展有所帮助，对关心、热爱海洋的同志们有所裨益。是为序。

房建孟

国家海洋局人事司司长

二〇一四年三月

前　言

海洋面积占地球表面积的 70.8%,海洋里蕴含极其丰富的自然资源和生物资源,对人类社会的作用正越来越受到人们的重视。海洋调查是正确认识海洋、合理开发利用海洋和有效管理与保护海洋的基础性工作。新中国成立以来,我国仅进行过两次有一定规模的海洋调查。其中,最近的一次是 1980～1986 年开展的全国海岸带及海涂资源调查。这些调查由于受各种条件所限,获取的基础资料时空密度小、准确度低,大部分数据滞后 20 年,已难以很好的反映当前的海洋状况。针对这一现实问题,2003 年 9 月,国务院正式批准由国家海洋局提出的"中国近海海洋综合调查与评价"专项(即"908 专项")。通过系统开展物理海洋与海洋气象、海洋生物与生态、海洋化学、海洋光学和海洋药物资源调查工作,查明中国近海海洋环境的基本状况,全面更新基础资料和图件,进一步深化对海洋环境要素的时空分布、变化规律、形成机制、制约因素等的认识,为海洋经济健康快速发展、海洋环境综合评价、海洋资源开发利用、海洋防灾减灾、海洋管理和环境保护等提供基本依据。

水体环境调查是"908 专项"内容中最为基础性和关键性的工作,全中国海分为 9 个区块准同步进行,其中由国家海洋局东海分局承担"ST05 区块水体环境调查与研究"任务(以下简称"ST05 区块"),调查区域位于南起台湾海峡 26°N、北至杭州湾 30°N 的东海海域,调查面积近 20 万 km^2。自 2006 年 7 月至 2007 年 10 月,国家海洋局东海分局历时两年对 ST05 区块海域进行了四季调查,这是我国在该海区历次调查中,范围最广、内容最为丰富的一次。本书就是以此调查资料为基础撰写完成的。

本书研究区域包括浙江及福建北部海域,资料丰富,且图文并茂、立论正确,并具有一定的前瞻性。首次大尺度开展了该海域海洋大气、微微型浮游生物、微型浮游生物的调查工作,总结归纳了其分布和变化规律,可为今后开展同类研究工作提供基础资料。基于本次调查结果,结合前人研究结论,从流场特征和生态环境特征两方面对该海域区域海洋学特征予以总结归纳。同时从大气物质干沉降通量、低氧区分布、束毛藻分布与全球气候变化、人类扰动对潮间带生物影响等方面进行了初步探讨。这些可为海洋环境综合评价、海洋防灾减灾、海洋管理和环境保护提供科学依据,而且在学术上具有一定意义,为今后海洋科研及教学提供参考资料。

ST05 区块水体环境调查项目是在国家海洋局东海分局和东海分局"908 专项"办公室的精心领导组织下,在中国海监第四支队、第五支队的支持下,经项目组全体同志的共同努力,历时 4 年时间顺利完成。在此,我们对为 ST05 区块水体环境调查项目顺利完成做出贡献和支持的单位、领导以及同仁表示由衷的感谢!

由于时间、人力及水平有限,书中难免有不足和错误之处,恳请斧正。

编　者

2013 年 3 月　上海

目　录

绪　论

1.1　项目背景及意义

海洋基础调查是正确认识海洋、合理开发利用海洋和有效地管理与保护海洋的基础性工作。我国海洋调查大大落后于发达国家,现有近海海洋基础资料时空密度小,准确度低,大部分是约 20 年前的,已基本不能反映当前海洋状况,远远不能满足"实施海洋开发"战略的需求。

近海作为海洋水产资源、矿产资源、盐业资源、交通资源、海洋能源和旅游资源等最集中、开发活动最密集、开发效益最大的区域,既是海洋灾害频发、受灾情况最严重和全球气候变化与开发活动影响最大、最直接的海域,也是国土安全的海上门户以及远海、大洋资源开发利用的基地和桥梁,更是海洋环境和资源破坏最重、开发问题最多、海洋管理和保护最繁重、最复杂的海域。因此,全面系统地掌握近海海洋环境、海洋资源、海洋灾害、海洋国土和海洋开发利用的准确基础数据,是实施近海海洋环境综合评价和构建"数字海洋"信息基础框架的首要任务和主要目标,这对于正确地制定海洋开发规划与计划,有序有度地开发利用海洋资源,保持海洋的可持续利用能力,保证海洋经济建设健康发展,加强海洋国防建设,提高海洋防灾减灾能力,切实保护好海洋环境,全面实施海洋综合管理等,均具有重要作用和深远意义,必将对"实施海洋开发"战略、实现"全面建设小康社会"做出重要贡献。

"实施海洋开发"战略,实施《全国海洋经济发展规划纲要》,是党的"十六大"为实现"全面建设小康社会,加快推进社会主义现代化目标"提出的部署。2003 年 9 月,"我国近海海洋综合调查与评价"——针对我国近海海域综合调查程度和基本状况认识度较低的现状开展的专项,获国务院批准立项。2006 年,由国家海洋局组织,海上调查全面开展,整个任务由北向南分为 9 个区块,准同步开展。

其中,ST05 区块,暨浙江和福建北部海域(本书该区域描述均以"ST05 区块海域"表示)水体环境调查与研究任务由国家海洋局东海分局承担,负责海上调查的组织实施。

1.2　调查研究区域

1.2.1　区域位置

东海位于中国岸线中部的东方,是西太平洋的一个边缘海。东海西有广阔的大陆架,东有深海槽,故兼有浅海和深海的特征。ST05 区块位属东海海域,在我国陆架最宽的东海西南部,处于 150 m 等深线以西的东海大陆架上。北界,与 30°N 纬线接壤;南界,抵达 26°N 附近;东界,靠近东海黑潮表层流轴,并且走向大致和表层流轴平行(图 1.1),具体拐点坐标见表 1.1。

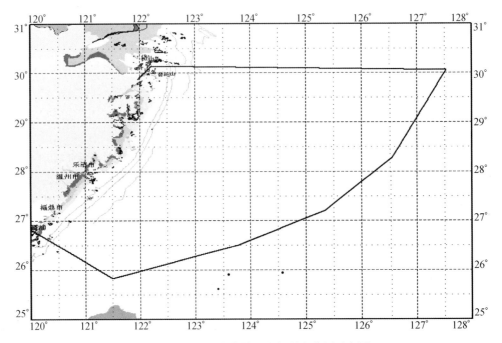

图 1.1　ST05 区块海域调查与研究范围示意图

表 1.1　ST05 调查区块拐点坐标

序号	东经/(°)	北纬/(°)	序号	东经/(°)	北纬/(°)
1	121.96	29.86	5	125.34	27.21
2	122.22	30.13	6	123.76	26.50
3	127.52	30.06	7	121.50	25.83
4	126.56	28.28	8	120.00	26.82

1.2.2　区域概况

1) 海洋气象

ST05 区块海域纵跨温带和副热带,在大陆、大洋、大气三方面的作用下,气候复杂。影响它的主要天气系统有热带气旋、寒潮和冷空气、副热带高压和温带气旋等。夏季气温为 26~29℃,南北差别不大。冬季则不然,冷气团南下之后,从海洋获得热能而变性,气温明显升高,致使区块的南北气温差异达 14℃。正因为如此,气温年变幅北部海域可达 20℃,南部则仅 10℃左右。

年降水量,东、西两侧有明显的差别,西侧平均 1 000 mm 左右,东侧可达 2 200 mm 以上。

该区域常有海雾,雾期以春、夏两季,尤以 4~5 月居多。ST05 区块海域西部为多雾中心,例如嵊泗至坎门一带,年平均雾日可达 53～66 天;东部和东南部则少雾,显然与流经的黑潮高温水有关,正是暖海面上底层大气的不稳定,影响了海雾的形成与维持。

2)地形地貌

地形自西北向东南倾斜,以 50～60 m 等深线为界,西面的内陆架,岛屿林立,水下地形复杂,坡度稍陡;东面的外陆架,地势开阔平坦,在其东南边缘处有水下高地、岛屿和岩礁。

3)区域流系

近岸部分主要存在着两个支流,即浙江沿岸流和台湾暖流;近岸以东的部分主要受到东海黑潮分支的控制。影响本海区的水团主要有浙闽沿岸水、陆架混合水、东海黑潮表层水和东海黑潮次表层水。浙闽沿岸水主要分布在浙闽沿岸 30 m 等深线以内海域,其主要特征是盐度较低,一般小于 31.5。陆架混合水分布在台湾暖流至对马暖流源区的广阔海域内,其温、盐度,冬季分别为 13.0～19.0℃ 和 33.75～36.30;夏季分别为 26.0～29.5℃ 和 33.0～34.0。东海黑潮表层水位于东海黑潮区的最上层,冬季温、盐度分别为 18.0～25.0℃、34.50～34.80;夏季温、盐度分别为 28～29℃、34.00～34.50。东海次表层水潜于东海表层水之下,年平均温、盐度分别为 15.0～21.5℃、34.30～34.90。

4)自然资源

ST05 区块海岸线曲折,浙江的大陆岸线北起平湖市金丝娘桥,南至苍南县的虎头鼻,长达 1 840.07 km。海岸类型北部多为侵蚀海岸,但在杭州湾以南至闽江口以北,也间有港湾淤泥质海岸。海岸线绵延曲折,形成了众多的港湾,典型港湾有象山港、三门湾、台州湾和乐清湾等。

沿海港口星罗棋布,共有 50 多个港口,万吨级以上深水泊位 40 多个,开通有抵美、日等国和我国香港特区的班轮航线,具有重要的经济、政治和军事战略价值。

ST05 区块海域内岛屿众多,其中舟山岛是我国第 4 大岛(476.2 km²),舟山群岛由 1 339 座岛屿组成,总面积为 1 241 km²。其他较大岛屿有六横岛、朱家尖、金塘岛、岱山岛和大长涂岛等。

海底蕴藏有大量的石油等矿产资源,同时具有极其丰富的海洋资源,我国最大的近海渔场——舟山渔场位于该海域。

5)社会经济

区块内港湾大多呈半封闭状态,受外海潮汐作用的影响,潮差大、潮流作用明显,潮汐能资源蕴藏量丰富;港湾内还分布有大片滩涂湿地,适宜于发展海水养殖业,具有重要的经济价值。海洋捕捞量居全国之首,渔业已由传统的生产型,逐步过渡到现在的捕捞、养殖、加工一体,内、外贸全面发展的产业化经营,是全国最大的海洋渔业基地。

1.3 调查研究内容及方法

海上各专业学科调查采取同船、同步作业的方式,实行全过程质量控制,加强过程管理,规范数据资料档案的管理,责任到人,保障安全,严格执行国家“908”专项相关技术规程,以满足专项技术要求和保证成果水平。

第 1 章

1.3.1 调查研究内容

ST05 区块海域海上外业调查共布设 14 条断面,215 个大面站,于 2006 年 7 月～2008 年 10 月开展了四个航次的物理海洋与海洋气象、海洋生物生态、海洋化学等三大学科的调查与研究工作。

1. 调查项目

(1) 物理海洋与海洋气象。包括云、能见度、天气现象、风速、风向、气压、气温、相对湿度、水位、波浪、水温、盐度、海况、水色、透明度、海发光、浊度和海流等。

(2) 海洋生物生态。包括叶绿素 a、微微型和微型浮游生物、浮游生物、底栖生物、鱼类浮游生物、初级生产力、微生物、底栖生物拖网、游泳动物、潮间带生物、微生物种类鉴定。

(3) 海水化学。包括溶解氧、pH、碱度、悬浮物、溶解态氮、溶解态磷、硝酸盐、亚硝酸盐、铵盐、活性磷酸盐、活性硅酸盐、总有机碳、总氮、总磷、石油类、重金属(铜、铅、锌、铬、镉、汞、砷)。

(4) 沉积化学。包括有机污染(总有机碳、油类)、营养元素(总氮、总磷)、重金属(铜、铅、锌、铬、镉、汞、砷)、氧化还原电位(Eh)、硫化物。

(5) 大气化学。包括悬浮颗粒物、甲基磺酸盐(MSA)、气体(二氧化碳、甲烷气、氮氧化物)、营养盐(碳、氮、磷、铁、钠、钙、镁)、重金属(铜、铅、锌、镉、铝、钒)。

2. 数据资料获取情况

(1) 物理海洋与海洋气象。通过现场调查,获得物理海洋数据 3 850 910 组、海洋气象调查数据 822 195 组、气边界层数据 7 320 996 组,潜标定点测流有效站 23 站/次、获取数据量 54.84 MB。

(2) 海洋化学。获得调查数据 18 735 组,采集、分析样品 7 629 个。

(3) 海洋生物。采集、分析样品 10 518 个。

1.3.2 调查研究方法

1. 外业调查

物理海洋与海洋气象、海洋化学、生物生态同船同步作业,作业时记录站位定位时间、实测站位、测深仪水深、离站时间、离站船位、离站测深仪水深等。

各专业具体项目的观测、采样及分析等调查方法按《我国近海海洋综合调查与评价专项技术规程》(总则)和配套的分技术规程中有关采样要求的规定条款执行,主要包括《我国近海海洋综合调查与评价技术规程》(海洋水文气象调查技术规程)、《我国近海海洋综合调查与评价技术规程》(海洋化学调查技术规程)、《我国近海海洋综合调查与评价技术规程》(海洋生物生态调查技术规程)等。

外业站位设计根据东海近海海域海洋环境状况的特点,物理海洋与海洋气象、海水化学、海洋生物生态布设215个站位(图1.2)。

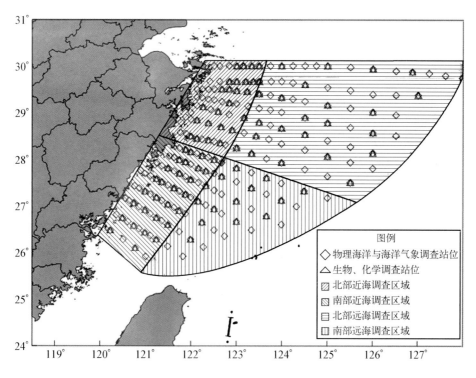

图 1.2 ST05 区块海域调查与研究范围示意图

（1）采集样品现场处理和储存。悬浮物在实验室内用滤膜过滤后，放入有机玻璃盒内在阴冷条件下保存；TOC 等水样冷藏保存；油类样品，用正己烷萃取，封存于比色管内冷藏保存，汞的水样直接加入已处理干净并注入固定剂的样品瓶中，封装后冷藏保存。

（2）为全面分析调查海域生物资源及其栖息环境状况，同时为尽可能消除各航次调查时间过长、影响同步性的问题，根据地理及生态习性对 ST05 区块加以划分，分为北部近海（24 个站位）、北部外海（24 个站位）、南部近海（25 个站位）及南部外海（18 个站位）。

2. 数据资料处理

1）数据处理

（1）物理海洋与海洋气象。海洋水文（水色、透明度、海发光和浊度）和海洋气象（云、能见度、天气现象、风速、风向、气温、气压、相对湿度）资料的处理和统计分析按"908"规程要求进行。ADCP 走航观测数据处理用仪器公司提供的软件处理，并编制相应的质控程序。利用本次调查资料并参考该海域海洋水文（水温、盐度、海流、海浪）及海面气象（气温、风、降水）历史资料进行数据处理。

（2）海洋化学。根据各个航次调查测试数据进行统计，计算各化学要素整体代表性特征值,包括统计各化学要素的极大值、极小值、平均值、中数和偏离系数等制成分析资料统计表。

(3) 海洋生物。根据各个航次调查分析测定数据分别统计、计算各生物要素整体代表性特征值,包括统计各生物要素的极大值、极小值、平均值、生物多样性指数、均匀度,整理出生物名录、计算个体数和生物量、栖息密度、种类数、优势种类分布、种类名录表、主要类群统计生物密度、生物量平面分布和季节分布等。

2) 数据评价

a. 单因子标准指数法

某一测站某项海水化学要素(除溶解氧、pH)的标准指数计算方法为

$$P_i = C_i/S_i$$

式中,P_i 为海水化学要素 i 的标准指数;C_i 为海水化学要素 i 的实测值;S_i 为海水化学要素 i 的标准值。

超标率计算公式: 超标率 $= \dfrac{超标样品个数}{总调查样品个数} \times 100\%$

b. 溶解氧标准指数的计算公式

$$当\ DO \geqslant DO_s\ 时,P_{DO} = |DO_f - DO|/(DO_f - DO_s)$$
$$当\ DO < DO_s\ 时,P_{DO} = 10 - 9 \times DO/DO_s$$

式中,DO_f 为现场氯度及温度条件下,水样中氧的饱和含量(mg/L),按 GB12763.4-91 中规定的方法进行计算;DO_s 为溶解氧的标准值。

c. pH 标准指数的计算公式

$$S_{pH} = \frac{|pH - pH_{sm}|}{DS}$$

$$pH_{sm} = \frac{pH_{su} + pH_{sd}}{2}$$

$$DS = \frac{pH_{su} - pH_{sd}}{2}$$

式中,S_{pH} 为 pH 的污染指数;pH 为本次调查 pH 的实测值;pH_{su} 为海水 pH 标准的上限值;pH_{sd} 为海水 pH 标准的下限值。

本书计算海水化学要素标准指数的标准值原则上采用中华人民共和国国家标准《海水水质标准》(GB3097-1997)中的第一类海水水质标准值(表1.2);对总氮、总磷、总有机碳等未列入 GB3097-1997 标准的项目,则采用《第二次全国海洋污染基线调查报告》(以下简称"二基"报告)中的经验标准。

表 1.2　海水化学要素评价标准　　　　　　（单位：mg/L）

序号	评价因子	第一类	第二类	第三类	第四类
1	pH	7.8～8.5，同时不超出该海域正常变动范围的 0.2pH 单位		6.8～8.8，同时不超出该海域正常变动范围的 0.5pH 单位	
2	溶解氧＞	6	5	4	3
3	无机氮≤	0.20	0.30	0.40	0.50
4	活性磷酸盐≤	0.015	0.030		0.045
5	铜≤	0.005	0.010	0.050	
6	铅≤	0.001	0.005	0.010	0.050
7	镉≤	0.001	0.005	0.010	
8	锌≤	0.020	0.050	0.10	0.50
9	总铬≤	0.05	0.10	0.20	0.50
10	汞≤	0.000 05	0.000 2		0.000 5
11	砷≤	0.020	0.030	0.050	
12	油类≤	0.05	0.30		0.50
13	总氮≤	0.4			
14	总磷≤	0.03			
15	总有机碳≤	3.0			

注：无机氮含量为硝酸盐、亚硝酸盐与铵盐含量之和。

　　根据"二基"报告的划分原则，对于某一测站，根据某项海水化学要素（指标）的污染指数，将该项海水化学要素（指标）分成未污染、污染和重污染三个等级。

　　表 1.3 列出了污染等级的划分原则：优于一类海水水质标准要求为未污染级；劣于一类海水水质标准、但优于或等于四类海水水质标准要求的为污染级；劣于四类海水水质标准要求的为重污染级。对于总氮、总磷、总有机碳，则标准指数低于或等于标准值为未污染级；超过标准值但低于或等于其 3 倍为污染级；超过标准值 3 倍为重污染级。

表 1.3　海水化学要素污染等级划分原则

参　数	未 污 染 级	污 染 级	重 污 染 级
溶解氧、pH、无机氮、活性磷酸盐、油类、铜、铅、锌、铬、镉、汞、砷	优于一类海水水质标准	劣于一类海水水质标注，但优于或等于四类海水水质标准	劣于四类海水水质标准
有机碳、总氮、总磷	标准指数≤1	1＜标准指数≤3	标准指数＞3

d. 海洋大气

　　根据《海洋大气监测技术规程》中的要求，对大气总悬浮颗粒物浓度和铅的评价采用《WHO（世界卫生组织）的大气质量指导标准》中的 24 小时平均值，其中总悬浮颗粒物的指导标准为 0.15～0.23 mg/m³，铅的指导标准为 0.7 μg/m³，其余项目不进行评价。

e. 海洋生物群落多样性特征值

（1）香农-威纳信息指数（Shannon-Wiener information index）

$$H' = -\sum (P_i - \ln P_i)$$

式中，P_i 为样品中第 i 种的个体数占该样品总个体数之比。

（2）物种丰富度指数（Margalefs species richness）

$$d = (S-1)/\ln N$$

式中，S 为样品包含的种数；N 为总个体数。

（3）均匀度指数（Pielou's evenness index）

$$J' = H'/\ln S$$

式中，H' 为香农-威纳信息指数；S 为样品包含的种数。

（4）优势度（Y_i）

$$Y_i = \frac{n_i}{N} \times f_i$$

式中，f_i 为第 i 种在各样品中的出现频率；n_i 为样品中第 i 种生物个体数（或密度）；N 为所有种的个体总数（或密度）；$Y_i \geqslant 0.02$ 者为优势种类。

f. 海洋生物群落划分

群落划分使用 Primer4.0 软件，对 Bray-Curtis 相似性系数聚类和多维排序尺度（MDS）综合分析。

g. 扫海面积法评估资源量（郑元甲等，2003）

$$B = CA/aq$$

式中，C 为平均每小时拖网渔获量；a 为网具每小时扫海面积，为网口宽度与每小时拖曳距离的乘积。本次调查网口宽度取 0.019 105 n mile[*]，每小时拖曳距离取 2 n mile；q 为网具捕获率（可捕系数），取 $q=0.5$；B 为总资源量；A 为调查海区面积，取 66 960 n mile^2。

h. 微生物群落结构分析

采用统计学分析方法，16S rRNA 基因文库覆盖度（C）计算采用公式

$$C = [1-(n_1/N)] \times 100$$

式中，n_1 表示文库中 singleton 数目；N 代表文库中总的测序序列数。

使用 DOTUR 计算多样性与丰富度指数（包括 S_{ACE}、S_{chao1} 和 Shannon-Weaver 多样性指数）。

采用在线 UniFrac 软件（http://bmf.colorado.edu/unifrac/index.psp）进行变量主轴相关性分析（PCA）和 UPGMA 系统发育分析鉴定微生物群落相似性。

3）图件绘制

坐标系投影：图件坐标系采用 2000 国家大地坐标系统，即 CGCS2000；

高程基准：采用 85 国家高程基准；

投影方式：墨卡托投影，中央经线 123°、基准纬度 31°；

---

[*] 1 n mile=1 852 m。

成图软件：Surfer 10.0。

3. 质量控制

为保证"908"专项 ST05 区块水体调查工作质量,国家海洋局东海分局成立"908"专项质量管理小组,负责整个项目的质量管理、监督和控制工作。"908"专项质量管理小组针对 ST05 区块水体调查工作特点,专门编制《ST05 区块水体环境调查与研究质量管理实施方案》,明确规定各专业、各项目的质量控制手段和方法(如平行样、盲样、实验室互校等),规定样品采集、储存、运输、分析、数据处理等程序,以确保获取的数据准确可靠、完整、可比、具有代表性。

海洋气象

ST05 区块位于浙江东部海域,属典型的亚热带季风气候,季风显著,四季分明,年气温适中,光照较多,雨量丰沛,空气湿润,雨热季节变化同步,气候资源配置多样,气象灾害繁多。该海域气候特征是其所处区域气候背景、地理纬度、大洋环流等多因素综合作用的结果(王守荣等,2008)。

春季,属冬季风向夏季风转换的交替季节,南北气流交汇频繁,低气压和锋面活动加剧,调查海区常受温带气旋影响,出现偏北大风。春季也是调查海区的雾季,以 4～5 月出现雾日最多。海区西部为多雾中心,如嵊泗至坎门一带,年平均雾日可达 53～66 天,台山至三沙一带可超过 80 天。嵊泗连续雾日曾达 18 天(1967 年 5 月 15 日～6 月 1 日)。海区的东部和东南部则少雾,与黑潮高温水流经有关。

夏季,调查海区主要受西太平洋副热带高压系统控制,晴热干燥,气温为 26～29℃,南北差异不大。海区盛行东南风,平均风速仅 5～6 m/s。年降水量东、西两侧差别明显,西侧平均 1 000 mm 左右,东侧可达 2 200 mm 以上。6 月始,海区由南至北相继进入"梅雨"期,7 月以后,进入热带气旋影响调查海区概率最大的时期,常带来狂风暴雨,同时也给海区带来风暴潮、灾害性海浪等海洋灾害,曾记录坎门 1960 年 9 月由于台风影响,日降水量达 255 mm 之多。

秋季,夏季风逐步减弱,向冬季风过渡,气旋活动频繁,锋面降水多,气温冷暖变化大。初秋,调查海域易出现阴雨天气,俗称"秋拉撒";仲秋,受高压天气系统控制,所谓"十月小阳春";深秋,北方冷空气影响开始增多,冷与暖、晴与雨的天气转换过程频繁,气温起伏较大,也是多雾季节,但影响频率低于春季。

冬季,北方冷气团影响该海域,其强弱取决于蒙古冷高压,但冷气团南下后从海洋获得热量补充而变性,致使南部海区气温明显偏高。也正因为如此,气温年变幅在调查海区北部可达 20℃,而南部仅有 10℃ 左右,差异高达十几摄氏度。调查海区北部以偏北大风为主,平均风速可达 9～10 m/s。南部以东北风为主,风向稳定,风速也较大。冬季寒潮南下之时,冷锋过境之后,调查海区常出现 7～9 级有时阵风达 10 级以上的偏北大风,并伴有明显降温过程。

气象要素是指构成和反映大气状况及大气现象的基本因素,本次调查的气象要素包括气温、气压、相对湿度、风、云、能见度以及天气现象 7 种因素。根据本次现场调查特点,将 ST05 区块作为整体,分成春、夏、秋、冬四个航次,记述海区现场主要气象要素分布特征。其中四季代表月参考文献(海洋图集编委会,1992)中,以 1 月、4 月、7 月和 10 月分别作为四季代表。海洋气象观测主要以走航观测为主,而其中 1 个连续站采取连续观测(指连续进行 25 h 以上的海洋观测),位于北部近海区域。调查中,春、夏、秋、冬各季节选取的代表日观测时间段为:2007 年 5 月 2 日 12 时～5 月 3 日 12 时,2006 年 8 月 29 日 22 时～8 月 30 日 22 时,2007 年 11 月 7 日 21 时～11 月 8 日 21 时和 2007 年 1 月 24 日 15 时～1 月 25 日 15 时。

2.1 气候特征

2.1.1 气温

气温是表示空气冷热程度的物理量,同时也是衡量一个地方、一个海区热量资源和自然生产力的重要指标。根据相关文献记载(苏纪兰,2005),东海春季气温在 12～22℃ 波动,夏季为 25～29℃,秋季为 20～27℃,冬季为 8～18℃。

1. 季节分布

ST05 区块海域全年平均气温为 20.4℃,变动范围在 6.8～30.6℃。气温季节变化显著,由高到低依次为夏季、秋季、春季和冬季。气温季节变化幅度由大到小依次为春季、冬季、秋季和夏季。冬季和春季变化幅度较接近(表 2.1)。

表 2.1　ST05 区块海域气温季节特征

季　节	平均值/℃	最高值/℃	最高值出现区域	最低值/℃	最低值出现区域
春　季	18.1	26.4	南部外海	11.2	北部近海
夏　季	28.5	30.6	南部外海	24.9	北部近海
秋　季	21.1	24.8	南部外海	16.5	北部近海
冬　季	13.7	21.4	北部外海	6.8	北部外海

2. 日变化

连续观测站位于北部近海区域,气温日平均值以夏季最高,冬季最低,春秋两季日平均值较接近,介于夏冬之间。气温日较差均小于 2℃,为 1.0～1.8℃(表 2.2)。

表 2.2　ST05 区块海域连续观测期间气温日变化特征

代表季节	平均值/℃	最高值/℃	最低值/℃	日较差/℃
春　季	18.0	19.0	17.5	1.5
夏　季	29.3	30.1	28.4	1.7
秋　季	19.8	20.1	19.1	1.0
冬　季	8.7	9.4	7.6	1.8

春季观测日开始,气温维持在 17.7℃,持续 5 h 后逐渐上升并于次日 13 时达到日最高值,5 月 3 日 12 时观测气温较前同一时刻高出 1.5℃;夏季观测日平均气温 29.3℃,气温在午后迅速下降至日最低,可能由于午后雷阵雨所致,30 日 22 时观测的气温值较前一日 22 时观测值低 0.8℃;秋季观测日气温变化平稳,小幅震荡后基本维持在 20.0℃附

近,8 日 21 时观测的气温较前日同一时刻高出 0.3℃;冬季观测日,气温由观测开始逐渐下降,于 18 时达到日最低,此后逐渐升高并于次日 16 时达到日最高。25 日 15 时观测的气温较前日同一时刻高出 1.2℃(图 2.1)。

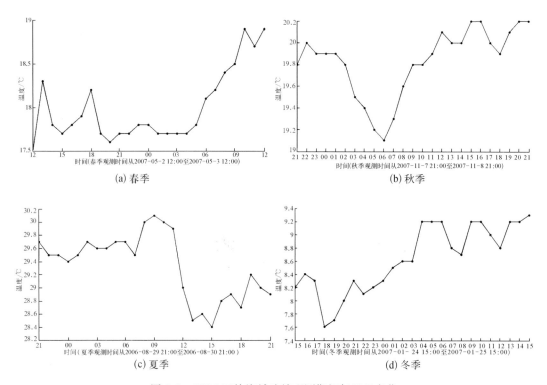

(a) 春季

(b) 秋季

(c) 夏季

(d) 冬季

图 2.1 ST05 区块海域连续观测期间气温日变化

2.1.2 气压

气压指单位面积上所受大气柱的重量,也称大气压力。根据相关文献记载(孙湘平,2006),东海区春季气压变化范围在 1 012~1 015 hPa,夏季为 1 005~1 008 hPa,秋季为 1 015~1 020 hPa,冬季为 1 020~1 025 hPa。

1. 季节分布

调查海区全年气压平均值为 1 016.7 hPa,变动范围为 1 001.0~1 030.2 hPa。最低出现在夏季的北部外海,最高值出现在冬季的北部近海。气压的季节分布由高到低依次为冬季、秋季、春季和夏季。气压的季变化幅度由大到小依次为春季、夏季、冬季和秋季。季变化幅度最小值为 10.1 hPa,而最大值则达 22.3 hPa(表 2.3)。

2. 日变化

连续站日平均气压:冬季最高,夏季最低,秋季和春季介于夏、冬两季之间。气压日较差在 2.0~4.2℃,冬、春两季最高,夏季次之,秋季最小(表 2.4)。

表 2.3　ST05 区块海域气压季节特征

季　节	平均值/hPa	最高值/hPa	最高值出现区域	最低值/hPa	最低值出现区域
春　季	1 016.7	1 023.9	北部近海	1 001.6	南部外海
夏　季	1 008.4	1 014.5	南部外海	1 001.0	北部外海
秋　季	1 021.0	1 026.7	北部近海	1 016.6	北部外海
冬　季	1 024.4	1 030.2	北部近海	1 017.9	南部近海

表 2.4　ST05 区块海域连续观测期间气压日变化特征

季　节	平均值/hPa	最高值/hPa	最低值/hPa	日较差/hPa
春　季	1 014.1	1 015.8	1 011.7	4.1
夏　季	1 007.5	1 008.8	1 006.3	2.5
秋　季	1 019.0	1 020.0	1 018.0	2.0
冬　季	1 028.8	1 030.2	1 026.0	4.2

　　气压日变化曲线基本呈双峰双谷型:一般 9 时和 21 时为气压较高时刻,而 4 时和 15 时为气压较低时刻。秋季日变化曲线呈对称分布,其余各季节气压日变化均有减小趋势,影响因素跟天气状况有关(图 2.2)。

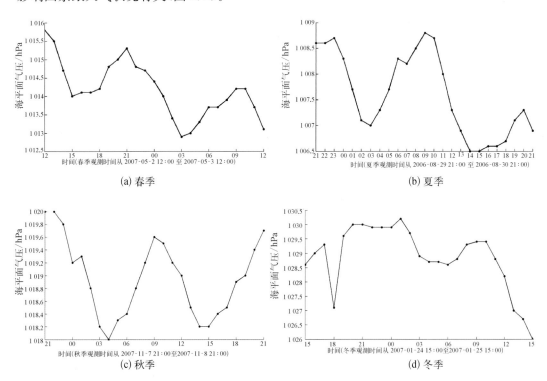

(a) 春季　　　　　　　　　　　　　　　　(b) 夏季

(c) 秋季　　　　　　　　　　　　　　　　(d) 冬季

图 2.2　ST05 区块海域连续观测期间海面气压日变化

2.1.3　相对湿度

　　相对湿度是指空气中的实际水气压与同温度下饱和水气压之比,用百分数表示。

1. 季节分布

调查海区相对湿度各季节变化不明显,年平均值为79.3%,变动范围为39%～99%,最高值均出现在南部近海海域。相对湿度季节分布由高到低依次为夏季、冬季、春季和秋季。相对湿度季变化幅度由小到大依次为夏季、冬季、秋季和春季。季变化幅度最小值为23%,而最大的则有60%(表2.5)。

表 2.5　ST05 区块海域相对湿度季节特征

季　节	平均值/%	最高值/%	最高值出现区域	最小值/%	最小值出现区域
春　季	80	99	南部近海	39	北部外海
夏　季	87	99	北部近海	76	南部外海
秋　季	69	94	南部近海	51	北部近海
冬　季	81	99	南部近海	58	南部外海

2. 日变化

连续站相对湿度日平均值:春季最高,秋季最低,冬季和夏季介于春、秋两季之间;日较差在10%～14%,其中夏季较高(表2.6)。

表 2.6　ST05 区块海域连续观测期间相对湿度日变化特征

季　节	平均值/%	最高值/%	最低值/%	日较差/%
春　季	94	97	86	11
夏　季	88	95	81	14
秋　季	67	72	62	10
冬　季	80	85	74	11

春季观测日,相对湿度为稳步上升趋势,其中20时至次日11时相对湿度维持在9%～96%,最大值和最小值分别出现在12时和次日13时;夏季观测日相对湿度日变化曲线呈单峰单谷型,由观测开始逐渐下降,于9时达日最低,此后震荡上升;秋季观测日,相对湿度由观测开始至结束基本上在67%作窄幅震荡;冬季观测日,相对湿度从15时至21时维持在85%附近,其后逐渐下降至8时达到日最低值,此后有所回升,日最高值出现在24日的15时和16时,25日15时观测的相对湿度较前日同一时刻的要低9%(图2.3)。

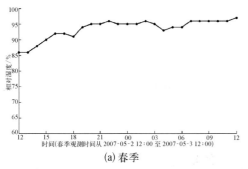

(a) 春季

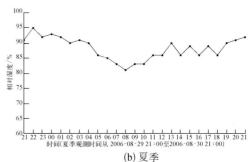

(b) 夏季

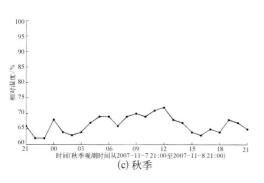
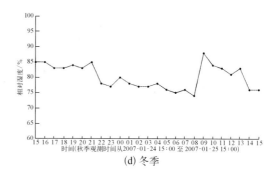

(c) 秋季　　　　　　　　　　　　　(d) 冬季

图 2.3　ST05 区块海域连续观测期间相对湿度日变化

2.1.4　风

空气的水平流动就是风,风是一个表示空气运动的矢量,包括风向和风速,本调查中风向用 8 方位表示。根据相关文献记载(孙湘平,2006),东海各代表月平均风速特征如下:冬季(1月)为 8~10 m/s,春季(4月)为 5~7 m/s,夏季(7月)为 5~7 m/s,秋季(10月)为 6~11 m/s。

1. 季节变化

调查海区风向风速季节变化明显,春季(4月)各方向都有出现,以 NE 风居多,频率为 28%,N、E、S、SW 风频率约各占 14%;风速介于 0.6~12.4 m/s,平均值为 6.1 m/s,最大值出现在南部外海海域。夏季(7月),盛行偏南风,SE - SW 方向出现频率占 76%;风速介于 0.4~10.5 m/s,平均值为 5.1 m/s,略小于春季,最大值出现在南部近海。秋季(10月),风向以 N、NE 风向为主,频率约各占 45%;风速介于 1.4~14.5 m/s,平均值为 8.5 m/s,最大值出现在南部外海。冬季(1月),冬季风强而稳定,以 N 风为主,频率为 44%;其次是 NE 风,频率为 21%。风速介于 0.7~14.6 m/s,平均值为 7.7 m/s,最大值出现在南部近海。风速的季节变化为:秋季、冬季、春季和夏季。风速的季变化由大到小依次为:冬季、秋季、春季和夏季,季变化幅度最大值为 13.9 m/s,而最小的有 10.1 m/s(表 2.7,表 2.8)。

表 2.7　ST05 区块海域风速季节特征　　　　　　　(单位：m/s)

季　节	变动范围	平均值	N	NE	E	SE	S	SW	W	NW
春　季	0.6~12.4	6.1	6.3	6.6	5.2	6.2	6.7	5.3	4.5	5.7
夏　季	0.4~10.5	5.1	2.8	2.9	3.7	4.8	5.1	6.3	3.6	3.0
秋　季	1.4~14.8	8.5	9.7	8.0	5.6	—	—	—	—	—
冬　季	0.7~14.6	7.7	9.6	8.7	3.5	4.8	4.3	2.3	5.8	9.3

表 2.8　ST05 区块海域风向季节特征　　　　　　　(单位：%)

季　节	N	NE	E	SE	S	SW	W	NW
春　季	14	28	14	8	15	13	2	6
夏　季	4	3	8	23	17	36	6	3
秋　季	44	45	11	—	—	—	—	—
冬　季	44	21	3	7	8	1	4	12

2. 日变化

连续站风速日平均以冬季观测日最高,夏季观测日最低,春秋观测日介于之间;风速日较差在6.7~9.5 m/s,其中冬季观测日最大,秋季观测日最小(表2.9)。

表2.9 ST05区块海域连续观测期间相对风速(向)日变化特征

代表季节	平均值/(m/s)	变动范围/(m/s)	日较差/(m/s)	主要风向/(°)
春 季	6.9	3.0~11.2	8.2	S
夏 季	3.0	0.3~8.1	7.8	W、NW
秋 季	6.9	2.3~9.0	6.7	N
冬 季	7.6	2.7~12.2	9.5	NW、N

春季观测日,连续站以南向风为主。风速由观测伊始减小,于19时达到日最小,至结束时达到日最高,次日12时的观测风速较前日同时刻高出4.2 m/s;夏季观测日,风向由南向(168°)沿顺时针方向旋转至北向后,迅速反向旋转至西南向(241°),大风速出现30日10时至15时,且均为北风,次日22时观测的风速较前日同一时刻低1.5 m/s;秋季观测日,以北向风为主,风速波动中上升,最大约为10 m/s,次日21时的观测风速较前日同一时刻高出1.1 m/s;冬季观测日,以偏北风为主,风速由观测伊始持续减小,于4时达到日最小,但在短时内增大,并于8时达到8 m/s,此后总体呈下降趋势,次日18时观测的风速较前日同一时刻低7.5 m/s(图2.4、图2.5)。

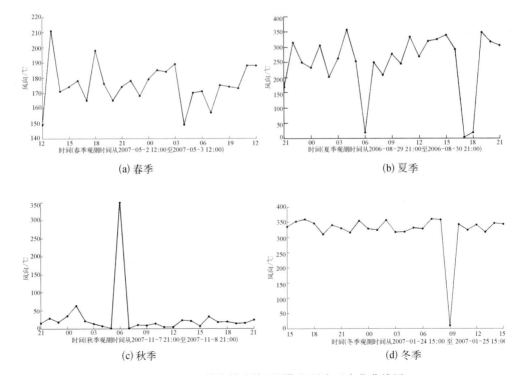

(a) 春季　　　　　　　　　　　　　　(b) 夏季

(c) 秋季　　　　　　　　　　　　　　(d) 冬季

图2.4 ST05区块海域连续观测期间风向日变化曲线图

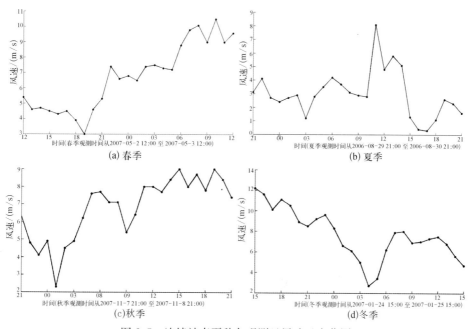

图 2.5   连续站春夏秋冬观测日风速日变化图

3. 近岸台站风要素特征

选取位于调查海区南、北部近海的 2 个海洋站朱家尖和大陈作为调查海域的近岸代表站点,分析 4 个代表月的风要素变化特征,其中包括春季(2007 年 4 月)、夏季(2006 年 8 月)、秋季(2007 年 11 月)、冬季(2007 年 1 月)。

1) 春季

北部近海风向多变,风速较小。风向主要以 N、NNW 为主,出现频率为 22.4% 和 14.1%,其余各方向均有出现,但出现频率较小;风速主要以 2~3 级的小风为主,出现频率高达 66.4%,出现最大风速为 6 级,出现频率仅为 0.6%(图 2.6、图 2.7)。

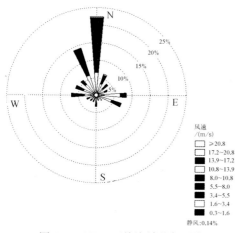

图 2.6   ST05 区块海域北部近海春季风玫瑰图

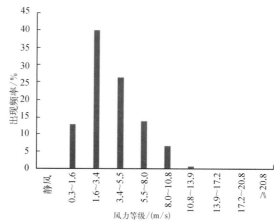

图 2.7   ST05 区块海域北部近海春季各等级风速频率分布图

　　南部近海风向主要集中在第一象限,以 NE 方向为主,出现的频率为 24.6%,其次为 ENE 方向,出现频率为 17.0%,常风向为 NE,强风向为 NNE。南部海区平均风速较之北部明显增大,以 3~5 级风为主,其中 3~4 级风出现频率最高,达 47.6%,最大出现 8 级风,频率为 0.4%(图 2.8、图 2.9)。

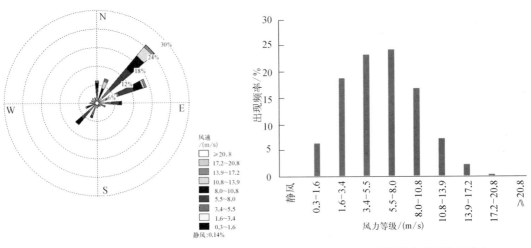

图 2.8　ST05 区块海域南部近海
春季风玫瑰图

图 2.9　ST05 区块海域南部近海春季各
等级风速频率分布图

　　2) 夏季

　　北部近海常风向为 E 方向,出现频率为 26.7%,其次集中在 WNW－NNW 方向,出现频率均为 10% 左右,2 级风出现频率最高,达 56.7%(图 2.10、图 2.11)。

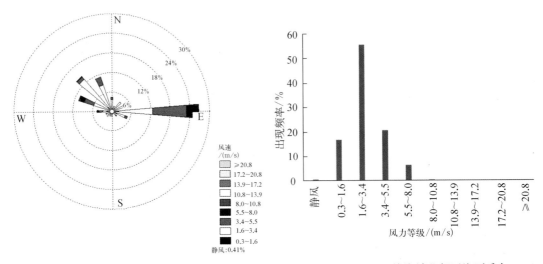

图 2.10　ST05 区块海域北部近海夏季风玫瑰图

图 2.11　ST05 区块海域北部近海夏季各
等级风速频率分布图

　　南部近海风向主要集中在 NE－E 和 S－SW 两个范围,常风向为 SSW 和 SW,出现频率为 11.9% 和 11.7%;风速以 2~4 级小风为主,最大平均风速为 6 级,出现频率仅为

1.6%,方向集中在 NE‐E(图 2.12、图 2.13)。

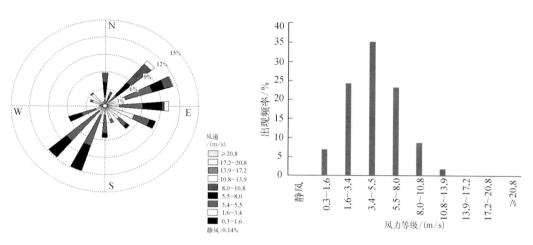

图 2.12　ST05 区块海域南部近海
夏季风玫瑰图

图 2.13　ST05 区块海域南部近海夏季各
等级风速频率分布图

3）秋季

北部近海风向主要集中在第四象限,以 WNW‐N 的方向为主,强风向为 WNW,常风向为 NNW,出现频率为 17.6%,其次为 N 方向,出现频率为 16.3%;风速以 3～4 级风出现频率最高,达 63%(图 2.14、图 2.15)。

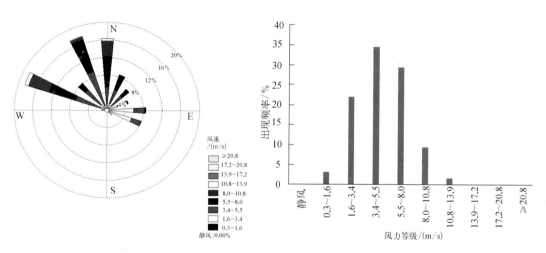

图 2.14　ST05 区块海域北部近海
秋季风玫瑰图

图 2.15　ST05 区块海域北部近海秋季各
等级风速频率分布图

南部近海风向主要集中在第一象限,常风向为 NNE,出现频率为 26%,其次为 N 方向,出现的频率为 25%,强风向为 NNE 和 E;平均风速主要以 4～6 级风为主,其中 5 级风出现频率最高,达 30.1%,出现的最大平均风速达 8 级,频率为 1.1%(见图 2.16、图 2.17)。

第 2 章

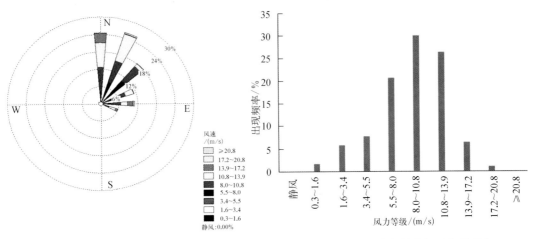

图 2.16　ST05 区块海域南部近海
秋季风玫瑰图

图 2.17　ST05 区块海域南部近海秋季各
等级风速频率分布图

4) 冬季

北部近海风向主要集中在第四象限,常风向为 WNW,出现频率为 37%,其次为 NNW,出现频率为 20%;平均风速主要以 4～5 级为主,最大平均风速为 7 级,出现频率 0.84%(图 2.18、图 2.19)。

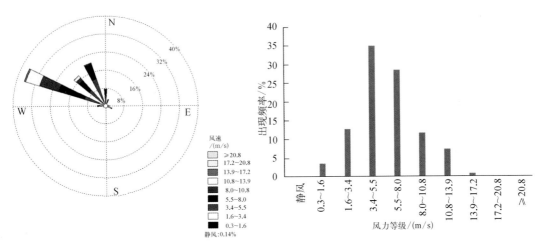

图 2.18　ST05 区块海域北部近海
冬季风玫瑰图

图 2.19　ST05 区块海域北部近海冬季各
等级风速频率分布图

南部近海风向主要集中在 N-NE 方向,N 和 NNE 方向出现频率为 33%,NE 方向出现频率为 21%,常风向和强风向均为 NNE;平均风速以 5 级风为主,出现的频率高达 46%,最大风速 8 级,出现频率为 0.3%(图 2.20、图 2.21)。

2.1.5　云

云是大气中水汽凝结或凝华所造成的一种自然现象,是由飘浮在空气中大量的小水

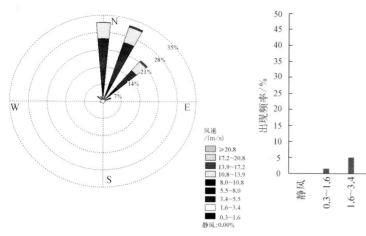

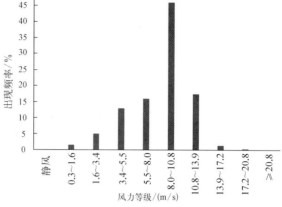

图 2.20　ST05 区块海域南部近海　　图 2.21　ST05 区块海域南部近海冬季各
冬季风玫瑰图　　　　　　　　　　　　等级风速频率分布图

滴、冰晶或两者共同组成的,可按云的高度和外貌特征分为三族十属。总云量是指天空被云遮蔽的总成数,不考虑云族、云属和云底高度。低云量是指天空被低云遮蔽的成数。云状,本书所提到的各类云状出现频率是指观测到的各类云状占总观测次数的百分比。

1. 季节分布

全年总云量平均值为 6～7 成,其中低云量为 4～5 成。春、冬季节总云量相当,但冬季低云量较多,全年以夏季总云量最低,低云量也最低。总云量季节分布由低到高依次为夏季、秋季、春季和冬季;低云量季节分布由低到高依次为夏季、春季、秋季和冬季(表 2.10)。

表 2.10　ST05 区块海域云量季节统计　　　　　　　　　　　　(单位:成)

季　节	总　云　量		低　云　量	
	平均值	变化范围	平均值	变化范围
春　季	7～8	0～10	3～4	0～10
夏　季	4～5	1～10	2～3	0～10
秋　季	5	0～10	4～5	0～10
冬　季	7～8	0～10	6～7	0～10

全年出现的云状有 7 种,最主要的为层积云(Sc)、积云(Cu)、高积云(Ac)和卷云(Ci),年平均频率由高到低分别为 45.8％、40.3％、26.8％和 19.3％。高层云(As)、雨层云(Ns)等云状出现概率极少。其中积云(Cu)在夏季出现概率最高,达 74％(表 2.11)。

表 2.11　ST05 区块海域云状季节统计　　　　　　　　　　　　(单位:％)

季　节	Cu	Cb	Sc	St	Ns	As	Ac	Ci	Cs	Cc
春　季	10	—	38			10	44	30		
夏　季	74	3	16				28	38		
秋　季	57	—	64		1	1	17	6		
冬　季	20	—	65		2	4	18	3		

第 2 章

2. 日变化

春季调查日,总云量为5~6成,低云量只有1~2成。云状主要有高积云(Ac)和卷云(Ci),以中、高云为主;夏季调查日,总云量为6~7成,低云量有2~3成。云状主要有高积云(Ac)、层积云(Sc)、卷云(Ci)和积云(Cu),以中、低云为主;秋季调查日,总云量和低云量均为4~5成。云状主要有层积云(Sc)和积云(Cu),以低云为主;冬季调查日,总云量和低云量均为7~8成。云状主要有层积云(Sc)和积云(Cu),以低云为主。

2.1.6 能见度

能见度是指正常人的视力,在当时天气条件下,所能看到目标物的最大水平距离。海面有效能见度是指测站所能见到的海面1/2以上视野范围内的最大水平距离。海面最小能见度是指测站四周各方向海面能见度不一致时所能看到的最小水平距离。一般以能见度≥10 km称为良好能见度。

1. 季节分布

调查海区年平均有效能见度为23.1 km,其中夏季最高,春季最低;年平均最小能见度的平均值为21.5 km,仍以夏季最高,春季最低;良好能见度频率年平均值为82.8%,夏季最高为97%,春季最低为58%。能见度季节分布由高到低依次为夏季、秋季、冬季和春季。海区良好能见度频率季节分布情况与能见度季节分布相似,由大到小依次为夏季、秋季、冬季和春季(表2.12)。

表2.12 ST05区块海域能见度季节特征

季 节	有效能见度/km		最小能见度/km		良好能见度频率/%
	平均值	变化范围	平均值	变化范围	
春 季	14.6	3.0~42.0	13.9	2.8~42.0	58
夏 季	30.8	8.5~48.0	28.0	7.0~48.0	97
秋 季	25.6	5.0~40.0	24.1	4.0~39.0	93
冬 季	21.3	0.8~40.0	20.1	0~40.0	83

2. 日变化

连续观测站有效(最小)能见度,由大到小依次为秋季、冬季、春季和夏季。春季,连续站有效能见度较低,约为9 km,日较差约为10 km;夏季,有效能见度较低约为8 km,日较差较小,为3 km;秋季,有效能见度约为38 km,日较差为7 km;冬季,有效能见度约为23 km,日较差较大为15 km(表2.13)。

2.1.7 天气现象

天气现象指在大气中、海面上及船体上产生的或出现的降水、水汽凝结物(云除外)、冻结物、干质悬浮物和光、电的现象,也包括一些风的特征。

表 2.13　ST05 区块海域连续观测期间能见度季节特征

季 节	有效能见度/km		最小能见度/km	
	平均值	变化范围	平均值	变化范围
春 季	9.3	4.5～14.0	8.4	4.0～12.0
夏 季	7.6	7.0～10.0	6.4	5.5～8.0
秋 季	37.8	33.0～40.0	37.8	31.0～39.0
冬 季	23.3	15.0～30.0	22.5	14.0～30.0

调查海区属于季风气候区,四季分明,天气现象变化多端,不尽相同。春季,轻雾和雨出现的频率很高,分别为 32% 和 11%;夏季,主要有轻雾、闪电、阵雨雷暴等,频率分别约为 3%、2% 和 1%;秋季,有轻雾、雨等,出现的频率均较低,轻雾不足 2%,雨不足 4%;冬季,有轻雾、雾、雨、毛毛雨等,频率分别约为 6%、4%、8% 和 3%(表 2.14)。

表 2.14　调查海区的天气现象季节统计 （单位：%）

季 节	雨	阵雨	毛毛雨	雾	轻雾	雷暴	闪电
春 季	11	—	—	—	32	—	—
夏 季	—	1	—	—	3	1	2
秋 季	4	—	—	—	2	—	—
冬 季	8	—	3	4	6	—	—

各季节雾(包括轻雾)出现的频率中,以春季最高,冬季次之,夏季和秋季均较低。雨(包括阵雨和毛毛雨)出现的频率以春季最高,冬季次之,秋季和夏季较低。雷暴和闪电现象仅在夏季观测到。

2.2　灾害型天气系统

调查海区在海陆性气候的相互作用下,季风显著,且受西风带和东风带天气系统双重影响,使得海区天气复杂,灾害频繁发生,是我国受台风、暴雨、寒潮、大风、冰雹和龙卷风等气象灾害影响最严重的海区之一,也是我国风暴潮、海浪、赤潮等海洋灾害影响最严重的海区之一。概括起来主要灾害天气系统有热带气旋、冷空气(寒潮)、温带气旋(西南倒槽)和副热带高压等,灾害型天气系统有台风、寒潮和温带气旋。

2.2.1　热带气旋

热带气旋是发生在热带洋(海)面上气旋性涡旋的通称,为高温、高湿和巨大的辐合上升运动,并依靠水汽凝结释放出的潜热作为其维持和发展的主要能源,其中中心最大风力 ≥8 级的热带气旋统称台风。它常会造成狂风、暴雨、巨浪及风暴潮,严重地威胁人民的生命和财产安全,是海上破坏力最大的一种气象灾害。

根据近 50 年的资料统计,影响调查海区的台风平均每年 3.4 个,最多时达 6、7 个(1949～2004 年),对养殖业和农业等造成灾害的成灾台风占总数的 50% 左右,平均每年

第 2 章

1、2 个。在调查海区内登陆的台风平均每年 0.64 个,最多可达 2 个或 2 个以上(1994～2007 年)。影响调查海区的台风主要出现在 5～12 月,其中 7～9 月影响频繁,约占总数的 85%,尤以 8 月为最高,占总数的 30%。

影响调查区的热带气旋路径主要有三种,为登陆西进型、登陆北上型和外海转向型。其中登陆西进型为热带气旋从菲律宾以东洋面向西北偏西方向移动,在我国台湾省登陆后,穿过台湾海峡,在福建、浙江沿海一带再次登陆,然后向西北方向移动,在内陆逐渐消失;或者从菲律宾以东洋面上,向西北方向移动,穿过琉球群岛,在我国浙江、江苏、上海一带沿海登陆,而后北上,多数在长江口至山东一带东移出海,在朝鲜半岛再次登陆后进入日本海;第三种路径为从菲律宾以东洋面上向西北方向移动,然后转向东北朝日本一带移去,呈一抛物线形。这三种路径下,热带气旋都将在 ST05 区块海域内活动,对该海域影响极大。

热带气旋从形成到消失或转变成温带气旋为止,整个生命期一般为 3～8 天,最长达 24 天(7203 号台风),最短仅 1～2 天。一般夏、秋季的热带气旋生命期长,冬、春季的较短。

台风过境时,该海区会出现 12 级以上大风,如 8807 号台风,9～11 级大风历时 5 天,带来大风、暴雨、风暴潮等灾害。过程降雨总量超过 300 mm 的特大暴雨过程,90% 都是由浙江“登陆型”台风造成的。台风引起的风暴潮可能导致潮水漫堤、海水倒灌、冲毁海塘,破坏力极大。若台风登陆时,恰逢天文大潮,产生“狂风”、“暴雨”、“高潮”的“三碰头”的险境,灾害更为严重,9216、9417、9608、9711、0509、0608 号台风都属于此类。9711 号台风期间,整个浙江沿海形成特大风暴潮灾,位于台州的健跳站最大增水达 261 cm,致 239 人死亡,直接经济损失为 337 亿元。2005 年 0509 号台风“麦莎”影响期间,正逢农历 7 月大潮,浙江沿海 10 多个潮位站超当地警戒,海门超警戒值最大,为 71 cm;损毁海堤 11.02 km,沉没、损毁船只 1 790 艘,直接经济损失达 15.69 亿元(上海台风研究所,1951～1988)。

2.2.2 冷空气(寒潮)

秋末以后,西伯利亚和极地冷空气势力逐渐增强,冷空气堆积到一定程度后,便从源地流向纬度较低和较温暖的地区,这种现象被称为冷空气活动。日平均气温 24 h 内下降达 10℃ 以上,或 48 h 内下降达 12℃ 以上,且最低气温在 5℃ 以下的强冷空气,气象上称之为“寒潮”。寒潮是大范围的强冷空气活动,是一种灾害性天气。它往往带来大风、暴冷、霜冻、雨雪或沙尘等恶劣天气。寒潮冷锋过境时,调查海区常出现 7～9 级阵风、10 级以上偏北大风。冷锋过境后,海区受冷高压控制,风小天晴,气压上升,气温骤降,常伴有霜冻。

一次寒潮爆发,源地的冷空气减少,新冷空气重新酝酿聚集,孕育着下一次寒潮的爆发。一般情况冷空气隔 8～10 天南下一次,最少也要 3～5 天。影响调查海区的强冷空气过程,平均每年 4～5 次,10 月至次年 4 月均可发生,主要集中在 12 月至次年 2 月。

每次寒潮影响调查海区,海面有 7～9 级阵风、10 级以上的偏北大风,并伴有 3 m 以上的大浪过程,对渔业生产和航运事业都可造成重大的事故。

2.2.3　温带气旋

温带气旋可分为锋面气旋和无锋面气旋,本书所指为有锋面的低气压。按其生成的位置分类,影响调查海区的主要是东海气旋,其源地有三个:① 台湾北部海面生成的气旋;② 长江口以南沿海生成的气旋;③ 移经或发展于东海的气旋。少部分受江淮气旋影响,此类气旋发生地为湖南和江西,从长江口附近入海,影响调查海区的北部。东海和江淮气旋的平均移速为 39.3 km/h,路径为东北向的移速略快于东向。气旋移动速度随季节而异,主要是由于引导气旋移动的高空气流随季节而异的结果。温带气旋前后持续时间为 2～5 天的居多,但中心经调查海域的持续时间一般为 1 天左右。气旋影响期间,调查海区常出现 7～9 级的大风,并伴有降水。

影响调查海区的气旋以春季发生最多,冬季次之,夏、秋季最少。根据 1949～1978 年 30 年的统计(温克刚等,2006)。30 年中,共出现江淮气旋 1 019 个,平均每年 34 个;东海气旋,共计 433 个,平均每年 16.3 个。气旋频数有明显的季节变化。3～6 月较多,10 月和 8 月较少。其中:江淮气旋主要出现在 3～7 月,共出现 602 个,占全年总数的 57% 左右;东海气旋主要出现在 1～6 月,共出现 342 个,占全年总数的 78% 左右。

气旋入海后,由于海上摩擦小、暖海面上非绝热影响,往往会造成大风和风向多变,使防范措手不及,给海上作业等造成很大威胁。其次,温带气旋暖区中的浓雾也会引发海难事故。

2.2.4　副热带高压

南、北两半球的副热带地区,经常存在一个高压带,此带中的高压单体称副热带高压。其所占据的范围很大,是一个暖性稳定而少动的深厚系统;其中心常在太平洋中部夏威夷群岛附近,故又有夏威夷高压之称。夏季它的中心不止一个,多为两个,分别位于东太平洋和西太平洋。其中,出现在西太平洋上的副热带高压,简称副高。

副高控制下的天气,晴朗少云、炎热、风力微弱。但在不同部位存在差异,高压内部天气干燥,高压边缘为多雨地带。副高的季节变化与大陆上主要雨带的季节位移是一致的。雨带位于脊线以北 5～8 个纬距,走向大致与脊线平行。6 月,当副高脊线第一次北跳越过 20°N 时,正是我国长江中、下游和日本的梅雨开始。到了 7 月,脊线第二次北跳越过 25°N 时,雨带则北移到黄、淮流域,长江中、下游的梅雨结束。7 月底和 8 月初,脊线再一次北跳越过 30°N 时,华北和东北雨季开始。9 月,副高脊线回跳到 25°N 附近时,雨带又退回到江、淮流域一带。10 月,脊线再次南退到 20°N 以南地区,雨带也随之退缩到华南一带。

随着长江中、下游梅雨的结束,天气开始转入副高控制。ST05 区块海域北部主要受副高北边界影响,多在午后出现雷阵雨。调查海区南部,多受副高中心控制,天气炎热、少雨,风力较小。

2.3 小结

2006～2007 年,在 ST05 区域进行了四个航次的物理海洋调查,通过走航、定点以及大面观测等方式,获得了海洋气象各要素调查资料,主要研究结论如下。

2.3.1 气候特征

1)气温

气温季节分布由高到低依次为夏季、秋季、春季和冬季。气温季变化幅度由小到大依次为夏季、秋季、冬季和春季,冬季和春季基本接近。

连续站气温日平均变化:夏季最高,冬季最低,春、秋季介于夏、冬两季之间。气温日较差小于 2℃,在 1.0～1.8℃。

2)气压

气压季节分布由高到低依次为冬季、秋季、春季和夏季。气压的季变化幅度由小到大依次为秋季、冬季、夏季和春季。季变化幅度最小为 10.1 hPa,最大则有 22.3 hPa。

连续站气压日平均变化:冬季最高,夏季最低,秋季和春季介于夏、冬两季之间。气压日较差在 2.0～4.2℃,冬、春两季最高,夏季次之,秋季最小。

3)相对湿度

相对湿度季节分布由高到低依次为夏季、冬季、春季和秋季。相对湿度季变化幅度由小到大依次为夏季、冬季、秋季和春季。季变化幅度最小值为 23%,而最大的则有 60%。

连续站相对湿度日平均变化:春季最高,秋季最低,冬季和夏季介于春、秋两季之间;日较差在 10%～14%,其中夏季较高。

4)风

春季风向以 NE 风居多;夏季风向以 SW 风居多,其次为 SE 风;秋季风向以 N、NE 风向为主;冬季以 N 风为主。

风速季节分布由高到低依次为秋季、冬季、春季和夏季。风速的季变化幅度由小到大依次为冬季、秋季、春季和夏季。季变化幅度最小值为 13.9 m/s,最大值达 10.1 m/s。

5)云

总云量季节分布由高到低依次为夏季、秋季、春季和冬季;低云量季节分布由高到低依次为夏季、秋季、春季和冬季。

调查期间出现主要云状有积云(Cu)、层积云(Sc)、高积云(Ac)和卷云(Ci)。按出现频率由高到低,积云(Cu)依次为夏季、秋季、冬季和春季;层积云(Sc)依次为冬季、秋季、春季和夏季;高积云(Ac)依次为春季、夏季、冬季和秋季;卷云(Ci)依次为夏季、春季、秋季和冬季。

6)能见度

能见度季节分布由高到低依次为夏季、秋季、冬季和春季。

海区良好能见度频率季节分布情况与能见度季节分布相似,由大到小依次为夏季、秋季、冬季和春季。

7）天气现象

各季节雾（包括轻雾）出现的频率中，以春季最高，冬季次之，夏季和秋季均较低。雨（包括阵雨和毛毛雨）出现的频率中春季最高，冬季次之，秋季和夏季较低。雷暴和闪电现象仅在夏季观测到。

2.3.2 灾害型天气系统

调查海区在海陆性气候的相互作用下，季风显著，且受西风带和东风带天气系统双重影响，使得海区气候系统更趋复杂；灾害型天气系统有台风、寒潮和温带气旋等。

影响调查海区最主要的灾害型天气系统是台风，影响季为夏秋季。影响调查海区的台风平均每年3.4个，登陆的有0.64个，多时可达2个或2个以上，主要出现在5～12月，8月出现频率最高。台风路径主要有3类："登陆消失型"、"登陆北上型"和"抛物线型"。台风过境期间，给调查海区带来灾害性海浪和风暴潮灾害。

寒潮及强冷空气主要在冬季影响调查海区，平均每年4～5次，主要集中在12月至次年2月。寒潮冷锋过境时，调查海区常出现7～9级阵风10级以上偏北大风，并伴有3 m以上的大浪过程，对渔业生产和航运事业都可造成重大的事故。

春秋季节调查海区主要受东海气旋、江淮气旋等温带气旋影响，气旋移速随季节而异，平均移速为39.3 km/h，持续时间为2～5天。气旋影响期间，调查海区常出现7～9级的大风，其伴有大风、风向多变、阵性降水及暖区中的浓雾等天气过程，常给海上作业造成威胁，引发海难事故。

第2章

海洋水文

东海位于中国岸线中部的东方,是西太平洋的一个边缘海,西有广阔的大陆架,东有深海槽,故兼有浅海和深海的特征。ST05 调查区域位于东海闽浙近海海域,具体包括浙江南部和福建北部海域,其北边界与 30°N 纬线接壤,南边界抵达 26°N 附近,东边界沿 150 m 等深线布设,走向和分布位置都接近东海黑潮表层流轴。

ST05 区块海域毗邻的浙闽海岸,岸线曲折绵长,大陆岸线北起浙江省平湖市,南至福建省福鼎市,长达 2 000 km,海岸线基本廓形受 NNE、NW 和东西向断裂构造的控制;海底地形总趋势以浙闽交界处最高,西北向东南海岸方向倾斜;近岸区域构成多种形态港湾,如象山港、三门湾、台州湾和乐清湾等,最大的海湾是杭州湾,其入海河口钱塘江呈喇叭形,由于潮汐的作用,在海宁附近形成举世闻名的钱江潮。东侧外陆架上北自嵊泗县花鸟山岛,南至苍南县七星岛,岛屿星罗棋布,面积 500 m² 以上的岛屿共有 3 061 个,其中我国著名的第四大岛舟山岛(476.2 km²)就位于北部近海海域(海洋图集编委会,1992;贾建军等,2000)。

台湾暖流和闽浙沿岸流在闽浙海域交汇,其消长变化控制着该海域的环流、温盐结构以及物质扩散输运过程,形成了浙闽海域独特的上升流流系,对该海域的初级生产力、生态结构的形成和变化产生至关重要的影响。早在 20 世纪 60 年代初我国学者管秉贤等(管秉贤,1986)就提出了中国近海海流流系分布模式,尔后随着调查的增多和研究的深入(朱家彪,2008),逐渐发现台湾暖流和闽浙沿岸流是闽浙海域的控制性海流系统。闽浙海域是黑潮入侵陆架的典型区域,台湾暖流是黑潮主流在我国台湾东北海域的入侵分支,沿着福建、浙江外海北上,达到杭州湾外,然后又折回向东流去。台湾暖流的流向比较稳定,在 50~100 m 的等深线之间全年向北流,夏强冬弱,其流速较小,通常在 0.25 m/s 以下,且由南向北逐渐减弱。闽浙沿岸流起源于长江口和杭州湾一带,主要由长江和钱塘江的入海径流组成,沿途有瓯江和闽江等江河的淡水汇入。因闽浙沿岸流的宽度较窄,一般在离岸 35~75 km 之内,且方向多变。冬季,在强劲的北风和东北风吹刮下,沿岸流势力较强,往南可以越过台湾海峡;夏季,长江入海径流的势力强大,由于受到台湾暖流顶托和偏南季风影响,在口门外分两股扩展,一股朝向东北偏北,另一股向东南方向;闽浙沿岸流受偏南季风的影响,沿岸流顺海岸向东北方向流动。春季属于季风的过渡期,南向的沿岸流在整个沿海都由强变弱,并向北收缩至杭州湾附近;秋季自北向南的沿岸流又逐渐增强,并向南扩展(图 3.1)。

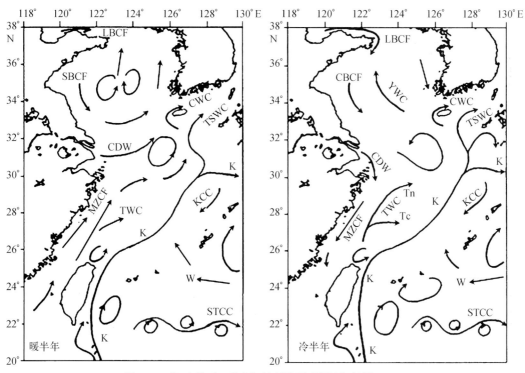

图 3.1 黄、东海冷、暖半年的环流示意图(朱家彪,2008)

注：图中 K—黑潮,KCC—黑潮逆流,TWC—台湾暖流,TSWC—对马暖流,YWC—黄海暖流,LBCF—鲁北沿岸流,SBCF—苏北沿岸流,CDW—长江冲淡水,MZCF—闽浙沿岸流,STCC—副热带逆流,CWC 济州暖流,Tn 台湾暖流内侧分支,Tc 台湾暖流外侧分支。

3.1 潮汐

ST05 区块的潮波系统是由大洋的潮波传至本海域所形成的谐振潮,影响本区域的潮波主要是半日潮波和日潮波。向闽浙海域推进的大洋潮波与从台湾以北海域进入的潮波汇合,在闽浙海岸和台湾岛屿这一特有地形作用下,形成一明显的"退化旋转潮波系统"(海洋图集编委会,1992;贾建军等,2000),故舟山以南的东海海区半日潮波以驻波为主;因受沿海众多港湾地形影响,其潮波呈现外海潮波谐振动状态的同时,港湾内潮波又受到封闭湾顶的反射,易产生共振,从而由湾口到湾顶潮差逐渐增大,导致闽浙海域成为我国最大潮差岸段之一,涨、落潮流不对称现象明显,涨潮流历时大于落潮,一般涨潮历时为 7~7.5 h,落潮历时在 5.5~6 h,涨潮流速为 0.6~1.0 m/s,落潮流速为 0.9~1.6 m/s(图 3.2)。

3.1.1 潮汐类型

潮汐类型可用潮型数

$$A = (K_{K_1} + H_{O_1})/H_{M_2}$$

第3章

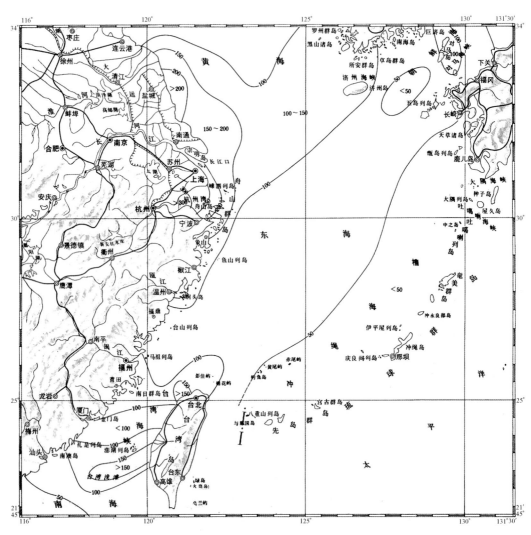

图 3.2 最大可能潮流(海洋图集编委会,1992)

来划分,式中潮汐 H_{M_2}、K_{K_1} 和 H_{O_1} 为分潮的最大振幅,并取以下标准:正规半日潮 $0 < A \leqslant 0.5$,不正规半日潮 $0.5 < A \leqslant 2.0$,正规日潮 $2.0 < A \leqslant 4.0$,不正规日潮 $A > 4.0$。

ST05 区块海域潮汐性质主要为不正规半日潮和正规半日潮,两者所占范围大小不同。除台湾岛北部沿冲绳海槽至五岛列岛、浙江定海、穿山、镇海一带海域为不正规半日潮性质外,其余部分海域为正规半日潮(海洋图集编委会,1992;贾建军等,2000)(图 3.3)。

3.1.2 最大可能潮差

最大可能潮差是按 $2 \times (1.29 H_{M_1} + 1.23 H_{S_2} + K_{K_1} + H_{O_1})$ 或 $2 \times (H_{M_2} + H_{S_2} + 1.68 K_{K_1} + 1.46 H_{O_1})$ 计算所得,其中 H_{M_2}、H_{S_2}、K_{K_1} 和 H_{O_1} 为分潮的最大振幅。

ST05 区块海域最大可能潮差分布的总体趋势是近岸及港湾潮差大,逐步向外海减

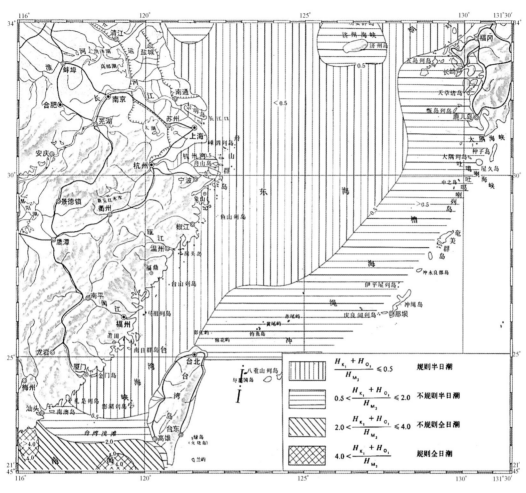

图 3.3　潮汐类型平面分布(海洋图集编委会,1992)

小。北部近海海域的最大可能潮差(8 m 以上)比南部沿海略大,存在两个大潮差区,即近杭州湾和闽江口附近海域,这两个区域也是东海区的大潮差区。其中北部近海的澉浦海域,最大可能潮差可达 10.18 m,实测最大潮差也达 8.92 m。闽江口北侧的三都最大可能潮差达 9.48 m,实测最大潮差也达 8.38 m。台湾海峡北部的最大可能潮差也在 5 m 以上(海洋图集编委会,1992;贾建军等,2000)(图 3.4)。

3.2　海流

潮流和潮汐是潮波运动同一过程中的两种不同表现形式,前者表现为海水在水平方向上的周期性流动,后者表现为水位在铅直方向上的周期性升降,二者密切相关(冯士筰等,1999)。

本书海流特征分析是基于多种海流调查资料,有锚碇潜标定点测流、走航测流等,同时在代表连续站进行了 25 h 以上的连续观测。由于锚碇潜标坐底朝上,即从海底向上测流,所测得的表层海流会出现不连续的情况,为此,在分析海流时补充邻近地波雷达所测

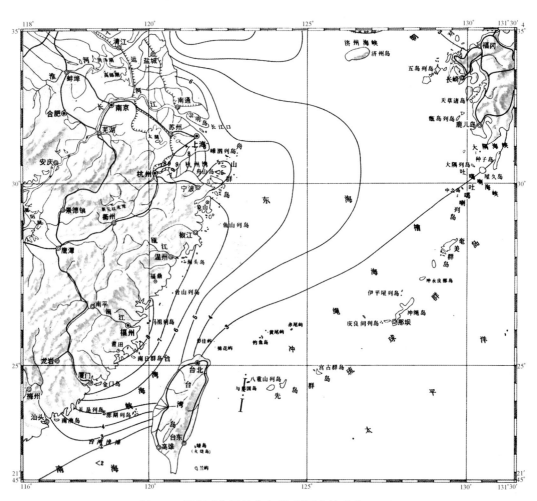

图 3.4　最大可能潮差分布(海洋图集编委会,1992)

的表层海流资料。各观测位置(图 3.5)和时间情况如下。

　　1) 锚碇潜标定点

　　2006 年 8 月～2007 年 12 月期间,在调查海域(120°~128°E、26°~30°N)布设 8 个海流潜标监测站位,分别于春季(2007 年 4 月 8 日～2007 年 5 月 21 日)、夏季(2006 年 7 月 15 日～2006 年 8 月 31 日)、秋季(2007 年 10 月 18 日～2007 年 12 月 16 日)和冬季(2006 年 12 月 23 日～2007 年 2 月 6 日)进行了 4 次连续海流监测,每个测站连续观测时间大于 30 天。潜标采用防拖网架,置于海底,内安装声学多普勒海流剖面仪,传感器方向朝上。观测仪器采用美国 SONTEK 公司 250 kHz、500 kHz、1 000 kHz 三种不同型号的 ADP 多普勒海流剖面仪,根据不同的水深配用不同型号的仪器,并设置不同的垂向分层间隔,一般为 2 m 或 4 m;观测要素主要为流速、流向和压力(水深)。利用 VIEWADP 处理软件根据“相关系数”参数和压力数据分别对水下无效数据和水面以上无效数据进行前期处理,最终得到时间采样间隔为 10 min 的有效锚系测站海流数据。

　　由于观测区域处于我国著名舟山渔场,渔船的拖网和流网作业对潜标的安全影响极大,所以造成部分潜标丢失、资料不连续,此外,由于仪器本身电源等故障,最终有效的锚

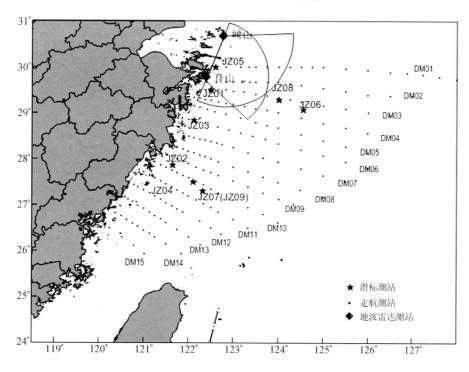

图 3.5　ST05 区块海域物理海洋与海洋气象调查站位图

碇潜标定点资料如表 3.1 所示,其中 JZ05 为连续观测站。表 3.2～表 3.5 为一年四季 ST05 区块定点锚系浅标观测时间。

表 3.1　ST05 区块海域定点锚系浅标位置表

标　名	经度/(°)	纬度/(°)	季　节
JZ01	122.50	29.50	夏
JZ02	121.65	27.86	春、夏、秋、冬
JZ03	122.13	28.84	春
JZ04	122.10	27.50	冬
JZ05	122.60	30.00	秋
JZ06	124.56	29.07	春、夏、冬
JZ07(JZ09)	122.33	27.31	春、夏、秋、冬
JZ08	124.01	29.29	春、夏、秋、冬

表 3.2　ST05 区块海域春季定点锚系浅标观测时间

测流方式	站位编号	纬度/(°)	经度/(°)	时　间	参考水深/m
锚碇潜标	JZ03	28.84	122.13	2007.4.13～2007.5.20	23
	JZ02	27.86	121.64	2007.4.11～2007.5.20	32
	JZ08	29.48	124.02	2007.4.9～2007.5.18	89
	JZ07	27.51	122.55	2007.4.9～2007.5.19	89
	JZ06	29.11	124.93	2007.4.9～2007.5.19	80
船舶定点周日潮流	JZ05 连续站	30.00	123.01	2007.5.2～2007.5.3	50

表 3.3　ST05 区块海域夏季定点锚系浅标观测时间

测流方式	站位编号	纬度/(°)	经度/(°)	时　　间	参考水深/m
锚碇潜标	JZ01	29.50	122.50	2006.7.23～2006.8.22	31
	JZ02	27.86	121.65	2006.7.22～2006.7.24	28
	JZ09	27.65	122.68	2006.7.20～2006.8.21	90
	JZ08	29.48	124.02	2007.7.22～2007.8.23	72
	JZ06	29.11	124.92	2007.7.22～2007.8.23	80
船舶定点周日潮流	JZ05 连续站	30.00	123.01	2006.8.29～2007.8.30	50

表 3.4　ST05 区块海域秋季定点锚系浅标观测时间

测流方式	站位编号	纬度/(°)	经度/(°)	时　　间	参考水深/m
锚碇潜标	JZ05	30.00	123.00	2007.10.24～2007.12.8	54
	JZ02	27.99	121.64	2008.11.6～2008.12.7	32
	JZ07	27.51	122.55	2008.10.9～2008.11.15	89
	JZ08	29.48	124.02	2007.12.11～2008.1.6	75
船舶定点周日潮流	JZ05 连续站	30.00	123.01	2007.5.2～2007.5.3	50

表 3.5　ST05 区块海域冬季定点锚系浅标观测时间

测流方式	站位编号	纬度/(°)	经度/(°)	时　　间	参考水深/m
锚碇潜标	JZ02	27.86	121.65	2006.12.30～2007.1.3	33
	JZ04	27.83	122.16	2006.12.31～2007.2.4	78
	JZ08	29.48	124.02	2006.12.24～2007.2.3	74
	JZ07	27.51	122.55	2006.12.31～2007.2.4	89
	JZ06	28.48	125.01	2006.12.25～2007.2.4	105
船舶定点周日潮流	JZ05 连续站	30.00	123.01	2007.1.24～2007.1.25	50

2）朱家尖嵊山雷达

考虑到锚碇潜标测得的表层海流会出现不连续的情况,在分析海流特征时补充地波雷达所测的表层海流资料。选用 2008 年朱家尖和嵊山的一对地波雷达表层海流观测资料,利用两个测站共同覆盖区域的合成流来分析表层海流特征,该地波雷达覆盖 ST05 区块 29°N 以北的海区,因此流场分布特征分析主要针对这一区域。具体的选取时间如下,夏季大潮时间为 2008 年 8 月 2 日(农历七月初二),小潮时间为 2008 年 7 月 25 日(农历六月二十三);冬季大潮时间为 2008 年 1 月 9 日(农历十二月初二),小潮时间为 2008 年 1 月 30 日(农历十二月二十三)。

3）ADCP 走航观测

调查期间,利用 ADCP 进行全程走航观测,航速在 9 节以下,受船舶吃水及仪器盲区的限制,实测到的第一层海流,水深通常在 5～7 m。由于调查方式的限制,加之测流时间和空间的不断改变,因此走航测流观测数据只能是对调查海区流况特征的概要反映。

3.2.1 潮流

1. 潮流性质

潮流性质主要是根据全日、半日分潮流的相对比率来划分的,根据我国《港口工程技术规范》的规定,采用 $F=(W_{O_1}+W_{K_1})/W_{M_2}$(其中,$W_{O_1}$、$W_{K_1}$、$W_{M_2}$ 分别为 O_1、K_1、M_2 分潮流的椭圆长轴)的值作为判别指标。

正规半日潮流:$(W_{O_1}+W_{K_1})/W_{M_2}\leqslant 0.5$;非正规半日潮流:$0.5<(W_{O_1}+W_{K_1})/W_{M_2}\leqslant 2.0$;非正规全日潮流:$2.0<(W_{O_1}+W_{K_1})/W_{M_2}\leqslant 4.0$;正规全日潮流:$4.0<(W_{O_1}+W_{K_1})/W_{M_2}$。

由于ST05区块海域浅水分潮流占有一定比率,在划分潮流性质时还需考虑浅水分潮流的影响,通常用 $G=(W_{M_4}+W_{MS_4})/W_{M_2}$(其中,$W_{M_4}$、$W_{MS_4}$ 分别为 M_4、MS_4 分潮流的椭圆长轴)的值作为衡量标准。

调查区域 F 值均小于 0.5,潮流类型为半日潮流性质,且调查区域的浅海分潮是不可忽视的。综上所述,ST05区块海域的潮流性质为非正规半日浅海潮流。

2. 流速

1)平面分布

根据本次调查资料分析可知海域潮流类型以半日潮流为主,潮流在一天之内出现两涨两落的现象,流速近岸较大,外海较小,北侧(以 28°N 为界)流速大于南侧流速。锚碇潜标观测期间测得最大流速为 197.4 cm/s,实测流速一般不超过 150 cm/s。四季中,以夏季平均流速最大,春季次之,冬季最小,最大平均流速出现在夏季大潮期间,流速为 48.02 cm/s;总体来说该海域夏季海流最强,大潮流速大于小潮流速,落急流速略大于涨急流速(图 3.6,表 3.6,表 3.7)。

表 3.6　ST05 区块海域各测点垂向平均流速特征值(春、夏)　(单位:cm/s)

测站	春季			测站	夏季		
	全测次	大潮	小潮		全测次	大潮	小潮
JZ08	30.3	45.91	15.9	JZ08	32.1	32.6	35.37
JZ06	30.3	44.89	15.1	JZ06	29.2	29.6	32.07
JZ03	34.2	38.49	31.68	JZ01	45.2	43.1	20.87
JZ02	34.7	43.11	26.7	JZ02	40.5	48.0	39.37
JZ07	26.9	32.59	15.9	JZ09	28.2	34.0	22.37

表 3.7　ST05 区块海域各测点垂向平均流速特征值(秋、冬)　(单位:cm/s)

测站	秋季			测站	冬季		
	全测次	大潮	小潮		全测次	大潮	小潮
JZ05	38.57	41.27	31.27	JZ08	29.7	37.98	20.2
JZ02	30.6	32.6	18.7	JZ06	25.4	30.91	18.0
JZ08	27.9	30.1	16.8	JZ04	24.4	24.64	22.2
JZ07	29.7	44.9	25.1	JZ02	30.0	31.82	23.4
				JZ07	25.1	29.82	20.4

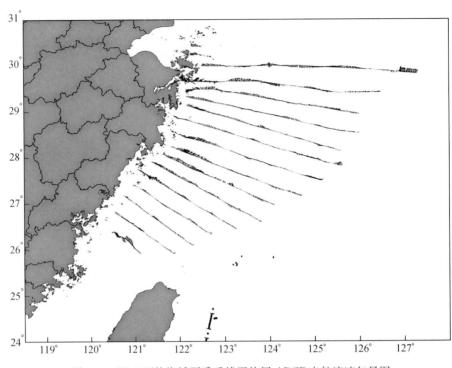

图 3.6　ST05 区块海域夏季垂线平均层 ADCP 走航流速矢量图

2）垂向分布

ST05 区块海域的流速垂向分布总体来看,中上层流速大于底层流速,但冬季由于风力强劲垂向混合均匀以及台湾暖流较弱,垂向流速切变小于其余三个季节,由表至底,各层流速相对较稳定。

外海流速一般呈"S"形或"凸"形分布,除表层流速较大外,中层流速较底层亦明显增大,甚至有时超过表层流速。外海流速的季节变化特征与台湾暖流的入侵特征相似:冬季台湾暖流较弱,流速切变也较弱;夏季,台湾暖流增强,流速切变也明显增强,"凸"形分布最明显;春季处于冬夏过渡季节,其流速大小以及垂向变化均表现出过渡季节的特点,流速较夏季小,较冬季大;垂向流速切变也位于冬夏两季之间;秋季与春季情况类似。

3. 流向

ST05 区块北侧(以 28°N 为界)海域除表层海流受海面风影响外,其余层均为顺时针旋转流;南侧海域由于大陆架变窄,多个流系在此交汇等影响,多为不规则旋转流,流向集中在 0～150°的扇形区域内。在离岸几十公里外受台湾暖流控制区域,无论涨落潮流向始终与台湾暖流主流向一致,为 N - NE 向,在台湾暖流控制区域东侧旋转流,流向在一个潮周期内成顺时针方向旋转(图 3.7～图 3.10)。

近岸海域潮流流向,春季以东西向居多,夏季受偏南季风及闽浙沿岸流影响,主要为东北向及偏东方向海流,秋季和冬季受偏北季风及沿岸流系影响,流向以偏南向居多。外海

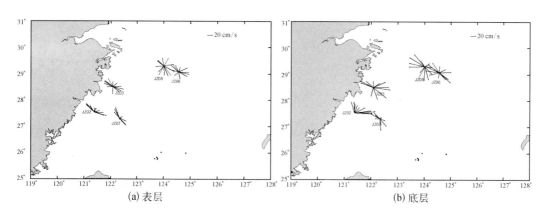

图 3.7　ST05 区块海域春季大潮流矢图

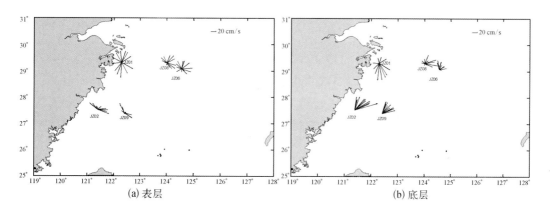

图 3.8　ST05 区块海域夏季大潮流矢图

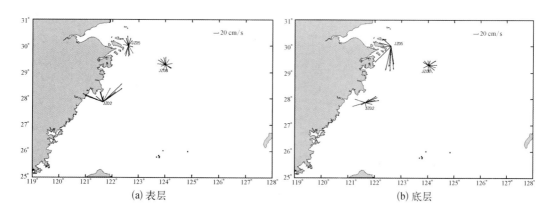

图 3.9　ST05 区块海域秋季大潮流矢图

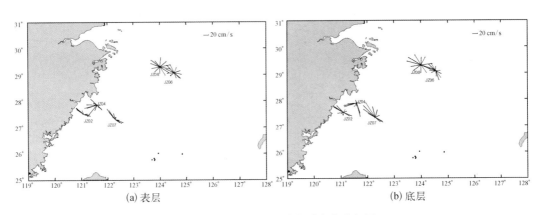

图 3.10　ST05 区块海域冬季大潮流矢图

主要受台湾暖流及黑潮流系影响,春季偏北向流居多,其次为偏东方向流;夏季偏北向流居多,其中又以东北向流最多;秋季流向以偏北向流居多,其次为偏东方向的流;冬季流向以偏北向流居多(图 3.6)。

3.2.2　余流

余流是指从实测海流中扣除周期性潮流后的净位移矢量(欧拉余流),能很好地反映观测海域的物质净输移方向(苏纪兰,2005),本书中的余流为混合余流,即包括径流、沿岸流、密度流、风致余流以及地形等引起的混合余流。

1. 平面分布

闽浙海域主要余流分布格局与三大流系相关,在台湾岛东侧有明显的黑潮流系向东北方向流动,台湾海峡及其以北有明显的东北方向余流,该余流在表层为台湾暖流与闽浙沿岸流的共同作用。夏季由于二者流向相同仅通过余流方向较难区分,但在底层由于闽浙沿岸流减小或消失,该东北向余流带变窄。

ST05 区块 29°N 以北海域,夏季表层余流为 NE 向,冬季表层大潮余流也为 NE 向。夏季大潮表层余流流速为 35.0 cm/s,小潮为 11.6 cm/s。冬季大潮表层余流比夏季明显偏小,为 7.2 cm/s。垂向平均余流流速不超过 15 cm/s(图 3.11、图 3.12)。南侧海域(以

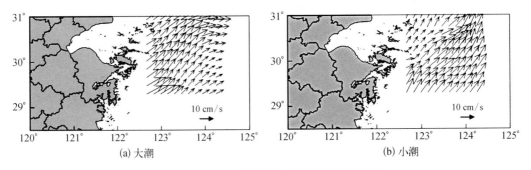

图 3.11　ST05 区块海域夏季表层余流分布图

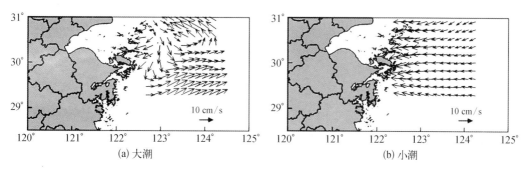

(a) 大潮　　　　　　　　　　　(b) 小潮

图 3.12　ST05 区块海域冬季表层余流分布图

28°N 为界)余流流速大于北侧(图 3.13),主要原因是由于南侧大陆架变窄,水深突变,自西南向东北下倾的海面坡度增大,引起的压力梯度力增大而造成的。余流流向受季风影响及控制流系的不同而随季节变化,最大值均位于南侧沿岸海域,除了压力梯度力增大外,众多研究表明该站附近存在上升流,垂向流系的补充也是其主要原因。

1) 春季

中层余流流速较大,表层次之,底层余流流速最小,垂向平均余流最大为 12.32 cm/s。春季处于偏北向偏南季风转变的过渡期,风向多变,近岸海域水深较浅,季风影响可至中层,表层和中层流向基本一致,但与底层差异明显。而外海海域中、底层余流流向较为稳定,均为 ENE - NE(表 3.8,图 3.13)。

表 3.8　春季余流平面分布特征值

站　　位	JZ03		JZ02		JZ08		JZ06		JZ07	
	流速/(cm/s)	流向/(°)	流速/(cm/s)	流向/(°)	流速/(cm/s)	流向/(°)	流速/(cm/s)	流向/(°)	流速/(cm/s)	流向/(°)
表　层	3.99	214.08	6.79	56.34	2.40	198.25	4.56	9.48	8.05	34.90
中　层	6.38	189.07	8.66	61.98	5.77	134.72	6.45	71.89	12.23	31.29
底　层	2.28	295.39	8.67	12.71	2.83	123.64	4.27	77.29	10.19	12.60
垂向平均	3.37	197.59	8.61	46.91	4.28	132.95	6.21	73.38	12.32	31.00

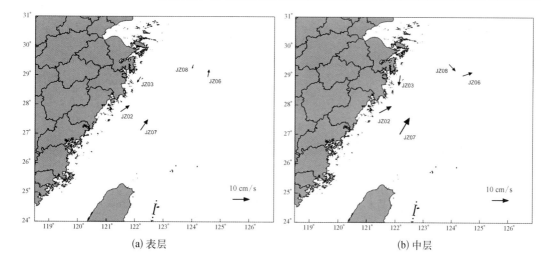

(a) 表层　　　　　　　　　　　(b) 中层

第 3 章

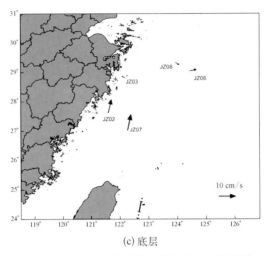

(c) 底层

图 3.13　ST05 区块海域春季余流平面分布图

2）夏季

夏季余流流速普遍较大，表层流速超过 15 cm/s，底层流速小于表层，垂向平均余流最大为 11.86 cm/s。从余流垂向平均流速来看，南侧的余流大于北侧，近海余流大于外海。表层、中层和底层大部分测站余流方向趋同，除北侧近岸海域受南下的长江径流影响余流流向偏 S 外，其余海域各层余流流向均为 NNE‑NE，受夏季 SW 季风影响，表层余流多为 NNE 向，底层大部分测站余流流向均存在不同程度的顺时针偏转（表 3.9，图 3.14）。

表 3.9　夏季余流平面分布特征值

站　位	JZ01		JZ02		JZ08		JZ06		JZ09	
	流速/(cm/s)	流向/(°)	流速/(cm/s)	流向/(°)	流速/(cm/s)	流向/(°)	流速/(cm/s)	流向/(°)	流速/(cm/s)	流向/(°)
表　层	16.37	185.27	21.63	21.58	16.85	19.34	18.59	22.17	9.44	11.61
中　层	10.70	187.22	26.81	49.50	8.19	80.78	2.79	90.77	12.31	35.63
底　层	1.52	248.51	16.81	30.96	3.95	94.99	4.70	29.89	10.31	30.18
垂向平均	11.10	188.66	23.52	44.81	8.28	75.85	4.48	48.40	11.86	33.32

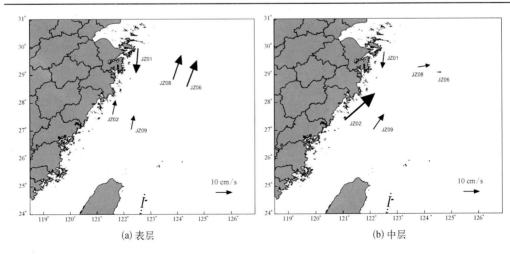

(a) 表层　　　　　　　　　　　　　　　　　(b) 中层

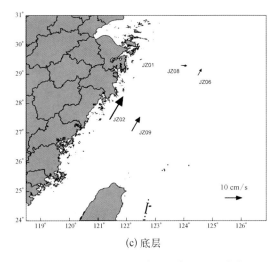

(c) 底层

图 3.14 ST05 区块海域夏季余流平面分布图

3) 秋季

秋季最大余流值为 8.65 cm/s。近岸海域表底层流速差异明显,表层流速为底层流速的 4~5 倍;除北侧近岸海域受长江径流影响,表层余流流向为 SW 外,其余海域表层余流均指向 NE,表、中、底层成顺时针方向旋转,余流流向与夏季几乎相同,但在流速上体现了过渡季节的特点,垂向平均流速仅为夏季余流的 1/3~1/2(表 3.10,图 3.15)。

表 3.10　秋季余流平面分布特征值

站 位	JZ05		JZ02		JZ08	
	流速/(cm/s)	流向/(°)	流速/(cm/s)	流向/(°)	流速/(cm/s)	流向/(°)
表 层	23.00	215.23	21.74	18.05	3.55	28.08
中 层	4.95	8.08	9.49	24.66	4.34	61.80
底 层	5.21	18.52	4.19	84.74	3.61	105.35
垂向平均	3.10	336.27	8.65	29.25	4.05	63.95

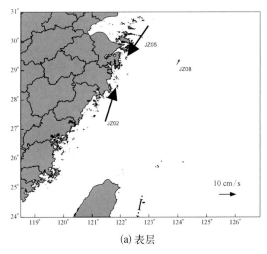

(a) 表层

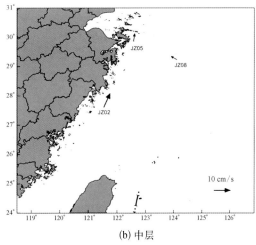

(b) 中层

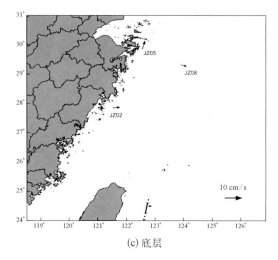

(c) 底层

图 3.15　ST05 区块海域秋季余流平面分布图

4）冬季

　　冬季最大余流为 11.32 cm/s。强烈的风应力搅拌作用和表层冷却水下沉使得水体混合更均匀,大部分测站表、中、底层流速变化较小。南侧外海的余流流速值远大于北侧外海,主要是台湾暖流"夏强冬弱"的作用。冬季受强烈的偏北季风影响,表层大部分测站余流偏南,外海海域中、底层受控制流系影响,流向依然为 ENE－NE 向(表 3.11,图 3.16)。

表 3.11　冬季余流平面分布特征值

站　位	JZ04		JZ02		JZ08		JZ06		JZ07	
	流速 /(cm/s)	流向 /(°)	流速 /(cm/s)	流向 /(°)	流速 /(cm/s)	流向 /(°)	流速 /(cm/s)	流向 /(°)	流速 /(cm/s)	流向 /(°)
表　层	6.85	172.87	17.79	204.52	3.03	117.62	18.96	188.68	3.09	277.87
中　层	11.48	25.68	9.98	221.24	2.59	55.45	16.70	181.58	9.27	40.73
底　层	9.00	20.77	8.36	251.11	3.40	76.95	2.66	45.77	6.60	33.40
垂向平均	9.86	24.74	11.32	219.44	2.45	61.18	1.27	78.84	8.07	37.68

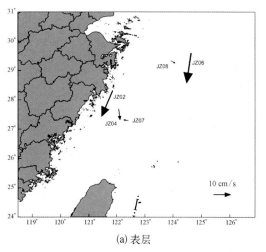

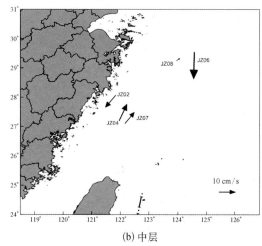

(a) 表层　　　　　　　　　　　　　　　　　　(b) 中层

第 3 章

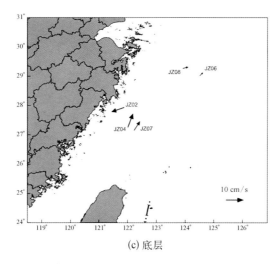

(c) 底层

图 3.16 ST05 区块海域冬季余流平面分布图

2. 垂向分布

夏季,外海海域垂向余流呈凸型,中层流速大于上、下层流速,余流指向 NE。这种余流流速分布特征是外来海流叠加到潮流的明显标志,外来海流明显减弱上层水流或增强中层水流,此处为台湾暖流入侵增强了中层水流;北侧近岸海域受南下的长江冲淡水影响,余流流向为 S-SW;南侧近岸海域受沿岸北上浙闽沿岸流控制,余流流向 NE。外海主要受台湾暖流控制,流为 ENE-NE。

冬季水体垂向混合均匀,各层余流流速基本一致,垂向凸型特征不明显,南侧近岸海域依然受浙闽沿岸流控制,但此时浙闽沿岸流已转向,加之强劲的 NE 季风影响,余流流向为 SW;外海受台湾暖流控制,余流指向 ENE-NE。

春、秋两季为余流的季节变化过渡时期(图 3.17)。

3.3 海浪

海浪是发生在海洋中的一种波动现象,包括风浪、涌浪和混合浪。其中风浪指在风力直接作用下产生的波浪。当风浪离开风区后,在风力很小或向无风海域传播的波

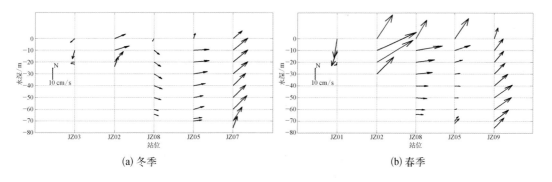

(a) 冬季　　　　　　　　　　　　　　　　(b) 春季

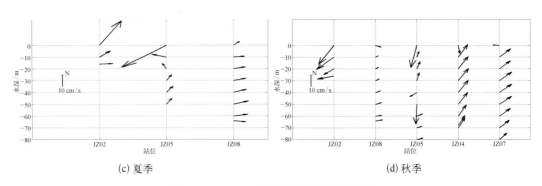

图 3.17　ST05 区块海域余流垂向分布图

浪称涌浪。

　　本节对调查期间该海域海浪的波向、平均波高、最大波高、平均周期、最大周期等要素作相关论述。所提及的波高、周期均为"有效波"，浪向采用 8 个方位的划分方法（表 3.12～表 3.16）。

表 3.12　ST05 区块海域波型统计　　　　　　　　　　（单位：％）

波　型	符　号	春　季	夏　季	秋　季	冬　季
风　浪	F	14	20	49	7
涌　浪	U	10	1	1	0
混合浪	FU	17	8	8	18
	F/U	27	4	24	18
	U/F	32	67	18	57

表 3.13　ST05 区块海域有效波高和有效周期季节特征

季　节	有效波高/m		有效周期/s	
	平均值	变化范围	平均值	变化范围
春　季	0.9	0.3～2.5	4.4	2.6～8.0
夏　季	1.1	0.3～2.5	5.1	1.9～7.7
秋　季	1.4	0.4～3.1	5.3	2.2～8.0
冬　季	1.3	0.3～2.6	5.4	1.9～8.5

表 3.14　ST05 区块海域最大波高和最大周期季节特征

季　节	最大波高/m		最大周期/s	
	平均值	变化范围	平均值	变化范围
春　季	1.0	0.3～2.7	4.8	2.8～8.8
夏　季	1.3	0.4～2.7	5.5	2.1～8.3
秋　季	1.6	0.5～3.4	5.8	2.6～8.5
冬　季	1.4	0.4～3.0	5.8	2.1～9.0

表 3.15 ST05 区块海域风浪向季节特征 （单位：％）

季节	N	NE	E	SE	S	SW	W	NW	C
春季	14	22	15	5	13	13	2	6	10
夏季	2	4	10	17	20	35	6	3	3
秋季	45	47	5	0	0	0	0	0	3
冬季	56	8	4	6	8	0	4	14	0

表 3.16 ST05 区块海域涌浪向季节特征 （单位：％）

季节	N	NE	E	SE	S	SW	W	NW	C
春季	4	24	40	7	11	0	0	0	14
夏季	0	1	6	13	45	15	0	0	20
秋季	7	31	12	0	0	0	0	0	50
冬季	40	39	0	0	11	0	0	4	7

3.3.1 波高和周期

调查期间 ST05 区块海域波浪分布特征呈现如下变化,有效波高变化在 0.9~1.4 m,季节分布由高到低依次为秋季、冬季、夏季和春季。其中秋季和冬季波高较为接近,分别为 1.4 m 和 1.3 m;最大波高变化在 1.0~1.6 m,季节分布由高到低依次为秋季、冬季、夏季和春季。其中夏季和冬季波高较为接近,分别为 1.3 m 和 1.4 m。

有效周期变化在 4.4~5.4 s,季节分布由高到低依次为冬季、秋季、夏季和春季。其中夏季、秋季和冬季周期基本接近;最大周期变化在 4.8~5.8 s,季节分布以秋季和冬季最大,夏季次之,春季最小。

1) 春季

调查海区海况主要介于 2~4 级,以混合浪为主。有效波高(指平均值,其中波高为海浪波高,下同)为 0.9 m,有效周期(指平均值,其中周期为海浪周期,下同)为 4.4 s。最大波高和最大周期分别较有效波高和有效周期略大,分别为 1.0 m 和 4.8 s。

2) 夏季

调查海区海况主要介于 2~4 级,以混合浪为主,有效波高为 1.1 m,有效周期为 5.1 s。最大波高和最大周期分别较有效波高和有效周期略大,分别为 1.3 m 和 5.5 s。

3) 秋季

调查海区海况主要介于 3~4 级,以风浪为主。有效波高为 1.4 m,有效周期为 5.2 s。最大波高和最大周期分别较有效波高和有效周期略大,分别为 1.6 m 和 5.8 s。

4) 冬季

调查海区海况主要介于 3~4 级,以混合浪为主,有效周期(指平均值,下同)为 5.4 s。最大波高和最大周期分别较有效波高和有效周期略大,分别为 1.4 m 和 5.8 s。

3.3.2 波向

春季,调查海区以混合浪为主。海区风浪向的最多浪向为 NE,频率约为 22％。涌浪向的最多浪向为 E,频率为 40%;次多浪向为 NE,频率为 24%。

夏季,调查海区海况主要以混合浪为主。海区风浪向的最多浪向为 SW,频率为 35%;次多浪向为 S,频率为 20%。涌浪向的最多浪向为 S,频率为 45%;次多浪向为 SW,频率为 15%。

秋季,调查海区海况主要以风浪为主。海区风浪向的最多浪向为 NE,频率为 47%;次多浪向为 N,频率为 45%。涌浪向的最多浪向为 NE,频率为 31%;次多浪向为 E,频率为 12%。

冬季,调查海区海况主要以混合浪为主。海区风浪向的最多浪向为 N,频率约为 56%。涌浪向的最多浪向为 N,频率为 40%;次多浪向为 NE,频率为 39%。

3.4 温盐密和声速

3.4.1 温度

1. 平面分布

本海区温度分布呈现近海低、外海高的基本特征(表 3.17,图 3.18)。

表 3.17　ST05 区块海域海水温度统计表　　(单位:℃)

水深	项目	春季	夏季	秋季	冬季
表层	平均值	18.13	28.55	23.26	16.47
	最小值	14.01	26.08	19.58	9.50
	最大值	25.04	30.72	26.24	23.40
50 m	平均值	18.10	28.40	23.30	16.50
	最小值	14.96	16.37	17.68	14.59
	最大值	22.94	29.00	26.29	22.40
75 m	平均值	18.70	20.41	19.98	18.43
	最小值	15.22	15.95	16.83	15.88
	最大值	21.57	27.82	24.89	21.67
100 m	平均值	18.15	18.74	18.27	18.50
	最小值	15.94	15.73	15.55	17.51
	最大值	19.51	21.27	21.33	19.72

1) 冬季

太阳辐射最弱,为全年温度最低季节,水温介于 9~24℃。沿岸流与台湾暖流的交汇海域等温线密集,大体沿浙江近海呈 WS-EN 走向。海区东侧的东海黑潮流区温度最高,为 20~24℃,暖水舌向西侧陆架侵入明显,大致为 ES-WN 走向(图 3.18)。

冬季海水的垂向混合最强,陆架浅水区的温度在垂向上呈均匀分布。表层以下各层的水温分布与表层基本一致。

2) 春季

太阳辐射量逐渐增加,气温上升明显,水温逐步升高。表层等温线顺岸大致呈 EN-

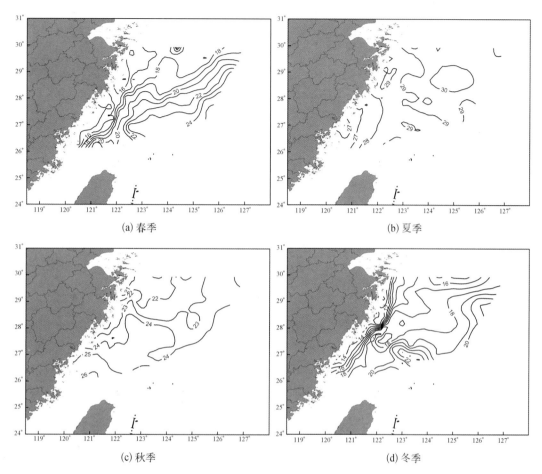

图 3.18　ST05 区块海域表层温度平面分布图

WS 向分布,沿岸水温在 14～16℃,东海黑潮流区水温高达 23～25℃。沿岸流外侧的台湾暖流所流经海域,水温介于 16～23℃。随着台湾暖流北上,温度的水平梯度由南往北逐渐减弱。海区的水温分布主要反映了浙江近海的沿岸流、台湾暖流以及东海黑潮流的相互作用关系。

表层以下各层的水温分布大体与表层相似。50 m 层以浅的平面图上,台湾暖流暖水舌明显,其前锋北伸至舟山群岛附近。100 m 层侵入东南部海区的冷水舌清晰,温度为 17～18℃。

3)夏季

太阳辐射最强,ST05 海域表层水温普遍升高,为全年水温最高的季节。表层水温空间分布均匀,等温线稀疏,局部出现小范围的冷暖水块,主要是集中在浙江近海区域。5～50 m 层,水温分布大致相同。浙江近海形成以渔山列岛为中心的低温区,温度为 17～25℃。低温区外侧等温线大致顺近海斜坡展开,温度水平梯度较大。海区南部因受台湾东北冷涡的影响,温度由南向北反而增大,温度为 19～23℃。

100 m 层水温主要为 16～21℃,受水深条件限制,等值线集中分布在大陆斜坡地带。

4) 秋季

太阳辐射量逐渐减弱,气温开始下降,水温也不断下降,水温分布特征逐步恢复到冬季时候的状态。表层水温主要介于 20.00～25.00℃,东海黑潮流区水温最高,高于 25℃。近海水温分布反映出北上的台湾暖流增温特征,表层暖水舌已明显可见,外海区水温显示出随纬度变化的特征。

表层以下至 35 m 层水温的分布特征与表层的基本一致;35 m 层以深水层出现较多冷暖水块。与夏季相比,浙江近海的低温区向西岸显著收缩。100 m 层水温主要介于 17.00～20.00℃,同时在北部出现一冷水块。

温度(指平均值,下同)的季节分布表现为夏季最高,秋季次之,春季和冬季较小;而100 m 层夏季最高,冬季次之,秋季和春季较小,但此时温度的季节差异很小,介于 0.10～0.50℃。

随着深度的增加,温度的季节差异在不断减小。如夏、冬两季的温度差,表层为12.08℃,30 m 层为 8.85℃,50 m 层为 6.63℃,到 100 m 层为已减小至 0.24℃,温度已基本接近。

2. 垂向分布

通常,水温的垂直分布是从表层随着深度的增加而递减,其递减的情况随季节而异。但对于台湾暖流区,冬、春、秋季节,出现水温随深度增加反而是递增的情况(图 3.19)。

冬季,海水对流混合最强,直至海底(约 100 m 以浅),垂向上水温呈上、下均匀状态。东侧黑潮流区,上层水温基本保持均匀分布的状态,下层水温随深度增加而递减,上、下层之间有弱的温度梯度,所处深度为 60～80 m。

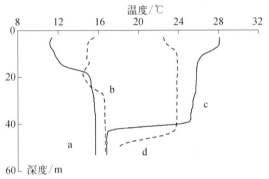

图 3.19 某站温度分布图(a、b、c、d 分别对应冬、春、夏、秋季)

春季,随着垂向混合减弱,温度垂向分布的均匀状态遭到破坏。垂向上出现上、下层不连接现象,存在弱的温度垂直梯度。台湾暖流区有逆温跃层出现。

夏季,水温层化现象最为显著,垂向呈三层结构特征,上层高温,水温随深度增加而减小;下层低温,呈均匀一致状态;上、下层之间出现明显的温跃层。此外,台湾暖流区出现双跃层的情况。

秋季,海水垂直混合增强,温度垂直梯度减弱,上均匀层厚度增大,温跃层深度下沉,温跃层遭到破坏,体现了水温垂直分布由夏季分层特征向冬季均匀状态的过渡特点。同春季相似,在台湾暖流区也有逆温跃层出现。

选取北、中、南三条断面进一步说明海区温度垂向分布的特征(图 3.20～图 3.22)。

北断面,水深普遍在 100 m 以浅。冬季,对流混合强达海底,垂向上水温均匀分布。断面西侧 20～50 m 深处斜坡位置,等温线密集,为温度锋所在地。春季,断面东半部,水温垂向上出现弱的层化分层现象。夏季,垂向分层现象显著,水温随深度而呈现三层结

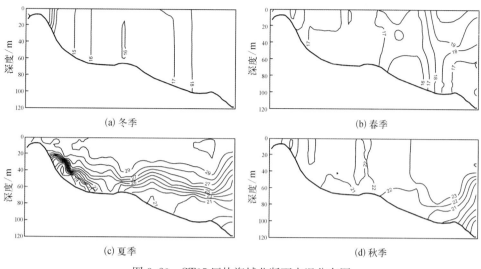

(a) 冬季

(b) 春季

(c) 夏季

(d) 秋季

图 3.20　ST05 区块海域北断面水温分布图

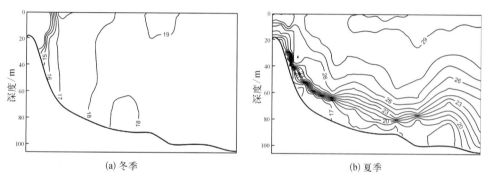

(a) 冬季

(b) 夏季

图 3.21　ST05 区块海域中断面水温分布图

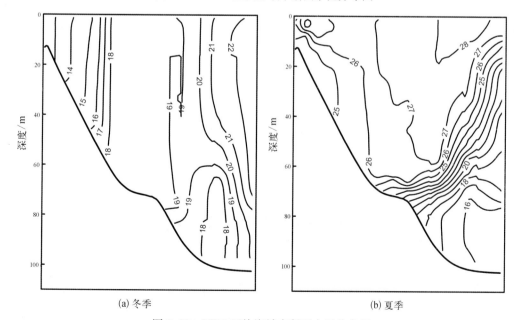

(a) 冬季

(b) 夏季

图 3.22　ST05 区块海域南断面水温分布图

构:上层为高于28℃的暖水,中间为温跃层,下层为冷水。断面西半部的近海斜坡处,存在温度低于18℃的冷水块,水深40~60 m,可能是冬季黑潮水西侵残留部分。秋季,断面西部及中部,水温垂向上分布较均匀,水温普遍要高于春季。与夏季相比,断面东部水温降低;高于23℃的均匀暖水层厚增大;温跃层深度下沉、强度减弱。

中断面,水温垂向分布与北断面大致相似。冬季,40~60 m斜坡附近,等温线密集,为温度锋的所在地。春季,断面西部的近海斜坡处等温线密集,可能为温度锋的所在地;断面中部及东部,水温层化现象明显。夏季,与北部断面相似,垂向水温上也分三层结构。下层低温水沿斜坡向近海爬升显著。秋季,水温下降,上均匀层增厚。温跃层下沉、强度减弱,跃层深度降至40~80 m。

南断面,冬季,垂向均匀分布,40~60 m斜坡附近等温线密集,为温度锋的所在地。东侧高温水向西侧近海侵入,等温线往高温一侧弯曲。表层水温高于20℃,60 m以浅,水温垂向分布呈均匀状态;60 m以深,水温随深度增加而递减。春季,海水混合减弱,下层水温出现弱的层化现象。夏季,断面东半部海水层化显著,垂向上同样也分三层结构:表层水温高于28℃;近底层水温低于16℃,低温水被阻挡在锋面以东,向近海侵入势力较弱;上、下层之间为温跃层,深度介于5~80 m。断面西部,近海斜坡存在低冷水块。秋季,水温下降,表层水温分布均匀。断面东部,上均匀层增厚,温跃层下沉、强度减弱。低温水沿斜坡向近海爬升实力减弱。

3.4.2 盐度

1. 平面分布

1) 冬季

冬季风力强、蒸发大,加之入海淡水减少,沿岸水势力很弱,高盐水广泛地侵入到近海,低盐水退缩至沿岸。等盐线顺岸分布且由西向东递增,同时近海等盐线十分密集。此时,表层盐度为全年最高,因长江冲淡水顺岸南下,受此影响28°N以北沿岸的盐度值小于28,而舟山群岛附近的盐度则更低,约为26。低盐水的外侧等盐度线密集,存在着较强的水平梯度——盐度锋。盐度锋外侧为高盐水控制。

海水垂向混合强劲,表层以下盐度的分布与表层基本相同。强劲的垂向混合,增强了沿岸低盐水向下扩散,主要影响深度20 m以浅,25 m层低盐水的影响几乎消失。50 m以深为高盐水所占据,100 m层盐度高达34.4~34.7。

2) 春季

随着偏北季风向偏南季风过渡,风速减弱,蒸发减小,加之入海淡水增加,海面开始降盐。表层盐度的分布趋势与冬季相似,相同等盐线的位置较冬季向外海一侧推进,盐度水平梯度减弱。低值区分布在浙江沿岸,盐度值约28。低盐水外侧的盐度锋也较冬季的弱,高盐水往外海收缩。

表层以下盐度的分布与表层基本相同,100 m层被33.5以上的高盐水完全占据。

3) 夏季

夏季盛行偏南风,风速较小,蒸发弱。加之又是降水量大雨量最多、入海径流最大的季节,表层盐度达到全年最低。受长江冲淡水南下影响,海区西北部舟山群岛以南至象山半岛沿岸盐度最低。低盐水呈舌状由西北向东南扩散,盐度由近海向外海递增,海区东边界盐度最高。

夏季垂直混合为全年最低,表层以下低盐水势力随深度的增加逐渐减弱,强度和范围都在减小,20 m 层低盐水缩至舟山群岛南部。20～50 m 层,近海上升流区域的东侧,一条位置、走向均于温度锋相似的 34 等盐线,将西侧的高盐水和东侧的次高盐水分开,并且该等盐线随深度增加逐步东移。调查区东边界以西的 34 等盐线随着深度的增加逐渐朝大陆坡逼近,100 m 层完全被高盐水控制。

表 3.18 ST05 区块海域海水盐度统计表

水 深	项 目	春 季	夏 季	秋 季	冬 季
表层	平均值	32.52	33.08	32.01	32.96
	最小值	27.17	27.78	23.32	26.72
	最大值	34.70	34.29	34.52	34.77
50 m	平均值	34.14	33.98	34.12	34.35
	最小值	32.68	33.47	33.53	32.69
	最大值	34.77	34.84	34.52	34.69
75 m	平均值	34.40	34.33	34.41	34.54
	最小值	33.29	33.57	34.06	34.17
	最大值	34.78	34.83	34.69	34.70
100 m	平均值	34.55	34.58	34.57	34.60
	最小值	33.89	34.29	34.41	34.45
	最大值	34.74	34.82	34.71	34.70

4)秋季

偏北季风逐渐增强,海面蒸发增大,冷却加快,降水量及入海淡水量减少,沿岸冲淡水势力大减,海水处于增盐期,秋季盐度的分布正逐步向冬季演变。秋季表层盐度的分布特征基本恢复到冬季时的状态,等盐线顺岸分布且由西向东递增,同时近海的等盐线密集。秋季沿岸低盐水的势力受冲淡水贴岸南流而得到增强。与冬季相比,高盐水向近海侵入的势力减弱。

表层以下至 35 m 层的盐度分布特征与表层相类似,而 35 m 往下盐度分布则开始呈现出差异来。50 m 层,渔山列岛以东出现一高盐区,盐度值约为 34.2。50 m 以深被大于 34 的高盐水所占据。

盐度(指平均值,下同)的季节分布呈现明显的时空差异,20 m 以浅的上层,夏季最高,冬季次之,春季和秋季较小;20 m 以深,冬季最高,其余三季较小,同时春、夏、秋三季盐度差异较小。

随着深度的增加,盐度的季节差异不断减小。如表层为 1.07,30 m 层为 0.37,50 m 层为 0.40,到 100 m 层已减小至 0.05,盐度已基本接近(图 3.23,表 3.18)。

2. 垂向分布

盐度垂向分布一般随深度增加而递增,盐度垂向分布又随季节的不同而异(图3.24)。

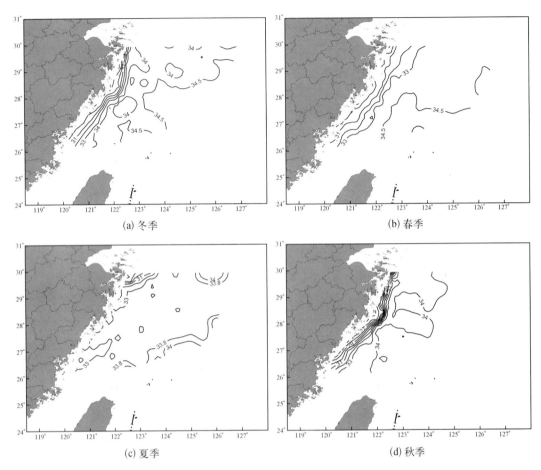

(a) 冬季 　　　　　　　　　　　　　(b) 春季

(c) 夏季 　　　　　　　　　　　　　(d) 秋季

图 3.23　ST05 区块海域表层盐度平面分布图

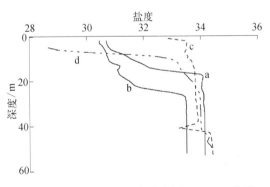

图 3.24　JZ0804 站温度分布图(a、b、c、d 分别
对应冬、春、夏、秋)

冬季风力强,海水对流混合最强,海区盐度垂直分布总体呈现为上下一致的均匀状态。在台湾暖流区,盐度的垂向分布,中层出现盐度跃层,这是由于下层高盐的台湾暖流水楔入上层低盐的沿岸水所致。

春季随着海水稳定度增大,垂向混合减弱,使冬季盐度垂直均匀分布的状态遭到破坏,出现上、下不连接现象。在近海海域,随着沿岸径流及南下冲淡水势力的增大,低盐水向外扩展,叠置在高盐水之上,垂向上出现明显的盐跃层。

夏季海水稳定度大,垂向混合最弱,垂直分层现象明显,盐度垂向梯度增大,跃层强度达到全年最大。盐度垂直分布上存在明显的上、下界,可分为三层结构:上层低盐水,盐跃层,下层高盐水。台湾暖流和沿岸流交汇海域,盐度跃层最为显著。

秋季随着偏北季风的兴起,海面冷却,海水稳定度减弱,垂直混合增强;沿岸低盐水势力减弱,盐跃层强度减弱,盐跃层深度下沉,盐度垂直分布逐步向冬季上下均匀一致的状态过渡。

选取北、中、南三条断面,进一步说明海区盐度垂向分布特征。

北断面。冬季,断面西侧,水深 15～40 m 斜坡处,等盐线密集的近似垂直于海面,为盐度锋所在的位置,是高盐的东海混合水团与低盐的沿岸水的混合界面处。锋面两侧,盐度上下均匀分布。高盐水广泛侵入到 50 m 等深线附近。春季,断面西半部沿岸低盐水势力较冬季得到增强,低盐水向外海扩散明显,水浮于高盐水之上,盐度垂向分布上存在明显的盐跃层;相反,盐度水平梯度弱于冬季。夏季,海水层化显著,跃层达到全年最强。断面西半部,近海斜坡处有明显的盐跃层,跃层强度大,深度 25 m 以浅;近底层,存在一高盐水块,盐度大于 34。断面东半部,高盐水,顺陆坡沿底层向西侵入,上下层之间为跃层。秋季,断面西半部沿岸低盐水势力减弱,向外海扩散有限,盐度垂向上分布较为均匀,盐度的水平梯度得到增强,盐度的分布逐步趋于冬季时发状态;断面中部及东半部跃层下沉,强度减小(图 3.25)。

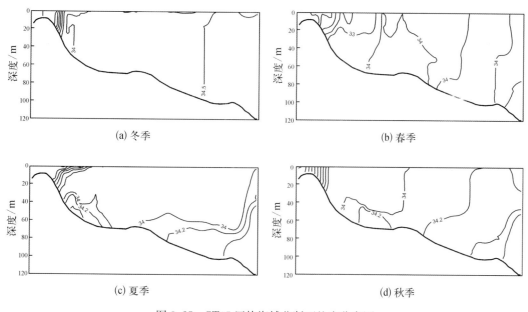

图 3.25　ST05 区块海域北断面盐度分布图

中断面与北断面分布情况相似。冬季,近海斜坡处等盐线密集,存在盐度锋,34 度等盐线侵入到西侧 50 m 等深线附近,锋面处等值线斜交于海面。春季,盐度的分布情况与北部断面相类似,但断面西半部低盐水向外扩散的势力有所减弱;同样断面中部及东半部盐度高,盐度大于 34,垂向上变化不明显。夏季,盐跃层普遍出现。断面西半部,34 等盐线沿斜坡向近海爬升至 15 m 深处;断面东半部,高盐水顺陆坡沿底层向西侵入,上下层之间为跃层。秋季,盐度的分布情况与北部断面相类似(图 3.26)。

南断面。冬季,断面西侧等盐线较北部、中部断面上的明显稀疏,盐度垂向分布均匀,等盐线近乎垂直于海面。高盐水侵入到 50 m 等深线附近。春季,盐度的分布情况与北部

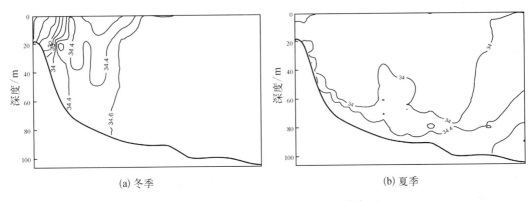

图 3.26　ST05 区块海域中断面盐度分布图

断面相类似,低盐水向外扩散的态势有所减弱;断面东半部下层开始有弱的垂直梯度。夏季,34 高盐水向近海侵入有限,高盐水沿斜坡向近海仅爬升至 60～70 m 深处,等值线斜交于海底。秋季,盐度的分布情况与北部断面相类似,断面西部低盐水向外海扩散有限,盐度的水平梯度得到增强,断面中部近海斜坡处,高盐水斜嵌入低盐水之下,垂向上存在明显的盐度跃层;断面中部及东部盐度(图 3.27)。

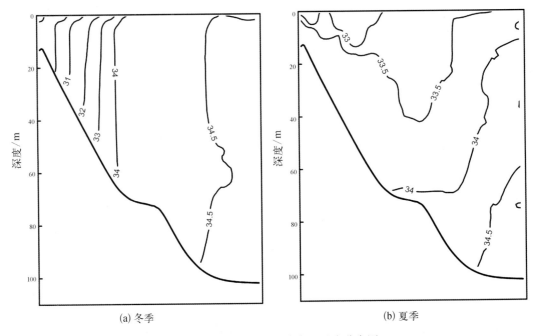

图 3.27　ST05 区块海域南断面盐度分布图

3.4.3　密度

海水的密度与温度、盐度不同,不可以用直接测定的方法获得,它是温度、盐度、压力(深度)的函数,因此,密度是属于第二性、派生要素。海水的密度是指单位体积中海水的质量,单位为 g/cm³ 或 kg/cm³。海水密度一般用 $\rho_{s,t,p}$ 表示,例如,在大气压力下,温度为 0℃,盐度为 35.00 时,则 $\rho_{35,0,0}=1.027\ 68\ \text{g/cm}^3$。因为在正常的盐度范围内,海水密度的前两位数字是不变的,为书写方便,将密度写成 $\sigma_{s,t,p}=(\rho_{s,t,p}-1)\times10^3$。如 $\rho_{s,t,p}=1.027\ 68\ \text{g/cm}^3$,则可以写成 $\sigma_{s,t,p}=27.68$。本书中推算密度时大气压力取零,如此推算出来的密度在海洋学中称条件密度。

1. 平面分布

1) 冬季

冬季是全年水温最低,同时也是盐度最高的季节,这就决定了冬季水体密度是一年中最高的。表层密度分布自西向东大致分为低密区、高密区、相对低密区。近海等值线平行于浙闽海岸并呈带状分布,密度为 20~23,为密度最低区域。低密水外侧,等密度线密集,存在密度锋,其位置分布受温度锋和盐度锋的影响。高密区分布在 28°N 以北,密度锋以东的次高温、高盐的东海混合水团控制区内。冬季海水垂向混合最为强盛,垂向上密度呈均匀分布状态[图 3.28(a)]。

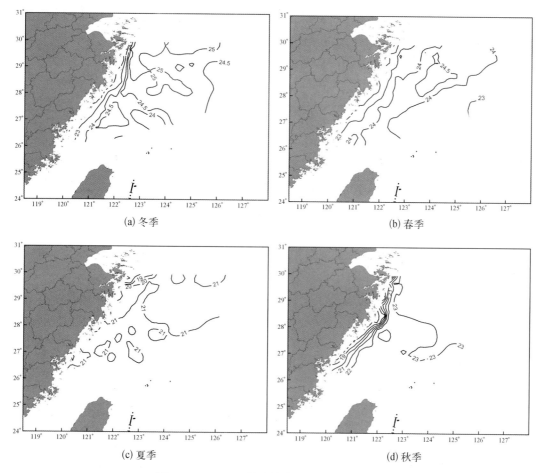

(a) 冬季   (b) 春季

(c) 夏季   (d) 秋季

图 3.28 ST05 区块海域表层密度平面分布图

表层以下各层的密度分布趋势与表层基本相同。50 m 以深因水深条件限制,沿岸低密区已消失,100 m 层密度为 24.5~25.1(表 3.19)。

表 3.19　ST05 区块海域海水密度统计表

水深	项　目	春　季	夏　季	秋　季	冬　季
表层	平均值	23.30	20.77	21.58	24.02
	最小值	19.89	16.84	14.97	20.49
	最大值	24.78	21.98	23.60	25.37
50 m	平均值	24.44	22.69	23.25	24.82
	最小值	23.70	21.21	22.03	23.55
	最大值	25.26	25.27	24.85	25.38
75 m	平均值	24.67	24.15	24.34	24.84
	最小值	24.06	21.60	22.81	24.04
	最大值	25.34	25.42	25.20	25.24
100 m	平均值	24.93	24.80	24.92	24.88
	最小值	24.51	23.94	24.10	24.52
	最大值	25.34	25.51	25.54	25.10

2) 春季

春季水温升高盐度降低,是密度降低的时期。表层密度较冬季下降 2~3。春季表层密度的分布形势基本上保持着冬季时的状态。与冬季时相比,近海区密度等值线稀疏,水平梯度较小,向外海一侧推进明显。浙江近海密度在 20~22,东海黑潮流区密度为 23~24。

海水垂向混合逐渐减弱,各层的密度分布趋势与表层大体相同,垂向上开始有弱的密度梯度出现。50 m 以深因水深的原因,沿岸低密区已消失,50 m 层密度为 23.7~25.3;而到 100 m 层密度为 24.5~25.3[图 3.28(b)]。

3) 夏季

夏季表层密度为全年最低。夏季表层温度分布较为均匀,密度分布与盐度的分布基本相似。受长江冲淡水南下势力的显著影响,舟山群岛以南至象山半岛以东的海域密度最低,并往东南方向扩散,密度介于 17~20。大部分海域密度分布在 20~22。

表层至 50 m 层,随着深度增加,低密水往西北逐渐收缩,至 20 m 层,已基本消失。在浙江近海的上升流区,随着水深增加逐渐形成一个半封闭的高密度区,其外侧为平行于岸线呈 ES - WN 走向的密度锋,该锋的位置及其走向与温度锋相似。受台湾东北冷涡影响,海区南部密度往东南方向递增,密度为 22~24。海区中部为相对低密度区,密度为 21~23。

50 m 层以深,密度的分布呈现另一种面貌。75 m 层出现大小各异的高值和低值区。100 m 层,密度介于 24~25.5,中部相对低密[图 3.28(c)]。

4) 秋季

秋季开始升密,表层密度的分布形势与冬季相似。秋季沿岸冲淡水势力较夏季时明显减少,浙闽近海,密度小于 21,等密度线呈带状平行于岸分布,等值线密集,水平梯度大。密度锋外侧密度分布较为均匀。

35 m层以浅,密度的分布特征与表层的基本一致。35 m以深,密度增加,但密度的分布与夏季基本相似。35~50 m层,西侧呈半封闭状的高密区,分布范围小于夏季;50 m以深,密度增加,75 m层密度为23~25.5,100 m层密度为24.5~25.5[图3.28(d)]。

密度(指平均值,下同)的季节分布一般为:冬季最高,夏季最小,春季次之,秋季较小。

随着深度的增加,密度的季节差异在不断减小。如夏、冬两季的密度差,表层为3.25,50 m层为2.13,75 m层为0.69,到100 m层为已减小至0.08,密度已基本接近。

2. 垂向分布

密度的垂向分布一般随深度增加而递增,又受温度和盐度的共同影响(图3.29)。

冬季风强,海水对流混合最强,密度的垂直分布更接近于盐度的垂直分布,密度垂直分布总体呈现为上下一致的均匀状态。台湾暖流区,出现盐度跃层的位置一般也出现密度跃层,这是由于下层高盐、高密的台湾暖流水楔入上层低盐、低密的沿岸水所致。

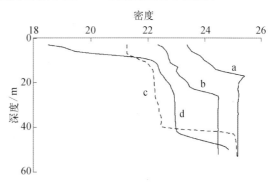

图3.29 ST05区块海域密度分布图
(a、b、c、d分别对应冬、春、夏、秋)

春季随着海水稳定度增大,垂向混合减弱,冬季时垂直均匀分布的状态遭到破坏,出现上、下不连接现象。近海海域,随着沿岸径流及南下冲淡水势力的增大,低盐水向外扩展,叠置于高盐水之上,垂向上出现明显盐跃层的同时也出现密度跃层。

夏季海水稳定度大,垂向混合最弱,垂直分层现象明显,密度垂向梯度增大,跃层强度达到全年最大。密度垂直分布上存在明显的上、下界,亦是三层结构特征,上层为低密水,中间为密跃层,下层为高密水。台湾暖流和沿岸流交汇海域,密度跃层最为显著,垂向上有双跃层的情况出现。

秋季随着偏北季风的兴起,海面冷却,海水稳定度减弱,垂直混合增强;沿岸低盐、低密水势力减弱,密跃层强度减弱,密跃层深度下沉,密度垂直分布逐步向冬季上下均匀一致的状态过渡。

选取北、中、南三条断面,结合断面分布图,进一步说明海区密度垂向分布特征。

北断面。冬季断面西侧15~40 m深的斜坡处,等密线密集近似垂直于海面,为密度锋所在的位置,是东海混合水团与沿岸水的混合界面处。锋面两侧,密度垂向上呈均匀分布状态。春季,密度垂向均匀状态遭到破坏。低盐水向外海扩散明显,断面西半部低密度水浮于高密度水之上,有弱的密度跃层出现。断面中部及东半部密度高,垂向上变化不明显,高值区(密度大于25)出现在中部底层。夏季,海水层化显著,跃层达到全面最强。断面西半部,低密水势力大,斜坡处有明显的密度跃层,近底层存在一高密水块,密度大于24。断面东半部,高密水顺陆坡沿底层向西侵入,上下层之间为跃层。秋季,断面西部沿岸低密水势力较夏季要弱,低密水向外海扩散有限,密度垂向上分布较为均匀,水平梯度得到增强,密度的分布逐步趋于冬季时候的状态;断面中部及东半部跃层下沉,强度减小(图3.30)。

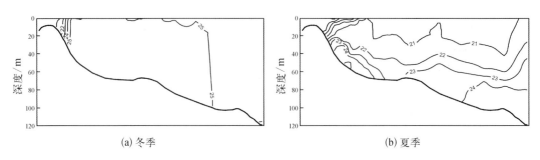

图 3.30　ST05 区块海域北断面盐度分布图

中断面与北断面的分布情况相似。冬季，断面西半部，近海斜坡处等密线密集，斜交于海面，为锋面所在位置。锋面两侧的密度分布均匀。春季，密度垂向均匀状态遭到破坏，有弱的密度跃层出现。夏季，海水层化显著，跃层达到全年最强。断面西半部，受低盐水影响的海域，有双密跃层的情况出现。源于黑潮的高密水，顺陆坡底层向西岸侵入，至近岸沿斜坡向上爬升至 30 m 处。秋季，水平梯度得到增强，密度的分布逐步趋于冬季时候的状态。断面中部及东半部跃层下沉，强度减小。断面西部，密度的水平梯度得到增强（图 3.31）。

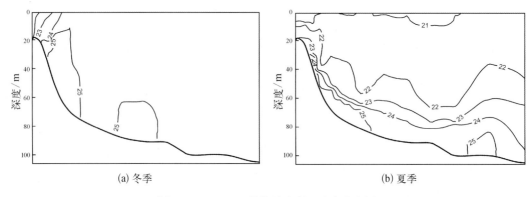

图 3.31　ST05 区块海域中断面盐度分布图

南断面。冬季，断面西侧密度垂向分布均匀，等密线近乎垂直于海面；断面东侧受东海黑潮水的侵入，垂向上密度出现弱的层化现象。春季，冬季时垂直于海底的等值线开始变得弯曲。断面西侧，低密水向外海扩散。夏季，断面西半部，密度低且分布较为均匀。断面东半部海水层化显著，垂向上同样也分三层结构：上层低密、中间跃层、下层高密。下层高密水被阻挡在锋面以东，沿斜坡向近海爬升实力较弱。秋季，断面西部低密水向外海扩散有限，密度垂向上分布较为均匀，水平梯度得到增强，密度的分布逐步趋于冬季时候的状态；断面中部及东半部跃层下沉，强度减小（图 3.32）。

3.4.4　声速

海洋中的声速是海水的声学特性之一，与海水的密度、压缩率和比热容有关，也与温度、静压力和盐度有关。海洋中的声速因时空而异，但一般在 1 450.0～1 540.0 m/s 内变

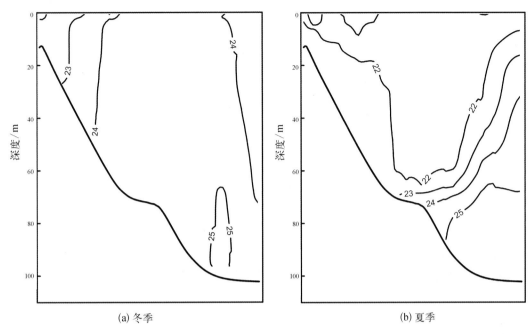

(a) 冬季　　　　　　　　　　　　　(b) 夏季

图 3.32　ST05 区块海域南断面盐度分布图

化。获得海水的声速通常可用两种方法,即用声速仪在现场直接测量;或者根据温、盐、深观测资料,然后按经验公式计算间接得到,本书中的声速即采用后者的方法。

　　一般来说,在影响声速的诸多因素中,温度的变化起着重要的作用,其次是压力的影响,通常盐度的影响较小,但是在近海以及冲淡水影响的低盐区域,盐度的影响较为明显,是要重点考虑的。

　　声速的垂直分布各不相同,且随季节而变。上层水域中声速的变化,基本上由温度和盐度的变化所决定;在较深的水层中,温度和盐度的变化甚微,声速的大小主要取决于海水的静压力。

1. 平面分布

1) 冬季

　　表层声速平面图上显示,声速的分布形势与温度的分布颇为相似。声速分布基本呈近岸低、外海高的特点。沿岸流与台湾暖流的交汇海域等声速线密集,大体沿浙江近岸呈WS-EN走向。浙江近岸的沿岸流区声速最低,为 1 480～1 500 m/s。东侧的东海黑潮流区声速最大,为 1 520～1 530 m/s(表 3.20)。

表 3.20　ST05 区块海域海水声速统计表

水　深	项　目	春　季	夏　季	秋　季	冬　季
表层	平均值	1 516.1	1 543.7	1 529.8	1 511.6
	最小值	1 499.0	1 536.2	1 510.1	1 482.0
	最大值	1 537.4	1 549.2	1 539.5	1 533.3

续表

水深	项目	春季	夏季	秋季	冬季
50 m	平均值	1 520.9	1 535.8	1 532.7	1 518.7
	最小值	1 509.3	1 514.4	1 518.1	1 508.1
	最大值	1 533.1	1 546.7	1 540.3	1 531.7
75 m	平均值	1 521.6	1 526.1	1 525.1	1 521.0
	最小值	1 510.6	1 513.5	1 516.2	1 512.9
	最大值	1 529.8	1 544.2	1 537.8	1 530.1
100 m	平均值	1 520.6	1 522.3	1 521.0	1 521.7
	最小值	1 513.1	1 513.4	1 512.7	1 518.7
	最大值	1 524.6	1 529.5	1 529.5	1 525.2

冬季海水的垂向混合最强，大陆架的浅水区声速在垂向上呈均匀分布状态。表层以下各层的声速分布与表层基本一致[图 3.33(b)]。

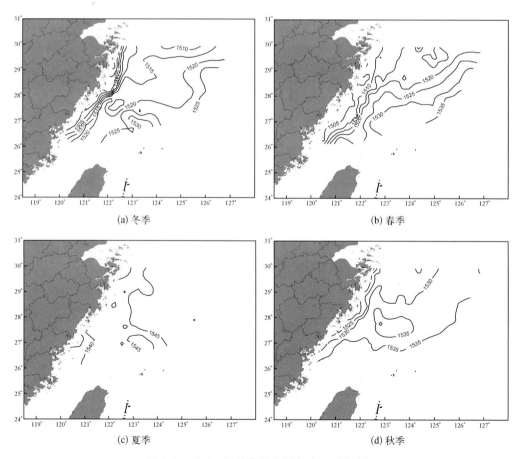

图 3.33　ST05 区块海域表层声速平面分布图

2）春季

春季表层声速分布形势与冬季基本相似。声速的平面分布形势与温度的分布相似。表层声速分布基本上呈近岸低、外海高的特点，等值线大致呈西北往东南方向逐渐增大的特点。浙江近岸的沿岸流区声速最低，大致在 1 500～1 510 m/s。东侧的东海黑潮流区声速最大为 1 530~1 535 m/s。

春季海水垂向混合有所减弱,垂向上开始出现弱的温度和盐度梯度,但是表层以下各层的声速分布与表层基本一致[图 3.33(b)]。

3) 夏季

夏季表层声速为全年最大。表层声速平面分布较为均匀,等值线稀疏。海区西北部的舟山群岛以南至象山半岛沿岸海域,声速相对较低。5~50 m 层,声速分布大致相同。浙江近岸形成以渔山列岛为中心的低声速区,声速为 1 515~1 530 m/s。低声速区外侧等值线密集,为声速锋,该锋呈带状沿浙江近岸斜坡展开,其位置基本与温度锋重合。海区南部,受台湾东北冷涡影响,声速往东南方向减小。

50 m 以深,声速分布又呈现另一种面貌。75 m 层,出现大小不一的高值区和低值区。100 m 层,等值线集中分布在大陆斜坡地带[图 3.33(c)]。

4) 秋季

秋季开始降速,表层密度的分布形势与冬季相似。浙闽近海,声速为 1 510~1 525 m/s,等声速线呈带状平行于岸分布,等值线密集,水平梯度增大。声速锋外侧,声速分布较为均匀。

表层以下至 35 m 层,声速的分布特征与表层的基本一致。35 m 层以深,声速减小,声速的分布与夏季基本相似。35~50 m 层,西侧呈半封闭状的高速区,分布范围小于夏季;50 m 以深,密度逐渐减小,75 m 层声速为 1 515~1 535 m/s,100 m 层密度为 1 520~1 525 m/s[图 3.33(d)]。

声速(指平均值,下同)的季节分布一般为:夏季最高,秋季次之,春季较小,冬季最小。

随着深度的增加,声速的季节差异在不断减小。如夏、冬两季的声速差,表层为 32.1 m/s,50 m 层为 17.1 m/s,75 m 层为 5.1 m/s,到 100 m 层为已减小至 0.6 m/s,声速已基本接近(表 3.20)。

2. 垂向分布

浅海区域,声速垂向分布主要受温度影响,显示与温度变化相似的特征。但在垂向盐度变化显著的海域,声速受盐度影响显著,台湾暖流区,声速随深度增加反而是递增。

冬季风强,海水对流混合最强,直至海底(约 100 m 以浅),调查海区的大部区域内声速在垂向上分布均匀,尤其近海因水深浅,声速上下一致。春季,垂向混合减弱,冬季声速垂直分布的均匀状态遭到破坏,声速垂向上出现上、下不连接现象。夏季海水稳定度为全年最强盛的季节,海水层化现象明显,跃层强度达到一年中最强,垂向上有双跃层的情况出现。入秋以后,海水稳定度减弱,垂直混合增强,声速垂直梯度减弱,上均匀层厚度增大,声速跃层深度下沉,声速垂直分布逐渐恢复到冬季的均匀一致状态(图 3.34)。

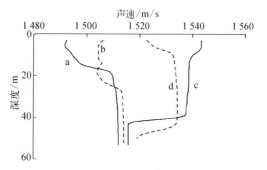

图 3.34　ST05 区块海域声速分布图
(a、b、c、d 分别对应冬、春、夏、秋)

选取北、中、南三条断面,结合断面分布图,进一步说明海区声速垂向分布特征。

北断面,水深普遍在100 m以浅。冬季,由于水浅,对流混合强达海底,垂向上声速均匀分布。断面西侧20～50 m斜坡位置,等值线密集区为声速锋的所在地。春季,声速垂向上均匀分布的状态遭到破坏;东半部声速有弱的层化分层现象出现。夏季,海水层化显著。断面西半部,30 m等深线以东,有双声跃层的情况出现。秋季,断面西部及中部声速等值线稀疏,声速分布较为均匀,垂向上声速逐渐恢复到冬季时的状态;断面东部,跃层下沉,强度减小(图3.35)。

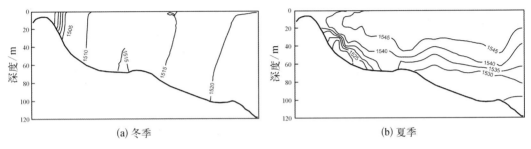

图3.35　ST05区块海域北断面声速分布图

中断面与北断面的分布情况相似。冬季,断面40～60 m斜坡附近等温线密集,为声速锋的所在地。春季,断面西部的近岸斜坡处声速等值线密集,为声速锋的所在地;断面中部及东部,声速层化现象明显,存在较弱的声速跃层。夏季,海水层化显著,跃层达到全年最强。断面西半部,受低盐水影响的近岸海域,密度低并伴有双声跃层的情况出现。秋季,垂向上声速逐渐恢复到冬季时的状态,跃层下沉,强度减小(图3.36)。

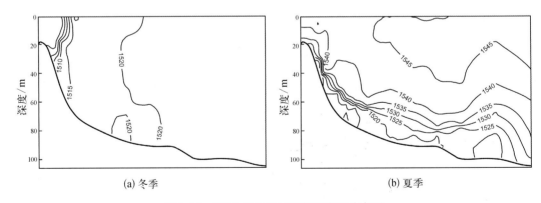

图3.36　ST05区块海域中断面声速分布图

南断面。冬季,断面西侧声速垂向分布均匀,等密线近乎垂直于海面;断面东侧受东海黑潮水的侵入,垂向上声速出现弱的层化现象。春季,断面西部及中部的斜坡处声速等值线密集,垂向上声速分布较为均匀;断面东部声速垂向上出现弱的层化现象。夏季,断面西半部,声速高且分布较为均匀;断面东半部海水层化显著;跃层达到全面最强。秋季,垂向上声速逐渐恢复到冬季时的状态,跃层下沉,强度减小(图3.37)。

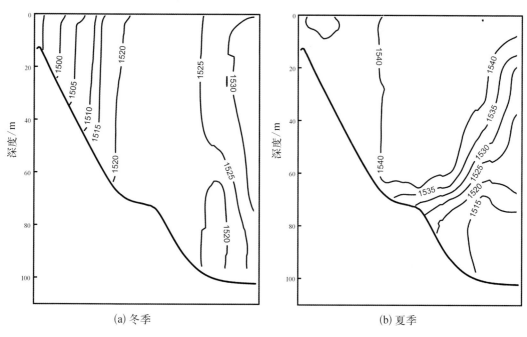

(a) 冬季　　　　　　　　　　　　(b) 夏季

图 3.37　ST05 区块海域南断面声速分布图

3.5　悬浮物

悬浮物质浓度分布是海洋环境条件的综合反映,其时空分布和输运格局,受到陆源物质供应和入海径流、波浪、潮汐、海流等海洋动力的共同影响,而环流系统构成了悬浮沉积输运、堆积的最重要环境背景场,它对陆源物质的扩散拖进、扩散范围和沉积过程起到关键作用。因此,通过分析悬浮物质浓度的时空分布特征可以从一个侧面来研究悬浮物质的输运沉积过程。

闽浙海域(ST05 区域)的悬浮物质有两个主要来源:一是长江及其他入海河流(钱塘江、瓯江、闽江等)携带入海的陆源物质,据估计,长江进入东海的悬浮物质占沿岸河流总输入量的 95% ～ 99%,1985 ～ 2000 年,多年平均输沙量为 4.33×10^8 吨,1985 年后,年输沙量开始呈降低趋势,2004 年仅为 1.8×10^8 吨。二是黄河沿岸流携带黄海悬浮和再悬浮物质输入东海,每年有 0.25×10^8 吨～1×10^8 吨(胡敦欣等,2001)。其他还有一定量的风尘沉积输入,黑潮和台湾暖流带来的外洋物质,以及当地环境生长的生物体和陆架内部自身调整的物质。因此受到长江口泥沙扩散和沿岸浅海沉积物输移控制的海域来沙是闽浙海域悬浮体的最主要来源,其通量变化直接影响其悬浮物质的分布和输运规律。

本次调查采用 CTD 测量水体浊度,共春、夏、秋、冬四个航次。通常浊度并不等同于悬浮物浓度,悬浮物浓度一般指单位水体中可以用滤纸截留的物质的量,而浊度则是一种光学效应,它表现出光线透过水层时受到阻碍的程度,这种光学效应与颗粒的大小、形状、结构和组成有关,浊度和悬浮物浓度之间既有内在的联系,但相关关系又相当复杂,浊度不能代替悬浮浓度,但在特定海域,可以通过其相关关系,说明悬浮物质浓度的分布特征。以闽浙海域的盐度基本大于 30‰分布情况而言,其浊度和悬浮物质浓度对数线性相关系数为 0.910 以上(翟世奎等,2005),因此本节采用浊度指标对闽浙海域悬浮物浓度分布的基本特征作简要分述。

3.5.1 平面分布

浊度的平面分布呈近海向外海减小的特征,高值区主要集中在河流入海口附近。表层浊度大致以 50 m 等深线为界,等深线以东浊度很小,一般不超过 1～2,显示出海水的透光性好。表层以下浊度分布与表层相似,随深度增加近海浊度增大明显,邻近海底浊度显著增加,符合浊度随深度增加而增大的特征;50 m 等深线东侧海域浊度变化不明显,除个别站位因邻近底层增大较明显外,浊度值基本为 2 以下。以下简要说明各季节表层的浊度分布(图 3.38)。

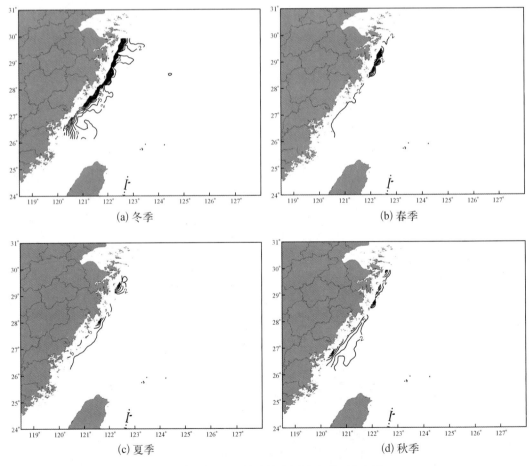

(a) 冬季 (b) 春季

(c) 夏季 (d) 秋季

图 3.38 ST05 区块海域表层浊度平面分布图

冬季海水混合强烈,沿岸浊度值达到一年中的最高。近海浊度显著增大,浊度均值增大到 50 以上,高值区由夏季象山港口门附近向南北扩展,往北延伸到 30°N 一线,向南覆盖至台州列岛,中心浊度值高于200;瓯江口外的洞头列岛附近,浊度值超过100。

春季浊度的平面分布形势与冬季的较为相似。近海浊度均值降至50以下。与冬季相比,浊度高值区(指浊度值高于100)退缩到檀头山至台州列岛一线附近,高值中心位于三门湾口门附近,中心浊度值仍保持在200以上。

夏季海水稳定度大,浊度相对较低,近海浊度均值下降至30以下。高值区分布在象山半岛以东,中心浊度接近100。

秋季海水混合增强,浊度分布向冬季型过渡,浊度值普遍升高。近海浊度均值升高至30~50。浊度高值区北起象山港南抵台州列岛一线,与夏季相比高值区范围显著增大,位于三门湾口门附近,中心值大于300。

浊度(指平均值,下同)的季节分布一般呈如下特征:冬季最高,夏季最小,春季和秋季较小。20 m以深浊度低,浊度值一般不超过2.0。

随着深度的增加,浊度的季节差异在不断减小。如夏、冬两季的浊度差,表层为17.8,20 m层为1.9,50 m层为0.2,到100 m层已减小至0.2,浊度已基本接近(表3.21)。

表3.21　ST05区块海域海水浊度统计表

水深	项目	春季	夏季	秋季	冬季
表层	平均值	9.1	3.1	9.6	20.9
	最小值	0.5	0.4	0.8	0.5
	最大值	310.2	92.1	400.2	377.0
50 m	平均值	1.6	2.2	1.9	2.0
	最小值	0.6	0.5	0.7	0.8
	最大值	7.6	29.4	15.9	22.7
75 m	平均值	1.3	1.4	2.0	1.5
	最小值	0.6	0.4	0.7	0.8
	最大值	7.1	9.5	9.6	5.3
100 m	平均值	0.8	1.2	1.2	1.0
	最小值	0.6	0.5	0.7	0.8
	最大值	1.3	6.8	2.2	1.5

3.5.2　垂直分布

通常,浊度的垂向分布是从表层开始随着深度的增加而递增,其递增情况随季节而异。近海区浊度明显要高于外海,邻近海底的那部分水层,浊度通常很大。黑潮区浊度值小,垂向上呈均匀分布状态。

台湾暖流区,冬季,垂向上呈均匀分布。春季,海水稳定度增大,垂向分布出现上、下不连续的状态。浊度垂向分布有明显的下界,上层浊度小且分布均匀,上层下界至海底,垂直梯度大。夏季,海水层化现象显著,在温跃层、盐跃层等位置一般也有浊度跃层出现。同时,垂向上有双跃层的情况出现,其出现的位置与温跃层出现的位置基本重合。秋季垂直混合增强,上均匀层厚度增大,跃层深度下沉。

选取北、中、南断面,结合断面分布图,进一步说明海区浊度垂向分布特征。

北断面,浊度由近海向外海递减,高值区分布在近岸。浊度冬季最大,春季开始减小,夏季达到全年最小,秋季逐步增大。大致以近岸 20～50 m 等深线为界,等深线西侧浊度值大于 10.0,而等深线东侧浊度值普遍不超过 2.0(图 3.39)。

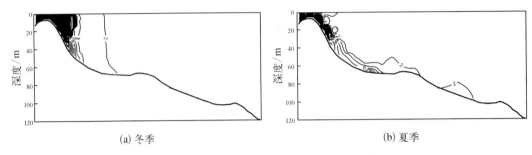

(a) 冬季 (b) 夏季

图 3.39　ST05 区块海域北断面浊度分布图

中断面和南断面的分布形势与北断面基本相似。

3.6　透明度、水色及海发光

3.6.1　透明度

本海区透明度由沿岸向外海逐渐增大,等透明度线总体呈 EN-WS 走向。西侧透明度最低,等值线密集,水平梯度大,等透明度线与海岸平行。浙、闽沿岸透明度 4 m 以下,冬季小于 2 m。海区东侧(约 100 m 等深线以外)透明度一般为 15～20 m。

本次调查,夏秋两季透明度最高,春季次之,冬季透明度最低。其中,夏秋两季透明度相近,这与以往多年统计中夏季透明度最高、秋季次之的结果有所不同(图 3.40)。

冬季海水混合强劲,东海浅水陆架区混合直达海底,泥沙易被搅动,海水浑浊,透明度明显减小。冬季 2 m 等值线平行于浙、闽海岸,呈 EN-WS 走向,接近东侧 50 m 等深线。与 2 m 等值线平行的 4 m 等值线,向东推进至 50 m 等深线,6 m 等值线已完全占据西侧 50 m 以浅海域。海区东侧透明度高于 14 m,其中高值区(透明度大于 20 m)出现在 28°N、125°E 附近海域。

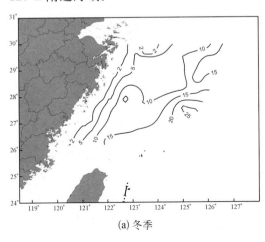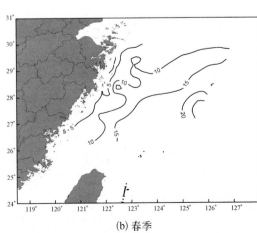

(a) 冬季 (b) 春季

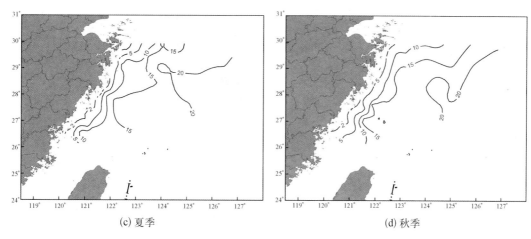

(c) 夏季　　　　　　　　　　　　　　　　(d) 秋季

图 3.40　ST05 区块海域透明度平面分布图

春季透明度分布趋势与冬季相似,只是透明度值比冬季有所升高。透明度 2 m 以下区域退缩至浙、闽沿岸,6 m 等值线的位置大致与冬季 2 m 等值线的位置相似,8～10 m 等值线位置大致相当于冬季的 6 m 等值线位置。海区东侧透明度高于 16 m,高值区(透明度大于 20 m)位置与冬季时相似略有北移。

夏季透明度平面分布与春季相似,透明度继续增大。与春季相比,透明度 2 m 以下的区域向西侧海岸收缩。6 m 等值线的位置大致与冬季 2 m 等值线的位置相似。50 m 等深线以东的绝大部分海域透明度高于 14 m。海区东侧透明度普遍高于 18 m,高值区分布在 28°N 以北,125～128°E 以东海区,范围较春季明显扩大。

秋季透明度分布与夏季相似,与夏季相比,海区西侧等透明度线位置变动不大;50 m 等深线以东,同值等值线的位置逐步往南偏移,海区东侧高值区分布与夏季相似。

3.6.2　水色

本海区,水色分布与透明度分布相对应。从近海到外海,水色由低到高,水色号由大到小。近海浅水区,海水呈黄色、褐色。外海深水区,海水呈天蓝色甚至蓝色。

冬季海区西侧水色等值线分布比较密集,呈带状与海岸线平行,水色低,水色号大,海水呈黄色、褐色。外海深水区等值线稀疏,水色高,水色号大,海水呈天蓝色甚至蓝色。50 m 等深线以西水色为 10～20 号,海水呈绿黄色、黄色、褐黄色。海区东侧水色 2～4 号,海水呈天蓝色。50～100 m 等深线之间,水色为 4～10 号,海水呈绿色、天蓝色(图 3.41)。

春季水色分布趋势与冬季相似,海区水色开始增大。50 m 等深线以西水色为 8～20 号,海水呈黄绿色、绿黄色、黄色和褐黄色。海区东侧水色 2～4 号,海水呈天蓝色。50～100 m 等深线,水色为 4～8 号,海水呈绿色、天蓝色。

夏季水色分布与春季相似,水色继续增大,2～4 号水色占据大半部海区。50 m 等深线以西水色为 6～20 号,海水呈绿色、黄绿色、绿黄色、黄色和褐黄色。海区东侧水色 2～4 号,海水呈天蓝色。50～100 m 等深线,水色为 4～8 号,海水呈绿色、天蓝色。

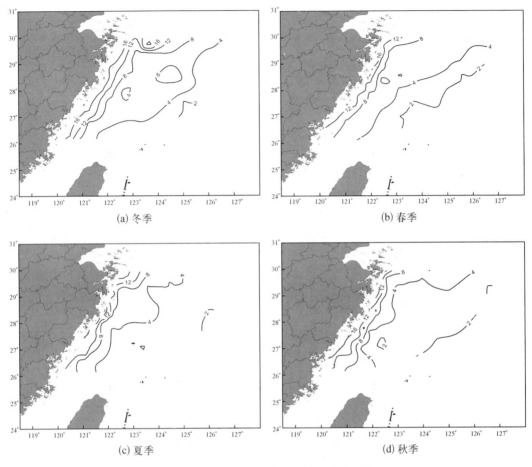

图 3.41　ST05 区块海域水色平面分布图

秋季水色分布与夏季相似,水色继续增大,4 号等深水色线逼近 50 m 等深线。50 m 等深线以西水色为 8～20 号,海水呈绿色、黄绿色、绿黄色、黄色和褐黄色。海区东侧水色 2～4 号,海水呈天蓝色。50～100 m 等深线,水色为 4～6 号,海水呈绿色、天蓝色。

3.6.3　海发光

海发光是指夜间海面上出现的生物发光现象。调查海区发光类型为火化型(H),发光强度主要为 0～2 级。

冬季,大致在 5 m 等透明度线以西,发光强度为 0 级。5 m 透明度线以东,海发光等级为 1～2 级,其中透明度介于 5～15 m 的海域,海发光等级主要为 1 级,而在 15 m 等透明度线附近及其以东海域,海发光等级主要为 2 级。

春季,发光强度为 0～3 级。大致在 10 m 等透明度线以西,发光强度为 1～2 级,象山半岛以东海域发光强度已达到 2 级。10 m 等透明度线以东,海发光等级主要为 2 级,同时也伴有强度为 3 级的情况,但出现频率极低。

夏季,1 级的出现频率最高约为 87%,2 级出现频率为 11%。

第 3 章

秋季,1级的出现频率最高超过90％,而2级的频率不到10％,且主要出现在20 m等透明度线以东。

3.7 小结

ST05区块海域调查期间平均海况2～4级,春、秋、冬季以混合浪为主,夏季以风浪为主。春季海区风浪向多为NE,涌浪向为E;夏季海区风浪向多为SW,涌浪向多为S;秋季海区风浪向多为NE,涌浪向多为NE;冬季海区风浪向多为N,涌浪向多为N。有效波高变化在0.9～1.4 m,季节分布由高到低依次为秋季、冬季、夏季和春季;其中秋季和冬季波高较为接近,分别为1.4 m和1.3 m。最大波高变化在1.0～1.6 m,季节分布由高到低依次为秋季、冬季、夏季和春季;其中夏季和冬季波高较为接近,分别为1.3 m和1.4 m。有效周期变化在4.4～5.4 s,季节分布由高到低依次为冬季、秋季、夏季和春季;其中夏季、秋季和冬季周期基本接近。最大周期变化在4.8～5.8 s,其中秋季和冬季最大,夏季次之,春季最小。

该海域潮流性质为不正规浅海半日潮流。垂向平均流速为15.1～48.02 cm/s。总体来说该海域夏季海流最强,春季次之,冬季最小;几乎所有测站的大潮平均流速均大于小潮流速,平均流速由东向西逐渐增大,越靠近岸边,海流越强;北侧流速大于南侧流速。余流流速分布大部分测站呈凸形,即中层流速大于上、下层流速。该特征是明显有外来海流叠加到潮流的标志,即受台湾暖流入侵,导致中层水流增强。台湾暖流控制区域余流流向终年朝向东北,而闽浙沿岸流控制区域余流随季节变化。

影响ST05区块海域的水团主要有浙闽沿岸水、陆架混合水、东海黑潮表层水和东海黑潮次表层水。浙闽沿岸水主要分布在浙闽沿岸30 m等深线以内海域,其主要特征是盐度较低,一般小于31.5。陆架混合水分布在台湾暖流至对马暖流源区的广阔海域内。其温、盐性质,冬季分别为13.0～19.0℃和33.75～36.30;夏季分别为26.0～29.5℃和33.0～34.0。东海黑潮表层水位于东海黑潮区的最上层,其垂直厚度大致为春、夏季0～75 m,秋季0～100 m,冬季0～200 m。冬季温、盐度分别为18.0～25.0℃、34.50～34.80;夏季温、盐度分别为28～29℃、34.00～34.50。东海次表层水潜于东海表层水之下,其垂直厚度大致为春、夏季75～400 m,秋季200～400 m,冬季200～500 m。年平均温、盐度分别为15.0～21.5℃、36.30～34.90。

浊度平面分布呈沿岸向外海减小的特征,高值区主要集中在沿岸附近。表层浊度大致以50 m等深线为界,等深线以东浊度很小,一般不超过1～2,显示出海水的透光性好;而等深线西侧的近沿岸海区浊度明显较高。近岸浊度分布随深度增加明显增大,邻近海底浊度增加更为显著,符合浊度随深度增加而增大的特征;而50 m等深线东侧海域浊度变化不明显。

4 大气化学及海气通量

大气化学(atmospheric chemistry)是大气科学的一门新兴的分支学科,以人们对大气臭氧的观测和对平流层臭氧光化学的研究为契机,于20世纪30年代开始迅猛发展,随着对全球变暖、环境污染的重视和深入了解,大气化学研究在世界范围内得到空前的关注。大气化学的研究内容十分广泛,包括大气化学组成,大气微量成分的浓度、分布、循环过程,大气成分浓度的变化及引起的全球气候变化和全球环境变化等。

我国对大气化学的研究起步较晚,目前尚未对大气化学开展过全面系统的调查,但不少学者针对局部特殊海域开展过相关研究。例如,张龙军等1997～1998年(张龙军等,1999)在南黄海获得海水中的二氧化碳分压数据,并对其分布进行了初步探讨,2001年谭燕等对长江口及东海西部海域表层海水二氧化碳分压进行了监测(谭燕等,2004);2007～2008年,我国陆续在近岸海域布设大气站点,如渤海菩提岛、东海舟山嵊泗和南海大亚湾等,采集大气干、湿沉降样品用于分析研究大气沉降通量。因此进行大规模综合调查与评价,获取准确、可靠、系统的调查数据,为开发、利用和保护海洋资源提供科学的信息依据是非常有必要的。本次大气调查工作取得了大量、全面、丰富的基础数据,为深入了解调查海域大气现状积累了宝贵的资料,对进一步深入研究主要的海洋生态和环境问题具有重要的意义。

4.1 化学要素的含量水平及分布特征

4.1.1 气体

1. 二氧化碳

二氧化碳是主要温室气体之一,工业革命以前几千年的时间里,大气中的CO_2浓度平均值约为280×10^{-6},变化幅度大约在10×10^{-6}以内(徐永福等,2004)。工业革命之后,碳循环的平衡开始被破坏,造成大气中的CO_2浓度的增加。这主要是由于煤炭、石油和天然气等化石燃料的消费使二氧化碳的排放量不断增加,森林遭到大规模的破坏使二氧化碳的生物汇在不断减少,海洋和陆地生物圈并不能完全吸收多排放到大气中的CO_2,从而导致大气中的CO_2浓度持续上升。1995年大气中的CO_2浓度达到360×10^{-6}。

1) 平面分布和季节变化

春、夏、秋、冬四个航次调查海域大气二氧化碳平均浓度分别为388.59×10^{-6}、379.00×10^{-6}、381.00×10^{-6}和386.48×10^{-6};平均浓度为383.77×10^{-6}(表4.1),与工业革命前全

球大气二氧化碳浓度相比高 37%，与 1995 年全球大气二氧化碳浓度相比高 6.6%。

表 4.1　ST05 区块海域海洋大气化学要素含量统计值

监测项目	春季 含量范围 平均值	夏季 含量范围 平均值	秋季 含量范围 平均值	冬季 含量范围 平均值
总悬浮颗粒物 /(mg/m³)	0.147~0.769 0.376	0.003 0~0.179 0.057 1	0.062~0.695 0.196	0.020 2~0.269 0.093 5
铜 /(ng/m³)	4.77~78.7 24.2	未检出~25.0 4.6	1.41~60.8 24.4	16.3~1115 154
铅 /(ng/m³)	6.90~240 74.2	2.78~85.9 13.2	9.71~121 45.2	49~519 163
镉 /(ng/m³)	0.084~2.89 0.76	0.020 4~0.765 0.106	0.134~1.10 0.438	0.082~2.79 0.875
钒 /(ng/m³)	0.46~92.5 11.5	0.51~54.0 6.96	1.06~15.0 4.59	5.17~73.3 20.5
锌 /(ng/m³)	19.5~813 241	7.58~3 336 185.8	26.0~532 194	82.0~1 480 784
铁 /(μg/m³)	0.257~3.57 1.35	未检出~7.35 1.51	0.113~2.46 0.705	0.66~6.37 2.89
铝 /(μg/m³)	0.097~4.43 1.06	0.005 31~0.227 0.063 6	0.097~1.66 0.449	0.58~9.00 2.52
钾 /(μg/m³)	0.002~1.89 0.72	0.02~1.06 0.390	0.404~4.67 1.173	0.100~2.14 0.711
钠 /(μg/m³)	1.22~24.1 7.4	0.29~21.99 7.52	未检出~105 16.0	1.64~30.25 9.17
钙 /(μg/m³)	0.543~5.10 1.77	0.01~1.53 0.55	0.34~4.76 1.61	0.22~2.48 1.12
镁 /(μg/m³)	0.052~2.91 0.95	0.04~2.65 0.88	未检出~12.0 1.52	0.18~3.47 1.10
铵 /(μg/m³)	1.07~14.2 6.11	未检出~5.08 1.07	1.52~12.6 4.93	0.75~10.87 3.70
磷酸盐 /(μg/m³)	0.001~0.261 0.062 7	未检出~0.073 0.006	未检出~0.145 0.020	未检出~0.02 0.012
硫酸盐 /(μg/m³)	3.09~34.9 13.2	未检出~34.7 6.80	3.8~33.6 12.0	1.72~31.3 9.16
亚硝酸盐 /(μg/m³)	0.003~0.027 0.012	未检出~0.064 0.026	未检出~0.29 0.047	0.020~0.050 0.026
硝酸盐 /(μg/m³)	0.554~34.3 7.68	未检出~7.38 3.11	2.5~23.1 7.87	1.31~30.84 6.80
甲基磺酸盐 /(μg/m³)	未检出	未检出~0.240 0.010	未检出	未检出
总碳 /(μg/m³)	1.36~20.19 7.90	2.33~17.2 5.36	2.88~13.9 8.36	未检出~24.8 11.8
二氧化碳 /(×10⁻⁶)	381.99~394.93 388.59	367.85~386.98 379.00	379.00~384.00 381.00	362.34~417.67 386.48
甲烷 /(ppb*)	1 785.5~1 940.7 1 872.15	2 099.1~2 667.4 2 325.06	1 078.1~1 707.0 1 394.4	2 099.1~2 667.4 2 332.9

*　1 ppb=22.4×10³ μmol/L。

续表

监测项目	春季 含量范围 平均值	夏季 含量范围 平均值	秋季 含量范围 平均值	冬季 含量范围 平均值
氧化亚氮 /(ppb *)	308.4～314.6 311.5	325.00～335.70 330.93	300.7～326.8 315.2	325.00～334.95 330.34
氮氧化物 /(mg/m³)	0.003 80～0.009 50 0.006 37	未检出～0.122 0.033 0	0.004 9～0.012 9 0.007 70	0.002 9～0.009 9 0.006 35

调查海域大气二氧化碳浓度的季节差异不明显,春季和冬季接近,略高于夏季和秋季。不同季节的平面分布特征有所不同,具体为:春季,大致呈现由近海向远海降低的趋势,台州—温州近海浓度最高,调查海域东南远海浓度最低;夏季,调查海域 27°～28°N 大气二氧化碳浓度最低,分别向北部和南部呈增加趋势,最高值出现在舟山群岛外海域;秋季,平面分布较均匀,浓度差异较小;冬季,调查海域北部近海大气二氧化碳浓度最高,并在西北部出现高值区,南部远海大气二氧化碳浓度较低(图 4.1)。

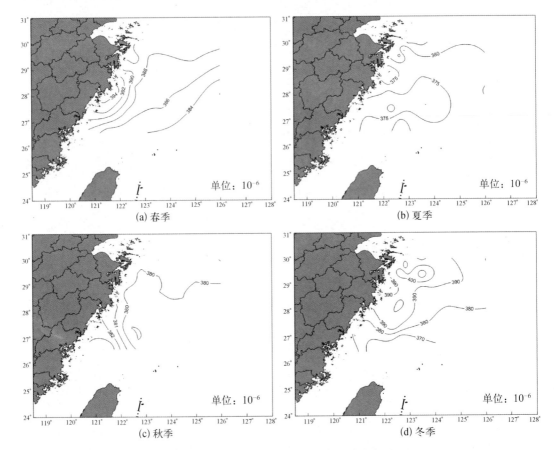

图 4.1 ST05 区块海域大气二氧化碳分布图

---

* 1 ppb=22.4×10³ μmol/L。

2）周日变化特征

春、夏、秋、冬四个航次连续站大气二氧化碳平均浓度分别为 389.55×10^{-6}、382.34×10^{-6}、380.89×10^{-6} 和 386.61×10^{-6}（表4.2）。与大面站的季节变化特征相似，季节差异不明显，浓度高低为春季＞冬季＞夏季＞秋季。

表 4.2　ST05 区块海域连续观测期间海洋大气中气体的日变化统计

季节		二氧化碳/10^{-6}	甲烷/ppb	氧化亚氮/ppb	氮氧化物 /(mg/m³)
春季	范　围	388.62～390.74	1 859.2～1 939.6	310.1～314.6	0.004 8～0.007 6
	平均值	389.55	1 895.90	312.50	0.006 0
	变异系数	0.002	0.014	0.004	0.19
夏季	范　围	376.52～386.98	2 280.60～2 667.40	327.4～335.7	0.004 2～0.122
	平均值	382.34	2 436.06	332.41	0.055 4
	变异系数	0.010	0.053	0.009	0.70
秋季	范　围	380～382	1 322.6～1 615.8	307.9～326.8	0.004 9～0.010 4
	平均值	380.89	1 459.08	317.52	0.006 6
	变异系数	0.002	0.088	0.016	0.30
冬季	范　围	376.21～392.39	2 280.60～2 667.40	327.40～334.95	0.007 0～0.008 2
	平均值	386.61	2 436.06	331.86	0.007 5
	变异系数	0.013	0.053	0.008	0.047

从周日变化上看(图4.2)，冬季连续站海洋大气中二氧化碳浓度变化最大，浓度变化范围为 $376.21 \times 10^{-6} \sim 392.39 \times 10^{-6}$，变异系数0.013，连续监测起始时15时至0时的浓度波动性变化，0时以后二氧化碳浓度呈持续降低趋势；夏季，浓度变化范围为376.52×

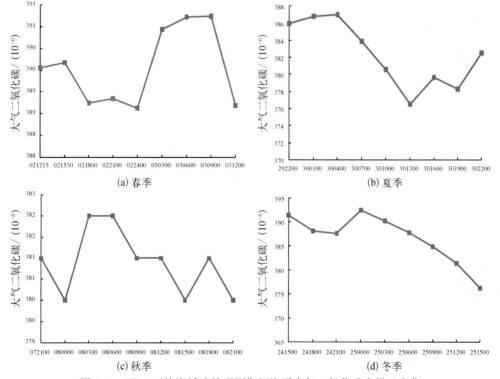

(a) 春季　　　　　　　　　　(b) 夏季

(c) 秋季　　　　　　　　　　(d) 冬季

图 4.2　ST05 区块海域连续观测期间海洋大气二氧化碳含量日变化

$10^{-6} \sim 386.98 \times 10^{-6}$，变异系数 0.010，22 时～4 时含量较高且基本稳定；4 时后可能受到浮游植物光合作用影响，二氧化碳浓度迅速降低，至 13 时达到最低值；之后二氧化碳浓度震荡攀升；春季和秋季无明显周日变化，浓度变化范围分别为 $388.62 \times 10^{-6} \sim 390.74 \times 10^{-6}$、$380 \times 10^{-6} \sim 382 \times 10^{-6}$，变异系数均为 0.002。

2. 甲烷

甲烷是大气中含量丰富的有机气体，也是一种主要的温室气体，目前大气甲烷的浓度约为 1 700 ppb。它的来源分为人为源和自然源，人为源包括天然气泄漏、石油煤矿开采及生产、城市垃圾处理等；自然源包括天然沼泽、湿地、河流湖泊、海洋、热带森林。甲烷的汇有如下三种：在对流层大气中与氢氧自由基反应而被氧化；进入平流层，发生光解或被氧化；被土壤吸收。

1) 平面分布和季节变化

春、夏、秋、冬四个航次调查海域大气中甲烷平均浓度分别为 1 872.15 ppb、2 325.06 ppb、1 394.4 ppb 和 2 332.9 ppb；平均浓度为 1 981.13 ppb（表 4.1）。由于一个甲烷分子的温室效应是一个二氧化碳分子的 21 倍，因此温室效应贡献量为二氧化碳的 7.7%～13.0%。

调查海域大气中甲烷浓度季节差异明显，夏季和冬季的平均浓度接近，明显高于春季和秋季，其中秋季平均浓度最低。从平面分布特征上看（图 4.3），夏季和冬季也较为相

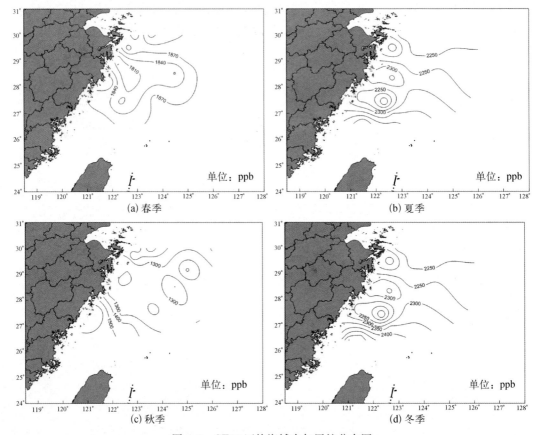

图 4.3　ST05 区块海域大气甲烷分布图

似,具体为:春季,调查海域中部大气甲烷的浓度最低,北部浓度较高;夏季和冬季,分布较杂乱,等值线密集,调查海域南部海洋大气中甲烷浓度高于其他区域,27°～28°N出现闭合的低值区域;秋季,浙江南部—福建北部近海和调查海域北部近海为高值区,其余区域含量较低,且差异较小。

2)周日变化特征

春、夏、秋、冬四个航次连续站大气甲烷平均浓度分别为1 895.90 ppb、2 436.06 ppb、1 459.08 ppb和2 436.06 ppb(表4.2)。与大面站的季节变化特征相似,季节差异明显,浓度高低为夏季=冬季>春季>秋季。

从周日变化上看(图4.4),秋季连续站海洋大气中甲烷的浓度变化最大,浓度变化范围为1 322.6～1 615.8 ppb,变异系数0.088;3～9时含量较高,之后含量明显降低,至18时后略呈扬升态势。夏季、冬季的变异系数均为0.053,浓度变化范围分别为2 280.60～2 667.40 ppb和2 280.60～2 667.40 ppb,由连续监测起始至结束呈明显的上升趋势,至连续监测结束浓度达到最大值;春季浓度变化最小,浓度范围为1 859.2～1 939.6 ppb,变异系数0.014;9时浓度最高,12时浓度最低。

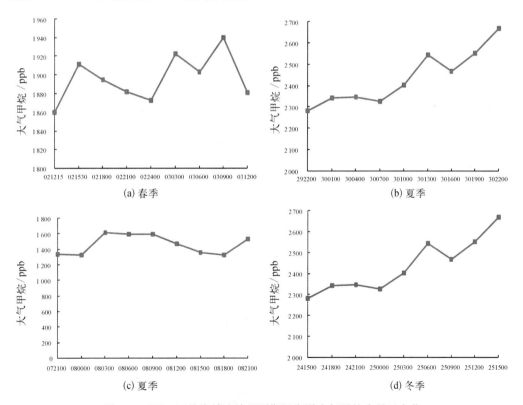

图4.4　ST05区块海域连续观测期间海洋大气甲烷含量日变化

3. 氧化亚氮

氧化亚氮(N_2O),俗称笑气,在大气中属痕量气体,但温室效应却是相同浓度下二氧化碳的200～300倍(詹力扬等,2006)。目前在大气中的浓度约为314 ppb,而工业革命前在大气中的浓度为 287 ppb(KhalilM et al.，2002)，每年增加 0.25％左右。大气 N₂O 均来源于地面排放，自然源主要包括海洋以及温带、热带的草原和森林生态系统；人为源主要包括农田生态系统、生物质燃烧和化石燃烧。N₂O 在大气中的唯一的汇是在平流层光解成氮氧化物，进而转化成硝酸或硝酸盐而通过干、湿沉降过程被清除出大气。

1) 平面分布和季节变化

春、夏、秋、冬四个航次调查海域大气中氧化亚氮平均浓度分别为 311.5 ppb、330.93 ppb、315.2 ppb 和 330.34 ppb，平均浓度为 321.99 ppb(表 4.1)，比工业革命前增加约 12％。由于一个氧化亚氮分子的温室效应是一个二氧化碳分子的 206 倍，因此虽然调查海域海洋大气中氧化亚氮的浓度约为二氧化碳的 1/1 000，但在气候变暖方面的作用却可达到二氧化碳的 16.5％～18.0％。

调查海域大气中氧化亚氮浓度有一定季节差异，夏季和冬季氧化亚氮的平均浓度基本一致，春季的浓度最低。从平面分布特征上看(图 4.5)，夏季和冬季也较为相似，春季，平面分布较均匀，差异较小，调查海域东南和舟山近海浓度较高，其他海域浓度较低，等值线稀疏；夏季，平面分布较杂乱，在调查海域南部远海、舟山近海和台州—温州近海为三个相对高值区，南部近海和北部远海浓度较低；秋季，中部区域尤其是象山港近海海洋大气氧化亚氮浓度最低，并由此分别向南北增加。

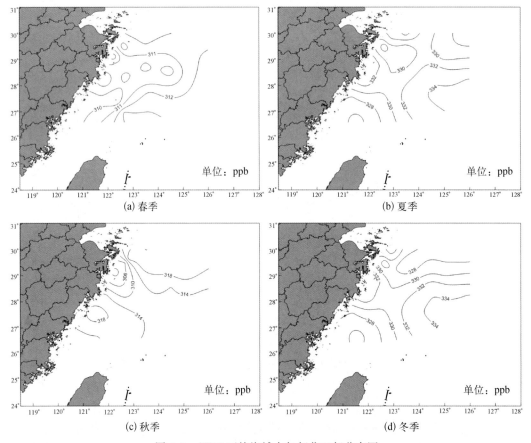

(a) 春季 (b) 夏季

(c) 秋季 (d) 冬季

图 4.5 ST05 区块海域大气氧化亚氮分布图

2) 周日变化特征

春、夏、秋、冬四个航次连续站大气中氧化亚氮平均浓度分别为 312.50 ppb、332.41 ppb、317.52 ppb 和 331.86 ppb(表 4.2)。与大面站季节变化特征相似,浓度高低为夏季>冬季>秋季>春季。

从周日变化上看(图 4.6),秋季连续站海洋大气中氧化亚氮浓度变化最大,浓度变化范围为 307.9~326.8 ppb,变异系数为 0.016;12 时浓度最高,3 时和 9 时浓度较低,其余时段浓度基本一致,无明显变化。夏季和冬季的变化特征相似,变异系数分别为 0.009、0.008,浓度范围分别为 327.4~335.7 ppb、327.40~334.95 ppb。春季周日变化最小,变异系数为 0.004,浓度范围为 310.1~314.6 ppb。

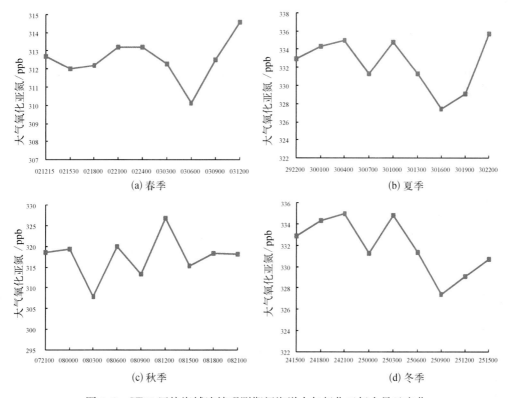

图 4.6 ST05 区块海域连续观测期间海洋大气氧化亚氮含量日变化

4. 氮氧化物

氮氧化物(NO_x)是一类特殊的污染物,本身会对生态系统和人体健康造成危害,且会产生硝酸根、臭氧、细颗粒物等多种二次污染物,同时还是一种具有区域污染特性的污染物。氮氧化物的来源分为自然源和人为源,自然源包括闪电、硝酸盐氧化和山火等,人为源包括化石燃烧和机动车排放等。

1) 平面分布和季节变化

春、夏、秋、冬四个航次调查海域大气中氮氧化物平均浓度分别为 0.006 37 mg/m³、0.033 0 mg/m³、0.007 70 mg/m³ 和 0.006 35 mg/m³,平均浓度为 0.013 4 mg/m³

（表 4.1），与文献报道的其他海域海洋大气中氮氧化物的浓度相比（盛立芳等，2002），调查海域氮氧化物的浓度远远低于夏季渤海海域。

夏季航次大气氮氧化物的浓度远远高于其余 3 个航次，可能与夏季海上台风、大风等天气多发有关。由于氮氧化物在大气中会发生复杂的光化学反应过程，因此台风伴随闪电过程可能造成氮氧化物浓度短期内迅速升高；另外，台风、大风天气有利于对流层和平流层气体交换，也会使海洋大气中氮氧化物浓度明显升高。

从平面分布特征看（图 4.7），春季，大气氮氧化物的分布无明显规律，高低值区交替出现。夏季，两个高值区域出现在舟山群岛外海域和浙江南部海域，其余区域浓度相对较低。秋季，总体上为近海区域高于远海，尤以南部近海浓度最高；南部远海浓度最低。冬季，总体上为近海海域大气氮氧化物浓度高于远海，最大值出现在乐清—温州外海域，低值区出现在调查海域的东北和西南部。

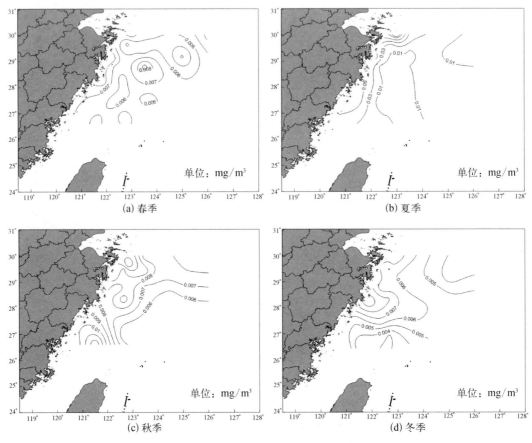

图 4.7　ST05 区块海域海域大气氮氧化物分布图

2）周日变化特征

春、夏、秋、冬四个航次连续站大气中氮氧化物平均浓度分别为 0.006 0 mg/m³，0.055 4 mg/m³，0.006 6 mg/m³ 和 0.007 5 mg/m³（表 4.2）。与大面站季节变化特征相似，夏季明显高于其他季节，周日变化也最为剧烈，浓度范围为 0.004 2～0.122 mg/m³，变异系数 0.70；由监测起始时浓度明显降低，至 4 时浓度最低，之后呈增加趋势。秋季，浓度范围为 0.004 9～0.010 4 mg/m³，变异系数 0.30；连续监测起始时、结束时及 6 时浓度最高，其余时段内浓度较低且变化不明显。春季，浓度范围为 0.004 8～0.007 6 mg/m³，变异系数 0.19；监测起始时的 12 时至 15 时、9 时含量较高，其余时段内含量较低且基本一致。冬季，周日变化不明显，浓度范围为 0.007 0～0.008 2 mg/m³，变异系数 0.047；监测起始时至 6 时含量略呈降低趋势，之后含量明显增加至连续监测结束(图 4.8)。

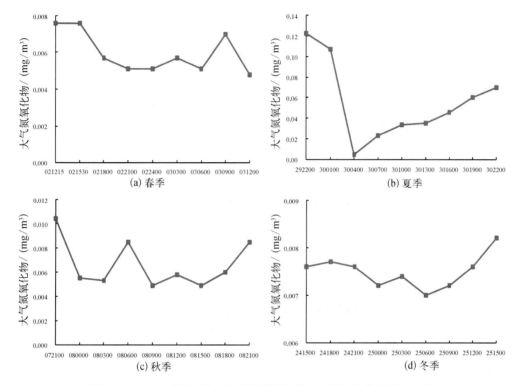

图 4.8　ST05 区块海域连续观测期间海洋大气氮氧化物含量日变化

4.1.2　大气总悬浮颗粒物

大气中悬浮颗粒物的来源有人为源和自然源之分。自然源主要是土壤、扬尘和沙尘等经风力的作用输送到空气中而形成的。人为源主要包括燃煤、燃油和工业生产等过程的排放。

春季，大气总悬浮颗粒物浓度范围为 0.147～0.769 mg/m³，平均值为 0.376 mg/m³，有 27 个样品的含量不符合 WHO 的质量标准，超标率为 87.1%；夏季，浓度范围为 0.003 0～0.179 mg/m³，平均值为 0.057 1 mg/m³，均符合 WHO 的大气质量标准；秋季，浓度范围为 0.062～0.695 mg/m³，平均值为 0.196 mg/m³，有 11 个的样品含量不符合 WHO 的质量标准，超标率为 47.8%；冬季，浓度范围为 0.020 2～0.269 mg/m³，平均值为 0.093 5 mg/m³，有 2 个样品含量不符合 WHO 的质量标准，超标率为 8.70%(表 4.1)。

四个航次的调查结果有明显差异，夏季浓度最低，春季浓度最高，约为夏季的 6.5 倍。

这一季节变化特征与大连海域气溶胶质量浓度的季节变化一致,主要由于春季大气环流条件有利于陆源物质向调查海域迁移,且春季正是陆源颗粒物浓度最高的季节;另外,夏季雨量明显增大,雨水冲刷易使颗粒物以湿沉降形式清除,也是夏季大气悬浮颗粒物浓度明显降低的重要因素(李连科等,1997a;李连科等,1997b;万小芳等,2002)。

4.1.3 大气悬浮颗粒物中的总碳

春季,大气悬浮颗粒物中的总碳浓度范围为 $1.36 \sim 20.19\ \mu g/m^3$,平均值为 $7.90\ \mu g/m^3$;夏季,浓度范围为 $2.33 \sim 17.2\ \mu g/m^3$,平均值为 $5.36\ \mu g/m^3$;秋季,浓度范围为 $2.88 \sim 13.9\ \mu g/m^3$,平均值为 $8.36\ \mu g/m^3$;冬季,浓度范围为未检出 $\sim 24.8\ \mu g/m^3$,平均值为 $11.8\ \mu g/m^3$(表 4.1)。四个航次的调查结果有明显差异,其中,夏季总碳浓度最低,冬季最高,冬季含量约为夏季的 2.2 倍。

4.1.4 大气悬浮颗粒物中氮、硫、磷的化合物

1. 铵

大气颗粒物的可溶性氮对开阔海域浮游植物的初级生产过程有较大的影响,在合适的条件下,颗粒物中的溶解态氮可能通过湿沉降在短时间内造成营养盐的一次性输入,刺激浮游植物的生产甚至引发赤潮,因此研究大气颗粒物中氮的化合物具有重要的意义。海洋大气中的氮主要是以铵离子和硝酸根的形式存在的(赖利等,1985)。

春季,大气中铵的浓度范围为 $1.07 \sim 14.2\ \mu g/m^3$,平均值为 $6.11\ \mu g/m^3$(表 4.1),明显高于南黄海和东海大气颗粒物中的铵,略高于大连海域大气中的铵(表 4.3);夏季,浓度范围为未检出 $\sim 5.08\ \mu g/m^3$,平均值为 $1.07\ \mu g/m^3$,略低于南黄海、东海和大连海域大气颗粒物中的铵;秋季,浓度范围为 $1.52 \sim 12.6\ \mu g/m^3$,平均值为 $4.93\ \mu g/m^3$,明显高于南黄海和东海大气颗粒物中的铵,略高于大连海域大气中的铵;冬季,浓度范围为 $0.75 \sim 10.87\ \mu g/m^3$,平均值为 $3.70\ \mu g/m^3$,明显高于南黄海和东海大气颗粒物中的铵。

表 4.3 南黄海和其他海域海洋大气中氮、磷、硫化合物的文献报道值

海 域	季节	$NO_3^-/(\mu g/m^3)$	$NH_4^+/(\mu g/m^3)$	$PO_4^{3-}/(\mu g/m^3)$	$SO_4^{2-}/(\mu g/m^3)$
南黄海(济州岛)[1]	春	1.54	1.37	0.068 1	7.63
	夏	0.82	1.17	0.051 9	6.33
	秋	1.01	1.34	0.093 8	6.56
	冬	1.19	1.06	0.113 3	6.15
东海(黑潮、对马岛海域、厦门海域)[1]	春	0.11	1.79	0.037 7	2.7
	夏	0.16	1.11	0.028 7	3.7
	秋	0.10	1.57	0.051 8	3.1
	冬	0.20	1.90	0.062 6	4.7
大连海域[2]	5 月	10.7	4.07		12.4
	8 月	6.25	1.19		7.41
	11 月	11.9	3.47		10.9

续表

海　域	季节	NO$_3^-$/(μg/m³)	NH$_4^+$/(μg/m³)	PO$_4^{3-}$/(μg/m³)	SO$_4^{2-}$/(μg/m³)
本　文	春	7.68	6.11	0.062 7	13.2
	夏	3.11	1.07	0.006	6.80
	秋	7.87	4.93	0.020	12.0
	冬	6.80	3.70	0.012	9.16

资料来源：1) 万小芳等，2002；2) 李连科等，1997

季节变化特征与总悬浮颗粒物一致，均表现为四个航次调查结果存在明显差异，且夏季最低，春季最高，春季大气铵的浓度约为夏季的 6 倍。

2. 硝酸盐

硝酸盐是氮在大气中另一种主要的存在形式。春、夏、秋季硝酸盐浓度均明显高于南黄海和东海大气颗粒物中的浓度，但低于大连海域的浓度（表 4.3）；浓度范围分别为 0.554～34.3 μg/m³、未检出～7.38 μg/m³ 和 2.5～23.1 μg/m³，平均值分别为 7.68 μg/m³、3.11 μg/m³ 和 7.87 μg/m³。冬季，硝酸盐的浓度范围为 1.31～30.84 μg/m³，平均值为 6.80 μg/m³（表 4.1）；明显高于南黄海和东海大气颗粒物中的硝酸盐浓度。

与悬浮颗粒物和铵浓度的季节变化特征相似，硝酸盐含量也为夏季最低；与悬浮颗粒物和铵的季节变化不一致的是，其余三个航次的调查结果的差异不明显，尤其是春季和秋季的平均浓度较接近。

3. 亚硝酸盐

春季，亚硝酸盐的浓度范围为 0.003～0.027 μg/m³，平均值为 0.012 μg/m³；夏季，亚硝酸盐的浓度范围为未检出～0.064 μg/m³，平均值为 0.026 μg/m³；秋季，亚硝酸盐的浓度范围为未检出～0.29 μg/m³，平均值为 0.047 μg/m³；冬季，亚硝酸盐的浓度范围为 0.020～0.050 μg/m³，平均值为 0.026 μg/m³（表 4.1）。

亚硝酸盐的季节变化特征与铵和硝酸盐明显不同，春季大气颗粒物中亚硝酸盐的浓度最低，秋季最高，而夏季和冬季基本一致。

4. 甲基磺酸盐

甲基磺酸（MSA）和硫酸盐（SO$_4^{2-}$）是二甲基硫（DMS）的主要氧化产物，目前已明确的二甲基硫来源有海洋、土壤、湿地和火山等，其中海洋排放的占总排放量的 98%，而海洋中的二甲基硫大部分来自海洋表层浮游生物的排放（袁蕙，2007），二甲基硫经由光化学反应生成甲基磺酸和硫酸盐。还有研究表明，甲基磺酸唯一的大气来源就是二甲基硫的氧化（张保安等，2009），因此甲基磺酸可作为二甲基硫的示踪物。

四个航次的调查中，只有夏季有 1 个大气悬浮颗粒物样品中检出，浓度为 0.240 μg/m³，其余样品中均未检出甲基磺酸盐（表 4.1）。

5. 硫酸盐

未受扰动的海洋大气硫酸盐浓度为 0.05～1.65 μg/m³。硫酸盐在海水中属常量物

第4章

质,海盐气溶胶的形成过程会把海水中的硫酸盐带入大气,因此大气颗粒物中的硫酸盐是海盐硫酸盐和非海盐硫酸盐($nss-SO_4^{2-}$)的叠加,其中非海盐硫酸盐($nss-SO_4^{2-}$)除了经由 DMS 氧化外还可来自人为污染源,在研究非海盐的硫酸盐时应将海盐硫酸盐扣除[扣除公式为 $nss-SO_4^{2-} = SO_4^{2-} - Na^+ \times (SO_4^{2-}/Na^+)_s$。式中$(SO_4^{2-}/Na^+)_s$为海盐气溶胶中$(SO_4^{2-}/Na^+)$的比值,一般设定为 0.25]。

非海盐硫酸盐是调查海域大气中硫酸盐的主要来源,具体调查结果如下。

春季,硫酸盐的浓度范围为 3.09~34.9 $\mu g/m^3$,平均值为 13.2 $\mu g/m^3$,非海盐硫酸盐的浓度范围为 0.94~33.9 $\mu g/m^3$,平均值为 11.4 $\mu g/m^3$,非海盐硫酸盐占硫酸盐的比例为 30.5%~99.1%,平均为 78.6%(表 4.1)。大气颗粒物中硫酸盐的含量明显高于南黄海和东海海域,略高于大连海域(表 4.3)。

夏季,硫酸盐的浓度范围为未检出~34.7 $\mu g/m^3$,平均值为 6.80 $\mu g/m^3$,非海盐硫酸盐的浓度范围为未检出~32.6 $\mu g/m^3$,平均值为 5.91 $\mu g/m^3$,非海盐硫酸盐占硫酸盐的比例为 13.6%~97.8%,平均为 67.3%。大气颗粒物中硫酸盐的含量高于南黄海和东海海域,但低于大连海域。

秋季,硫酸盐的浓度范围为 3.8~33.6 $\mu g/m^3$,平均值为 12.0 $\mu g/m^3$,非海盐硫酸盐的浓度范围为未检出~26.1 $\mu g/m^3$,平均值为 8.17 $\mu g/m^3$,非海盐硫酸盐占硫酸盐的比例为 21.1%~93.8%,平均为 65.6%。大气颗粒物中硫酸盐的含量高于南黄海、东海海域和大连海域。

冬季,硫酸盐的浓度范围为 1.72~31.3 $\mu g/m^3$,平均值为 9.16 $\mu g/m^3$,非海盐硫酸盐的浓度范围为未检出~29.2 $\mu g/m^3$,平均值为 7.20 $\mu g/m^3$,非海盐硫酸盐占硫酸盐的比例为 14.9%~93.7%,平均为 70.4%。大气颗粒物中硫酸盐的含量高于南黄海和东海海域。

季节变化规律与总悬浮颗粒物、硝酸盐、铵相似,同样表现为夏季最低,春季最高,春季大气中的硫酸盐浓度约为夏季的 2 倍。

6. 磷酸盐

春季,大气中磷酸盐的浓度范围为 0.001~0.261 $\mu g/m^3$,平均值为 0.062 7 $\mu g/m^3$(表 4.1);略低于春季南黄海海洋大气颗粒物中的磷酸盐浓度,但明显高于东海大气的磷酸盐浓度(表 4.3)。夏季,浓度范围为未检出~0.073 $\mu g/m^3$,平均值为 0.006 $\mu g/m^3$;明显低于夏季南黄海和东海海域大气颗粒中的磷酸盐浓度。秋季,浓度范围为未检出~0.145 $\mu g/m^3$,平均值为 0.020 $\mu g/m^3$;明显低于秋季南黄海和东海海域大气颗粒物中的磷酸盐浓度。冬季,浓度范围为未检出~0.02 $\mu g/m^3$,平均值为 0.012 $\mu g/m^3$;明显低于冬季南黄海和东海海域大气颗粒物中的磷酸盐浓度。

季节变化特征与总悬浮颗粒物等相似,为夏季最低,春季明显高于其他季节,春季大气颗粒物中磷酸盐的浓度约为夏季的 10 倍。

4.1.5　大气悬浮颗粒物中的金属离子

1. 钠

海洋大气颗粒物中的钠主要来自海水,具有较强的对应来源特征,且易于测定,因此在海洋大气化学中常作为海水源的指示要素。

春季,大气中钠的浓度范围为 1.22~24.1 $\mu g/m^3$,平均值为 7.40 $\mu g/m^3$;夏季,浓度范围为 0.29~21.99 $\mu g/m^3$,平均值为 7.52 $\mu g/m^3$;秋季,浓度范围为未检出~105 $\mu g/m^3$,平均值为 16.0 $\mu g/m^3$;冬季,浓度范围为 1.64~30.25 $\mu g/m^3$,平均值为 9.17 $\mu g/m^3$(表 4.1)。

从季节上看,秋季大气颗粒物中钠的含量明显高于其他航次,表明秋季海洋对调查海域大气的影响最大;春季和夏季大气中钠浓度基本一致,为四季中最低。

2. 钾

春季,大气中钾的浓度范围为 0.002~1.89 $\mu g/m^3$,平均值为 0.720 $\mu g/m^3$;夏季,浓度范围为 0.02~1.06 $\mu g/m^3$,平均值为 0.390 $\mu g/m^3$;秋季,浓度范围为 0.404~4.67 $\mu g/m^3$,平均值为 1.173 $\mu g/m^3$;冬季,浓度范围为 0.100~2.14 $\mu g/m^3$,平均值为 0.711 $\mu g/m^3$(表 4.1)。

从季节上看,夏季大气颗粒物中的钾最低,秋季最高,秋季浓度约为夏季的 3 倍,春季、冬季调查结果基本一致。

3. 钙

春季,大气中钙的浓度范围为 0.543~5.10 $\mu g/m^3$,平均值为 1.77 $\mu g/m^3$;夏季,浓度范围为 0.01~1.53 $\mu g/m^3$,平均值为 0.55 $\mu g/m^3$;秋季,浓度范围为 0.34~4.76 $\mu g/m^3$,平均值为 1.61 $\mu g/m^3$;冬季,浓度范围为 0.22~2.48 $\mu g/m^3$,平均值为 1.12 $\mu g/m^3$(表 4.1)。

从季节上看,钙的季节变化特征与总悬浮颗粒物相似,为夏季最低,春季最高,春季浓度约为夏季的 3.2 倍。

4. 镁

春季,大气中镁的浓度范围为 0.052~2.91 $\mu g/m^3$,平均值为 0.95 $\mu g/m^3$;夏季,浓度范围为 0.04~2.65 $\mu g/m^3$,平均值为 0.88 $\mu g/m^3$;秋季,浓度范围为未检出~12.0 $\mu g/m^3$,平均值为 1.52 $\mu g/m^3$;冬季,浓度范围为 0.18~3.47 $\mu g/m^3$,平均值为 1.10 $\mu g/m^3$(表 4.1)。

从季节上看,镁的季节变化特征与钠相似,浓度为夏季最低,秋季最高,表明大气颗粒物中的镁主要来源可能也为海源。

5. 铝

铝在海洋大气化学中常作为地壳风化物源的指示元素,另外由于风化产物中铝的含量与母岩中的含量有较好的可比性,而且在风化迁移过程中属惰性元素,因此可以作为归一化元素计算大气颗粒物中各种元素的富集系数(GESAMP,1989)。

春季,大气中铝的浓度范围为 0.097~4.43 $\mu g/m^3$,平均值为 1.06 $\mu g/m^3$;夏季,浓度范围为 0.005 31~0.227 $\mu g/m^3$,平均值为 0.063 6 $\mu g/m^3$;秋季,浓度范围为 0.097~

1.66 $\mu g/m^3$,平均值为 0.449 $\mu g/m^3$;冬季,浓度范围为 0.58～9.00 $\mu g/m^3$,平均值为 2.52 $\mu g/m^3$(表 4.1)。

从季节上看,铝的季节差异十分显著,夏季浓度最低,冬季最高,冬季浓度约为夏季的 4 倍。

6. 铁

与铝相似,铁也是一种地壳风化元素,有些研究中也利用铁作为参比元素计算其他元素的富集系数。在海洋大气化学中,铁的重要意义还在于,铁、铜、钒等过渡金属离子可能在大气硫循环中起到了催化剂的作用,加速了酸雨的形成;在大气颗粒物中的硝酸盐还原为铵或氮的过程中同样起到了催化剂的作用,因此铁与氮的关系及其对海洋初级生产力的影响已得到充分重视(Ditullio et al. , 1993; Paerl, 1997)。

春季,大气中铁的浓度范围为 0.257～3.57 $\mu g/m^3$,平均值为 1.35 $\mu g/m^3$;夏季,浓度范围为 未检出～7.35 $\mu g/m^3$,平均值为 1.51 $\mu g/m^3$;秋季,浓度范围为 0.113～2.46 $\mu g/m^3$,平均值为 0.705 $\mu g/m^3$;冬季,浓度范围为 0.66～6.37 $\mu g/m^3$,平均值为 2.89 $\mu g/m^3$(表 4.1);四个航次的平均含量略高于文献报道的大连海域大气中铁的年平均含量(李连科等,1997;李连科等,1997)。

从季节上看,秋季大气颗粒物中铁的浓度最低,冬季最高,冬季浓度约为秋季的 4 倍。

7. 铜

春季,大气中铜的浓度范围为 4.77～78.7 ng/m^3,平均值为 24.2 ng/m^3;夏季,浓度范围为 未检出～25.0 ng/m^3,平均值为 4.6 ng/m^3;秋季,浓度范围为 1.41～60.8 ng/m^3,平均值为 24.4 ng/m^3;冬季,浓度范围为 16.3～1 115 ng/m^3,平均值为 154 ng/m^3(表 4.1)。

从季节上看,铜的季节变化特征与铝一致,表现出十分明显的季节差异,夏季浓度最低,冬季最高,冬季浓度高达夏季的 33 倍。

8. 铅

春季,大气中铅的浓度范围为 6.90～240 ng/m^3,平均值为 74.2 ng/m^3;夏季,浓度范围为 2.78～85.9 ng/m^3,平均值为 13.2 ng/m^3;秋季,浓度范围为 9.71～121 ng/m^3,平均值为 45.2 ng/m^3;冬季,浓度范围为 49～519 ng/m^3,平均值为 163 ng/m^3(表 4.1);均符合 WHO 的大气质量标准,超标率为 0.00%。

从季节上看,四个航次的调查结果有明显差异,季节变化特征与铝、铜一致,为夏季最低,冬季最高,冬季铅的浓度约为夏季的 12 倍。

9. 镉

春季,大气中镉的浓度范围为 0.084～2.89 ng/m^3,平均值为 0.760 ng/m^3;夏季,浓度范围为 0.020 4～0.765 ng/m^3,平均值为 0.106 ng/m^3;秋季,浓度范围为 0.134～1.10 ng/m^3,平均值为 0.438 ng/m^3;冬季,浓度范围为 0.082～2.79 ng/m^3,平均值为

0.875 ng/m³(表 4.1)。

从季节上看,季节变化特征与铝、铜、铅相似,均为夏季最低,冬季最高,冬季浓度约为夏季的 8 倍。

10. 钒

钒为易挥发元素,大气颗粒物中钒的来源主要来自石油、土壤尘、煤烟尘等。春季,大气中钒的浓度范围为 0.46~92.5 ng/m³,平均值为 11.5 ng/m³;夏季,浓度范围为 0.51~54.0 ng/m³,平均值为 6.96 ng/m³;秋季,浓度范围为 1.06~15.0 ng/m³,平均值为 4.59 ng/m³;冬季,浓度范围为 5.17~73.3 ng/m³,平均值为 20.5 ng/m³(表 4.1)。

从季节上看,四个航次的调查结果有明显差异,其中秋季大气颗粒物中的钒浓度最低,冬季最高,冬季浓度约为秋季的 5 倍。

11. 锌

春季,大气中锌的浓度范围为 19.5~813 ng/m³,平均值为 241 ng/m³;夏季,浓度范围为 7.58~3 336 ng/m³,平均值为 185.8 ng/m³;秋季,浓度范围为 26.0~532 ng/m³,平均值为 194 ng/m³;冬季,浓度范围为 82.0~1 480 ng/m³,平均值为 784 ng/m³(表 4.1)。

从季节上看,夏季大气颗粒物中锌的浓度最低,冬季最高,明显高于其他三个航次,冬季浓度约为夏季的 4 倍。

4.2 海水中二氧化碳体系及海气交换通量

大气中二氧化碳浓度的不断升高引起的全球性的温室效应已日益引起人们的关注。海洋作为全球气候的一个调节器,在控制全球大气二氧化碳的浓度和气候变化上起着至关重要的作用。二氧化碳—碳酸盐体系是海水中最复杂而又最重要的体系之一,海水二氧化碳系统是维持海水有恒定酸度的重要原因,在海水中存在下列平衡:$CO_2(g) + H_2O \Longrightarrow H_2CO_3 \Longrightarrow H^+ + HCO_3^- \Longrightarrow 2H^+ + CO_3^{2-}$;$Ca^{2+} + CO_3^{2-} \Longrightarrow CaCO_3(s)$。因此海水中的二氧化碳主要以 HCO_3^-、CO_3^{2-}、溶解 CO_2 和 H_2CO_3 四种形式存在,通过一系列热力学平衡构成海水二氧化碳系统,在缓冲海水 pH、指示发生在河口生态系统中的光合作用和呼吸作用方面扮演重要角色(Whitfield and Turner,1986)。其中溶解 CO_2 和 H_2CO_3 合称为"游离二氧化碳",它们在海水中的分压用二氧化碳分压(p_{CO_2})表示。p_{CO_2} 的确定对于海洋与大气的二氧化碳交换及海洋生物过程的研究有重要意义。

通常海水中二氧化碳分压的测定方法包括直接测定法和间接计算法。测定法主要包括电化学分析法、光学分析法、红外光谱法和气相色谱法等。计算法则根据二氧化碳体系的热力学平衡过程进行。

当海水的二氧化碳体系处于平衡时,若已知海水的温度、盐度和压力,则可通过计算得到二氧化碳的溶解度系数(α_s),碳酸的一级表观解离常数(K_1')、二级表观解离常数(K_2'),硼酸的一级表观解离常数(K_B')、总硼酸浓度(B_T);这样,二氧化碳系统中相互关联的各项参数 pH、总碱度（TA）、二氧化碳各分量的浓度、二氧化碳分压（p_{CO_2}）等 7 个参数只要已知其中 2 个，就可以通过计算一系列的计算过程得到其余 5 个参数（高学鲁等，2008）。

根据四个航次对 ST05 区块的调查结果，尝试利用水温、盐度、总碱度和 pH 四个参数，以二氧化碳的热力学平衡体系为基础，计算海水二氧化碳分压，并结合大气二氧化碳浓度的测定结果，初步估算调查海域的海气交换通量。

4.2.1　海水二氧化碳体系计算模式

计算模式主要包括以下过程。

（1）根据 Dickson（Dickson，1990）的关于 K'_B 计算的经验公式，Roy 的计算 K'_1 和 K'_2 的经验公式，分别计算不同水温、盐度下的 K'_B、K'_1 和 K'_2。

（2）根据已测得表层海水 pH 计算氢离子活度（a_{H^+}），公式为 $a_{H^+} = 10^{-pH}$。

（3）计算碳酸碱度（C_A）

$$TA = C_{HCO_3^-} + 2C_{CO_3^{2-}} + C_{B(OH)_4^-} \qquad\qquad C_A = C_{HCO_3^-} + 2C_{CO_3^{2-}}$$

其中，TA 为总碱度，已通过测定得到：

$C_{B(OH)_4^-}$ 为硼酸碱度，计算公式为：$C_{B(OH)_4^-} = \dfrac{B_T \cdot K'_B}{a_{H^+} + K'_B}$，其中，根据 Millero（Millero，1995）的经验公式，海水中的 $B_T = 0.000\,416 \times (S/35)$。

（4）根据碳酸碱度计算总溶解二氧化碳浓度（$\sum CO_2$），并进一步计算二氧化碳体系的各分量。

$$C_{HCO_3^-} = \sum CO_2 \frac{K_1 a_{H^+}}{a_{H^+}^2 + K_1 a_{H^+} + K_1 K_2}$$

$$C_{CO_3^{2-}} = \sum CO_2 \frac{K_1 K_2}{a_{H^+}^2 + K_1 a_{H^+} + K_1 K_2}$$

$$C_{CO_2} = \sum CO_2 \frac{a_{H^+}^2}{a_{H^+}^2 + K_1 a_{H^+} + K_1 K_2}$$

（5）海水二氧化碳分压的计算 $p_{CO_2}^{sea} = \dfrac{C_{CO_2}}{\alpha_s}$，

$$\ln \alpha_s = -58.093\,1 + 90.506\,9 \times (100/T) + 22.294\,0 \times \ln(T/100) +$$
$$S[0.027\,766 - 0.025\,888 \times (T/100) + 0.005\,057\,8 \times (T/100)^2]$$

式中，$p_{CO_2}^{sea}$ 为海水中二氧化碳分压，单位为 atm；α_s 为二氧化碳的溶解度系数，单位为 mol/L·atm，根据 Weiss（1974）的经验公式计算得到，式中 T 为绝对温度，单位为 k，与摄氏温度 t（℃）的关系为：$T = 273.15 + t$；S 为千分盐度，范围为 0～40。

4.2.2　海水二氧化碳各分量

采用水体调查获得的温度、盐度、pH 和总碱度数据，利用上述计算模式得到了海水中二氧化碳各分量的含量及二氧化碳分压,结果详见表4.4。

表4.4 ST05区块海域海水二氧化碳体系各分量的计算结果

季 节		$\sum CO_2$ /(mmol/L)	$C_{HCO_3^-}$ /(mmol/L)	$C_{CO_3^{2-}}$ /(mmol/L)	C_{CO_2} /(mmol/L)	$p_{CO_2}^{sea}$ /μatm
春	范围	1.74~1.96	1.43~1.75	0.192~0.327	0.004 86~0.010 3	136~266
	平均值	1.83	1.56	0.260	0.007 09	197
夏	范围	1.40~1.83	1.00~1.49	0.243~0.402	0.002 12~0.007 17	77.2~260
	平均值	1.69	1.36	0.329	0.005 09	189
秋	范围	1.82~1.92	1.48~1.68	0.205~0.341	0.005 20~0.009 49	169~286
	平均值	1.88	1.57	0.298	0.006 76	219
冬	范围	1.67~2.07	1.42~1.90	0.157~0.284	0.006 22~0.015 4	175~389
	平均值	1.93	1.70	0.219	0.009 67	255

计算结果表明,冬季海水二氧化碳分压最高,平均为255 μatm;夏季最低,平均为189 μatm。与张龙军等(张龙军等,1999)对东海冬季和夏季海水二氧化碳分压的测定相比,本报告通过热力学公式计算的二氧化碳分压结果偏低。主要原因为有以下几方面:首先,本次调查区域主要为近海、远海大气,未包括近岸区域,尤其未包括海水二氧化碳分压较高的长江口区;其次,计算使用热力学公式前提是基于海水二氧化碳系统达到平衡,但实际上海洋中的二氧化碳系统往往处于非平衡状态;另外,计算法涉及的参数较多,如:碳酸解离常数的表达式不断由后人修正,至今未取得公认结果;pH的不确定会给 $p_{CO_2}^{sea}$ 的计算带来3%的误差。

因此,对海水二氧化碳热力学平衡体系的研究仍然是一个重要的课题。首先,在实际监测工作中,因种种原因未能测定海水二氧化碳系统所涉及的所有参数,利用一定的计算模式可以获得,科学工作者们也一直致力于得到计算各相关常数的成熟的、低误差的经验公式;其次,海水二氧化碳的直接测定方法也处在不断完善的过程中,实测资料在持续改进和增加,利用热力学平衡体系进行计算,对验证监测参数的关联度和准确性也具有十分重要的作用。

4.2.3 海气交换通量估算

海水对二氧化碳的吸收有三个因素:一是海水的静态容量,即达到平衡后海水中二氧化碳的含量增加多少,这是热力学平衡问题;二是动力学问题,即海—气之间二氧化碳的交换速度;三是海水的铅直混合速率(Wanninkhof,1992)。

因此,在前文获得海水二氧化碳分压 $p_{CO_2}^{sea}$ 的基础上,需结合大气二氧化碳分压 $p_{CO_2}^{air}$,以及海—气交换速度等参数,才能估算出二氧化碳的海气交换通量。主要计算模式如下。

(1)海洋大气中二氧化碳分压

$$p_{CO_2}^{air} = nRT/V$$

其中,采用调查得到的海洋大气中二氧化碳浓度,根据理想气体状态方程估算大气二氧化碳分压。

（2）海—气界面二氧化碳的交换通量公式为

$$F = K \times \Delta p_{CO_2}$$

式中，$\Delta p_{CO_2} = p_{CO_2}^{sea} - p_{CO_2}^{air}$；$K$ 为气体交换输运速率，单位为 cm/h；$K = k \times \alpha_s$，其中 k 是大气和海洋间的气体交换系数；α_s 是某温盐条件下的 CO_2 溶解度。

目前关于 k 的计算模式较多，其中以 Wanninkhof（Wanninkhof，1992）提出的模式应用比较广，即

$$k = 0.31 \times U_{10}^2 \times (660/S_{c_t})^{1/2} （适用于瞬时风速）$$

式中，U_{10} 为距海平面 10 m 处的风速大小，单位为 m/s；S_{c_t} 是 $t℃$ 下 CO_2 的 Schmidt 常数，$S_{c_t} = 2\,073.1 - 125.62t + 3.627\,6t^2 - 0.043\,219t^3（t：℃）$。

通过上述一系列公式计算，得到调查海域海—气二氧化碳交换通量的结果，结果表明：冬季个别站位海水二氧化碳分压高于大气分压，为二氧化碳的"源"，其余站位为"汇"区；春季、夏季、秋季调查海域海水二氧化碳的分压均低于大气分压，主要为二氧化碳的"汇"。春季，海气交换通量范围为 0.2～20.2 mol/(m² · a)，平均为 8.2 mol/(m² · a)；秋季，海气交换通量范围为 0.8～33.9 mol/(m² · a)，平均为 11.9 mol/(m² · a)。

4.2.4　结论

（1）基于二氧化碳的热力学平衡体系，利用水温、盐度、pH、总碱度等参数，估算二氧化碳体系各主要形态的含量和海水二氧化碳分压。结果为冬季海水二氧化碳分压最高，夏季最低。

（2）利用海水二氧化碳分压和大气二氧化碳浓度，估算调查区域海—气二氧化碳通量。结果表明：冬季个别站位为二氧化碳的"源"，其余站位为"汇"区；春季、夏季、秋季调查海域海水二氧化碳的分压均低于大气分压，主要为二氧化碳的"汇"。其中，春季平均通量为 8.2 mol/(m² · a)，秋季为 11.9 mol/(m² · a)。

4.3　大气物质来源分析

4.3.1　金属元素来源分析

大气中金属元素的来源主要有三种，即地壳源、海水来源及污染源。研究大气中金属元素的来源，常用富集因子法来进行推断，即利用参比元素计算元素相对于某一来源成分的富集量，其中地壳源及海水源由于来源物质的组成比较固定，因此容易选取参比元素；如常选用地壳源的指示元素 Al 作为参比元素，因风化产物中 Al 的含量与母岩中的含量有较好的可比性，而且在风化迁移过程中属惰性元素；对于海水源则选用 Na 作为参比元素。而污染源来源较复杂且无固定组成，故较不易选定指标元素，因此习惯上只计算地壳富集因子及海水富集因子，再由此推断来源。

一般而言，元素的富集因子接近 1 表示此元素以该物质为主要来源，大于 10 表示此

元素不以该物质为主要来源,可能以其他来源为主。如果元素富集因子均大于10,则表示此元素主要来自人类活动污染。

1) 大气金属元素的富集因子

富集因子计算公式为

$$EF_{(X)} = (C_X/C_R)_a/(C_X/C_R)_s$$

式中,$EF_{(X)}$为富集因子,$(C_X/C_R)_a$为大气颗粒物中该元素 X 与参比元素浓度之比,$(C_X/C_R)_s$为地壳或海水中该元素 X 与参比元素浓度之比。本研究选取 Al 为地壳源参比元素,平均地壳中元素的丰度与 Al 的比值采用中国东部上地壳元素丰度值(鄢明才等,1997);Na 为海水源参比元素,采用冯士筰等(冯士筰等,1999)给出的海水中重要元素的浓度。

四季各金属元素的地壳富集因子差异明显,同一元素富集因子的季节差异也很明显(表 4.5)。春季,镉的地壳富集因子最高,为 1 286;钾的富集因子最低,为 3.71。夏季,镉的地壳富集因子最高,为 8 580;钙的富集因子最低,为 46.5。秋季,锌的地壳富集因子最高,为 521;铁的富集因子最低,为 3.92。冬季,锌的地壳富集因子最高,为 463;钾、钙的富集因子最低,分别为 1.03 和 1.19。

表 4.5　平均地壳富集因子

调查项目	春季 范围 平均值	夏季 范围 平均值	秋季 范围 平均值	冬季 范围 平均值
铜	18.8~1 125.8 180.8	83.4~1 099.3 361.8	62.1~2 761.6 303.8	64.1~3 559.8 383.1
铅	47.1~1 405 414	195~57 932 3 882	148~920 476	149~782 337
镉	76.0~8 128 1 286	344~129 018 8 580	148~920 476	69.1~943 412
钒	0.39~258.4 24.1	5.92~734 182	3.45~51.4 15.8	2.84~66.4 12.2
锌	35.2~1 192 359	205~22 737 2 887	195~1 411 521	134~1 305 463
铁	1.34~12.1 4.04	21.7~973 115	1.23~22.88 3.92	1.05~6.72 2.93
钾	0.01~22.68 3.71	5.29~227 44.8	2.04~107 13.9	0.25~2.75 1.03
钠	1.53~456 56.3	46.6~5 204 1041	21.8~2 537 275	1.53~75.9 17.2
钙	1.26~29.51 5.77	4.14~366 46.5	1.95~78.6 11.5	0.47~3.84 1.19
镁	0.69~92.5 11.4	10.8~1 013 192	1.90~486 48.5	0.40~14.6 3.41

相对于海水组成来说,各金属元素的富集程度差异更为明显(表 4.6)。钾、钙、镁的富集因子较低,铅、铁、铝等元素的富集因子则高达几十万。

表 4.6 平均海水富集因子

调查项目	春季 范围 平均值	夏季 范围 平均值	秋季 范围 平均值	冬季 范围 平均值
铜	$\dfrac{20.5\sim1\,482}{241}$	$\dfrac{0.85\sim654.03}{66.99}$	$\dfrac{1.41\sim464.58}{98.73}$	$\dfrac{135\sim10\,249}{1\,302}$
铅/×10⁶	$\dfrac{4.34\sim1\,063}{116}$	$\dfrac{1.06\sim176}{20.0}$	$\dfrac{1.19\sim79.8}{20.5}$	$\dfrac{17.5\sim487}{161}$
镉	$\dfrac{1\,297\sim107\,450}{22\,928}$	$\dfrac{193\sim46\,085}{4\,536}$	$\dfrac{533\sim15\,966}{4\,864}$	$\dfrac{1\,232\sim89\,591}{24\,080}$
锌	$\dfrac{28.3\sim12\,196}{1\,801}$	$\dfrac{25.06\sim1\,115.35}{222.09}$	$\dfrac{13.0\sim2\,083}{464}$	$\dfrac{580\sim15\,023}{3\,557}$
铁/×10⁶	$\dfrac{5.07\sim366}{63.1}$	$\dfrac{1.15\sim152}{12.9}$	$\dfrac{0.27\sim41.6}{11.2}$	$\dfrac{10.9\sim416}{99.3}$
铝/×10⁶	$\dfrac{0.14\sim41.8}{5.52}$	$\dfrac{0.012\sim1.38}{0.29}$	$\dfrac{0.025\sim2.93}{0.72}$	$\dfrac{0.84\sim41.9}{9.54}$
钾	$\dfrac{1.23\sim37.66}{4.70}$	$\dfrac{0.99\sim7.16}{1.72}$	$\dfrac{1.20\sim4.18}{2.24}$	$\dfrac{1.03\sim7.03}{2.68}$
钙	$\dfrac{1.66\sim102}{11.7}$	$\dfrac{0.91\sim10.85}{2.46}$	$\dfrac{1.19\sim7.14}{2.81}$	$\dfrac{1.63\sim15.48}{4.39}$
镁	$\dfrac{0.89\sim3.33}{1.28}$	$\dfrac{0.69\sim5.84}{1.17}$	$\dfrac{0.25\sim0.95}{0.70}$	$\dfrac{0.38\sim1.35}{1.04}$

2）大气金属元素的来源判断

从四个航次大气金属元素的地壳富集因子图和海洋富集因子图来看（图4.9），铜、铅、锌、镉的地壳富集因子和海水富集因子均大于10，主要来自人为污染，其他元素则主要来自地壳风化产物或海水源。

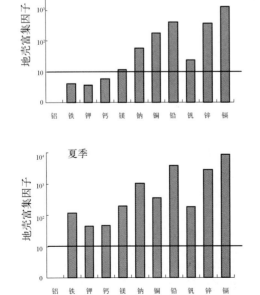
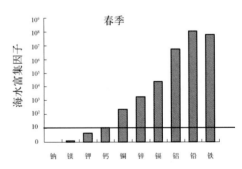
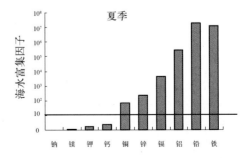

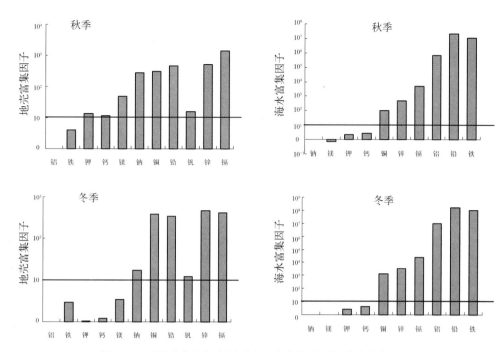

图 4.9 不同季节大气金属元素地壳富集因子与海水富集因子

春季,铝、铁、钙和钾主要为地壳源;钠、镁和钾主要为海水源;其中,钾同时受到了地壳源和海水源的共同作用。

夏季,仅有铝为地壳源;钠、镁、钾和钙主要为海水来源。

秋季,铝和铁主要为地壳源;钠、钾、钙和镁主要为海水源。

冬季,铝、铁、钾、钙和镁主要为地壳源;钠、钾、钙和镁主要为海水源;其中,钾、钙和镁的地壳富集因子和海水富集因子均小于 10,表明地壳和海水源对大气颗粒物中钾、钙和镁的贡献均较显著。

4.3.2 应用主成分分析法判断大气物质来源

为了进一步分析大气物质的来源及它们之间的关联性,使用因子分析中的主成分分析法进行多变量统计,分析各要素间的相互依赖的关系,在尽量不损失信息或少损失信息的情况下,将多个变量减少为少数几个潜在的共同因子,这几个因子可高度概括大量数据中的信息。

本研究中使用 SPSS 软件进行主成分分析,旋转方法为最大方差正交旋转,结果如下。

1) 春季

影响春季大气颗粒物中要素含量的因子可归为 3 个主要因子,它们的累积方差贡献率高达 97.6%(表 4.7)。

因子 1 的方差贡献率为 63.73%,主要由铅、镉、钒、锌、钾和硝酸盐决定,多为陆源污染指示物,主要代表陆源污染;因子 2 的方差贡献率为 20.40%,主要由铜、铁、铝、钙、铵和亚硝酸盐决定,铁、铝和钙主要来自地壳源,主要代表地壳风化物源,同时营养要素铵、亚硝酸在地壳风化颗粒上有较高的载荷;因子 3 的方差贡献率为 10.17%,主要由硫酸盐、非海盐硫酸盐决定,主要代表了来自陆源的输入。

表 4.7　春季旋转后的因子载荷矩阵

变　　量	因子 1	因子 2	因子 3
总悬浮颗粒物	0.032	0.604	−0.793
铜	0.552	0.805	0.047
铅	0.810	0.386	0.403
镉	0.896	0.160	0.304
钒	0.933	−0.016	0.333
锌	0.682	0.578	0.320
铁	0.293	0.926	0.176
铝	0.213	0.840	0.330
钾	0.886	0.160	0.163
钠	−0.253	−0.453	−0.847
钙	0.628	0.714	0.105
镁	−0.226	−0.266	−0.900
铵	0.533	0.791	0.278
硫酸盐	0.603	0.083	0.756
非海盐	0.563	0.143	0.790
亚硝酸盐	−0.164	0.976	−0.056
硝酸盐	0.820	0.507	0.059

因子分析的结果表明,春季调查海域大气的主要因素均与陆源相关,除了地壳风化源外,陆源的输入和污染也是主要的来源,这一特征与总悬浮颗粒物浓度的季节变化特征一致,可能表明春季总悬浮颗粒物浓度高的重要原因是陆源输入的增加。

2) 夏季

影响夏季大气颗粒物中要素含量的因子可归为 4 个主要因子,它们的累积方差贡献率为 86.98%(表 4.8)。

表 4.8　夏季旋转后的因子载荷矩阵

变　　量	因子 1	因子 2	因子 3	因子 4
总悬浮颗粒物	0.027	0.675	0.344	0.130
铜	0.897	0.102	−0.092	0.078
铅	0.949	−0.005	0.036	−0.135
镉	0.911	−0.164	0.012	−0.253
钒	0.219	0.793	−0.065	−0.051
锌	0.469	−0.056	0.180	0.761
铁	0.978	0.157	0.004	0.077
铝	0.876	0.197	−0.078	0.089
钾	0.675	0.680	−0.125	−0.149
钠	0.043	0.949	−0.116	−0.172
钙	0.833	0.527	−0.046	0.110
镁	−0.002	0.953	−0.170	−0.112
铵	0.943	0.095	0.166	0.113
硫酸盐	−0.121	0.034	0.968	−0.061
非海盐	−0.125	−0.097	0.965	−0.037
亚硝酸盐	−0.253	−0.156	−0.047	0.784
硝酸盐	0.279	−0.095	0.817	0.220

因子1的方差贡献率为43.269%,主要由铜、铅、镉、铁、铝、钙和铵决定,铝是地壳风化的主要指示元素,铜、铅、镉和铵是主要的污染元素,主要代表来自陆源的输入,包括地壳风化物源及陆源污染源;因子2的方差贡献率为20.51%,主要由钠、镁和钒决定,钠和镁是海水中的主要离子,因此因子2主要代表海水源;因子3的方差贡献率为15.328%,主要由硫酸盐、非海盐硫酸盐和硝酸盐决定,具有明显的陆源污染物特征;因子4的方差贡献率为7.877%,主要由锌和亚硝酸盐决定,主要代表了大气悬浮颗粒物的还原性物质。

3) 秋季

影响秋季大气颗粒物中要素含量的因子可归为4个主要因子,它们的累积方差贡献率为84.48%(表4.9)。

表 4.9 秋季旋转后的因子载荷矩阵

变 量	因子1	因子2	因子3	因子4
总悬浮颗粒物	0.294	0.856	0.027	0.333
铜	0.368	0.033	0.759	0.063
铅	0.647	0.251	0.516	0.098
镉	0.208	0.740	0.261	0.345
钒	0.198	−0.039	−0.027	0.941
锌	0.642	0.121	0.614	0.071
铁	0.747	−0.068	0.522	0.044
铝	0.795	0.163	0.236	0.146
钾	0.356	0.909	0.076	−0.145
钠	−0.050	0.983	−0.011	−0.080
钙	0.618	0.701	0.146	0.060
镁	−0.112	0.934	−0.086	−0.232
铵	0.838	0.274	0.321	−0.001
硫酸盐	0.824	0.479	−0.147	0.100
非海盐	0.926	−0.087	−0.153	0.158
亚硝酸盐	−0.026	−0.007	0.694	−0.072
硝酸盐	0.839	0.132	0.326	0.144

因子1的方差贡献率为48.28%,主要由铁、铝、铵、硫酸盐、非海盐硫酸盐和硝酸盐决定,代表营养盐负荷较高的陆源颗粒物;因子2的方差贡献率为21.33%,主要由悬浮颗粒物、镉、钾、钠、钙和镁决定,主要代表海水源;因子3的方差贡献率为8.93%,主要由铜和亚硝酸盐决定;因子4的方差贡献率为5.93%,主要由钒决定,可能代表了石油燃烧等过程的影响。

4) 冬季

影响大气颗粒物中要素含量的因子可归为4个主要因子,它们的累积方差贡献率为88.37%(表4.10)。

表 4.10 冬季旋转后的因子载荷矩阵

变 量	因子 1	因子 2	因子 3	因子 4
总悬浮颗粒物	0.475	0.762	0.086	0.192
铜	0.128	−0.013	0.022	0.978
铅	0.797	0.114	0.560	0.044
镉	0.665	−0.056	0.527	0.240
钒	0.228	−0.228	0.780	−0.094
锌	0.276	0.404	0.704	0.149
铁	0.444	0.299	0.750	0.054
铝	0.651	0.127	0.619	−0.008
钾	0.768	0.578	0.238	−0.075
钠	−0.011	0.965	−0.080	−0.032
钙	0.451	0.632	0.514	−0.065
镁	0.115	0.956	−0.018	−0.056
铵	0.896	0.125	0.291	0.135
硫酸盐	0.956	0.189	0.154	0.057
非海盐	0.972	−0.020	0.174	0.064
亚硝酸盐	−0.071	0.843	0.193	0.011
硝酸盐	0.900	0.073	0.359	0.030

因子 1 的方差贡献率为 55.02%,主要由铝、钾、铅、铵、硫酸盐、非海盐硫酸盐和硝酸盐决定,因子载荷最高的几项均为陆源污染物指示物,冬季铝和钾主要来自地壳源,因此因子 1 代表来自陆源的输入,包括地壳风化和陆源污染;因子 2 的方差贡献率为 19.91%,主要由钠和镁决定,主要代表海水源;因子 3 的方差贡献率为 7.45%,主要由钒、锌和铁决定,代表某些冶炼行业的大气污染;因子 4 的方差贡献率为 5.98%,主要由铜决定。

4.3.3 结论

(1)调查海域大气中铜、铅、锌、镉和钒主要来源为人为污染;铝、铁为地壳风化源;钠、钾、钙和镁为海水源,但具体到不同季节,个别元素的主要来源存在一定差异。

(2)结合金属元素来源分析结果,利用主成分分析法将大气颗粒物中的物质分为几个因子:分别为海水源,包括钠、镁等;地壳风化源,包括铁、铝、钙等;陆源污染源,包括铵、硝酸盐、非海盐硫酸盐等。其中,地壳源与陆源污染源要素常归于一个因子中。

4.4 小结

(1)调查期间大气二氧化碳的浓度无明显季节差异;甲烷和氧化亚氮均为夏季和冬季较高。调查海域氧化亚氮的温室效应为二氧化碳的 16.5%~18.0%,甲烷的温室效应为二氧化碳的 7.7%~13%。氮氧化物在夏季的浓度远远高于其余 3 个季节的调查结果,可能与夏季海上台风、大风等天气多发有关。

(2)调查期间大气悬浮颗粒物中的元素浓度及季节变化呈现如下规律:浓度最高的元素为钠,含量明显高于其他元素,污染性元素(铅、镉、钒、铜)含量最低。磷酸盐、硫酸盐、硝酸盐、铵、总碳、钾、钙、镁、铝、铜、铅、镉和锌的季节变化与悬浮颗粒物相似,均为夏季最低;钠和亚硝酸盐则为春季最低、秋季最高;铁、钒为秋季最低、冬季最高。

（3）基于二氧化碳的热力学平衡体系,建立了调查海域二氧化碳体系中各主要形态的含量和海水二氧化碳分压的计算模式。计算结果表明,冬季海水二氧化碳分压最高,夏季最低。

（4）利用主成分分析法对大气颗粒物中的物质来源进行了研究,结果表明大气中的铜、铅、锌、镉、钒、铵、硝酸盐和非海盐硫酸盐主要来自陆源污染;铝和铁来自地壳风化;钠、钾、钙和镁来自海水源。

海水化学

海水化学是研究海水化学成分及其利用的学科,是海洋化学的一个重要分支,在研究和发展其他海洋学科中起着重要的作用。海水是海洋环境的主体,也是海洋化学中最主要、研究工作开展最多的介质。本章节海水化学主要从化学基本要素、营养盐、有机物和重金属4个方面进行描述,涵盖溶解氧、pH、总碱度、无机氮、溶解态氮、总氮、活性磷酸盐、溶解态磷、总磷、活性硅酸盐、总有机碳、石油类、汞、铜、铅、镉、砷、锌和总铬等21项要素。

我国海水调查工作开始于20世纪50年代末期,1958～1960年开展了"全国海洋综合调查",初步了解了我国近岸海域的自然环境状况;80年代初期开展了"全国海岸带和海涂资源综合调查";1976～1982年,在渤海以及东海、南海和黄海近海海域开展了"第一次全国海洋污染基线调查";1996年组织开展了"第二次全国海洋污染基线调查";1997～2000年,开展了东海大陆架调查,等等。这些工作的开展都为海水化学的研究提供了丰富的基础资料。ST05区块水体环境的调查工作对进一步深入研究调查区域若干关键要素的海洋生物地球化学循环过程,进而逐步解决主要的海洋生态和环境问题具有重要的意义。

5.1 化学基本要素

5.1.1 溶解氧

溶解氧是海水化学的重要参数,其主要来源于大气中氧的溶解,其次是海洋植物(主要是浮游植物)进行光合作用时产生的氧。海洋中的溶解氧主要消耗于海洋生物的呼吸作用和有机质的降解。

1. 平面分布

1) 春季

表层,溶解氧的含量范围为446.3～653.8 $\mu mol/L$(表5.1)。调查海域北部高于南部,西部近岸海域略高于东部远海。浙江南部—福建北部近岸海域和舟山群岛外海域出现两个高值区;调查海域东南部含量最低(图5.1)。

10 m层,含量范围为437.5～606.9 $\mu mol/L$。分布特征与表层相似,北部海域高于南部,西部近岸海域高于东部远海。

表 5.1 ST05 区块海域海水溶解氧含量统计评价表

季 节	层 次	监测结果		标准指数		超标率/%
		范围/(μmol/L)	平均值/(μmol/L)	范围	平均值	
春 季	表 层	446.3~653.8	536.9	0.00~1.41	0.43	0.00
	10 m 层	437.5~606.9	531.9	0.00~0.98	0.36	0.00
	30 m 层	396.3~562.5	472.5	0.01~0.75	0.23	0.00
	底 层	375.0~573.1	451.9	0.00~1.00	0.37	0.00
夏 季	表 层	385.6~671.3	445.6	0.01~9.24	0.99	0.00
	10 m 层	277.5~515.6	399.4	0.00~3.34	0.38	4.30
	30 m 层	314.4~430.0	391.3	0.00~2.46	0.50	12.5
	底 层	260.0~406.9	351.3	0.32~3.76	1.53	80.2
秋 季	表 层	398.8~521.3	451.3	0.00~1.30	0.28	0.00
	10 m 层	400.6~507.5	448.1	0.00~1.30	0.27	0.00
	30 m 层	218.8~478.8	431.9	0.00~4.75	0.34	5.10
	底 层	173.8~461.3	353.1	0.00~5.83	1.71	65.9
冬 季	表 层	441.9~622.5	503.1	0.00~0.83	0.12	0.00
	10 m 层	430.0~603.1	495.6	0.00~0.46	0.11	0.00
	30 m 层	431.3~540.0	486.3	0.00~0.63	0.10	0.00
	底 层	377.5~578.8	501.9	0.00~0.98	0.21	0.00

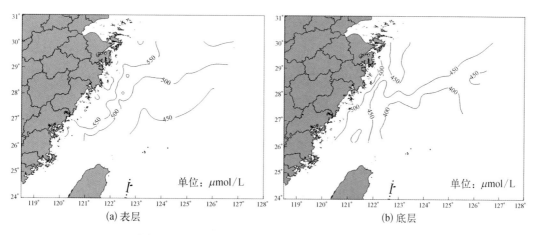

(a) 表层　　　　　　　　　　(b) 底层

图 5.1 ST05 区块海域春季海水溶解氧平面分布图

30 m 层,含量范围为 396.3~562.5 μmol/L。海域分布较均匀,在浙江南部—福建北部近海溶解氧含量较高,舟山—象山近海溶解氧含量最低。

底层,含量范围为 375.0~573.1 μmol/L。近岸、近海含量较高,尤以三门湾附近含量最高;东南海域含量较低。

2) 夏季

表层,溶解氧的含量范围为 385.6~671.3 μmol/L(表 5.1)。调查海域西北部舟山—象山邻近海域含量较高;由此区域向周围海域呈递减趋势,等值线由密到疏(图 5.2)。

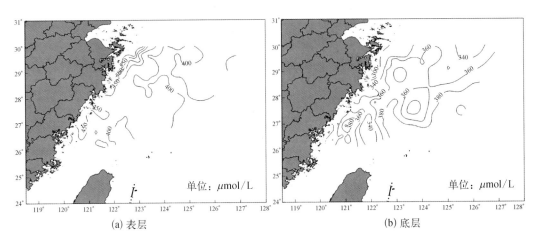

(a) 表层   (b) 底层

图 5.2　ST05 区块海域夏季海水溶解氧平面分布图

10 m 层，含量范围为 277.5～515.6 μmol/L。溶解氧含量变化较为复杂，调查海域西南端含量较高；浙江近海海域含量较低，尤以三门湾邻近海域含量最低；其余区域含量较为均匀。

30 m 层，含量范围为 314.4～430.0 μmol/L。溶解氧分布较均匀，等值线稀疏，由西南端向周围海域呈缓慢降低趋势。

底层，含量范围为 260.0～406.9 μmol/L。总体上近岸溶解氧含量低于近海、远海，尤以调查海域西北部含量最低；向东南呈增加趋势。

3）秋季

表层，溶解氧的含量范围为 398.8～521.3 μmol/L（表 5.1）。台州近岸海域含量最高，并沿垂直于海岸线方向呈降低趋势；调查海域南部和东北端较低（图 5.3）。

10 m 层，含量范围为 400.6～507.5 μmol/L。分布特征与表层基本一致，但等值线比表层海水稀疏。

30 m 层，含量范围为 218.8～478.8 μmol/L。溶解氧含量差异明显，等值线密集，在西北部出现一高氧闭合区，周围海域含量则较低，尤以象山—台州近海含量最低（图 5.3）。

底层，含量范围为 173.8～461.3 μmol/L。总体上为近岸海域高于远海，椒江口邻近

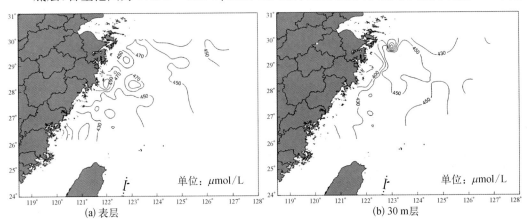

(a) 表层   (b) 30 m 层

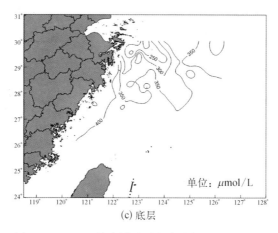

(c) 底层

图5.3　ST05区块海域秋季海水溶解氧平面分布图

海域含量最高;调查海域中部以北含量明显低于其他海域,其中 123°～124°E、29°～30°N
海域含量最低(图 5.3)。

4) 冬季

表层,溶解氧的含量范围为 441.9～
622.5 μmol/L(表 5.1)。总体上近岸海域溶解
氧含量高于近海、远海,其中浙江北部近岸海域
含量最高,另外在调查海域最北部远海存在一
个溶解氧含量较高的区域(图 5.4)。

10 m 层、30 m 层、底层含量范围分别为
430.0～603.1 μmol/L、431.3～540.0 μmol/L 和
377.5～578.8 μmol/L。10 m 层、30 m 层和底层
分布特征与表层相似,基本上由近海沿垂直于海
岸线方向向远海递减。

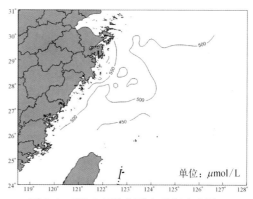

图 5.4　ST05 区块海域冬季海水表层
溶解氧平面分布图

2. 垂直分布

春季,由表层至底层溶解氧呈降低趋势(图 5.5)。这种垂直分布特征与溶解氧的交
换循环过程密切相关。表层海水可直接
与大气进行交换,溶解氧含量丰富,加上
表层水体光照充足,生物的光合作用产生
了更多的溶解氧,因此表层水体的含量最
高;10 m 层以下水层中由于光照的缺乏,
主要以耗氧的呼吸作用为主;另外,上层
水体中的生物残体或代谢物不断向底层
海水沉降的过程及发生的耗氧分解过程
也是造成底层溶解氧含量降低的重要因
素。

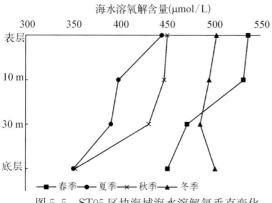

图 5.5　ST05 区块海域海水溶解氧垂直变化

夏季,溶解氧垂直变化特征与春季相似,仍为表层至底层呈降低趋势,但降低的层次和梯度存在一定差异。表层到 10 m 层、30 m 层到底层海水之间溶解氧含量明显降低;10 m层至 30 m 层之间差异较小,含量稳定。

秋季,表层和 10 m 层溶解氧含量无明显差异;10 m 层至 30 m 层之间略有降低;30 m层到底层之间含量急剧下降,降低了 20.1%,除了受底层生物呼吸作用、有机体分解等耗氧活动的影响外,可能还与水体层化、水体垂直交换不良有关。

冬季,垂直分布与其他季节明显不同,由表至底含量较稳定,无明显垂直差异,主要由于冬季水体垂直混合作用强烈,上下层水体交换良好,使表层至底层海水溶解氧含量差异较小。

5.1.2 pH

pH,也称氢离子浓度指数,是溶液中氢离子活度的一种标度,也就是通常意义上溶液酸碱程度的衡量标准。由于海水具有一定的缓冲能力,pH 变化不大,通常在 7.6～8.4。

1) 春季

表层,pH 的变化范围为 8.13～8.42（表 5.2）,分布均较杂乱,等值线密集且不规则,总体上近岸海域 pH 较低,向近、远海呈增加态势,东部海域出现了一个 pH 较低的区域（图 5.6）。

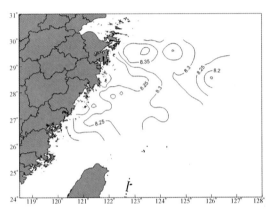

图 5.6　ST05 区块海域春季海水表层 pH 平面分布图

表 5.2　ST05 区块海域海水 pH 数理统计表

季节	层次	监测结果 范围	标准指数 范围	标准指数 平均值	超标率/%
春季	表层	8.13～8.42	0.05～0.77	0.34	0.00
	10 m 层	8.12～8.41	0.00～0.74	0.34	0.00
	30 m 层	8.07～8.32	0.00～0.48	0.21	0.00
	底层	7.88～8.31	0.00～0.77	0.17	0.00
夏季	表层	8.03～8.57	0.00～1.20	0.38	7.00
	10 m 层	7.97～8.39	0.00～0.69	0.24	0.00
	30 m 层	7.98～8.35	0.00～0.57	0.20	0.00
	底层	7.80～8.27	0.00～1.00	0.22	0.00
秋季	表层	8.14～8.37	0.03～0.63	0.28	0.00
	10 m 层	8.13～8.36	0.05～0.60	0.27	0.00
	30 m 层	8.12～8.37	0.00～0.63	0.25	0.00
	底层	7.97～8.31	0.00～0.51	0.18	0.00
冬季	表层	8.02～8.74	0.00～1.69	0.21	1.10
	10 m 层	8.04～8.66	0.00～1.46	0.22	1.10
	30 m 层	8.05～8.62	0.00～1.34	0.23	1.10
	底层	7.99～8.61	0.00～1.31	0.20	1.10

10 m 层,pH 的变化范围为 8.12～8.41。分布特征与表层相似,近海低于远海。

30 m层,pH的变化范围为8.07～8.32。东南部海域pH明显偏低,其余区域分布较均匀。

底层,pH的变化范围为7.88～8.31。除了调查海域中部出现两个闭合的pH高值区外,其余区域分布则较均匀。

2) 夏季

表层,pH的变化范围为8.03～8.57(表5.2)。表层调查海域pH的分布较杂乱,等值线密集且不规则,舟山群岛附近海域较高;象山港附近、调查海域北部和最南端有三个pH较低的区域,其余海域则较为均匀(图5.7)。

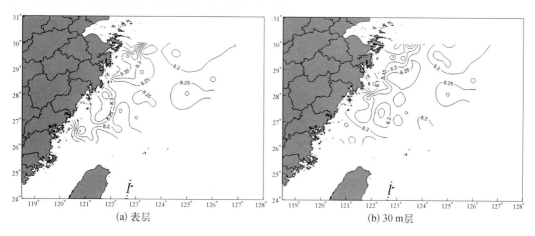

(a) 表层   (b) 30 m层

图5.7 ST05区块海域夏季海水pH平面分布图

10 m层,pH的变化范围为7.97～8.39,分布特征与表层相似。

30 m层,pH的变化范围为7.98～8.35。浙江北部近海、福建北部近海和调查海域北部pH较低,其余海域pH较高且较均匀。

底层,pH的变化范围为7.80～8.27。pH分布较杂乱,高低值区交替出现,无明显规律。

3) 秋季

表层,pH的变化范围为8.14～8.37(表5.2)。基本为近岸略低于近海及远海海域,其中浙江北部、福建北部近岸较低,调查海域东北端较高,其余区域分布较均匀(图5.8)。

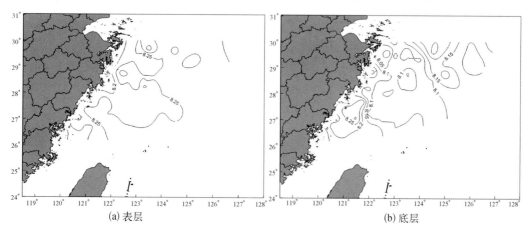

(a) 表层   (b) 底层

图5.8 ST05区块海域秋季海水pH平面分布图

10 m 层,pH 的变化范围为 8.13～8.36;30 m 层,变化范围为 8.12～8.37。分布特征与表层相似。

底层,pH 的变化范围为 7.97～8.31。分布与上层水体明显不同,近岸海域 pH 明显偏高,中部大部分海域相对偏低。

4) 冬季

表层,pH 的变化范围为 8.02～8.74 (表 5.2)。基本为近岸略低于近海及远海海域;海域中部出现一个 pH 明显偏高的闭合区,等值线也最为密集(图 5.9)。

10 m 层、30 m 层和底层的变化范围分别为 8.04～8.66、8.05～8.62 和 7.99～8.61。10 m 层、30 m 层和底层的分布特征与表层相似。

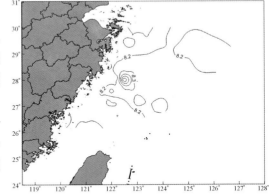

图 5.9　ST05 区块海域冬季海水表层 pH 平面分布图

5.1.3　总碱度

总碱度是海水的重要参数之一,在一定氯度范围内,总碱度主要受河海水物理混合过程控制(李福荣等,1999),因此是研究不同来源水系混合过程的一种重要指标,也是计算海水碳酸盐各分量的重要参数。

1. 平面分布

1) 春季

表层,总碱度的变化范围为 1.84～2.18 mmol/L(表 5.3)。浙江北部近岸、近海总碱度较高,福建北部较低,其他区域分布较均匀,含量差异不明显(图 5.10)。

表 5.3　ST05 区块海域海水总碱度数理统计结果

季　节	层　次	范围/(mmol/L)	平均值/(mmol/L)
春　季	表　层	1.84～2.18	2.07
	10 m 层	1.87～2.41	2.09
	30 m 层	1.89～2.41	2.11
	底　层	1.92～2.24	2.11
夏　季	表　层	1.80～2.17	2.01
	10 m 层	1.84～2.19	2.04
	30 m 层	1.89～2.21	2.08
	底　层	1.93～2.39	2.13
秋　季	表　层	2.01～2.22	2.16
	10 m 层	2.02～2.23	2.17
	30 m 层	2.10～2.22	2.19
	底　层	2.11～2.25	2.20
冬　季	表　层	1.89～2.22	2.14
	10 m 层	1.88～2.21	2.15
	30 m 层	1.88～2.23	2.16
	底　层	1.88～2.22	2.15

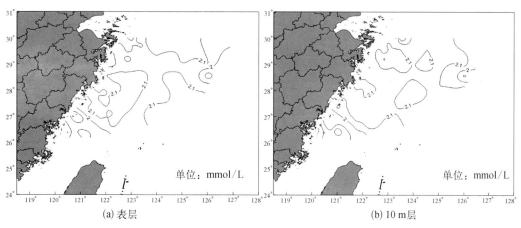

(a) 表层 　　　　　　　　　　　　　　　　(b) 10 m层

图 5.10　ST05 区块海域春季海水总碱度平面分布图

10 m层、30 m层和底层总碱度的变化范围分别为 1.87~2.41 mmol/L、1.89~2.41 mmol/L 和 1.92~2.24 mmol/L。3 个层次总碱度平面分布特征相似,均在调查海域东北端、西南端、舟山—象山近海为低值区域,其余海域分布较均匀。

2) 夏季

表层,总碱度的变化范围为 1.80~2.17 mmol/L(表 5.3)。总体上北部高于南部,浙江南部—福建北部总碱度差异不明显,分布较均匀;浙江北部分布则较杂乱,象山港邻近海域最高,舟山附近最低(图 5.11)。

10 m层和 30 m层总碱度的变化范围分别为 1.84~2.19 mmol/　和 1.89~2.21 mmol/L。分布特征与表层相似,均为调查海域北部总碱度高于南部,但分布更加均匀。

底层,变化范围为 1.93~2.39 mmol/L。总体上北部略高于南部,其中舟山—象山近岸最高,浙江南部—福建北部海域最低。

3) 秋季

表层、10 m层、30 m层、底层总碱度的变化范围分别为 2.01~2.22 mmol/L、2.02~2.23 mmol/L、2.10~2.22 mmol/L、2.11~2.25 mmol/L(表 5.3)。不同层次海水总碱度平面分布特征均较为相似,分布总体均匀,由近岸向远海略呈增加趋势(图 5.12)。

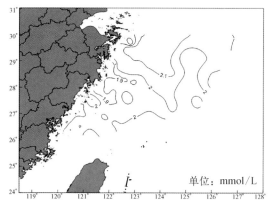

图 5.11　ST05 区块海域夏季海水表层
总碱度平面分布图

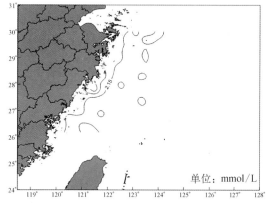

图 5.12　ST05 区块海域秋季海水表层
总碱度平面分布图

4）冬季

表层,总碱度的变化范围为 1.89～2.22 mmol/L(表 5.3)。浙江近岸海域总碱度较高,等值线也最为密集,由此向外含量有所降低;外海区域分布较为均匀,基本无明显差异(图 5.13)。

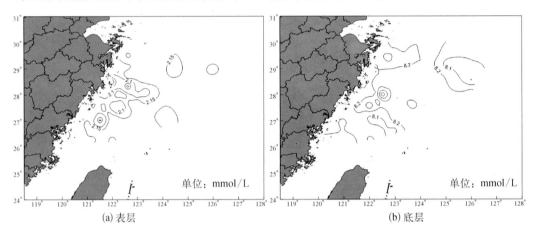

(a) 表层 　　　　　　　　　　(b) 底层

图 5.13　ST05 区块海域冬季海水总碱度平面分布图

10 m 层,总碱度的变化范围为 1.88～2.21 mmol/L;30 m 层,变化范围为 1.88～2.23 mmol/L;底层,变化范围为 1.88～2.22 mmol/L。3 个层次分布特征基本相似,近岸总碱度较高;近海区域出现多个相对独立的低值区;其余区域分布较均匀。

2. 垂直分布

春季,表层至 30 m 层水体之间总碱度略有增加,但幅度较小;30 m 至底层保持不变(图 5.14)。

夏季,由表至底呈有规律性的梯度递增,且差异较明显,底层总碱度约比表层高 0.12 mmol/L。可能在一定程度上反映水团的垂直混合模式,低碱度的陆源冲淡水对调查海域的影响随深度增加而减弱,至底层主要为高碱度的海水。

秋季,由表至底略有增加,但增加幅度不大。

冬季,分布特征与其他季节不同,由于水体垂直湍流混合作用的增强,由表至底总碱度平均值基本一致,无明显垂直差异。

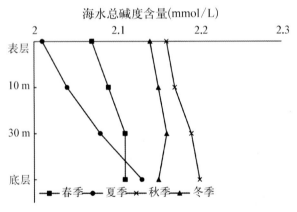

图 5.14　ST05 区块海域海水总碱度垂直变化

5.2　营养盐

营养盐指海水中的氮、磷和硅的无机化合物及微量元素等植物生长所不可缺少的成分。海水营养盐的来源,主要为大陆径流带来的岩石风化物质、有机物腐解的产物及排入河川中的废弃物。此外,海洋生物的腐解、海中风化、极区冰川作用、火山及海底热泉,甚至于大气中的灰尘,也都为海水提供营养元素。

5.2.1　硝酸盐

1.平面分布

1)春季

表层,硝酸盐的含量范围为未检出～22.2 μmol/L。受陆源输入影响,近岸、近海区域明显高于远海,且含量降低迅速,等值线最为密集;其他海域含量较低且分布较均匀,等值线稀疏(表5.4,图5.15)。

表 5.4　ST05 区块海域海水硝酸盐含量数理统计结果

季　节	层　次	范围/(μmol/L)	平均值/(μmol/L)
春季	表　层	未检出～22.2	6.00
	10 m 层	未检出～25.9	5.93
	30 m 层	未检出～12.6	5.29
	底　层	0.071 4～24.0	7.36
夏季	表　层	0.143～11.1	2.21
	10 m 层	0.286～16.0	2.64
	30 m 层	0.214～16.2	3.71
	底　层	2.00～18.6	10.5
秋季	表　层	0.214～43.8	5.07
	10 m 层	0.071 4～36.4	4.43
	30 m 层	0.143～27.1	2.14
	底　层	0.714～31.3	9.21
冬季	表　层	2.50～60.0	12.0
	10 m 层	1.79～51.8	11.6
	30 m 层	1.93～43.9	8.64
	底　层	2.86～43.9	11.6

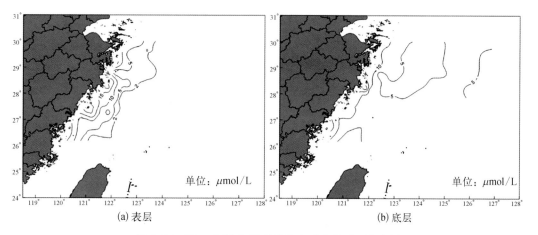

(a) 表层　　　　　　　　　　(b) 底层

图 5.15　ST05 区块海域春季海水硝酸盐平面分布图

10 m 层和 30 m 层的硝酸盐含量范围分别为未检出～25.9 μmol/L 和未检出～12.6 μmol/L。10 m 层和 30 m 层的分布特征相似,均为近海海域硝酸盐明显高于远海;其他海域含量较低且分布较均匀,等值线稀疏。

底层,含量范围为 0.071 4～24.0 μmol/L。近岸明显高于近、远海,尤其浙江近岸含量最高;另外,北部有一硝酸盐含量较低的水团楔入调查海域中部(图 5.15)。

2) 夏季

表层,硝酸盐的含量范围为 0.143～11.1 μmol/L。整体分布均匀,除西北部舟山—台州附近海域含量较高外;其余区域含量较低且差异不明显(图 5.16)。

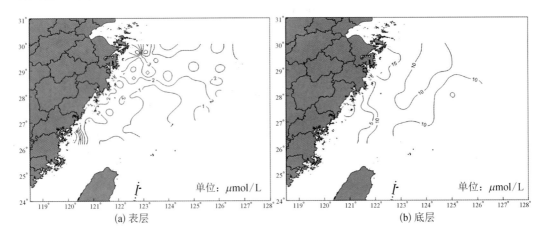

(a) 表层   (b) 底层

图 5.16 ST05 区块海域夏季海水硝酸盐平面分布图

10 m 层和 30 m 层的硝酸盐含量范围分别为 0.286～16.0 μmol/L 和 0.214～16.2 μmol/L。10 m 层和 30 m 层分布相似,在西北部近海等值线比较密集,其硝酸盐含量明显高于周围海域。

底层,硝酸盐的含量范围为 2.00～18.6 μmol/L,分布较杂乱,总体上为北部高于南部,尤其舟山—台州近岸海域含量明显偏高;南部福建海域硝酸盐含量较低(图 5.16)。

3) 秋季

表层硝酸盐的含量范围为 0.214～43.8 μmol/L;10 m 层,含量范围为 0.071 4～36.4 μmol/L。表层和 10 m 层平面分布特征相似,近岸、近海区域明显高于远海,由近岸向远海含量降低迅速,等值线密集;其他区域含量较低且分布均匀,等值线稀疏(图 5.17)。

30 m 层,硝酸盐的含量范围为 0.143～27.1 μmol/L。硝酸盐含量较低,且平面差异小于其他水层。在调查海域北部 29.5°N、124.0°E 附近海域出现一个硝酸盐的高值区;除此之外,含量均较低且分布较均匀(图 5.17)。

底层,硝酸盐的含量范围为 0.714～31.3 μmol/L。近岸海域含量较高;福建近海含量较低,其余区域分布较均匀。

4) 冬季

表层,硝酸盐的含量范围为 2.50～60.0 μmol/L。近岸、近海区域含量明显偏高,向远海含量降低迅速,等值线密集;远海含量较低且分布较均匀(图 5.18)。

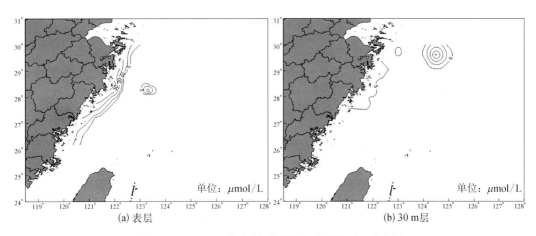

(a) 表层　　　　　　　　　　　　　　　(b) 30 m层

图 5.17　ST05 区块海域秋季海水硝酸盐平面分布图

10 m层、30 m层和底层含量范围分别为 1.79~51.8 μmol/L、1.93~43.9 μmol/L 和 2.86~43.9 μmol/L。3 个层次硝酸盐平面分布与表层相似,均表现为近岸明显高于近、远海。

2. 垂直分布

春季,表层至 10 m层硝酸盐含量无明显差异;10 m层至 30 m层则略有降低;30 m层至底层含量明显增加,差异为 2.07 μmol/L,增幅约为 39.1%(图 5.19)。

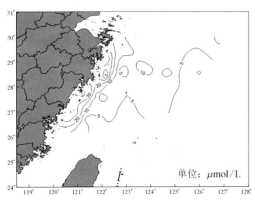

图 5.18　ST05 区块海域冬季海水表层
硝酸盐平面分布图

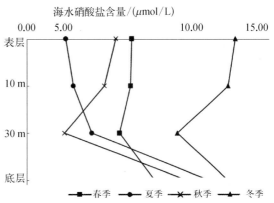

图 5.19　ST05 区块海域海水硝酸盐垂直变化

根据平面分布特征可知,调查海域硝酸盐含量由近岸向远海呈明显而迅速的降低趋势,表明陆源输入对调查海域尤其是近岸海域硝酸盐的含量有重要影响。而由春季的盐度垂直分布(图 5.20)可以看出,30 m层海水盐度明显高于上层水体,表明在咸淡水的混合过程中,海水主要由 30 m水深左右锲入陆源淡水下方,因此上层水体中的陆源输入相对较高,硝酸盐的含量也较高。30 m层以下硝酸盐含量的增加则主要是由于生物残体和代谢物的分集、释放和再矿化过程造成。

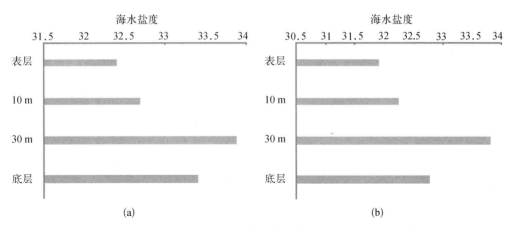

图 5.20 ST05 区块海域海水盐度垂直变化

夏季,由表层至 30 m 层海水中硝酸盐略有增加,30 m 层至底层出现明显跃升,底层硝酸盐为 30 m 层的 3 倍。虽然夏季丰水期的陆源输入为调查海域带来了更多的硝酸盐,但夏季旺盛的生物活动消耗了大量的硝酸盐,尤其是表层光照条件适宜,浮游植物活动更加旺盛,消耗了大量的营养盐,使表层硝酸盐含量最低;随着层次的增加,光照条件减弱,生物活动减少,对营养盐的消耗也有所减少,因此硝酸盐含量随深度增加而增加;底层由于生物残体的分解作用又释放出部分营养盐,使底层营养盐的含量进一步升高。

秋季,硝酸盐的垂直分布与春季较相似,均表现为表层至 30 m 层硝酸盐含量呈降低趋势,30 m 层至底层含量大幅增加,底层硝酸盐含量约为 30 m 层的 4 倍。与春季相似,秋季盐度的垂直分布也为 30 m 层海水盐度明显高于上层水体(图 5.20),表明在咸淡水的混合过程中,海水主要由 30 m 水深左右楔入陆源淡水下方,因此上层水体中的陆源输入相对较高,硝酸盐的含量也较高。30 m 层以下硝酸盐含量的增加则主要是由于生物残体和代谢物的分集、释放和再矿化过程造成。

冬季,由于垂直混合作用最为强烈,因此,除 30 m 层海水硝酸盐的含量略低外,其他水层含量无明显差异,含量较稳定。这种垂直分布出现的原因与春季、秋季相似,30 m 层以上水体硝酸盐的陆源输入相对较高,30 m 层至底层硝酸盐含量的增加仍为生物残体的分集、释放过程造成。因此,影响冬季硝酸盐含量及分布的主要因素为陆源输入和垂直混合过程。

5.2.2 亚硝酸盐

1. 平面分布

1)春季

表层亚硝酸盐的含量范围为 0.071 4~1.07 μmol/L;10 m 层的含量范围为未检出~1.21 μmol/L。表层和 10 m 层的亚硝酸盐分布特征相似,调查海域近岸和近海海域比远海略高。124°E 以东亚硝酸盐含量很低,均在 0.02 μmol/L 以下(表 5.5,图 5.21)。

表 5.5　ST05 区块海域海水亚硝酸盐含量数理统计表

季　节	层　次	范围/(μmol/L)	平均值/(μmol/L)
春　季	表　层	0.071 4~1.07	0.357
	10 m 层	未检出~1.21	0.286
	30 m 层	未检出~12.6	0.429
	底　层	0.071 4~1.21	0.429
夏　季	表　层	未检出~1.64	0.214
	10 m 层	未检出~1.79	0.286
	30 m 层	未检出~1.71	0.357
	底　层	未检出~1.64	0.429
秋　季	表　层	未检出~2.64	0.571
	10 m 层	未检出~2.57	0.571
	30 m 层	未检出~2.00	0.429
	底　层	未检出~2.57	0.500
冬　季	表　层	0.071 4~0.714	0.286
	10 m 层	0.071 4~0.714	0.214
	30 m 层	0.071 4~0.714	0.214
	底　层	0.071 4~0.714	0.214

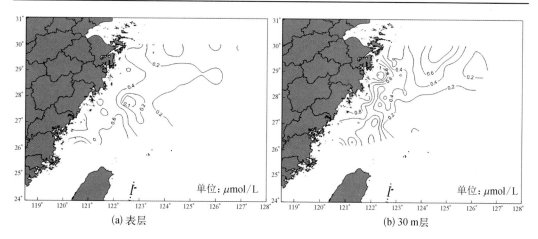

(a) 表层　　　　　　　　(b) 30 m 层

图 5.21　ST05 区块海域春季海水亚硝酸盐平面分布图

30 m 层和底层含量范围分别为未检出~12.6 μmol/L 和 0.071 4~1.21 μmol/L。30 m 层和底层分布特征相似,分布较杂乱,在浙江南部近海、北部远海区域出现多个高值中心;调查海域东南部约 1/3 的区域亚硝酸含量为未检出(图 5.21)。

2) 夏季

表层,亚硝酸盐的含量范围为未检出~1.64 μmol/L。近岸海域高于近海和远海,浙江南部近岸出现一个亚硝酸盐含量的高值区;其他区域含量很低,分布较均匀,等值线稀疏(图 5.22)。

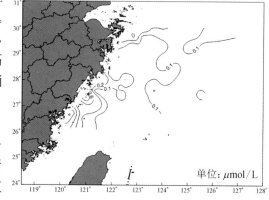

图 5.22　ST05 区块海域夏季表层
亚硝酸盐平面分布图

10 m 层、30 m 层和底层的含量范围分别为未检出～1.79 μmol/L、未检出～1.71 μmol/L 和未检出～1.64 μmol/L。10 m 层、30 m 层和底层分布特征相似,总体上亚硝酸盐含量由近岸向远海呈降低趋势。

3) 秋季

表层和 10 m 层亚硝酸盐的含量范围分别为未检出～2.64 μmol/L 和未检出～2.57 μmol/L。表层和 10 m 层平面分布特征相似,总体上呈北低南高的趋势,且近岸含量高于远海,在浙江南部—福建北部近海出现亚硝酸盐的高值区(图 5.23)。

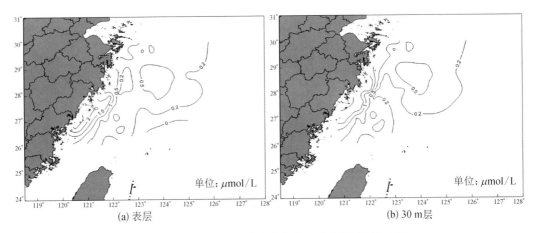

(a) 表层   (b) 30 m 层

图 5.23　ST05 区块海域秋季海水亚硝酸盐平面分布图

30 m 层,亚硝酸盐的含量范围为未检出～2.00 μmol/L。与表层和 10 m 层海水相似的是,浙江南部—福建北部近海含量较高,向远海呈递减趋势,但差异有所减少,等值线明显比表层和 10 m 层海水稀疏(图 5.23)。

底层,亚硝酸盐的含量范围为未检出～2.57 μmol/L。总体上近岸含量高于远海,尤其浙江南部—福建北部近岸含量明显高于其他海域;其余区域含量较低,等值线稀疏。

4) 冬季

表层,亚硝酸盐的含量范围为 0.071 4～0.714 μmol/L。调查海域东南部亚硝酸盐含量较高;其余区域含量较低,约 16% 的站位亚硝酸盐含量只有 0.071 4 μmol/L(图 5.24)。

10 m 层、30 m 层和底层含量范围均为 0.071 4～0.714 μmol/L,3 个层次分布特征基本一致,总体趋势为北低南高,近岸低于远海。

2. 垂直分布

春季,亚硝酸盐的平均含量较低,不同水层含量差异不明显。30 m 层和底层海水

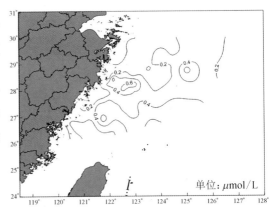

图 5.24　ST05 区块海域冬季表层亚硝酸盐平面分布图

亚硝酸盐的含量略高且无明显差异,10 m层海水含量最低,但最大层次差异也只有 0.143 μmol/L(图5.25)。

夏季,由表层至底层亚硝酸盐含量呈梯度增加趋势,但幅度不大。

秋季,不同水层含量差异也不明显。表层至10 m层之间含量无明显差异;至30 m层略有降低;至底层含量又有所回升。

冬季,不同水层含量差异也不明显。除表层含量略高,其他层次亚硝酸盐含量基本一致。

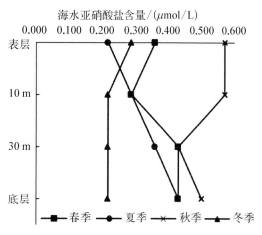

图5.25　ST05区块海域海水亚硝酸盐垂直变化

5.2.3　铵盐

1. 平面分布

1) 春季

表层,铵盐的含量范围为0.071 4~3.86 μmol/L。28°N以北铵盐含量低于南部,尤其在东北部出现一个含量最低的区域,且以楔形进入调查海域;28°N以南铵盐含量较高,且由近岸向远海呈降低趋势(图5.26)。

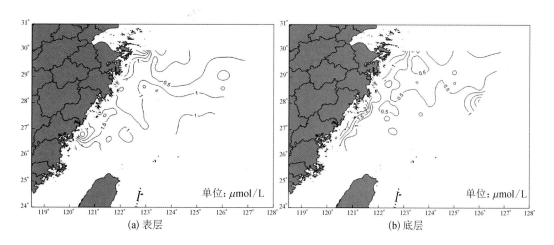

图5.26　ST05区块海域春季海水铵盐平面分布图

10 m层和30 m层铵盐的含量范围分别为0.071 4~2.93 μmol/L和0.071 4~1.93 μmol/L。10 m层和30 m层分布相似,基本为近海高于远海,南部高于北部,其中南部近海含量最高(表5.6)。

30层,铵盐的含量范围为0.071 4~3.14 μmol/L。总体上近岸海域高于近海、远海,但分布较为杂乱,近岸海域出现多个高值区;北部远海含量较低(图5.26)。

表 5.6　ST05 区块海域海水铵盐含量统计

季　节	层　次	范围/(μmol/L)	平均值/(μmol/L)
春　季	表　层	0.071 4～3.86	1.07
	10 m 层	0.071 4～2.93	0.86
	30 m 层	0.071 4～1.93	0.79
	底　层	0.071 4～3.14	0.79
夏　季	表　层	0.071 4～11.4	2.07
	10 m 层	0.071 4～5.07	1.86
	30 m 层	0.071 4～4.79	1.86
	底　层	0.071 4～5.07	1.79
秋　季	表　层	0.214～3.21	1.14
	10 m 层	0.143～2.93	1.14
	30 m 层	0.357～2.57	1.07
	底　层	0.357～3.50	1.00
冬　季	表　层	0.071 4～3.36	1.57
	10 m 层	0.286～2.71	1.21
	30 m 层	0.214～3.07	1.29
	底　层	0.214～3.07	1.14

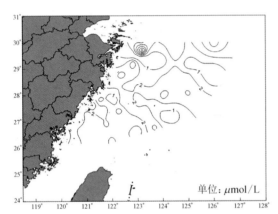

图 5.27　ST05 区块海域夏季海水表层
铵盐平面分布图

2）夏季

表层、10 m 层、30 m 层和底层铵盐的含量范围分别为 0.071 4～11.4 μmol/L、0.071 4～5.07 μmol/L、0.071 4～4.79 μmol/L 和 0.071 4～5.07 μmol/L。各层次铵盐平面分布特征基本一致，均为北部和西北部海域含量较高；海域中离散分布着几个相对低值区（图 5.27）；其他海域分布较均匀。

3）秋季

表层，铵盐的含量范围为 0.214～3.21 μmol/L。由浙江近岸沿垂直海岸线方向向远海递减。福建海域含量也较低，分布较均匀，近岸与近海的差异不明显（图 5.28）。

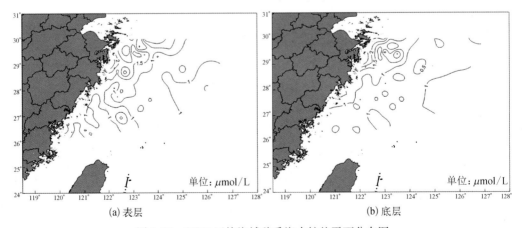

(a) 表层　　　　　　　　　　　　　　(b) 底层

图 5.28　ST05 区块海域秋季海水铵盐平面分布图

10 m层，铵盐的含量范围为0.143~2.93 μmol/L。与表层海水相似的是，浙江北部由近岸沿垂直海岸线方向向远海递减；浙江南部—福建北部海域、调查海域东北端含量较低，且差异不明显，分布较均匀。

30 m层，铵盐的含量范围为0.357~2.57 μmol/L。调查海域西北和东南铵盐含量较高，等值线密集；其余区域含量则较低，且等值线相对稀疏。

底层，铵盐的含量范围为0.357~3.50 μmol/L。西北海域含量较高，等值线密集，由此向南部、东部远海呈降低趋势(图5.28)。

4）冬季

表层、10 m层、30 m层和底层铵盐的含量范围分别为0.071 4~3.36 μmol/L、0.286~2.71 μmol/L、0.214~3.07 μmol/L 和0.214~3.07 μmol/L。各调查层次铵盐平面分布特征基本一致，均为调查海域西北部海域铵盐含量较高；在调查海域中部存在一个高值区(图5.29)；其余海域分布较均匀。

2. 垂直分布

四个季节铵盐垂直变化特征基本一致，均为表层含量最高，由表层至底层呈降低趋势，但降幅不大。其中，春季、夏季和冬季10 m层以下水体铵盐含量几无明显差异，垂直分布均匀(图5.30)。

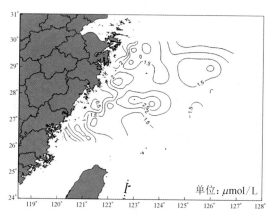

图5.29 ST05区块海域冬季海水表层铵盐平面分布图

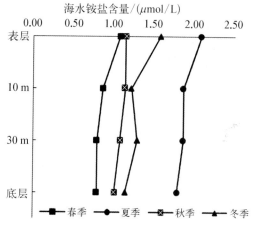

图5.30 ST05区块海域海水铵盐垂直变化

5.2.4 溶解态无机氮

1. 平面分布

1）春季

表层，溶解态无机氮的含量范围为0.50~25.1 μmol/L；10 m层，含量范围为0.21~28.4 μmol/L。表层、10 m层分布特征相似，近岸、近海区域明显高于远海，尤以浙江南部和福建北部近岸海域含量最高；其他海域含量较低且分布较均匀，等值线稀疏(表5.7，图5.31)。

表 5.7　ST05 区块海域海水溶解态无机氮含量统计评价表

季　节	层　次	监测结果		标准指数		超标率/%
		范围/(μmol/L)	平均值/(μmol/L)	范　围	平均值	
春　季	表　层	0.50~25.1	6.52	0.04~1.76	0.49	15.4
	10 m 层	0.21~28.4	6.45	0.02~1.99	0.45	13.2
	30 m 层	0.57~14.9	5.46	0.04~1.04	0.38	1.20
	底　层	1.14~26.4	8.43	0.08~1.85	0.59	5.60
夏　季	表　层	1.07~15.3	4.21	0.08~1.07	0.31	2.20
	10 m 层	1.50~19.6	4.51	0.11~1.38	0.33	1.10
	30 m 层	1.43~15.1	5.38	0.10~1.06	0.38	3.80
	底　层	3.43~22.0	12.2	0.24~1.54	0.85	23.1
秋　季	表　层	0.93~46.4	6.98	0.07~3.25	0.47	15.4
	10 m 层	0.79~39.0	6.23	0.06~2.73	0.43	14.3
	30 m 层	0.64~28.6	3.47	0.05~2.00	0.24	1.3
	底　层	1.62~35.4	11.1	0.11~2.48	0.75	18.7
冬　季	表　层	3.57~63.0	14.1	0.25~4.41	0.99	26.4
	10 m 层	3.43~53.9	13.2	0.24~3.77	0.93	22.0
	30 m 层	3.29~46.3	10.0	0.23~3.24	0.70	14.5
	底　层	4.43~44.6	12.8	0.31~3.12	0.92	25.3

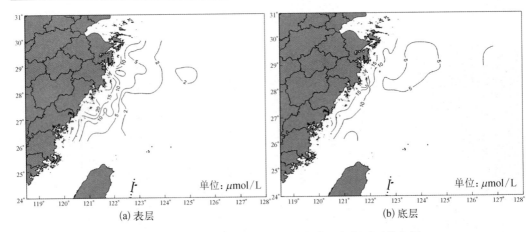

(a) 表层　　　　　　　　　　　　　　　(b) 底层

图 5.31　ST05 区块海域春季海水溶解态无机氮平面分布图

　　30 m 层,溶解态无机氮的含量范围为 0.57~14.9 μmol/L,调查区域北部近海溶解态无机氮含量最高,由此区域向远海区域和南部区域降低;远海区域含量较低且分布均匀。

　　底层,溶解态无机氮的含量范围为 1.14~26.4 μmol/L,近岸明显高于近、远海,尤其浙江近岸含量最高;另外,北部有一含量较低的水团楔入调查海域中部(图 5.31)。

　　2) 夏季

　　表层,溶解态无机氮的含量范围为 1.07~15.3 μmol/L,调查海域北部含量最高,其余区域含量较低且差异不明显(图 5.32)。

　　10 m 层,溶解态无机氮的含量范围为 1.50~19.6 μmol/L;30 m 层,含量范围为 1.43~15.1 μmol/L。10 m 层和 30 m 层分布相似,调查海域近海海域尤以北部近海含量最高,向远海降低,远海区域含量较低,但在中部海域出现一个含量略高的区域。

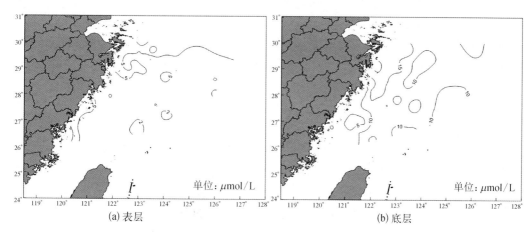

图 5.32 ST05 区块海域夏季海水溶解态无机氮平面分布图

底层,溶解态无机氮的含量范围为 3.43～22.0 $\mu mol/L$。底层溶解态无机氮含量高于其他水层,仍为北部近海含量最高;福建南部近岸海域含量较低;其他海域含量较低且分布较为均匀(图 5.32)。

3) 秋季

表层,溶解态无机氮的含量范围为 0.93～46.4 $\mu mol/L$,10 m 层,含量范围为 0.79～39.0 $\mu mol/L$。表层和 10 m 层平面分布特征相似,近岸、近海区域明显高于远海,由近岸向远海含量降低迅速(图 5.33)。

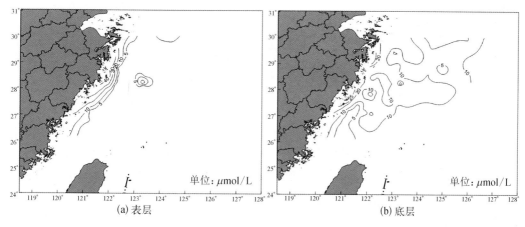

图 5.33 ST05 区块海域秋季海水溶解态无机氮平面分布图

30 m 层,溶解态无机氮的含量范围为 0.64～28.6 $\mu mol/L$,在台州近海和调查海域北部 29.5°N,124.5°E 附近海域为溶解态无机氮的 2 个高值区,其他区域含量较低且分布较均匀。

底层,溶解态无机氮的含量范围为 1.62～35.4 $\mu mol/L$,近岸海域含量较高,其余区域分布较均匀(图 5.33)。

4) 冬季

表层,溶解态无机氮的含量范围为 3.57～63.0 $\mu mol/L$;10 m 层的含量范围为3.43～

53.9 μmol/L,30 m层,含量范围为 3.29～46.3 μmol/L。底层的含量范围为 4.43～44.6 μmol/L。各层海水溶解态无机氮分布相似,含量由近岸和近海区域向远海降低,尤以调查海域北部近海含量最高,远海含量较低且分布较均匀,但在北部远海有一含量略高区域出现(图5.34)。

2. 垂直变化

春季、秋季、冬季的溶解态无机氮的垂直分布特征相似,表层至30 m层含量呈降低趋势;30 m层至底层含量明显增加。结合硝酸盐的垂直分布特征,表明陆源输入对调查海域溶解态无机氮含量有重要影响。陆源输入主要影响30 m水深以上水体,30 m层以下含量明显增加则主要是由于生物残体和代谢物的分集、释放和再矿化过程造成(图5.35)。

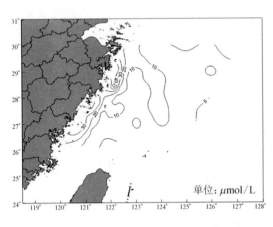

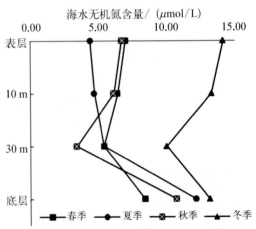

图 5.34 ST05 区块海域冬季海水表层
溶解态无机氮平面分布图

图 5.35 ST05 区块海域海水溶
解态无机氮垂直变化

夏季,由表层至30 m层海水中硝酸盐略有增加,30 m层至底层出现明显跃升。虽然陆源输入带来溶解态无机氮,但夏季旺盛的生物活动消耗了大量营养盐,尤其是上层水体浮游植物活动更加旺盛,使表层硝酸盐含量最低;底层由于生物残体的分解作用又释放出部分营养盐,使底层营养盐的含量进一步升高。

5.2.5 溶解态氮

1. 平面分布

1) 春季

表层、10 m层、30 m层和底层溶解态氮的含量范围分别为 0.429～38.4 μmol/L、0.429～35.4 μmol/L、0.500～15.6 μmol/L 和 2.36～30.2 μmol/L。溶解态氮的分布与硝酸盐的分布相似,各调查层次也相似。为近岸海域含量明显较高,等值线密集,向远海迅速降低,远海含量较低且无明显差异(表5.8,图5.36)。

表 5.8　ST05 区块海域海水溶解态氮浓度统计表

季　节	层　次	范围/(μmol/L)	平均值/(μmol/L)
春季	表　层	0.429~38.4	8.50
	10 m 层	0.429~35.4	7.50
	30 m 层	0.500~15.6	6.64
	底　层	2.36~30.2	9.64
夏季	表　层	0.714~14.2	4.50
	10 m 层	0.214~15.1	5.00
	30 m 层	0.643~23.9	6.57
	底　层	3.29~29.9	13.3
秋季	表　层	1.57~113	16.8
	10 m 层	3.71~81.5	16.1
	30 m 层	3.57~51.0	11.3
	底　层	5.93~88.4	18.5
冬季	表　层	3.64~62.0	14.5
	10 m 层	3.00~57.3	13.6
	30 m 层	3.93~46.4	10.3
	底　层	5.43~46.1	13.9

2) 夏季

表层、10 m 层和 30 m 层溶解态氮的含量范围分别为 0.714~14.2 μmol/L、0.214~15.1 μmol/L 和 0.643~23.9 μmol/L。各层次分布特征基本一致,调查海域西北部含量略高;其他海域含量较低,且差异不明显(图5.37)。

底层,溶解态氮的含量范围为 3.29~29.9 μmol/L。分布与其他水层有所不同,28°N 以北近岸含量较高,尤以象山近海含量最高,由此区域向周围海域呈降低趋势;28°N 以南则在近岸和远海含量较低(图5.37)。

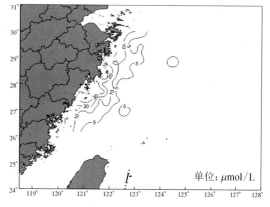

图 5.36　ST05 区块海域春季表层溶解态氮平面分布图

3) 秋季

各层次溶解态氮的含量范围分别为 1.57~113 μmol/L、3.71~81.5 μmol/L、3.57~51.0 μmol/L 和 5.93~88.4 μmol/L。各层次平面分布特征基本一致,均表现为近岸含量明显较高,等值线密集,向远海迅速降低,远海含量较低且无明显差异(图5.38)。

4) 冬季

各层次溶解态氮的含量范围分别为 3.64~62.0 μmol/L、3.00~57.3 μmol/L、3.93~46.4 μmol/L 和 5.43~46.1 μmol/L。各层次分布基本一致,表现为近岸含量明显较高,向远海迅速降低,远海含量较低且无明显差异(图5.38)。

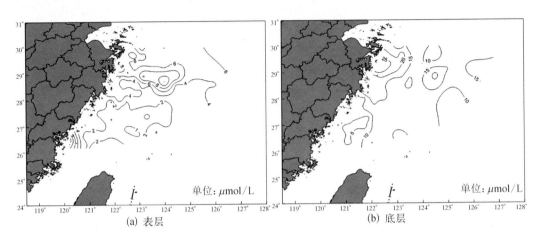

图 5.37　ST05 区块海域夏季海水溶解态氮平面分布图

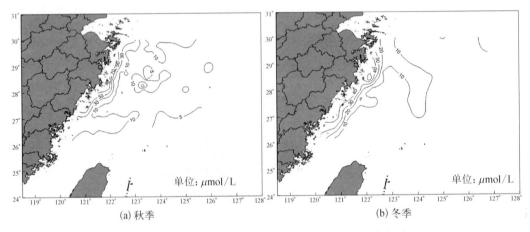

图 5.38　ST05 区块海域表层海水溶解态氮平面分布图

2. 垂直分布

各季节溶解态氮的垂直变化与硝酸盐相似。春季、秋季和冬季均为表层至 30 m 层硝酸盐含量梯度降低；30 m 层至底层含量又有明显增加(图 5.39)。

夏季,由表层至底层海水含量明显增加,但增加幅度不同。

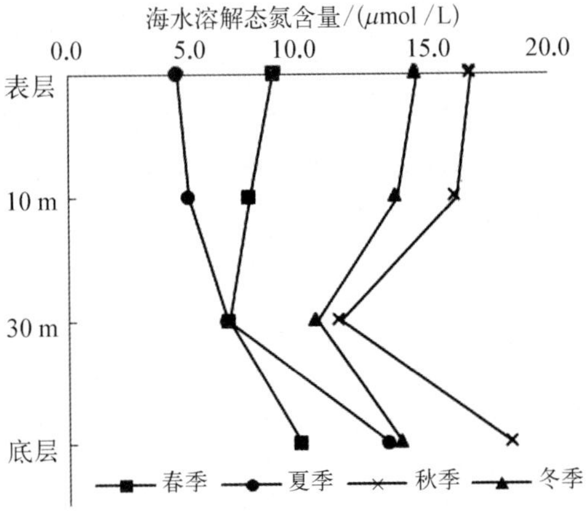

5.2.6　总氮

1. 平面分布

1) 春季

表层、10 m 层、30 m 层和底层总氮的含量范围分别为 2.59～38.8 μmol/L、1.16～

图 5.39　ST05 区块海域海水溶解态氮垂直变化

34.4 μmol/L、0.364～21.4 μmol/L 和 5.51～28.1 μmol/L。各层次总氮平面分布基本一致，总体上呈现自近海向远海递减的态势(表 5.9,图 5.40)。

表 5.9　ST05 区块海域海水总氮含量统计评价表

季节	层次	监测结果		标准指数		超标率/%
		范围/(μmol/L)	平均值/(μmol/L)	范围	平均值	
春季	表层	2.59～38.8	13.5	0.091～1.36	0.47	11.4
	10 m 层	1.16～34.4	12.7	0.041～1.21	0.45	4.55
	30 m 层	0.364～21.4	9.43	0.013～0.75	0.33	0.00
	底层	5.51～28.1	12.0	0.19～0.98	0.42	0.00
夏季	表层	2.14～14.1	6.86	0.075～0.50	0.24	0.00
	10 m 层	1.93～21.4	7.93	0.068～0.75	0.28	0.00
	30 m 层	4.50～25.8	9.57	0.16～0.90	0.34	0.00
	底层	3.86～38.9	16.3	0.14～1.36	0.57	9.09
秋季	表层	2.28～49.6	14.8	0.080～1.13	0.52	15.9
	10 m 层	1.22～41.5	12.9	0.043～1.45	0.45	6.82
	30 m 层	0.907～33.7	9.64	0.032～1.18	0.34	2.86
	底层	2.39～45.4	16.7	0.084～1.59	0.59	6.82
冬季	表层	5.64～64.1	20.5	0.20～2.25	0.72	29.5
	10 m 层	5.72～58.1	18.8	0.20～2.04	0.66	29.5
	30 m 层	6.64～49.1	13.3	0.23～1.72	0.49	11.1
	底层	7.29～45.6	18.4	0.25～1.60	0.65	25.0

2) 夏季

表层、10 m 层和 30 m 层总氮的含量范围分别为 2.14～14.1 μmol/L、1.93～21.4 μmol/L 和 4.50～25.8 μmol/L。各层次分布特征相似,总体上分布较均匀,调查海域零星分布着几个高值区(图 5.41)。

底层的总氮的含量范围为 3.86～38.9 μmol/L,底层含量明显高于上层水体。调查海域西北部近海含量较高,南部近海含量最低(图 5.41)。

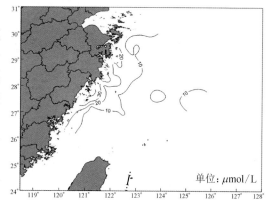

图 5.40　ST05 区块海域春季表层总氮平面分布图

3) 秋季

表层,总氮的含量范围为 2.28～32.3 μmol/L;10 m 层,含量范围为 1.22～41.5 μmol/L。表层和 10 m 层平面分布特征相似,总体上自西向东呈降低趋势,浙江南部—福建北部近海含量较高(图 5.42)。

30 m 层,总氮的含量范围为 0.907～33.7 μmol/L;底层,含量范围为 2.39～45.4 μmol/L。30 m 层和底层分布特征相似,空间分布差异较大,但无明显的空间分布规律,在宁波和台州附近局部海域形成相对高值区域;调查海域南部含量较低(图 5.42)。

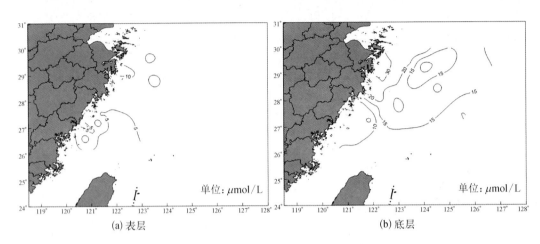

(a) 表层　　　　　　　　　　　　　　　　(b) 底层

图 5.41　ST05 区块海域夏季海水总氮平面分布图

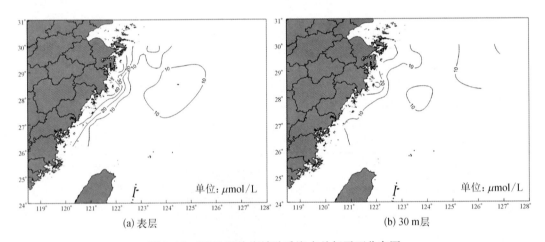

(a) 表层　　　　　　　　　　　　　　　　(b) 30 m 层

图 5.42　ST05 区块海域秋季海水总氮平面分布图

4) 冬季

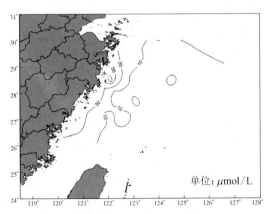

图 5.43　ST05 区块海域冬季表层
总氮平面分布图

各层次总氮的含量范围分别为 5.64～64.1 μmol/L、5.72～58.1 μmol/L、6.64～49.1 μmol/L 和 7.29～45.6 μmol/L。各层次总氮的平面分布特征相似,总体上由近海向远海呈梯度降低趋势,但至调查海域北部远海含量又有所升高(图 5.43)。

2. 垂直分布

各季节总氮的垂直变化与溶解态氮、硝酸盐相似。春季、秋季和冬季均为表层至 30 m 层硝酸盐含量梯度降低;30 m 层至底层含量又有明显增加(图 5.44)。

夏季,由表层至底层海水含量明显增加,但增加幅度不同。

5.2.7 活性磷酸盐

1. 平面分布

1) 春季

表层,活性磷酸盐的含量范围为未检出~0.700 μmol/L;10 m层,含量范围为未检出~0.671 μmol/L。表层和10 m层海水活性磷酸盐平面分布相似,近岸和近海海域活性磷酸盐含量较高,尤以舟山—象山附近和福建北部近海含量最高;其余海域含量较低且分布比较均匀(表5.10,图5.45)。

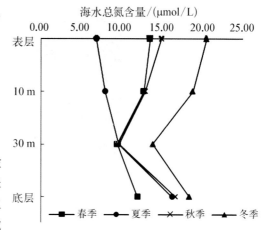

图5.44 ST05区块海域海水总氮垂直变化

表5.10 ST05区块海域海水活性磷酸盐含量统计表

季节	层次	监测结果		标准指数		超标率/%
		范围/(μmol/L)	平均值/(μmol/L)	范围	平均值	
春季	表层	未检出~0.700	0.142	0.00~1.45	0.30	6.6
	10 m层	未检出~0.671	0.139	0.00~1.34	0.29	5.5
	30 m层	0.003 23~0.542	0.235	0.00~1.12	0.49	5.5
	底层	0.038 7~0.861	0.377	0.08~1.78	0.78	22.2
夏季	表层	0.003 23~1.61	0.181	0.01~3.33	0.99	4.4
	10 m层	0.012 9~0.974	0.197	0.03~2.01	0.40	5.5
	30 m层	0.035 5~1.34	0.290	0.07~2.77	0.60	14.6
	底层	0.041 9~3.03	0.813	0.09~6.25	1.68	77.0
秋季	表层	0.016 1~2.34	0.519	0.03~4.84	1.02	29.7
	10 m层	未检出~2.38	0.519	0.00~4.92	1.01	30.0
	30 m层	0.025 8~1.39	0.432	0.05~2.87	0.79	24.4
	底层	0.090 3~2.49	1.01	0.19~5.14	2.07	91.2
冬季	表层	0.058 1~2.17	0.471	0.12~4.49	0.97	31.9
	10 m层	0.048 4~1.70	0.439	0.10~3.52	0.89	30.8
	30 m层	0.048 4~1.05	0.377	0.10~2.17	0.75	21.7
	底层	0.058 1~2.37	0.490	0.12~4.98	1.00	35.2

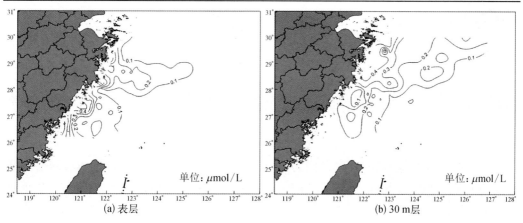

(a) 表层　　(b) 30 m层

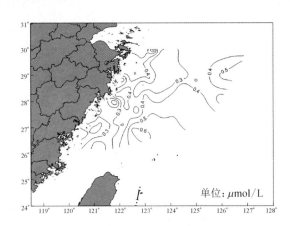

图 5.45　ST05 区块海域春季海水活性磷酸盐平面分布图

30 m 层,活性磷酸盐的含量范围为 0.003 23~0.542 μmol/L。28°N 以北含量较高,且由近海向远海呈降低趋势;28°N 以南海域含量较低,且分布较均匀(图 5.45)。

底层,活性磷酸盐的含量范围为 0.038 7~0.861 μmol/L。近岸和远海活性磷酸盐含量较高且基本一致;中部海域略偏低(图 5.45)。在调查海域东部出现活性磷酸盐的高值水带,主要是受到了黑潮次表层水入侵的影响。这与 1994 年春季进行的 JGOFS (东中国海陆架边缘海域海洋通量研究)的调查结果一致(祝陈坚,1996),JGOFS 的调查表明东海东部底层水活性磷酸盐含量明显较高,且向近岸方向涌升,表现出黑潮次表层水的入侵作用。

2) 夏季

表层和 10 m 层活性磷酸盐的含量范围分别为 0.003 23~1.61 μmol/L 和 0.012 9~0.974 μmol/L。两者平面分布相似,均表现为浙江近岸海域含量较高,等值线较密集;其他海域含量较低,且等值线较稀疏(图 5.46)。

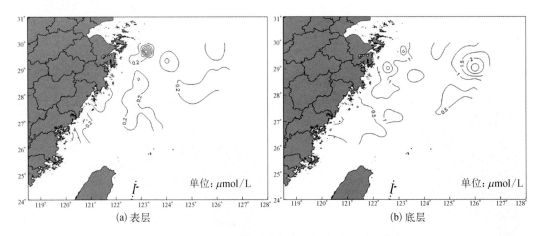

(a) 表层　　　　　　　　　　　　　　　(b) 底层

图 5.46　ST05 区块海域夏季海水活性磷酸盐平面分布图

30 m 层,活性磷酸盐的含量范围为 0.035 5~1.34 μmol/L。浙江近海海域含量较高,另在调查海域东北端,以 JZ0413 站为核心还有一闭合的高值区;其他海域含量较低且等值线较稀疏。

底层,活性磷酸盐的含量范围为 0.041 9～3.03 μmol/L。底层,活性磷酸盐含量明显高于其他水层,分布也较杂乱,总体北部高于南部,尤以福建北部近海含量较低(图 5.46)。

虽然夏季河流径流明显增加,陆源污染物入海量较高,但从活性磷酸盐的分布上看,只有表层至 30 m 层表现出一定陆源输入的影响,且影响范围不大,说明夏季影响活性磷酸盐分布的主要因素不是陆源径流输入,这与臧家业(1991)对东海黑潮区海水活性磷酸盐分布特征的研究一致,即夏季东海表层海水磷的分布没有明显受到长江冲淡水的影响而形成高浓度水舌;杨东方等(2005)对长江口邻近海域营养盐分布的研究也认为,夏季,活性磷酸盐浓度受长江流量变化影响较小。另外,夏季各水层的活性磷酸盐分布均较杂乱,高低值区交替出现,应与夏季旺盛的生物活动有关。

与春季活性磷酸盐分布的相似之处为,30 m 层与底层海水均在调查海域东北部出现高值区,主要受到了黑潮次表层水的影响。这与前人的调查结果相似,臧家业等对东海黑潮区调查表明,底层活性磷酸盐的分布随离岸距离的增加有增加趋势。

3) 秋季

表层和 10 m 层活性磷酸盐的含量范围分别为 0.016 1～2.34 μmol/L 和未检出～2.38 μmol/L。两者平面分布相似,由近岸和近海向远海含量呈明显的递减趋势,至调查海域东南部含量最低(图 5.47)。

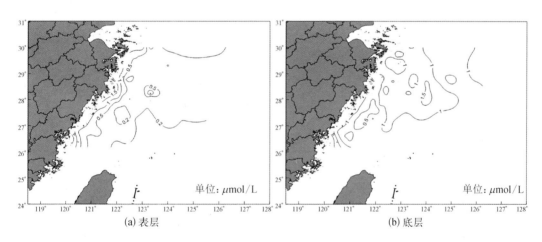

(a) 表层　　　　　　　　　　　　　　(b) 底层

图 5.47　ST05 区块海域秋季海水活性磷酸盐平面分布图

30 m 层,活性磷酸盐的含量范围为 0.025 8～1.39 μmol/L。含量明显低于其他水层,分布较均匀,调查海域西北部含量较高;其余区域含量较低。

底层,活性磷酸盐的含量范围为 0.090 3～2.49 μmol/L。平面分布较杂乱,总体上北部海域含量偏高,但未像上层水体呈现近岸向远海梯度递减的特征(图 5.47)。

4) 冬季

各层次活性磷酸盐的含量范围分别为 0.058 1～2.17 μmol/L、0.048 4～1.70 μmol/L、0.048 4～1.05 μmol/L 和 0.058 1～2.37 μmol/L。各层次均为近岸、近海海域含量较高,由

近岸向远海含量迅速降低,等值线较密集,远海含量较低且等值线稀疏。冬季海水活性磷酸盐的分布与其他三个季节不同,由近岸向远海呈明显的降低趋势,表明生物效应与流系影响减弱,陆源输入的影响占主要地位,控制着磷的平面分布(图5.48)。

2. 垂直分布

春季和夏季,活性磷酸盐的垂直分布相似,总体上由表层至底层呈增加态势,但增加幅度不同(图5.49)。活性磷酸盐的垂直分布特征与同为生源要素的氮不同,可能表明陆源输入对磷的影响小于对氮的影响,生物消耗作用对活性磷酸盐的分布有更加重要的作用。

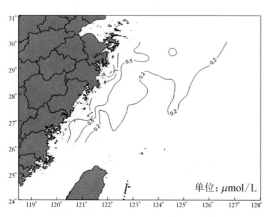

图5.48　ST05区块海域冬季表层活性
磷酸盐平面分布图

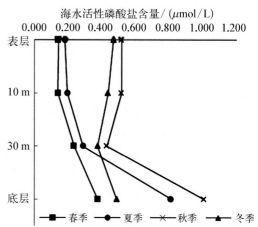

图5.49　ST05区块海域海水活性
磷酸盐垂直变化

秋季和冬季,活性磷酸盐的垂直分布相似,表层至30 m层活性磷酸盐含量差异较小;30 m层至底层含量又有所增加,不同的是,秋季增幅比冬季大。

5.2.8　溶解态磷

1. 平面分布

1)春季

表层,溶解态磷的含量范围为0.045 2~1.01 μmol/L;10 m层,含量范围为0.003 55~0.994 μmol/L。表层、10 m层海水溶解态磷的平面分布相似,近岸海域溶解态磷的含量较高,等值线密集;呈由近岸向远海降低的趋势,等值线变为稀疏,平面差异减小(表5.11,图5.50)。

表5.11　ST05区块海域海水溶解态磷含量数理统计表

季　节	层　次	范围/(μmol/L)	平均值/(μmol/L)
春　季	表　层	0.045 2~1.01	0.265
	10 m层	0.035 5~0.994	0.252
	30 m层	0.058 1~1.03	0.326
	底　层	0.194~1.06	0.468

续表

季　节	层　次	范围/(μmol/L)	平均值/(μmol/L)
夏　季	表　层	0.048 4～4.16	0.332
	10 m层	0.048 4～1.98	0.329
	30 m层	0.048 4～2.74	0.429
	底　层	0.058 1～3.16	0.955
秋　季	表　层	0.197～5.13	0.777
	10 m层	0.219～5.03	0.774
	30 m层	0.174～2.48	0.684
	底　层	0.255～4.37	1.40
冬　季	表　层	0.181～4.84	0.652
	10 m层	0.190～1.50	0.584
	30 m层	0.171～0.990	0.513
	底　层	0.287～2.41	0.635

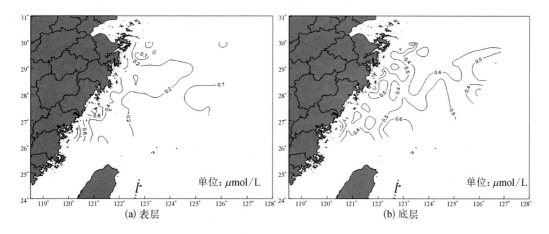

(a) 表层　　　　　　　　　　(b) 底层

图 5.50　ST05 区块海域春季海水溶解态磷平面分布图

30 m层,溶解态磷的含量范围为 0.058 1～1.03 μmol/L。浙江北部近海含量略高,调查海域东南部含量较低,其余区域含量差异较小,且分布不均匀。

底层,溶解态磷的含量范围为 0.194～1.06 μmol/L,分布较其他三个层次相对均匀,近岸海域含量较高,尤以舟山—象山为溶解态磷的高值区;调查海域东北方向有一含量低值区(图 5.50)。

2) 夏季

表层,溶解态磷的含量范围为 0.048 4～4.16 μmol/L。整体上近岸海域含量较高,尤以浙江近岸海域最高;其他海域含量较低,等值线较稀疏,分布也比较均匀(图 5.51)。

10 m层,溶解态磷的含量范围为 0.048 4～1.98 μmol/L,分布与表层相似,但差异程度小于表层海水。

30 m层,溶解态磷的含量范围为 0.048 4～2.74 μmol/L。除调查海域西北部浙江近海含量较高外,其余区域含量无明显差异。

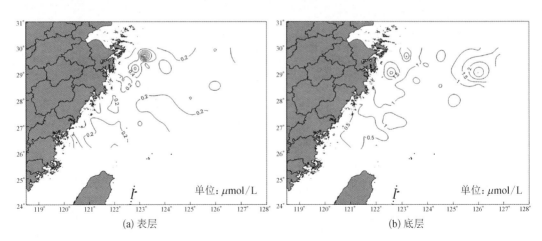

图 5.51　ST05 区块海域夏季海水溶解态磷平面分布图

底层,溶解态磷的含量范围为 0.058 1～3.16 μmol/L。含量分布趋势为北高南低,且西北部近海和东北部远海含量明显高于其他海域(图 5.51)。

夏季溶解态磷的分布与其他三个季节明显不同,与夏季活性磷酸盐的分布相似,均为近岸向远海的递减趋势不明显,分布杂乱,且 30 m 层以下海水在调查海域东北出现高值区,可能与黑潮次表层水的入侵有关。

3) 秋季

表层,溶解态磷的含量范围为 0.197～5.13 μmol/L;10 m 层,含量范围为 0.219～5.03 μmol/L。表层和 10 m 层海水溶解态磷的平面分布相似,由近岸向远海呈降低趋势,等值线由密集变为稀疏,至调查海域东南含量最低(图 5.52)。

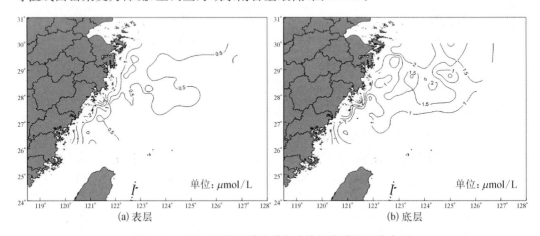

图 5.52　ST05 区块海域秋季海水溶解态磷平面分布图

30 m 层,溶解态磷的含量范围为 0.174～2.48 μmol/L。含量明显低于其他水层,分布较均匀,等值线稀疏。总体看北部高于南部,尤其在舟山附近海域含量最高;调查海域南部有一明显的低值区,含量均低于 0.323 μmol/L。

底层,溶解态磷的含量范围为 0.255～4.37 μmol/L。28°N 以北海域含量较一致,明显高于南部海域,28°N 以南溶解态磷含量由近岸向远海呈降低趋势(图 5.52)。

4) 冬季

各层次溶解态磷的含量范围分别为 0.181~4.84 $\mu mol/L$、0.190~1.50 $\mu mol/L$、0.171~0.990 $\mu mol/L$ 和 0.287~2.41 $\mu mol/L$。各层次的平面分布特征基本一致,近岸海域含量较高,由近岸向远海呈降低趋势,但降低程度和梯度有所不同,等值线由密集到稀疏(图 5.53)。

2. 垂直分布

各季节溶解态磷垂直变化特征与活性磷酸盐基本相似(图 5.54)。

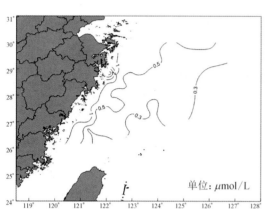

图 5.53 ST05 区块海域冬季表层
溶解态磷平面分布图

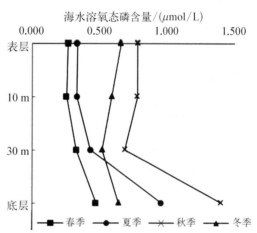

图 5.54 ST05 区块海域海水溶解态磷垂直变化

春季和夏季,由表层至 10 m 层溶解态磷的含量一致;10 m 层以下为梯度增加,但增加幅度不同。夏季,30 m 层至底层含量显著增加,底层平均含量约为 30 m 层的 2.2 倍。

秋季,表层至 10 m 层含量一致;10 m 至 30 m 层含量略有降低;底层含量迅速增加,约为 30 m 层的 2 倍。

冬季,表层至 30 m 层呈梯度下降,30 m 层以下含量又有所增加。

5.2.9 总磷

1. 平面分布

1) 春季

表层、10 m 层、30 m 层和底层总磷的含量范围分别为 0.087 1~1.64 $\mu mol/L$、0.087 1~1.68 $\mu mol/L$、0.145~0.852 $\mu mol/L$ 和 0.310~1.48 $\mu mol/L$。各层次总磷的平面分布特征基本一致,由近海向远海呈递减趋势;外海等值线稀疏,分布均匀(图 5.55)。

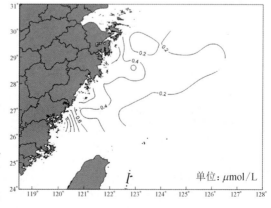

图 5.55 ST05 区块海域春季表层总磷平面分布图

不同的是,表层和10 m层在福建北部近海海域含量较高。

2) 夏季

表层,总磷的含量范围为0.129~2.61 μmol/L。28°N以南海域总磷的空间分布差异较大,等值线较密集;而在28°N以北总磷的空间分布均匀,等值线明显稀疏(图5.56)。

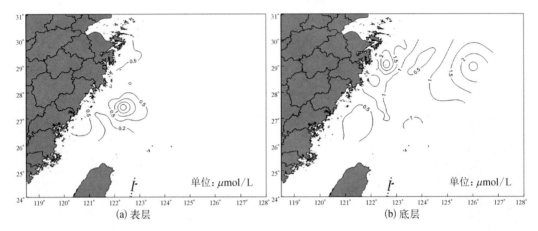

图5.56 ST05区块海域夏季海水总磷平面分布图

10 m层,总磷的含量范围为0.096 8~1.06 μmol/L。分布趋于均匀化,等值线十分稀疏,只在海域东北端和南部出现两个相对集中的低值区。

30 m层,总磷的含量范围为0.096 8~3.00 μmol/L。平面差异较小,分布无明显规律。在象山近海和南部海域出现两个闭合的高值区;调查海域东部和中部含量较低,其余海域含量差异不明显,分布较均匀。

底层,总磷的含量范围为0.096 8~3.16 μmol/L。分布与活性磷酸盐相似,调查海域的西北侧近海含量较高,体现了陆源输入的影响,在东北侧外海区域也出现了一个相对高值区域,为黑潮次表层水的影响所致;其余区域分布较均匀(图5.56)。

表5.12 ST05区块海域海水总磷含量统计评价表

| 季 节 | 层 次 | 监测结果 | | 标准指数 | | 超标率/% |
		范围/(μmol/L)	平均值/(μmol/L)	范 围	平均值	
春 季	表 层	0.087 1~1.64	0.390	0.09~1.69	0.40	2.27
	10 m层	0.087 1~1.68	0.387	0.09~1.74	0.40	2.27
	30 m层	0.145~0.852	0.403	0.15~0.88	0.42	0.00
	底 层	0.310~1.48	0.639	0.32~1.53	0.66	9.09
夏 季	表 层	0.129~2.61	0.419	0.13~2.70	0.43	2.27
	10 m层	0.096 8~1.06	0.419	0.10~1.09	0.43	2.27
	30 m层	0.096 8~3.00	0.581	0.10~2.83	0.60	11.1
	底 层	0.096 8~3.16	1.03	0.10~3.27	1.07	47.7
秋 季	表 层	0.100~3.21	0.881	0.10~3.31	0.91	29.5
	10 m层	0.158~3.74	0.848	0.16~3.86	0.88	29.5
	30 m层	0.132~2.57	0.645	0.14~2.65	0.67	14.3
	底 层	0.377~6.30	1.65	0.39~6.51	1.71	77.3

第5章

续表

季节	层次	监测结果		标准指数		超标率/%
		范围/(μmol/L)	平均值/(μmol/L)	范围	平均值	
冬季	表层	0.313~2.15	0.823	0.32~2.23	0.85	27.3
	10 m层	0.274~2.23	0.787	0.28~2.28	0.81	25.0
	30 m层	0.265~1.60	0.652	0.27~1.65	0.67	16.7
	底层	0.374~2.59	0.900	0.39~2.68	0.93	29.5

3）秋季

表层，总磷的含量范围为 0.100~3.21 μmol/L。调查海域北部近海等值线分布较密，整体看自近海向远海呈降低趋势（图 5.57）。

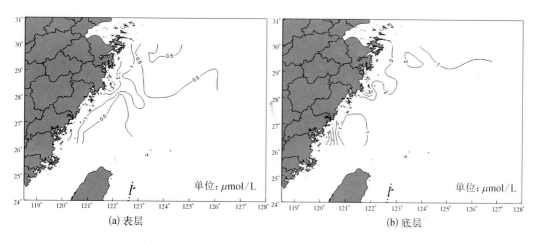

图 5.57　ST05 区块海域秋季海水总磷平面分布图

10 m层，总磷的含量范围为 0.158~3.74 μmol/L。分布特征与表层一致，规律性更为明显，自近海向远海呈明显的递减趋势。

30 m层，总磷的含量范围为 0.132~2.57 μmol/L。含量低于其他水层，分布较均匀。在宁波东南侧海域形成封闭的高值区域，由此区域向周围海域呈降低态势，至调查海域东北端含量最低。

底层，总磷的含量范围为 0.377~6.30 μmol/L。调查海域北部近海海域总磷含量较高，东南部有一总磷含量较低的水舌进入调查海域（图 5.57）。

4）冬季

各层次总磷的含量范围分别为 0.313~2.15 μmol/L、0.274~2.23 μmol/L、0.265~1.60 μmol/L 和 0.374~2.59 μmol/L。各层次总磷的平面分布特征基本一致，由近海向远海呈降低趋势。总磷含量在福建北部海域相对较高，其他区域分布趋于均匀化，等值线十分稀疏，无明显空间差异（图 5.58）。

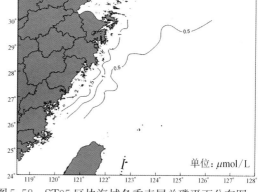

图 5.58　ST05 区块海域冬季表层总磷平面分布图

2. 垂直分布

春季,总磷的垂直变化与春季溶解态磷、活性磷酸盐的特征不一致,表现为上层水体垂直差异较小,表层至 30 m 层水体总磷含量一致;30 m 层以下含量有所增加(图 5.59)。

夏季,总磷垂直变化与溶解态磷和活性磷酸盐较一致。表层至 10 m 层含量一致;10 m 层至底层呈增加趋势,其中 30 m 层至底层含量明显增加,增幅约为 78%。

秋季和冬季,总磷垂直分布与溶解态磷、活性磷酸盐相似,为表层至 30 m 层呈降低趋势;30 m 层以下又迅速上升。

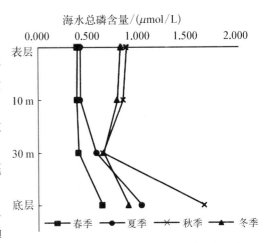

图 5.59 ST05 区块海域海水总磷垂直变化

5.2.10 活性硅酸盐

1. 平面分布

1) 春季

表层、10 m 层和 30 m 层活性硅酸盐的含量范围分别为 0.36～25.4 μmol/L、未检出～31.4 μmol/L 和未检出～20.0 μmol/L。3 个层次平面分布相似,近岸、近海海域含量明显高于其他海域,近岸海域等值线分布也较为密集;其他区域分布较均匀,等值线稀疏(图 5.60)。

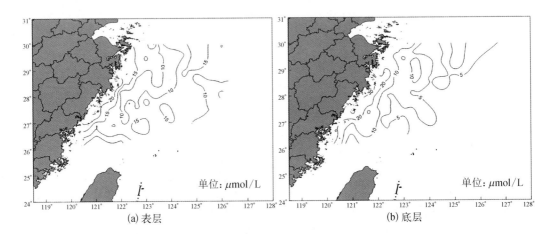

(a) 表层   (b) 底层

图 5.60 ST05 区块海域春季海水活性硅酸盐平面分布图

底层,活性硅酸盐的含量范围为 0.36～25.4 μmol/L。近岸海域含量较高,等值线较为密集;调查海域中部、南部和东南出现三个分散的低值区;其他海域含量分布较均匀(图 5.60)。

2) 夏季

表层、10 m 层和 30 m 层海水活性硅酸盐的含量范围分别为 2.14～26.8 μmol/L、

第5章

1.43～31.4 μmol/L 和 1.79～33.9 μmol/L。3 个层次平面分布相似,近岸和近海海域含量较高,等值线密集;舟山近海、调查海域中部和南部则是相对低值区(图 5.61)。

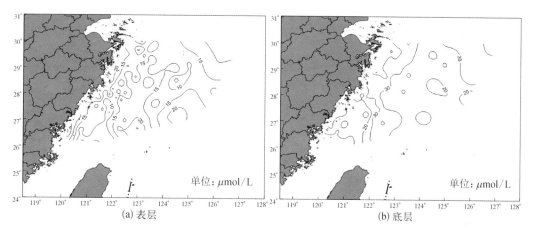

(a) 表层   (b) 底层

图 5.61　ST05 区块海域夏季海水活性硅酸盐平面分布图

底层,活性硅酸盐的含量范围为 1.43～44.3 μmol/L。含量明显高于上层水体,差异也最为明显,北纬 28°以北近岸略高于远海;而北纬 28°以南则为近岸较低(图 5.61)。

3) 秋季

各层次活性硅酸盐的含量范围分别为 0.71～56.4 μmol/L、0.36～47.9 μmol/L、0.36～34.3 μmol/L 和 1.07～42.1 μmol/L。各层次平面分布基本一致,表现为近岸海域含量明显高于其他海域,等值线分布也较为密集,其余区域含量较低且分布较均匀(图 5.62)。

4) 冬季

各层次活性硅酸盐的含量范围分别为 1.07～46.8 μmol/L、0.71～78.9 μmol/L、0.36～24.6 μmol/L、0.36～90.0 μmol/L。各层次平面分布基本一致,近岸海域含量较高且等值线密集;其他海域含量较低且分布均匀,等值线稀疏(图 5.63)。

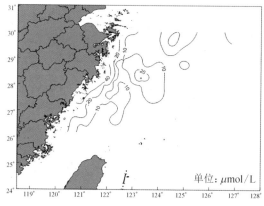

图 5.62　ST05 区块海域秋季表层活性
硅酸盐平面分布图

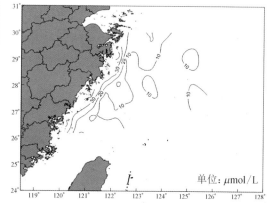

图 5.63　ST05 区块海域冬季表层活性
硅酸盐平面分布图

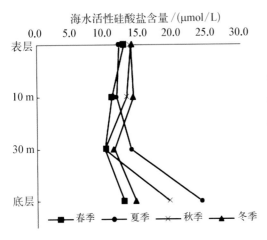

图 5.64　ST05 区块海域海水活性
硅酸盐垂直变化

2. 垂直分布

　　春季和秋季,活性硅酸盐垂直分布相似,表层至 30 m 层含量呈降低趋势,但降幅较小;30 m 层至底层含量增加,秋季增幅较大,底层含量约为 30 m 层的 2 倍(图 5.64)。

　　夏季,表层至 10 m 层活性硅酸盐的含量基本一致;10 m 至 30 m 层含量略有增加;30 m 层至底层含量则明显增加,底层为 30 m 层的 1.7 倍。

　　冬季,垂直分布特征与其他季节不同,由于冬季垂直混合作用的增强,水体的垂直差异减少,除了 30 m 层活性硅酸盐的含量略低外,其余 3 个层次的含量无明显差异。

表 5.13　ST05 区块海域海水活性硅酸盐含量数理统计表

季　节	层　次	范围/(μmol/L)	平均值/(μmol/L)
春　季	表　层	0.36～25.4	12.9
	10 m 层	未检出～31.4	11.1
	30 m 层	未检出～20.0	10.0
	底　层	0.36～25.4	12.9
夏　季	表　层	2.14～26.8	12.1
	10 m 层	1.43～31.4	11.8
	30 m 层	1.79～33.9	13.9
	底　层	1.43～44.3	24.3
秋　季	表　层	0.71～56.4	13.9
	10 m 层	0.36～47.9	13.2
	30 m 层	0.36～34.3	10.0
	底　层	1.07～42.1	19.6
冬　季	表　层	1.07～46.8	13.9
	10 m 层	0.71～78.9	14.3
	30 m 层	0.36～24.6	11.4
	底　层	0.36～90.0	14.6

5.3　有机物

　　海水中的有机物含有氨基酸、碳水化合物等来自生物的天然存在的物质和石油烃、氯代烃类杀虫剂等人为的环境污染物,通常它们的浓度一般都很低。

5.3.1　总有机碳

1. 平面分布

1) 春季

表层,总有机碳的含量范围为未检出～1.39 mg/L。从调查海域南部近海向远海呈递减势;远海含量较低,23%的站位未检出有机碳(表5.14,图5.65)。

表 5.14　ST05 区块海域海水总有机碳统计结果表

季 节	层 次	监测结果		标准指数		超标率/%
		范围/(mg/L)	平均值/(mg/L)	范　围	平均值	
春 季	表 层	未检出～1.39	0.49	0.00～0.46	0.16	0.00
	10 m层	未检出～1.21	0.59	0.00～0.40	0.20	0.00
	30 m层	未检出～1.76	0.68	0.00～0.59	0.23	0.00
	底 层	未检出～1.68	0.57	0.00～0.56	0.19	0.00
夏 季	表 层	0.45～0.98	0.66	0.15～0.33	0.22	0.00
	10 m层	0.48～1.12	0.67	0.16～0.37	0.22	0.00
	30 m层	0.48～1.02	0.71	0.16～0.34	0.24	0.00
	底 层	0.46～1.11	0.70	0.15～0.37	0.23	0.00
秋 季	表 层	0.31～1.47	0.73	0.10～0.49	0.24	0.00
	10 m层	0.26～1.36	0.68	0.09～0.45	0.23	0.00
	30 m层	0.22～1.35	0.59	0.07～0.45	0.20	0.00
	底 层	未检出～2.00	0.62	0.00～0.67	0.21	0.00
冬 季	表 层	未检出～1.29	0.61	0.00～0.43	0.20	0.00
	10 m层	未检出～1.41	0.64	0.00～0.47	0.21	0.00
	30 m层	未检出～1.88	0.65	0.00～0.63	0.22	0.00
	底 层	未检出～1.47	0.70	0.00～0.49	0.23	0.00

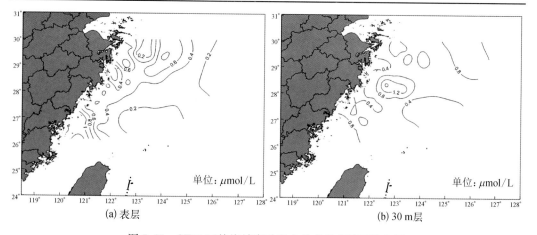

图 5.65　ST05 区块海域春季海水总有机碳平面分布图

10 m 层和底层总有机碳的含量范围分别为未检出～1.21 mg/L 和未检出～1.68 mg/L。两者分布与表层海水的分布相似,调查海域南部近海含量略高于其他海域;其他海域含量差异不明显,分布较均匀。

30 m层,总有机碳的含量范围为未检出~1.76 mg/L。空间分布差异较大,没有明显的规律性,等值线分布密集,调查区域离散分布着几个很小的高值区域(图5.65)。

2) 夏季

各层次总有机碳的含量范围分别为0.45~0.98 mg/L、0.48~1.12 mg/L、0.48~1.02 mg/L和0.46~1.11 mg/L。各层次总有机碳等值线稀疏,总体上近岸、近海区域高于远海海域(图5.66)。

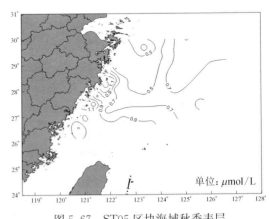

图5.66　ST05区块海域夏季表层　　　　图5.67　ST05区块海域秋季表层
总有机碳平面分布图　　　　　　　　　总有机碳平面分布图

3) 秋季

表层,总有机碳的含量范围为0.31~1.47 mg/L;底层,含量范围为未检出~2.00 mg/L。表层、底层总有机碳平面特征相似,从调查海域南部近海向东北方向存在递减趋势;西北部形成封闭的低值中心(图5.67)。

10 m层,总有机碳的含量范围为0.26~1.36 mg/L。平面分布与表层相似,但未在西北部出现封闭的低值区域。

30 m层,总有机碳的含量范围为0.22~1.35 mg/L。有机碳空间分布差异较大,等值线分布密集,整个调查区域离散分布着几个很小的高值区域,整体来看,没有明显的规律性。

4) 冬季

表层,总有机碳的含量范围为未检出~1.29 mg/L。总体看近海区域略高于东部远海,但分布较杂乱,125°E以东含量较低,均低于0.5 mg/L(图5.68)。

10 m层、底层分布与表层相似,近海区域略高于远海,但分布较杂乱,出现零星分布的高低值区。10 m层,总有机碳的含量范围为未检出~1.41 mg/L;底层,含量范围为未检出~1.47 mg/L。

30 m层,总有机碳的含量范围为未检出~1.88 mg/L。等值线分布稀疏,调查海域东南部含量较高,其余区域分布则较均匀。

2. 垂直分布

春季,总有机碳含量有明显的垂直差异,由表层至30 m层总有机碳含量梯度增加;30 m层

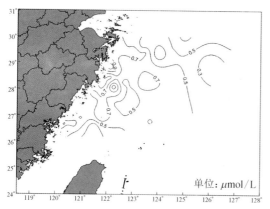

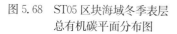

图 5.68 ST05 区块海域冬季表层
总有机碳平面分布图

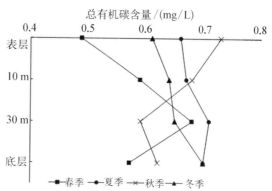

图 5.69 ST05 区块海域海水总有机碳垂直变化

至底层又迅速降低,降幅为 16%(图 5.69)。

夏季,由表至底含量一致,无明显垂直变化。

秋季,总有机碳的垂直差异较明显,但与春季的变化特征正好相反,表层至 30 m 层呈递减态势;30 m 层至底层含量又略有增加。

冬季,总有机碳含量随深度增加略有增加,但增加幅度不大。

5.3.2 石油类

春季,表层海水中石油类的含量范围为 13.0~55.7 μg/L。调查海域南部石油类含量较高;北部及东南部为两个相对低值区;其他区域等值线稀疏,含量均匀(表 5.15,图5.70)。

表 5.15 ST05 区块海域表层海水中石油类含量统计评价表

季 节	监测结果		标准指数		超标率/%
	范围/(μg/L)	平均值/(μg/L)	范 围	平均值	
春 季	13.0~55.7	24.6	0.26~1.11	0.49	4.55
夏 季	8.50~97.6	26.8	0.17~1.95	0.54	6.81
秋 季	未检出~54.0	27.6	0.00~1.08	0.55	2.27
冬 季	8.20~44.0	18.8	0.16~0.88	0.38	0.00

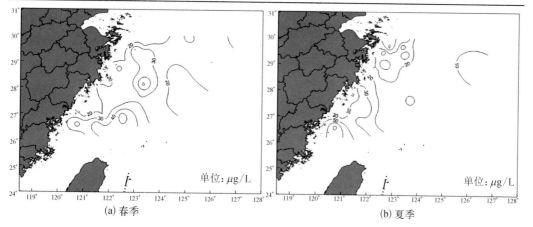

(a) 春季　　　　　　　　　　　　　(b) 夏季

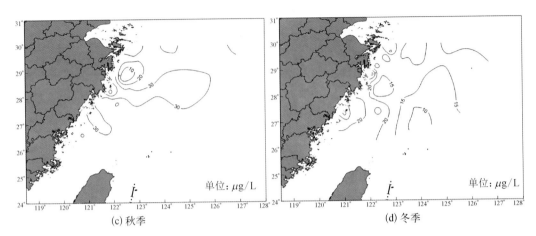

(c) 秋季　　　　　　　　　　　　　　(d) 冬季

图 5.70　ST05 区块海域表层海水石油类分布图

夏季,海水中的石油类的含量范围为 8.50~97.6 μg/L。总体上近海含量高于远海,近海形成两个相对高值中心,尤以浙江南部—福建北部海域含量最高,等值线较密集;124°E 以东含量较低且空间差异不大,均低于 20 μg/L,等值线稀疏。

秋季,石油类的含量范围为未检出~54.0 μg/L。台州东南侧海域表层海水石油类的含量明显高于其他海域;该高值区以北即出现相对低值区,此处等值线最为密集;其他海域含量差异不明显,平面分布均匀。

冬季,石油类的含量范围为 8.20~44.0 μg/L。调查海域南部近岸海域表层海水石油类的含量明显高于其他海域,其余区域分布较均匀。

4 个航次调查海域石油类的含量均低于"二基"调查时东海海水的石油类含量(42.7 μg/L)。

5.4　重金属

5.4.1　汞

春季,表层海水中汞的含量范围为 19.2~133 ng/L。等值线稀疏,调查海域西北端和东南侧大部分区域含量明显高于其他区域(表 5.16,图 5.71)。

表 5.16　ST05 区块海域表层海水中总汞含量统计评价表

季 节	监测结果		标准指数		超标率/%
	范围/(ng/L)	平均值/(ng/L)	范　围	平均值	
春 季	19.2~133	64.7	0.38~2.66	1.29	70.5
夏 季	未检出~432	68.5	0.00~8.64	1.37	56.8
秋 季	18.2~54.5	31.2	0.36~1.09	0.62	4.55
冬 季	16.1~220	38.6	0.32~4.40	0.77	18.2

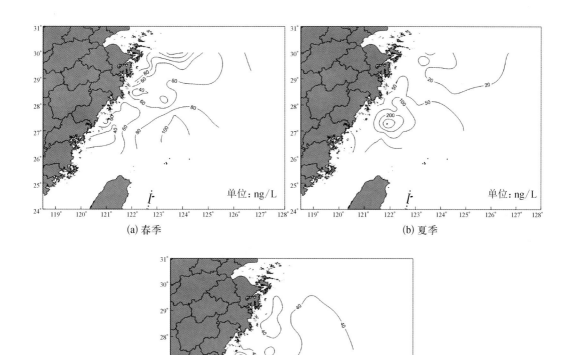

(a) 春季　　　　　　　　　　(b) 夏季

(c) 冬季

图 5.71　ST05 区块海域表层海水汞分布图

夏季,汞的含量范围为未检出～432 ng/L。28°N 以北含量较低,且分布较均匀,含量均为 50 ng/L 左右;28°N 南部表层海水中汞的空间差异较大,在西部近海局部海域形成闭合的高值中心,等值线较密集;其他海域空间差异不大,等值线稀疏。

秋季,汞的含量范围为 18.2～54.5 ng/L。调查海域西南端含量最高,其他区域分布均匀。

冬季,汞的含量范围为 16.1～220 ng/L。调查海域西南区域汞含量较高,其他区域分布较均匀。

除秋季外,其余 3 个航次调查海域汞的含量均高于"二基"调查时东海近岸区海水汞的平均含量(35.5 ng/L)。

5.4.2　铜

春季,表层海水中铜的含量范围为 0.246～2.08 μg/L。西北和西南部海域铜的含量水平明显高于其他区域;东南部海域含量相对较低,空间差异不大(表 5.17,图 5.72)。

表 5.17　ST05 区块海域表层海水中铜含量统计评价表

季　节	监测结果		标准指数		超标率/%
	范围/(μg/L)	平均值/(μg/L)	范　围	平均值	
春　季	0.246~2.08	0.854	0.05~0.42	0.17	0.00
夏　季	0.35~2.47	1.27	0.07~0.49	0.25	0.00
秋　季	0.224~2.42	0.779	0.04~0.48	0.16	0.00
冬　季	0.39~2.56	1.57	0.07~0.51	0.31	0.00

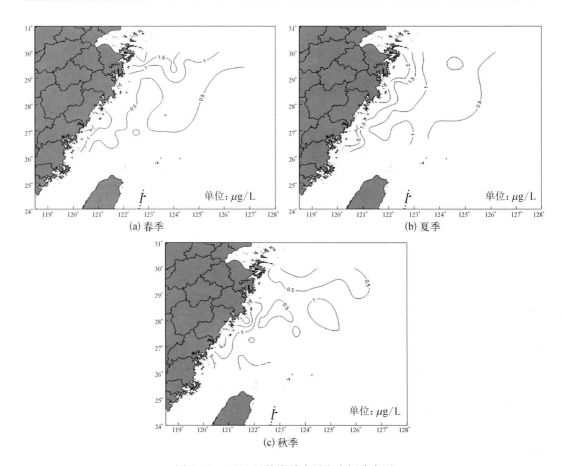

(a) 春季　(b) 夏季　(c) 秋季

图 5.72　ST05 区块海域表层海水铜分布图

夏季,铜的含量范围为 0.35~2.47 μg/L。由西部近海海域向东部远海呈降低的趋势,且西部近海海域的空间差异较大,等值线较密集;而东部空间差异较小,等值线稀疏。

秋季,铜的含量范围为 0.224~2.42 μg/L。浙江南部—福建北部近海海域铜的含量水平明显高于其他区域;北部和中部出现多个相对低值区;其他海域等值线稀疏,空间差异不大。

冬季,铜的含量范围为 0.39~2.56 μg/L。分布特征与夏季相似,均表现为由近海海域向远海降低的趋势;远海海域空间差异不大,等值线稀疏。

5.4.3 铅

春季,表层海水中铅的含量范围为 0.105～1.96 μg/L。除在调查海域西南端区域出现一高值区,其他海域铅含量差异很小,分布均匀(表5.18,图5.73)。

表 5.18 ST05 区块海域表层海水中铅含量统计评价表

季 节	监测结果		标准指数		超标率/%
	范围/(μg/L)	平均值/(μg/L)	范 围	平均值	
春 季	0.105～1.96	0.782	0.11～1.96	0.78	22.7
夏 季	0.510～3.05	1.51	0.50～3.05	1.51	75.0
秋 季	0.116～1.86	0.605	0.12～1.86	0.61	4.55
冬 季	0.310～2.42	1.18	0.31～2.42	1.18	56.8

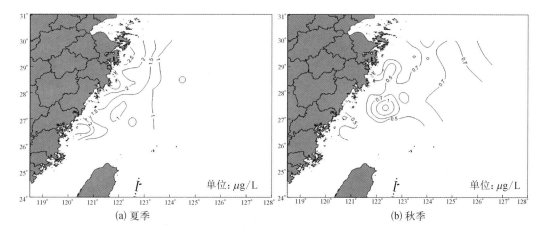

(a) 夏季　　　　　　　　　　　　　　(b) 秋季

图 5.73 ST05 区块海域表层海水铅分布图

夏季,铅的含量范围为 0.510～3.05 μg/L。西部近海海域含量较高,尤其在浙江北部和福建北部近海含量最高;由近海向东部远海呈降低的趋势,等值线由密集变为稀疏。

秋季,铅的含量范围为 0.116～1.86 μg/L。整个调查海域铅的含量差异很小,等值线稀疏,仅在监测区域的中南部小块区域形成相对高值中心。

冬季,铅的含量范围为 0.310～2.42 μg/L。平面分布特征与夏季相似,呈现由西部近海向东部远海降低的趋势。

4 个航次调查海域铅的含量明显低于"二基"调查时东海近岸区海水铅的平均含量(2.95 μg/L)。

5.4.4 镉

春季,表层海水中镉的含量范围为 0.018 0～0.164 μg/L。镉的分布无明显规律,近岸海域含量较高,远海含量较低,其他海域差异不大(表5.19,图5.74)。

表 5.19　ST05 区块海域表层海水中镉含量统计评价表

季　节	监测结果		标准指数		超标率/%
	范围/(μg/L)	平均值/(μg/L)	范　围	平均值	
春　季	0.018 0~0.164	0.068 6	0.018~0.16	0.068	0.00
夏　季	0.001 0~0.094 0	0.035 0	0.001~0.094	0.035	0.00
秋　季	0.018 0~0.110	0.059 0	0.018~0.11	0.059	0.00
冬　季	0.009 0~0.085 0	0.040 0	0.009~0.085	0.040	0.00

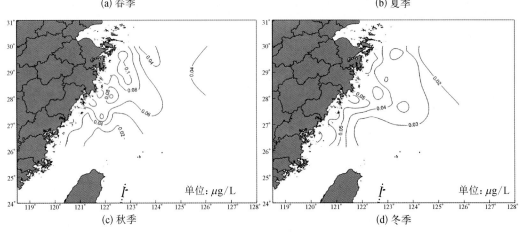

(a) 春季　　　　　　　　　　　　(b) 夏季

(c) 秋季　　　　　　　　　　　　(d) 冬季

图 5.74　ST05 区块海域表层海水镉分布图

夏季,镉的含量范围为 0.001~0.094 μg/L。在调查海域北部、西南、东南部各出现一个镉的高值区,由三个高值区向调查海域中部递减;中部形成镉含量的低值区,分布较均匀。

秋季,镉的含量范围为 0.018 0~0.110 μg/L。浙江北部近海海域含量较高,福建远海含量较低;其他海域分布较均匀。

冬季,镉的含量范围为 0.009~0.085 μg/L。调查海域西南端镉的含量较高,由西向东含量呈降低趋势。

4 个航次调查海域镉的含量低于"二基"调查时东海近岸区海水镉的平均含量(0.09 μg/L)。

5.4.5　砷

　　春季,表层海水中砷的含量范围为 1.44～2.09 μg/L。调查海域南部近海出现高值区;舟山—象山近海及调查海域东南端存在两个相对低值区;其他区域分布则较均匀(表 5.20,图 5.75)。

表 5.20　ST05 区块海域表层海水中砷含量统计评价表

季　节	监测结果		标准指数		超标率/%
	范围/(μg/L)	平均值/(μg/L)	范　围	平均值	
春　季	1.44～2.09	1.72	0.072～0.10	0.086	0.00
夏　季	0.52～1.78	1.41	0.030～0.090	0.070	0.00
秋　季	1.44～2.08	1.63	0.072～0.10	0.081	0.00
冬　季	1.40～2.51	1.81	0.070～0.13	0.090	0.00

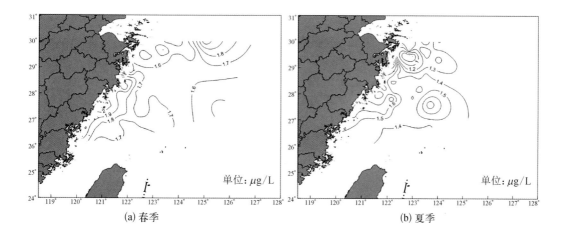

(a) 春季　　　　　(b) 夏季

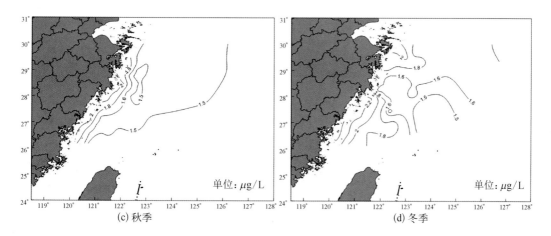

(c) 秋季　　　　　(d) 冬季

图 5.75　ST05 区块海域表层海水砷分布图

夏季,砷的含量范围为 0.52～1.78 μg/L。浙江南部—福建北部近海砷的含量较高,由西南向东北方向递减,并在舟山—象山近海出现低值区。

秋季,砷的含量范围为 1.44～2.08 μg/L。调查海域西侧近海海域砷的含量高于东侧远海海域,等值线稀疏。

冬季,砷的含量范围为 1.40～2.51 μg/L。分布特征与春季相似,在浙江南部—福建北部近海出现砷的高值区;调查海域东南端存在一低值区;其余区域分布则较均匀。

4 个航次调查海域砷的含量低于"二基"调查时东海近岸区海水砷的平均含量 (3.43 μg/L)。

5.4.6 锌

春季、夏季、秋季和冬季,表层海水中锌的含量范围分别为 6.40～24.5 μg/L、5.28～22.2 μg/L、6.02～28.7 μg/L 和 8.00～22.1 μg/L。各季节锌分布基本一致,总体上由近海向远海含量呈降低趋势,等值线由密集变为稀疏(表 5.21,图 5.76)。

表 5.21 ST05 区块海域表层海水中锌含量统计评价表

季 节	监测结果		标准指数		超标率/%
	范围/(μg/L)	平均值/(μg/L)	范 围	平均值	
春 季	6.40～24.5	16.0	0.32～1.23	0.80	18.2
夏 季	5.28～22.2	14.9	0.26～1.11	0.75	18.2
秋 季	6.02～28.7	15.7	0.30～1.44	0.78	15.9
冬 季	8.00～22.1	15.0	0.40～1.11	0.75	15.9

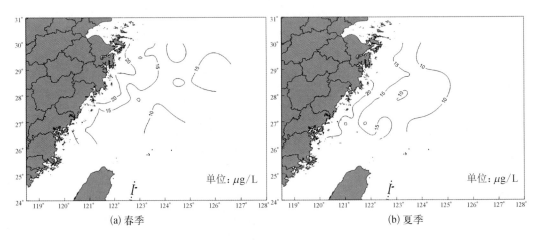

(a) 春季　　　　　　　　　　　　　(b) 夏季

图 5.76 ST05 区块海域表层海水锌分布图

5.4.7 总铬

春季,表层海水中总铬的含量范围为 0.038 0～0.762 μg/L。总铬的含量空间差异较大,无明显规律,在近海区域形成几个相对高值区域(表 5.22,图 5.77)。

表 5.22　ST05 区块海域表层海水中总铬含量统计评价表

季　节	监测结果		标准指数		超标率/%
	范围/(μg/L)	平均值/(μg/L)	范　围	平均值	
春　季	0.038 0~0.762	0.266	0.00~0.020	0.005	0.00
夏　季	0.043 0~1.180	0.299	0.00~0.020	0.006	0.00
秋　季	0.062 0~0.453	0.204	0.001~0.009	0.004	0.00
冬　季	0.050 0~0.880	0.450	0.001~0.018	0.009	0.00

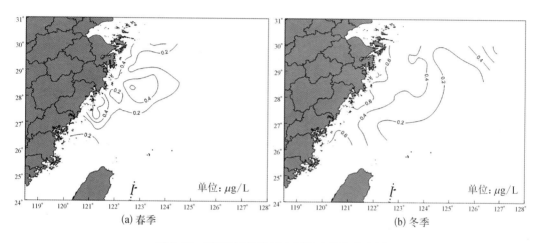

(a) 春季　　　　　　　　　　　　(b) 冬季

图 5.77　ST05 区块海域表层海水总铬分布图

　　夏季,总铬的含量范围为 0.043 0~1.18 μg/L;秋季,含量范围为 0.061 5~0.453 μg/L。夏季、秋季总铬的分布与春季相似,分布杂乱,调查海域零星分布着多个闭合的高、低值区。

　　冬季,总铬的含量范围为 0.050 0~0.880 μg/L。总体上由近海向远海海域呈降低趋势,在浙江北部近海、福建南部海域和东北端含量较高;调查海域东南为低值区。

5.5　海水质量评价

　　1) 溶解氧

　　春季,表层溶解氧标准指数范围为 0.00~1.41,平均值为 0.43(表 5.1),总体评价为未污染级。其中,2 个站位的标准指数大于 1,占 2.2%,均为氧过饱和状态,饱和度分别为 120% 和 133%。10 m 层、30 m 层和底层溶解氧均符合一类海水水质标准,平均标准指数分别为 0.36、0.23 和 0.37,总体评价均为未污染级。

　　夏季,表层溶解氧标准指数范围为 0.01~9.24,平均值为 0.99,总体评价为未污染级。标准指数大于 1 的站位占 25.2%,均为氧过饱和状态,饱和度为 104%~162%。10 m 层和 30 m 层总体评价为未污染级。各有 4.3% 和 12.5% 的站位劣于一类海水水质标准,属污染级。底层的总体评价为污染级。其中,80.2% 的站位劣于一类海水水质标准,属污染级。

　　秋季,表层和 10 m 层溶解氧总体评价为未污染级。均为 1 个站位的标准指数大于 1,

占1.1%,为氧过饱和状态,饱和度分别为118%和117%。30 m层的总体评价为未污染级。其中,5.1%的站位劣于一类海水水质标准,属污染级。底层的总体评价为污染级。其中,65.9%的站位劣于一类海水水质标准,属污染级。

冬季,各层次溶解氧含量均符合一类海水水质标准,平均标准指数分别为0.12、0.11、0.10和0.21,总体评价均为未污染级。

2) pH

春季,pH均符合第一、二类海水水质标准,平均标准指数分别为0.34、0.34、0.21和0.17(表5.2),总体评价均为未污染级。

夏季,表层pH标准指数范围为0.00～1.20,平均值为0.38,总体评价为未污染级;2个站位pH略高于第一、二类海水水质标准的上限,超标率为7.00%。10 m层、30 m层和底层pH均符合第一、二类海水水质标准,平均标准指数分别为0.24、0.20和0.22,总体评价为未污染级。

秋季,pH均符合第一、二类海水水质标准,平均标准指数分别为0.28、0.27、0.25和0.18,总体评价均为未污染级。

冬季,除1个站位pH高于第一、二类海水水质标准的上限,属污染级;其余站位均未出现超标现象,为未污染级。各层次平均标准指数分别为0.21、0.22、0.23和0.20。

3) 溶解态无机氮

硝酸盐、亚硝酸盐和铵盐合称溶解态无机氮,对无机氮进行评价,具体如下(表5.7)。

春季,表层、10 m层、30 m层和底层无机氮标准指数范围分别为0.04～1.76、0.02～1.99、0.04～1.04和0.08～1.85,平均值分别为0.49、0.45、0.38和0.59。各层次总体评价均为未污染,但分别有15.4%、13.2%、1.1%和5.6%的站位超第一类海水水质标准,为污染级。表层,污染级海域主要分布在浙江北部—福建南部近海。10 m层、30 m层和底层污染级海域分布与表层一致,但30 m层和底层范围略小(图5.78)。

夏季,各层次标准指数范围分别为0.08～1.07、0.11～1.38、0.10～1.06和0.24～1.54,平均值分别为0.31、0.33、0.38和0.85。各层次总体评价均为未污染,但分别有2.2%、1.1%、3.8%和23.1%的站位超第一类海水水质标准,为污染级。30 m层污染级海域主要分布在象山近海;底层污染级海域面积较大,主要分布在浙江北部近海和调查海域东北部(图5.79)。

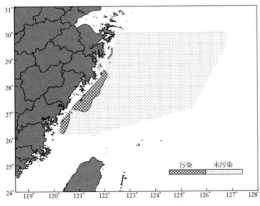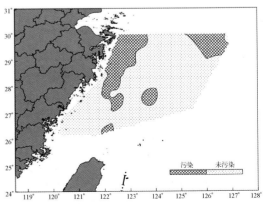

图5.78 ST05区块海域春季表层无机氮污染状况图　图5.79 ST05区块海域夏季底层无机氮污染状况图

第5章

秋季,各层次标准指数范围分别为 0.07~3.25、0.06~2.73、0.05~2.00 和 0.11~2.48,平均值分别为 0.47、0.43、0.24 和 0.75。各层次无机氮总体评价均为未污染级,但分别有 15.4%、14.3%、1.3% 和 18.7% 的站位为污染级;表层有 2.2% 的站位超过第四类海水水质标准,达到重污染级。表层、10 m 层和底层污染级海域主要分布在浙江南部—福建北部近海;表层重污染级海域主要分布在台州湾海域(图 5.80)。

冬季,各层次无机氮标准指数范围分别为 0.25~4.41、0.24~3.77、0.23~3.24 和 0.31~3.12,平均值分别为 0.99、0.93、0.70 和 0.92。各层次总体评价均为未污染,但分别有 26.4%、22.0%、14.5% 和 25.3% 的站位超过第一类海水水质标准,为污染级;7.7%、4.4%、2.4% 和 4.4% 的站位超过第四类海水水质标准,为重污染级。各层次污染状况分布相似,除舟山群岛近海为未污染级外,近海海域均为无机氮的污染区;三门湾和台州湾海域、福建北部近海污染最为严重,达到重污染级(图 5.81)。

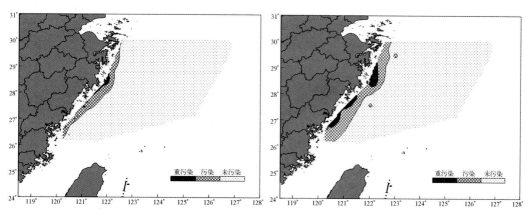

图 5.80 ST05 区块海域秋季表层
无机氮污染状况图

图 5.81 ST05 区块海域冬季表层
无机氮污染状况图

4)总氮

春季,表层、10 m 层、30 m 层和底层总氮标准指数范围分别为 0.091~1.36、0.041~1.21、0.013~0.75 和 0.19~0.98,平均值分别为 0.47、0.45、0.33 和 0.42(表 5.9)。各层次总体评价均为未污染级。其中,表层和 10 m 层各有 11.4% 和 4.55% 的站位海水总氮含量超过"二基"标准,属污染级。污染海域主要出现在浙江南部近海的椒江口—瓯江口外海域(图 5.82)。

夏季,表层、10 m 层和 30 m 层海水总氮含量均符合"二基"标准,平均标准指数分别为 0.24、0.28 和 0.34,总体评价为未污染级。底层,总氮标准指数范围为 0.14~1.36,平均值为 0.57,总体评价为未污染级,但有 9.09% 的站位含量超过"二基"标准,属污染级。污染海域主要出现在象山港—三门湾外海域(图 5.83)。

秋季,各层次总氮标准指数范围分别为 0.080~1.13、0.043~1.45、0.032~1.18 和 0.084~1.59,平均值分别为 0.52、0.45、0.34 和 0.59。各层次总体评价均为未污染级,但是,各有 15.9%、6.82%、2.86% 和 6.82% 的站位海水总氮含量超过"二基"标准,属污染级。污染级海域主要出现在三门湾外海域(图 5.84)。

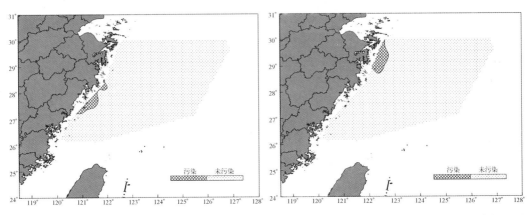

图 5.82　ST05 区块海域春季表层总氮污染状况图　图 5.83　ST05 区块海域夏季底层总氮污染状况图

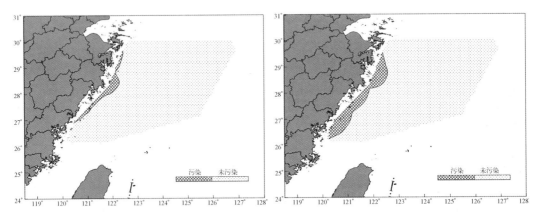

图 5.84　ST05 区块海域秋季表层总氮污染状况图　图 5.85　ST05 区块海域冬季表层总氮污染状况图

冬季,各层次总氮标准指数范围分别为 0.20~2.25、0.20~2.04、0.23~1.72 和 0.25~1.60,平均值分别为 0.72、0.66、0.49 和 0.65。各层次总体评价为未污染级,但是,分别有 29.5%、29.5%、11.1% 和 25.0% 的站位海水总氮含量超过"二基"标准,属污染级。各层次污染级海域均分布在象山以南近海海域(图 5.85)。

5) 活性磷酸盐

春季,表层、10 m 层、30 m 层和底层活性磷酸盐的标准指数范围分别为 0.00~1.45、0.00~1.34、0.00~1.12 和 0.08~1.78,平均值分别为 0.30、0.29、0.49 和 0.78(表 5.10)。各层次总体评价均为未污染级,但分别有 6.6%、5.5%、5.5% 和 22.2% 的站位含量超过第一类海水水质标准,为污染级。表层、10 m 层和 30 m 层污染海域面积较小,主要集中在近海的较小区域内;底层的污染级海域面积较大,且分布较离散,三个污染级海域分别出现在舟山群岛邻近海域、调查海域东北部和南部海域(图 5.86)。

夏季,表层、10 m 层和 30 m 层活性磷酸盐的标准指数范围分别为 0.01~3.33、0.03~2.01 和 0.07~2.77,平均值分别为 0.37、0.40 和 0.60。各层次总体评价均为未污染级,但是,分别有 4.4%、5.5% 和 14.6% 的站位含量超过第一类海水标准,为污染级;表层 1 个站位超过第四类海水水质标准,达到重污染级。表层和 10 m 层污染级的站位零星

第 5 章

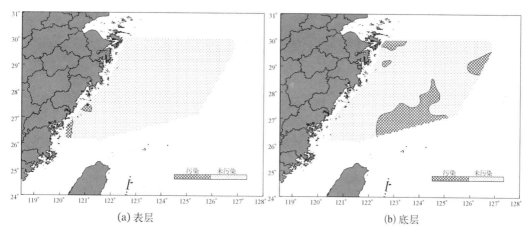

图 5.86 ST05 区块海域春季活性磷酸盐污染状况图

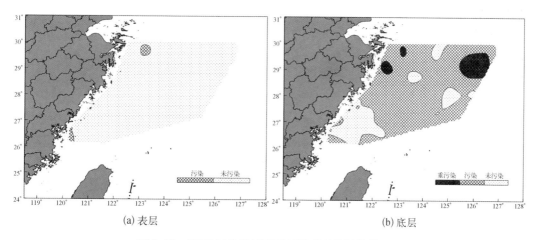

图 5.87 ST05 区块海域夏季活性磷酸盐污染状况图

散落在调查海域,30 m 层污染级站位主要集中在浙江北部近海海域(图 5.87)。

底层,活性磷酸盐的标准指数范围为 0.09~6.25,平均值为 1.68,总体评价为污染级。其中,77.0%的站位含量超过第一类海水水质标准,为污染级;31%的站位超过第四类海水水质标准,达到重污染级。底层活性磷酸盐的污染最为严重,尤其是浙江北部海域,几乎全部为活性磷酸盐的污染海域,并在舟山外海、象山近海和调查海域东北部达到重污染级(图 5.87)。

秋季,表层、10 m 层和底层活性磷酸盐的标准指数范围分别为 0.03~4.84、0.00~4.92 和 0.19~5.14,平均值分别为 1.02、1.01 和 2.07。表层、10 m 层、底层海水总体评价均为污染级。分别有 29.7%、30.0%和 91.2%的站位超过第一类海水水质标准,为污染级;分别有 4.4%、3.3%和 9.9%的站位超过第四类海水水质标准,为重污染级。表层、10 m 层调查海域北部和近海大部分海域为活性磷酸盐的污染海域,椒江口外和霞浦近海污染最为严重,为重污染级。底层活性磷酸盐的污染十分严重,除了浙江南部部分区域外,调查海域 90%以上的面积为污染级,并在舟山近海、福建北部近海和调查海域中部海

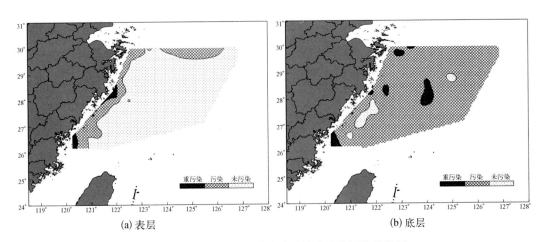

(a) 表层　　　　　　　　　　　　　　(b) 底层

图 5.88　ST05 区块海域秋季活性磷酸盐污染状况图

域达到重污染级(图 5.88)。

　　30 m 层,活性磷酸盐的标准指数范围为 0.05~2.87,平均值为 0.79;总体评价为未污染级。但有 24.4% 的站位超过一类海水水质标准,为污染级。浙江北部、福建北部近海海域均为污染级,另外调查海域北部和东南区域也存在活性磷酸盐污染的海域。

　　冬季,各层次活性磷酸盐的标准指数范围分别为 0.12~4.49、0.10~3.52、0.10~2.17 和 0.12~4.98,平均值分别为 0.97、0.89、0.75 和 1.00。各层次总体评价均为未污染级,但是,分别有 31.9%、30.8%、21.7% 和 35.2% 的站位超过第一类海水水质标准,为污染级;表层、10 m 层和底层分别有 4.4%、1.1% 和 1.1% 的站位超过第四类海水水质标准,达到重污染级。各层次污染级海域分布相似,调查海域近海全部为污染级海域覆盖,个别区域为重污染级,体现了陆源入海污染物的输入对海洋环境的巨大压力(图 5.89)。

　　6) 总磷

　　春季,表层、10 m 层、30 m 层和底层总磷平均标准指数分别为 0.40、0.40、0.42 和 0.66(表 5.12),总体评价均为未污染级。表层、10 m 和底层分别有 2.27%、2.27% 和 9.09% 的站位含量超过“二基”标准,为污染级。底层污染级海域主要分布在椒江—温州近海(图 5.90)。

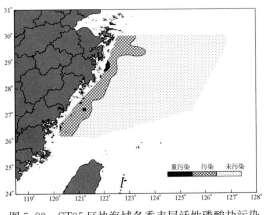

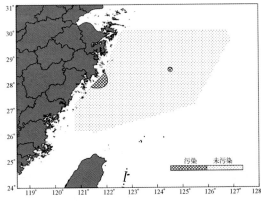

图 5.89　ST05 区块海域冬季表层活性磷酸盐污染　　　图 5.90　ST05 区块海域春季底层总磷污染状况图

夏季,表层、10 m 层和 30 m 层总磷平均标准指数分别为 0.43、0.43 和 0.60,总体评价为未污染级。但分别有 2.27%、2.27%和 11.1%的站位含量超过"二基"标准,达到污染级。30 m 层污染级海域主要出现在象山—椒江近海和福建北部近海海域。

底层,海水总磷标准指数范围为 0.10～3.27,平均值为 1.07,总体评价为污染级。其中,47.7%的站位含量超标,为污染级;1 个站位总磷含量超过 3 倍标准值,达到重污染级。底层海水总磷污染程度严重,浙江北部近海全部为总磷污染海域;另外,调查海域东部远海总磷含量也达到了污染级,可能表明除了近岸的陆源输入外,调查海域的总磷尚有其他主要来源(图 5.91)。

秋季,表层、10 m 层和 30 m 层总磷平均标准指数分别为 0.91、0.88 和 0.67,总体评价为未污染级。但分别有 29.5%、29.5%和 14.3%的站位含量超标,为污染级;表层和 10 m 层分别有 4.5%和 2.2%的站位总磷含量超过 3 倍标准值,达到了重污染级。除舟山群岛邻近海域外,近海海域均为污染级,且污染海域有由象山—温岭近海沿垂直于海岸线方向向远海扩散的趋势(图 5.92)。

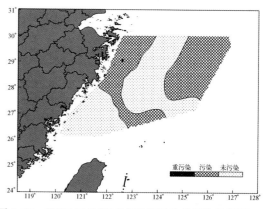

图 5.91　ST05 区块海域夏季底层总磷污染状况图

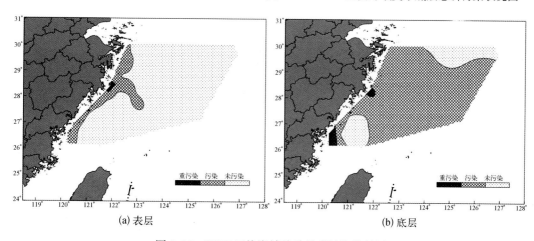

(a) 表层　　　　　(b) 底层

图 5.92　ST05 区块海域秋季总磷污染状况图

底层,总磷标准指数范围为 0.39～6.51,平均值为 1.71,总体评价为污染级。其中,77.3%的站位含量超标,为污染级;2 个站位总磷含量超过 3 倍标准值,达到重污染级。底层总磷污染严重,除调查海域东北部和浙江南部—福建北部部分海域为未污染级外,其他海域均为污染级(图 5.92)。

冬季,各层次总磷平均标准指数分别为 0.85、0.81、0.67 和 0.93,总体评价均为未污染级。但分别有 27.3%、25.0%、16.7%和 29.5%的站位含量超标,为污染级。各层次污染级海域分布状况相似,调查海域近岸海域均为污染级,由此向外均为未污染级

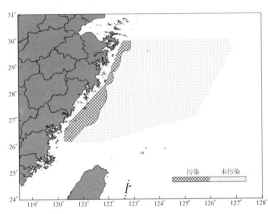

图 5.93　ST05 区块海域冬季表层总磷污染状况图

（图 5.93）。

　　7）总有机碳

　　各季节不同层次海水总有机碳均符合"二基"标准，平均标准指数范围为 0.16～0.24，综合评价均为未污染级（表 5.14）。

　　8）石油类

　　各季节表层海水中石油类的平均标准指数分别为 0.49、0.54、0.55 和 0.38，总体评价均为未污染级。春季、夏季和秋季，分别有 2 个站位、3 个站位和 1 个站位含量略高于第一、二类海水水质标准，为污染级；冬季表层海水中石油类含量全部符合第一、二类海水水质标准（表 5.15）。

　　9）汞

　　春季和夏季，表层海水中汞的平均标准指数分别为 1.29 和 1.37，总体评价为污染级（表 5.16）。其中，分别有 70.5% 和 56.8% 的站位超过一类海水水质标准，为污染级。春季，除福建北部近海及调查海域中部部分海域未受到汞的污染外，其余海域均为污染级（图 5.94）；夏季，浙江南部—福建北部沿垂直于海岸线方向海域受到了汞的污染。

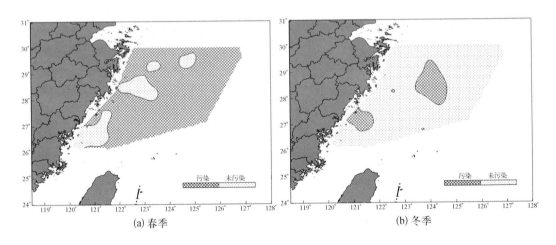

(a) 春季　　　　　　　　　　　　　　　　(b) 冬季

图 5.94　ST05 区块海域表层海水汞污染状况图

　　秋季和冬季，表层海水汞的平均标准指数范围分别为 0.62 和 0.77，总体评价为未污染级。分别有 4.55% 和 18.2% 的站位汞含量略高于第一类海水水质标准，为污染级。冬季，污染级海域主要分布在浙江南部近海和调查海域中部（图 5.94）。

　　10）铜

　　4 个季节表层海水中铜的含量均符合一类海水水质标准，平均标准指数分别为 0.17、0.25、0.16 和 0.31，总体评价均为未污染级（表 5.17）。

第 5 章

11) 铅

春季和秋季,表层海水中铅的平均标准指数分别为 0.78 和 0.61,总体评价为未污染级(表 5.18)。但分别有 22.7% 和 4.55% 的站位超过一类海水水质标准,为污染级。春季、秋季污染状况分布基本一致,铅污染区域零星分布在调查海域中(图 5.95)。

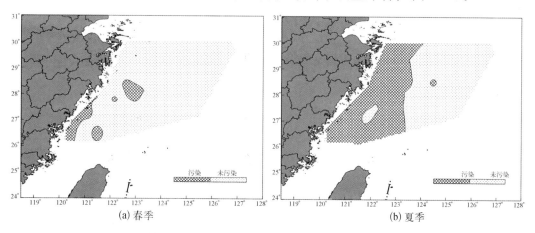

(a) 春季　　　　　　　　　　　　　(b) 夏季

图 5.95　ST05 区块海域表层海水铅污染状况图

夏季和冬季,平均标准指数分别为 1.51 和 1.18,总体评价为污染级。其中,75.0% 和 56.8% 的站位超过一类海水水质标准,为污染级。近海海域均为铅污染海域,外海未受到铅的污染(图 5.95)。

12) 镉

4 个季节表层海水中镉的含量均符合第一类海水水质标准,平均标准指数分别为 0.068、0.035、0.059 和 0.040,总体评价均为未污染级(表 5.19)。

13) 砷

4 个季节表层海水中砷的含量均符合第一类海水水质标准,平均标准指数分别为 0.086、0.070、0.081 和 0.09,总体评价均为未污染级(表 5.20)。

14) 锌

4 个季节表层海水中锌的平均标准指数分别为 0.80、0.75、0.78 和 0.75,总体评价均为未污染级(表 5.21)。但分别有 18.2%、18.2%、15.9% 和 15.9% 的站位超过第一类海水水质标准,为污染级。污染级海域主要出现在近岸局部海域(图 5.96)。

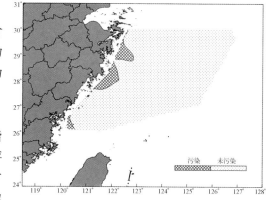

图 5.96　ST05 区块海域春季表层锌污染状况图

15) 总铬

4 个季节表层海水中总铬的含量均符合一类海水水质标准,平均标准指数分别为 0.005、0.006、0.004 和 0.009,总体评价均为未污染级(表 5.22)。

5.6　海水营养盐组成及结构

5.6.1　溶解态无机氮的组成

海洋中,氮以溶解氮、无机氮、有机氮等多种形式存在。在各种形式氮的化合物中,能被海洋浮游植物直接利用的是溶解无机氮化合物,包括硝酸盐、亚硝酸盐和铵盐。虽然溶解无机氮化合物仅占海洋总氮量的2.4%,但由于它们和浮游植物的关系密切,因此一直受到海洋工作者的关注和重视。

在天然海域中,硝酸盐在溶解无机氮中占有较大比例,这一比例除了与天然输入有关外,还与水体质量有关,同时,硝酸盐也是含氮化合物的最终氧化产物,因此被认为是决定海区基础生产力的基础物质之一。亚硝酸盐是含氮物质氧化还原过程的中间产物,热力学上是不稳定的。铵盐不需改变价态即可在酶的作用下合称为氨基酸,因此,通常认为还原植物首先吸收铵盐,当海水中铵盐几乎被耗尽时才会大量吸收硝酸盐(赖利等,1985);铵盐也是有机氮分解的第一无机产物,因此生物活动对铵盐含量有直接影响,也使海水中铵盐有浓度变化范围大、变化速率快的特点。

硝酸盐和铵盐是调查海域海水无机氮的主要存在形态,尤其在底层海水中,硝酸盐占绝对优势(表5.23)。结合沉积物的调查结果,调查海域沉积环境主要为氧化型和弱氧化型,因此有利于硝化反应的进行,低价态的亚硝酸和铵盐易氧化为高价态的硝酸盐,使底层海水硝酸盐比例一直保持在较高水平。

表 5.23　ST05 区块海域海水溶解无机氮的组成

季　节	层　次	硝酸盐/%	亚硝酸盐/%	铵盐/%
春　季	表　层	57.84	9.49	32.67
	10 m 层	69.00	8.92	29.66
	30 m 层	70.22	11.11	27.44
	底　层	83.44	6.72	9.84
夏　季	表　层	48.49	4.36	47.44
	10 m 层	54.20	5.80	40.40
	30 m 层	53.22	5.94	40.92
	底　层	79.54	4.37	16.24
秋　季	表　层	48.81	12.89	38.45
	10 m 层	46.87	13.85	39.43
	30 m 层	44.13	14.90	41.35
	底　层	83.00	5.90	11.17
冬　季	表　层	80.8	2.9	16.3
	10 m 层	83.77	2.63	13.60
	30 m 层	81.75	2.85	15.40
	底　层	85.82	2.64	11.54

夏季、秋季海水中虽然硝酸盐比例仍然最高,但铵盐的比例明显增加,部分站位铵盐的比例甚至高于硝酸盐。这种季节差异与莱州湾(曲克明等,2002)、乳山湾(辛福言等,2004)和鳌山湾(曲克明等,2000)的调查结果一致,主要是由于夏季和秋季海水水温相对较高,各种海洋生物代谢旺盛,部分硝酸盐转化为铵盐所致。

5.6.2　生源要素结构特征

氮、磷和硅是海洋植物生长的必需元素,含量及组成比例直接影响海域浮游植物的生长,如在营养盐丰富的水体,氮磷高、繁殖速率高的硅藻易成为优势种;当营养盐缺乏时,对营养盐利用能力更强的甲藻则可能成为优势种。N/P 比(原子比)是氮和磷两元素对水体富营养化的重要性指标。一般海水中正常 N/P 比值为 16：1,浮游植物从海水中摄取的 N/P 比值也约为 16：1,偏离过高或过低都可能引起浮游植物的生长受到某一相对低含量元素的限制(AC Redfield et al.,1963)。营养盐限制直接影响浮游植物的初级生产力变化和生物资源的持续利用,因此对营养盐的比例、结构及限制进行分析具有重要的意义。

一般认为,开阔大洋为氮限制;近海为磷限制;个别海区为硅限制;在某些高营养盐、低叶绿素的海区,铁元素也可能成为限制因子(杨东方等,2000)。Justic 等提出了一种系统评估何种营养盐为限制性元素的计量标准(表 5.24)。

表 5.24　营养盐限制判断标准

限　　制	条　　件
磷限制	$Si/P>22$ 且 $N/P>22$
氮限制	$N/P<10$ 且 $Si/N>1$
硅限制	$Si/P<10$ 且 $Si/N<1$

对 4 个航次 ST05 区块营养盐的调查结果进行计算,得到调查海域营养盐限制的结果(表 5.25)。

表 5.25　营养盐限制情况

季　节	层　次	磷限制/%	氮限制/%	硅限制/%	其他/%
春　季	表　层	63.7	12.1	4.40	19.8
	10 m	61.5	14.3	4.40	19.8
	30 m	43.8	8.75	2.50	45.0
	底　层	27.8	2.22	1.11	68.9
夏　季	表　层	53.8	1.10	12.1	33.0
	10 m	49.5	14.3	0.00	36.3
	30 m	42.5	11.3	2.50	43.8
	底　层	23.1	6.59	1.10	69.2
秋　季	表　层	12.1	54.9	6.60	26.4
	10 m	14.3	56.0	2.20	27.5
	30 m	6.33	68.4	6.33	19.0
	底　层	8.79	40.7	5.49	45.1
冬　季	表　层	67.4	0.00	4.35	28.3
	10 m	65.2	0.00	5.43	29.3
	30 m	55.0	0.00	35.0	10.0
	底　层	57.3	0.00	5.60	37.1

1) 春季

表层和 10 m 层海水营养盐限制情况相似,东海赤潮高发区(29°00′～32°00′N,

122°00′~123°30′E)内营养盐结构处于不平衡状态,以磷限制为主,个别站位也表现为氮限制;赤潮高发区以南近海基本为磷限制区域;远海营养盐结构差异较明显,各种类型的限制情况均有发现(图5.97)。

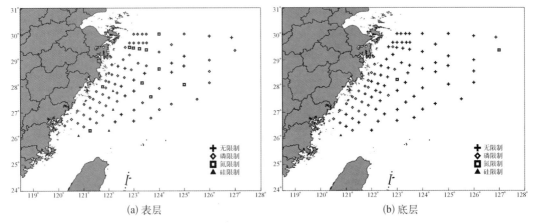

(a) 表层　　　　　　　　　　　　　　　(b) 底层

图 5.97　ST05 区块海域春季营养盐限制分布图

30 m 层营养盐的结构已开始趋于平衡,无限制的区域占到 45%,主要集中在包括了赤潮多发区的 29°N 以北海域。

底层营养盐平衡的站位继续增加,近 70% 的站位营养盐组成较为平衡,符合 Redfield 比值,表明底层海水中生物代谢物和有机体分解作用较强,因为 Redfield 比值最初定义即为海洋浮游生物体的元素比值,海洋浮游植物以一定比例从海水中吸收营养盐,这些营养盐最终通过有机碎屑再矿化作用重新返回海水中。出现磷限制的区域为 29°N 以南浙江南部—福建北部近海(图 5.97)。

2) 夏季

表层至 30 m 层的分布较相似,其中,表层和 10 m 层 50% 左右的站位为磷限制区域,30 m 层磷限制区域有所减少;从整个 ST05 区块营养盐限制的分布情况看,在东海赤潮高发区内主要为磷限制和无限制区域,个别站位为氮限制(图 5.98)。

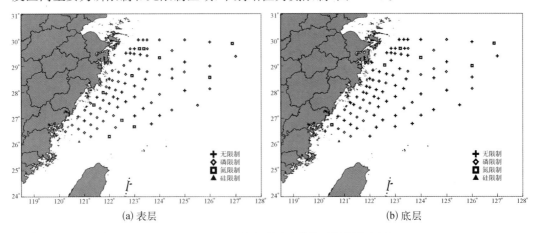

(a) 表层　　　　　　　　　　　　　　　(b) 底层

图 5.98　ST05 区块海域夏季营养盐限制分布图

底层,大部分海域营养盐结构均衡,磷限制区域主要出现在浙江南部海域和浙江北部远海(图5.98)。

3)秋季

营养盐限制情况与其他季节有显著差异,磷限制区域明显减少,氮限制区域占据了主要地位。

表层和10 m层较为相似,氮限制区域分别占55%和69%,舟山近海的赤潮多发区内基本为氮限制区域;位于27.5°~29°N的浙江南部近海主要为磷限制;27.5°N以南福建北部近海营养盐结构则比较平衡;远海主要为氮限制;硅限制的站位零星分布在调查区域的东部(图5.99)。

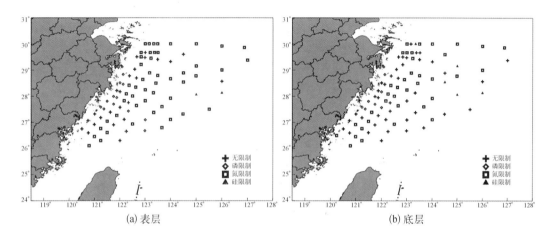

(a) 表层　　　　　　　　　　　　　　(b) 底层

图5.99　ST05区块海域秋季营养盐限制分布图

30 m层,氮限制区域占56%,除了浙江南部近海营养盐结构平衡,其余海域几乎全部为氮限制,赤潮高发区内的站位则全部为氮限制。

底层海水相对来说营养盐结构最为均衡,45%的站位营养盐组成平衡,赤潮多发区内营养盐限制情况分化明显,氮限制、硅限制、无限制站位均有出现;近海区域多为营养盐平衡区和磷限制区;远海区域则为氮限制占优势,与其他水层相似,在调查区域东部偶有硅限制站位出现(图5.99)。

4)冬季

水体上下交换良好,混合作用加强,各层次的营养盐限制情况基本一致,营养盐限制主要为磷限制。

表层,68%的海域为磷限制;其次为营养盐结构均衡海域,占28%;调查海域中部有三个站位为硅限制。赤潮多发区内磷限制区域与营养盐结构平衡区域面积相当(图5.100)。

10 m层至底层海水分布相似,在赤潮多发区内营养盐结构最为均衡,其他区域则表现为磷限制占优势,零星出现少量硅限制区域(图5.100)。

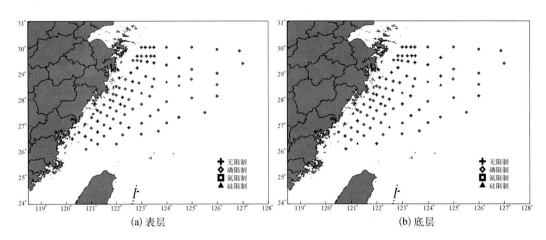

图 5.100 ST05 区块海域冬季营养盐限制分布图

5.7 小结

（1）总有机碳、pH、锌、铜、镉、砷和总铬均符合一类海水水质标准，总体均为未污染级；主要超标因子为活性磷酸盐、总磷、汞、铅、石油类、无机氮和总氮。

（2）海水化学各要素的垂直分布特征不尽相同，且有明显的季节差异，具体表现为：溶解氧除冬季的垂直差异不明显外，春季、夏季和秋季均出现铅直分层现象，由表至底含量逐渐降低。总碱度除冬季无明显垂直差异外，其余三个季节由表至底呈增加趋势。悬浮物均为底层最高，表层最低。铵盐、亚硝酸盐的垂直差异较小；营养盐的其他形态（硝酸盐、溶解态氮、总氮、活性磷酸盐、溶解态磷、总磷、活性硅酸盐）垂直分布特征基本一致，均为夏季由表至底含量呈上升趋势；其他季节由表层至 30 m 层含量呈降低趋势，30 m 层至底层含量又有所增加。

第 5 章

沉积化学

海洋沉积物是海洋生态系的一个重要组成部分,主要由矿物质和有机质微粒组成,是生化营养盐循环的主要场所,同时也是释放到环境中的稳定的和有毒的化学污染物的主要存储地。海洋沉积物在污染物的输运和存储过程中起着重要的作用,既是污染物主要的"汇",在某些环境条件或动力条件下,又会成为重要的"源"。另外,沉积物中不断积累的有毒物质对底栖生物或依靠沉积物生存的生物产生毒害作用,并通过食物链富集和传递,对人类健康造成影响(李玉等,2005)。因此对沉积物的性质和成分的研究成为海洋化学过程中至关重要的内容,对深入了解区域海洋状况具有重要的意义。本章节主要从沉积环境、有机污染、营养盐和重金属 4 个方面进行描述,涵盖氧化还原电位、硫化物、有机碳、石油类、总氮、总磷、汞、砷、铜、铅、锌、镉和铬等 13 项要素。

我国已有不少关于沉积物化学大面调查工作,如 1980～1987 年开展的全国近岸海域综合调查;1980～1987 年中美合作开展的长江口沉积过程调查;1996 年组织开展的"第二次全国海洋污染基线调查",等等。这些工作的开展都为沉积物化学的研究提供了丰富的基础资料。ST05 区块沉积物化学的调查工作跨越了不同季节和水期,取得了大量、全面、丰富的沉积物基础数据,为深入了解调查海域沉积物现状积累了宝贵的资料。

6.1 沉积化学要素的含量水平及分布特征

2007 年秋季对 ST05 区块沉积化学调查的统计结果见表 6.1。

表 6.1　ST05 区块海域秋季沉积化学调查结果

沉积化学要素	范　围	平均值	变异系数
氧化还原电位/mV	277～474	378	0.14
硫化物/10^{-6}	7.19～168	56.4	0.72
有机碳/%	0.07～0.87	0.53	0.34
石油类/10^{-6}	3.38～25.8	12.4	0.45
总氮/10^{-3}	0.049 2～0.337	0.210	0.36
总磷/10^{-3}	0.137～0.472	0.317	0.28
汞/10^{-6}	0.009 58～0.105	0.048 2	0.41
砷/10^{-6}	3.00～13.2	7.18	0.41
铜/10^{-6}	4.19～37.8	21.6	0.45
铅/10^{-6}	9.23～46.1	29.8	0.28
锌/10^{-6}	48.6～140	92.6	0.25
镉/10^{-6}	未检出～0.247	0.113	0.50
铬/10^{-6}	23.9～70.1	49.0	0.26

6.1.1 沉积环境

在海洋沉积物中,氧化还原条件(Eh)与元素的分布关系密切,因此通常研究 Eh 及若干变价元素(如 Fe)用于指示沉积环境的氧化还原状况。硫化物在环境中不太稳定,自然状态下,沉积物中的硫化物含量均很低,只有在污染物输入或存在还原型环境时,硫化物含量才会较高。本报告中的沉积环境参数主要包括 Eh 和硫化物。

1. 氧化还原电位

作为沉积物的一项基本监测指标,Eh 可反映沉积物的氧化还原环境。一些变价元素的化合物,如铁、锰等,对沉积物的氧化还原环境极为敏感。很多重金属可在不同条件下以不同形态重新释放到水体中,产生二次污染。

Eh 结合有机质含量可以把沉积物氧化还原环境分为四种类型:较强氧化型、弱氧化型、弱还原型和较强还原型(曾成开,1982)(表6.2)。通常氧化还原分界 Eh 等于零,但由于影响氧化还原电位 Eh 的因素很多,测得的 Eh 值会与原始 Eh 值产生一定的误差。因而,据实测数据,基本上将 Eh 为 +100 mV 作为氧化还原分界值(郭育廷等,1992)。

表 6.2 沉积物氧化还原类型划分标准

环境类型	有机质含量/%	Eh/mV
较强氧化型	<0.5	>200
弱氧化型	0.5~1.0	100~200
弱还原型	1.0~1.5	0~100
较强还原型	>1.5	<0

ST05 区块海域表层沉积物氧化还原电位的范围为 277～474 mV,平均值为 378 mV,变异系数为 0.14(表 6.1),监测区域 Eh 值均大于 100 mV。从表层沉积物氧化还原电位的空间分布特征来看(图 6.1),在调查区域的西部近海海域及北部海域出现高值区,氧化还原电位均大于 400,沉积物性质主要为氧化性沉积物;其他区域沉积物为弱氧化性,调查海域东南部为两个氧化还原电位的低值区。

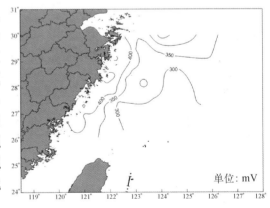

图 6.1 ST05 区块海域沉积物氧化还原电位分布图

2. 硫化物

硫化物含量的高低是衡量海洋底质环境优劣的一项重要指标。硫酸盐是海水及沉积物(间隙水)中硫的主要存在形式,一般占总硫的 99% 以上。硫酸盐可在缺氧环境及在细菌作用下被有机物还原为硫化物或其他低价硫,这种转换在海洋沉积物中广泛存在。大量研究表明,硫酸盐可在缺氧环境及在细菌(硫酸盐还原菌)作用下被有机物还原为硫化

第6章

物。硫化物还原最大速率发生在表层沉积物中,并主要由沉积物中所含有机质的数量决定,一般沉积物中有机质含量高,则硫酸盐还原速率大(宋金明,1997)。海底沉积物中的硫化物一部分是自生的,地层岩石中含硫铁矿的矿物经海水侵蚀溶解,在缺氧条件下被还原为硫化物。另一部分是外源的,陆地硫污染物在雨水的长期冲刷下随着江河径流流入海洋,沉积到底质中,一般高含量硫化物的区域显示着有陆源硫污染物的输入(祁铭华等,2004)。

ST05 区块海域表层沉积物中硫化物的变化范围为 $7.19 \times 10^{-6} \sim 168 \times 10^{-6}$,平均值 56.4×10^{-6}(表 6.1),明显低于"二基"调查时东海区沉积物中的硫化物含量,但高于文献报道的南海北部陆架区表层沉积物中硫化物的含量(刘坚等,2005),变异系数为 0.72,分布十分离散。

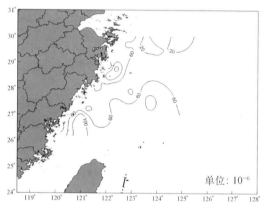

调查海域表层沉积物中硫化物的分布较为杂乱,无明显的平面分布规律。调查区域出现三个硫化物的高值区,分别位于象山—台州近海、福建北部近海和调查海域东南部;宁德—福州近海和调查海域北部硫化物相对较低(图 6.2)。

图 6.2　ST05 区块海域沉积物硫化物分布图

6.1.2　有机污染

1. 有机碳

沉积物中有机质含量多寡是沉积物化学环境的可靠指标之一,它一方面反映了有机质的来源,另一方面显示了保存的条件。弱的水动力条件和黏土质含量多的还原环境,有利于有机质的保存,反之利于有机质的分解。

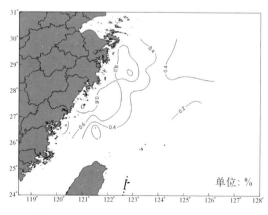

图 6.3　ST05 区块海域沉积物有机碳分布图

ST05 区块海域表层沉积物中有机碳的含量范围为 $0.07\% \sim 0.87\%$,平均值为 0.53%(表 6.1),略高于"二基"调查结果,也高于胶州湾沉积物中有机碳平均含量(李学刚等,2005),但明显低于文献报道的现代沉积物中有机碳的含量 1.4%(赵一阳等,1992),变异系数为 0.34。

从表层沉积物中有机碳含量的空间分布特征来看(图 6.3),福建北部近海沉积物中有机碳的含量最高;由此区域向东、向南呈降低趋势,等值线稀疏,至调查海域东南含量最低。

2. 石油类

近年来,随着污染源控制措施的强化,水体受到的石油类直接污染大大减轻,而由于污染沉积物释放所造成的间接污染成为水污染的主要途径(贺宝根等,1999)。当水环境化学条件或水力条件发生变化时,吸附于沉积物中的石油类将重新释放到水体中,造成水体的二次污染(薛爽,2003)。

ST05 区块海域表层沉积物中石油类的变化范围为 $3.38 \times 10^{-6} \sim 25.8 \times 10^{-6}$,平均值 12.4×10^{-6},明显低于"二基"调查结果,变异系数为 0.45(表 6.1)。

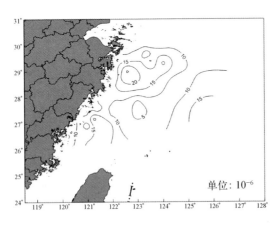

图 6.4 ST05 区块海域沉积物石油类分布图

从表层沉积物中石油类含量的空间分布特征来看(图 6.4),在调查海域西北和东南部各出现一个石油类含量的高值区;由此区域向周围梯度递减,等值线较为密集;其他海域石油类的含量较低,分布也较均匀。

6.1.3 营养盐

1. 总氮

ST05 区块海域表层沉积物中总氮的变化范围为 $0.0492 \times 10^{-3} \sim 0.337 \times 10^{-3}$,平均值为 0.210×10^{-3}(表 6.1),平均含量与胶州湾沉积物中总氮的平均含量接近(李学刚等,2005),但明显低于"二基"调查的结果,也低于文献报道的中国浅海沉积物中氮元素的丰度(赵一阳等,1992),变异系数为0.36,等值线较稀疏。

从平面分布特征来看(图 6.5),近海海域和调查海域东北端表层沉积物中总氮的含量较高;其余区域含量较低且较均匀。

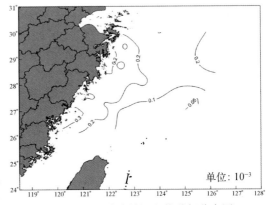

图 6.5 ST05 区块海域沉积物总氮分布图

2. 总磷

ST05 区块海域表层沉积物中总磷的变化范围为 $0.137 \times 10^{-3} \sim 0.472 \times 10^{-3}$,平均值 0.317×10^{-3}(表 6.1),平均含量高于"二基"调查结果,也高于胶州湾沉积物中总磷的平均含量(李学刚等,2005),但明显低于中国浅海沉积物中磷的丰度(赵一阳等,1992)。变异系数较低,为 0.28,分布较均匀。

从平面分布特征来看(图 6.6),大部分调查区域分布较均匀,约 67% 的站位总磷平均

含量在 $0.2\% \sim 0.4\%$。在南部海域、台州东南侧海域出现两个高值区。

6.1.4 重金属

一般以天然浓度广泛存在于自然界中，但由于人类对重金属的开采、冶炼、加工及商业制造活动日益增多，造成不少重金属进入大气、水、土壤中，引起严重的环境污染。以各种化学形态存在的重金属，在进入环境或生态系统后就会存留、积累和迁移，造成危害。研究表明，在受纳水体中，重金属污染物不易降解，能迅速由水相转入固相(即悬浮物和沉积物)，最终进入沉积物中。在受重金属污染的体系中，水相中的重金属含量甚微，而且随机性大，常因排放状况与水力条件的不同，其含量分布也不同，但沉积物中的重金属含量由于累积作用往往比相应水相中的含量要高(陈静生等，1987；陈静生等，1990)。

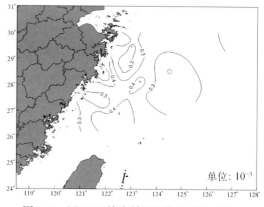

图 6.6　ST05 区块海域沉积物总磷分布图

沉积物中重金属除了直接对底栖生物及通过食物链的生物富集和放大作用影响人类健康外，还会由于水动力和生物活动的影响，造成重金属的重新分布和释放，产生重金属的"二次污染"，直接危害水体环境。常见的重金属危害有以下几种。

汞：食入后直接沉入肝脏，对大脑、神经、视力破坏极大。天然水每升水中含 0.01 mg，就会导致中毒。

镉：会导致高血压，引起心脑血管疾病；破坏骨骼和肝肾，并引起肾衰竭。

铅：是重金属污染中毒性较大的一种，一旦进入人体将很难排除。能直接伤害人的脑细胞，特别是胎儿的神经系统，可造成先天智力低下。

砷：是砒霜的组分之一，有剧毒，会致人迅速死亡。长期接触少量，会导致慢性中毒，另外还有致癌性。

铬：短时间接触，会使人得各种过敏症；长期接触，可引起全身性中毒。

这些重金属中任何一种都能引起人的头痛、头晕、失眠、健忘、精神错乱、关节疼痛、结石、癌症。

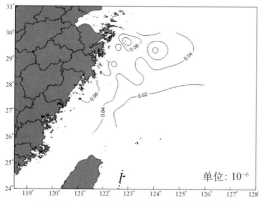

图 6.7　ST05 区块海域沉积物汞分布图

本书中重金属参数主要包括汞、砷、铜、铅、锌、镉和铬。

1. 汞

ST05 区块海域表层沉积物中汞的含量范围为 $0.009\,58 \times 10^{-6} \sim 0.105 \times 10^{-6}$，平均值为 $0.048\,2 \times 10^{-6}$(表 6.1)，略低于"二基"调查结果，明显高于中国浅海沉积物中汞的丰度。变异系数为 0.41，分布较为离散。

从表层沉积物中汞的空间分布特征来

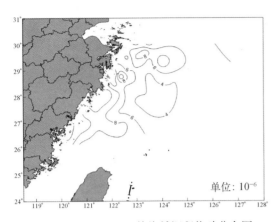

图 6.8　ST05 区块海域沉积物砷分布图

看(图 6.7)，调查海域的西部近海表层沉积物汞的含量明显高于东部远海海域。

2. 砷

ST05 区块海域表层沉积物中砷的变化范围为 $3.00×10^{-6}$～$13.2×10^{-6}$，平均值为 $7.18×10^{-6}$（表 6.1），高于"二基"调查结果。变异系数为 0.41，分布较为离散。

从平面分布图来看（图 6.8），砷含量高值区出现在浙江南部—福建北部近海；由此高值区向周围海域递减，等值线也较密集。低值区出现在海域的东北部和中部，为 $3.03×10^{-6}$。

3. 铜

ST05 区块海域表层沉积物中铜的变化范围为 $4.19×10^{-6}$～$37.8×10^{-6}$，平均值为 $21.6×10^{-6}$（表 6.1）。变异系数为 0.45，分布较为离散。

从表层沉积物中铜含量的空间分布特征来看（图 6.9），近海海域沉积物中铜的含量较高，尤以浙江南部近海最高；由近海向远海递减，体现了由污染物含量较高的陆源沉积物向海生沉积物过渡的过程，至调查海域东南部含量最低。

4. 铅

ST05 区块海域表层沉积物中铅的变化范围为 $9.23×10^{-6}$～$46.1×10^{-6}$，平均值为 $29.8×10^{-6}$（表 6.1），明显高于中国浅海沉积物 Pb 的含量，高于"二基"调查结果。变异系数为 0.28，分布较均匀。

从表层沉积物中铅含量的空间分布特征来看（图 6.10），调查海域等值线稀疏，自西部近海向东部远海表层沉积物中铅的含量呈明显递减趋势并逐渐递减至出现最小值的站。

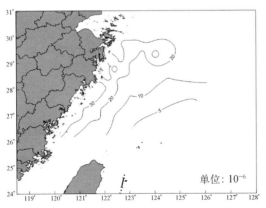

图 6.9　ST05 区块海域沉积物铜分布图

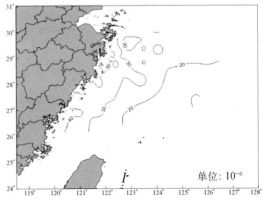

图 6.10　ST05 区块海域沉积物铅分布图

5．锌

ST05 区块海域表层沉积物中锌的变化范围为 $48.6 \times 10^{-6} \sim 140 \times 10^{-6}$，平均值为 92.6×10^{-6}（表 6.1）。变异系数为 0.25，分布较均匀。

从表层沉积物中锌含量的空间分布特征来看（图 6.11），由近海向远海呈降低趋势，尤以福建北部近海含量最高；至远海区域含量较低。

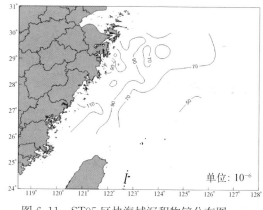

图 6.11　ST05 区块海域沉积物锌分布图

6．镉

ST05 区块海域表层沉积物中镉的变化范围为未检出 $\sim 0.247 \times 10^{-6}$，平均值为 0.113×10^{-6}（表 6.1），略高于"二基"调查结果。变异系数为 0.50，分布较离散。

从表层沉积物中镉含量的空间分布特征来看（图 6.12），与其他重金属的平面分布特征明显不同，镉的含量不是由西部近海区域向东部远海递减，而是在东西方向上含量一致，分布均匀。明显的含量差异表现在南北方向上，28°N 以北海域明显高于南部，其中高值区出现在调查海域的西北部；除此高值区外，其余约 50% 的站位镉的含量均在未检出 $\sim 0.1 \times 10^{-6}$ 之间，平均值为 0.070×10^{-6}。

7．铬

ST05 区块海域表层沉积物中铬的变化范围为 $23.9 \times 10^{-6} \sim 70.1 \times 10^{-6}$，平均值为 49.0×10^{-6}（表 6.1）。变异系数为 0.26，分布较为均匀。

从表层沉积物中铬含量的空间分布特征来看（图 6.13），浙江南部—福建北部近海铬含量最高；由近海向远海呈降低趋势，在调查海域东南角含量最低。

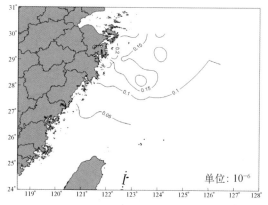

图 6.12　ST05 区块海域沉积物镉分布图

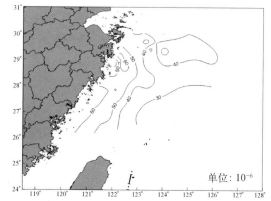

图 6.13　ST05 区块海域沉积物铬分布图

6.2 沉积物质量评价

6.2.1 单因子污染指数法

ST05 区块秋季航次表层沉积物中除 6.98% 的铜含量略有超标外（最大标准指数1.08），其余各项评价因子均未出现超标现象，符合相应的质量标准，调查海域表层沉积物质量良好（表 6.3）。具体标准指数范围及平均标准指数见表 6.3。

表 6.3 秋季 ST05 区块沉积物要素单因子评价结果

监测项目	超标率/%	标准指数范围	平均标准指数
石油类	0.00	0.006 76~0.520	0.024 8
有机碳	0.00	0.035 0~0.440	0.265
总 磷	0.00	0.228~0.790	0.528
总 氮	0.00	0.089 5~0.610	0.382
硫化物	0.00	0.024 0~0.560	0.188
总 汞	0.00	0.047 9~0.530	0.241
铬	0.00	0.299~0.880	0.613
镉	0.00	0.000~0.490	0.226
锌	0.00	0.324~0.700	0.617
铜	6.98	0.120~1.08	0.617
铅	0.00	0.158~0.770	0.497
砷	0.00	0.150~0.660	0.359

6.2.2 生态风险指数法

根据"二基"报告中的评价方法，采用 Hakanson（Hakanson L，1980）提出的生态风险指数法，对调查海域沉积物中重金属的污染程度进行综合评价。

需要说明的是，Hakanson 提出的体系需要涵盖的监测要素为 8 项，分别为 PCB、汞、镉、砷、铅、铜、铬和锌。在对这些要素的背景值、生物毒性、环境特性等进行综合分析后，提出一系列判断沉积物综合污染程度及潜在生态风险的评价标准。但本次对 ST05 区块表层沉积物的调查未包括 PCB，因此本报告中参照"二基"报告中的方法，对评价标准进行了相应调整。计算程序及评价标准如下。

（1）沉积物污染程度的计算。

单个污染物污染参数的计算公式为

$$C_f^i = \frac{C^i}{C_n^i}$$

式中，C_f^i 为某一污染物的污染参数；C^i 为沉积物中污染物的实测浓度；C_n^i 为全球工业化前沉积物中污染物含量，详见表 6.4。

可用 C_f^i 值确定单个污染物的污染程度：$C_f^i<1$，低污染参数；$1\leqslant C_f^i<3$，中污染参数；$3\leqslant C_f^i<6$，较高污染参数；$C_f^i\geqslant 6$，很高污染参数。

沉积物综合污染程度 C_d 的计算公式

$$C_d=\sum_{i=1}^{7}C_f^i$$

下述 C_d 值范围分别描述沉积物总污染情况。根据 Hakanson 提出的标准，结合实际监测项目，对 C_d 的描述为：$C_d<7$，低污染；$7\leqslant C_d<14$，中污染；$14\leqslant C_d<28$，较高污染；$C_d\geqslant 28$，很高污染。

表 6.4　全球工业化前沉积物中污染物含量

元　素	汞	镉	砷	铜	铅	铬	锌
浓度(10^{-6})	0.25	1.0	15	50	70	90	175

（2）水域潜在生态风险的计算。

单个污染物的潜在生态风险参数

$$E_r^i=T_r^i\cdot C_f^i$$

式中，E_r^i 为潜在生态风险参数；T_r^i 为单个污染物的毒性响应参数，各项重金属的毒性系数见表 6.5。

表 6.5　污染物的毒性响应参数

元　素	汞	镉	砷	铜	铅	铬	锌
毒性响应参数	40	30	10	5	5	2	1

不同的 E_r^i 值范围相应的潜在生态风险如下：$E_r^i<40$，低潜在生态风险；$40\leqslant E_r^i<80$，中潜在生态风险；$80\leqslant E_r^i<160$，较高潜在生态风险；$160\leqslant E_r^i<320$，高潜在生态风险；$E_r^i\geqslant 320$，很高潜在生态风险。

定义总的风险参数之和为潜在生态风险参数 RI

$$RI=\sum_{i=1}^{7}E_r^i=\sum_{i=1}^{7}T_r^i\cdot C_f^i$$

不同的 RI 值范围相应的潜在生态风险如下：RI<150，对水域具有低潜在生态风险；$150\leqslant$RI<300，对水域具有中潜在生态风险；$300\leqslant$RI<600，对水域具有较高潜在生态风险；RI$\geqslant 600$，对水域具有很高潜在生态风险。

1. 沉积物污染程度评价结果

对本航次调查的所有站位沉积物中重金属的污染指数 C_f^i 和综合污染指数 C_d 的计算结果列于表 6.6。评价结果表明，从单个污染物的污染指数看，秋季航次 ST05 区块海域表层沉积物中各项重金属的污染指数均远远小于 1，为低污染参数。

表 6.6　秋季 ST05 区块各站位表层沉积物污染程度评价结果

污染指数 C_f	最小值	最大值	平均值
汞	0.038	0.420	0.193
镉	0.015	0.247	0.113
砷	0.200	0.88	0.479
铜	0.084	0.756	0.431
铅	0.132	0.659	0.425
铬	0.266	0.779	0.545
锌	0.278	0.800	0.529
综合污染指数 C_d	1.250	4.230	2.710

根据各重金属元素的污染指数大小(图 6.14),判断各重金属的污染程度为铬＞锌＞砷＞铜＞铅＞汞＞镉。

从综合污染指数看,秋季航次调查海域表层沉积物的综合污染指数范围为 1.250～4.230,平均值为 2.720,均远远小于 8,处于低污染情况,这表明 ST05 区块海域表层沉积物质量状况良好。

从调查海域表层沉积物综合污染指数的分布图来看(图 6.15),综合污染指数总体上由近海向远海呈降低趋势,至调查区的东南部污染程度最低,表明近海区域的陆源输入对调查海域表层沉积物中重金属的分布有重要影响。

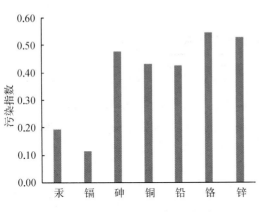

图 6.14　ST05 区块海域沉积物中
重金属的平均污染指数

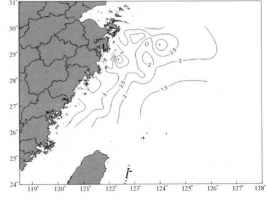

图 6.15　ST05 区块海域重金属综合
污染指数分布图

2. 潜在生态风险评价结果

对本航次调查的 ST05 区块海域所有站位表层沉积物重金属的潜在生态风险参数 E_r^i 和综合潜在生态风险指数值 RI 的计算结果列于表 6.7。

表 6.7　秋季 ST05 区块各站位表层沉积物潜在生态风险评价结果

潜在风险参数 E_r^i	最小值	最大值	平均值
汞	1.53	16.80	7.72
镉	0.45	7.41	3.23

续表

潜在风险参数 E_i	最小值	最大值	平均值
砷	1.32	6.59	4.25
铜	0.42	3.78	2.16
铅	1.00	4.40	2.39
铬	0.53	1.56	1.09
锌	0.28	0.80	0.53
潜在生态风险指数 RI	11.40	31.60	21.40

评价结果表明,各项重金属的潜在风险参数 E_i 均远远低于 40;综合潜在生态风险指数值 RI 范围为 11.40～31.40,平均值为 21.40,远低于 150;属于低潜在生态风险,对上覆水体及海洋生态系统的危害较小,以目前的情况不会造成潜在生态危害。

从调查区域各项重金属的潜在生态风险参数可知(图 6.16),潜在生态风险参数的大小顺序为汞>砷>镉>铅>铜>铬>锌,与前文的污染指数大小顺序有明显差别,虽然汞和镉的污染指数最低,但由于它们的毒性明显强于其他重金属,因此汞和镉的潜在风险参数较高。

与综合污染指数的分布相似,总体上,近海海域潜在生态风险高于远海,最低风险区域出现在东南区域(图 6.17);与综合污染指数分布不同之处在于,在调查海域东北角出现一个潜在生态风险较高的区域。

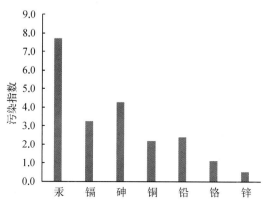
图 6.16　ST05 区块海域重金属潜在生态风险参数

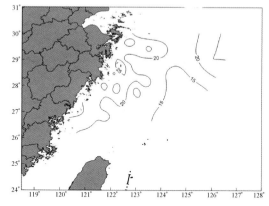
图 6.17　ST05 区块海域重金属潜在生态风险指数分布图

6.3　沉积物中生源要素与重金属元素来源分析

6.3.1　生源要素(氮、磷)的来源分析

近海沉积物作为海洋水体生源要素的源和汇,即可接收来自水体沉降、颗粒物的输运,也可在适当条件下将生源要素释放入水体参与再循环。在海洋沉积物研究中,碳、氮

比的大小常被用来判断有机物的来源是海生还是陆生的标准,并可以此为基础初步判断其他要素的来源。

研究表明,不同来源的有机质、碳氮比有明显差别。由于海洋沉积物中自生有机质的最终来源主要是浮游植物,而浮游植物碳、氮、磷的比例有近乎恒定性,为 C∶N∶P= 106∶16∶1,称为 Redfield 比值(AC Redfield et al.,1963)。其中碳、氮比为 6.625;而陆源有机物的碳、氮比通常高达 20 以上,沉积物中陆源有机质比例越高,碳、氮比值越大,因此可采用沉积物中的碳、氮比判断有机物的来源。

参考 Milliman 等对冬季长江口区有机物来源的判定方法,碳、氮比大于 12 认为是陆源为主,碳、氮比小于 8 则是海源为主(Milliman J D,1987;蔡德陵等,1992)。本次调查海域表层沉积物有机碳与总氮的比值范围为 4.7～92.9,平均 31.4,只有 JZ1309 站碳氮比值小于 12,为海源外;其余区域有机物主要来源均为陆源。

从调查海域表层沉积物中碳氮比的分布情况可知(图 6.18),调查海域南部为碳氮比的高值区,大致范围为 122°～124°E,26.2°～27°N,陆源有机物的比例最高,碳氮比均高于 40;此高值区以西紧邻碳氮比低值区,因此此处等值线十分密集;其他区域的分布则较为均匀,等值线稀疏。这种分布特征表明有多种不同来源的陆源有机物进入调查海域,因此通过进一步研究应可大致判断这些有机物的主要来源,对调查海域的沉积物来源示踪也具有重要的意义。

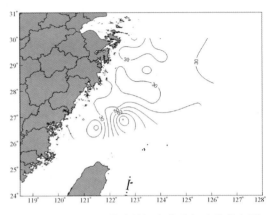

图 6.18 ST05 区块海域沉积物碳氮比值分布图

用最小二乘法对秋季总氮、总磷与有机碳之间的相关性进行了分析,结果及显著性检验结果表明,总氮与有机碳的含量相关系数为 0.777,呈显著正相关,说明了调查海域表层沉积物中氮和碳应具有相似的来源。因此,调查海域表层沉积物中的氮也是主要来自陆源输入。但总磷与总有机碳、总氮的相关系数很小,分别为 0.186 和 0.113,低于临界值 0.39($n=40,\alpha=0.01$),表明总磷与总有机碳、总氮的相关性较差,具有不同的来源。

6.3.2 重金属元素来源分析

重金属元素中除了镉以外,铬、铅、锌、铜、砷和汞均与有机碳呈不同程度的正相关,相关系数分别为铅(0.606)>铬(0.601)>锌(0.576)>铜(0.516)>砷(0.471)>汞(0.345)。

由图 6.19 中也可看出,铅、铬、锌与有机碳之间存在明显的线性关系。线性方程分别为:$Cr(10^{-6})=42.48 \times org-C(\%)+26.5$;$Zn(10^{-6})=72.79 \times org-C(\%)+54.0$;$Pb(10^{-6})=27.36 \times org-C(\%)+15.3$。

铬、铅、锌、铜、砷和汞相互之间也呈显著正相关关系,表明它们有相似的来源或存在形态,易与吸附到沉积物上的可溶性有机物形成络合物,有机碳的含量与分布是决定调查

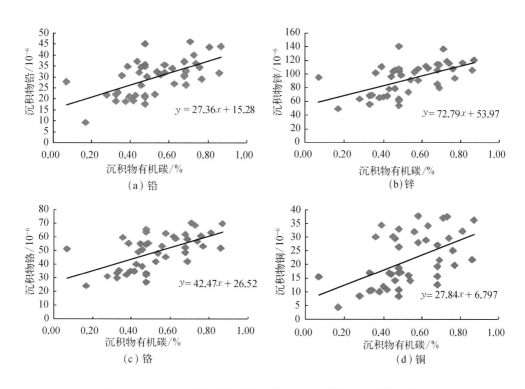

图 6.19 ST05 区块海域沉积物中铅、锌、铬、铜与有机碳的相关性

海域表层沉积物中重金属分布的主要因子之一。这一特性与许多研究人员的结论一致,如 Stone 等对加拿大河流沉积物中重金属分布的研究表明,有机质结合态是 Zn、Pb 等重金属的主要存在形态;有机质通过吸附、络合,对沉积物中重金属的生态毒性、环境迁移行为起决定性控制。

6.3.3 结论

(1) 利用海源和陆源沉积物具有不同氮、碳比的特点,判断调查海域表层沉积物中有机物以陆源为主;总氮和有机碳呈明显正相关,表明与有机碳来源相似,以陆源输入为主。

(2) 重金属元素中除了镉以外,铬、铅、锌、铜、砷、汞均与有机碳呈不同程度的正相关,表明它们有相似的来源,主要来自陆源输入。

6.4 沉积物中镉的分布特征及主要影响因素

6.4.1 表层沉积物中镉的含量及分布

调查海域表层沉积物中镉的变化范围为未检出~0.270×10^{-6},平均值为 0.113×10^{-6},变异系数为 0.50,分布较离散。

从表层沉积物中镉含量的空间分布特征可看出(图 6.20),镉的含量表现为东西方向上无明显差异,北部海域明显高于南部。$28°N$ 以北海域含量均高于 0.1×10^{-6},平均值为

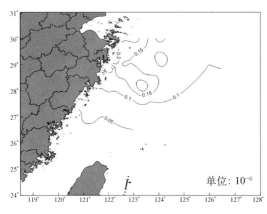

图 6.20　ST05 区块海域沉积物镉分布图

0.16×10^{-6}，高值区出现在调查海域的西北部；28°N 以南平均值为 0.070×10^{-6}，超过 80% 海域表层沉积物镉的含量在未检出～0.1×10^{-6}。

6.4.2　主要影响因素分析

1) 长江输入的影响

很多学者通过对大型河流沉积物的元素组成进行研究，分析河流对其流域或入海口的影响。杨守业和李从先（1999）利用长江、黄河表层沉积物中的元素丰度及组成的明显不同，区分长江与黄河沉积物，探索长江与黄河的入海物质在海域中混合及扩散问题。梅惠等（2007）通过对长江和汉江沉积物元素组成的比较，分析表壳岩系不同的河流具有的相对固定的特性。因此，不同河流沉积物的元素组成均有其较明显的特性，一定程度上可以判断河流对入海口沉积物的影响程度和范围。

本次调查海域表层沉积物镉的分布表现为北部明显高于南部，因此将调查海域大致以 28°N 为界分为南、北两个区域进行分析，表 6.8 中给出了长江、黄河及中国浅海沉积物的元素丰度，比较可知：28°N 以南镉的平均含量为 0.070×10^{-6}，与中国浅海沉积物中镉的丰度基本一致，明显低于长江的元素丰度。28°N 以北海域沉积物镉的含量较高，均高于 0.1×10^{-6}，平均值为 0.16×10^{-6}，明显高于中国浅海沉积物和黄河的镉丰度，略低于长江沉积物中镉的丰度。其中，海域的西北部有一个高值区呈楔形进入调查海域，该高值区镉含量为 0.237×10^{-6}～0.247×10^{-6}，这一特征与长江丰度接近，因此初步推断 28°N 以北海域表层沉积物可能主要受到了长江输入泥沙的影响。

表 6.8　黄河、长江及中国浅海沉积物镉、铝的元素丰度

	黄河[1]	长江[1]	中国浅海沉积物[1]	本报告[2]	
				28°N 以北	28°N 以南
镉/($\times 10^{-6}$)	0.077	0.25	0.065	0.16	0.070
铝/%	4.87	6.51	5.87	6.85	5.53

资料来源：1）赵一阳等，1992；
　　　　　2）镉的数据来自本次调查结果，铝的数据来自"703"项目调查结果。

为进一步分析长江对调查海域表层沉积物的影响，本报告利用"703"调查资料，分析了调查海域铝的分布特征。铝在地球化学中具有重要的意义，对于不同来源的沉积物有一定的示踪作用，这是由于大部分重金属都易与细颗粒沉积物相结合，而铝又是细颗粒沉积物的主要化学成分之一，因此铝是沉积物中重金属载体的主要成分，与重金属的含量及分布密切相关；另外，风化过程中铝属于惰性元素，迁移能力很小，与流域沉积物的丰度具有良好的可比性，在悬浮物质及沉积物的来源判断中具有重要作用。

调查海域 28°N 以南区域铝的平均丰度为 5.53%，与中国浅海沉积物接近，明显低于

长江;而 28°N 以北区域铝的平均丰度明显较高,为 6.85%,与长江丰度基本一致,明显高于中国浅海沉积物。表明 28°N 以北表层沉积物主要来源于长江(表 6.8)。

综合铝、镉的分布,认为调查海域 28°N 以北区域表层沉积物主要受到了长江输入泥沙的影响。另外,长江对绝大多数微量元素都表现为相对富集,多种元素的丰度均高于其他河流及中国浅海沉积物,而镉是丰度差异最为显著的元素之一,因此,加强对东海表层沉积物中镉含量及分布的研究,应可成为判断长江对东海表层沉积物影响范围及强度的一种指证方法。

2)镉元素地球化学特征的影响

除了受到镉丰度较高的长江影响之外,镉特殊的分布特征也与其特殊的存在形态有关。表 6.9 给出了调查海域表层沉积物中不同要素之间的相关性,由表 6.9 可知:铬、铅、锌、铜、砷、汞均与有机碳呈不同程度的正相关,相关系数分别为铅(0.606)>铬(0.601)>锌(0.576)>铜(0.516)>砷(0.471)>汞(0.345)。铅、铬、锌与有机碳之间呈现显著正相关。线性关系分别为:$org-C(\%)=3.10Hg(10^{-9})+0.38$;$org-C(\%)=0.0084Cr(10^{-6})+0.12$;$org-C(\%)=0.0045Zn(10^{-6})+0.12$;$org-C(\%)=0.0096Cu(10^{-6})+0.32$;$org-C(\%)=0.013Pb(10^{-6})+0.14$;$org-C(\%)=0.0286As(10^{-6})+0.32$。表明铬、铅、锌、铜、砷、汞与有机物有相似的来源,且易与吸附到沉积物上的可溶性有机物形成络合物,这一特性与许多研究人员的结论一致,如 Stone 等对加拿大河流沉积物中重金属分布的研究表明有机质结合态是 Zn、Pb 等重金属的主要存在形态;有机质通过吸附、络合,对沉积物中重金属的生态毒性、环境迁移行为起决定性控制,因此有机碳的含量与分布是决定表层沉积物中重金属分布的主要因子之一。这几种重金属含量相互之间为显著正相关,进一步证明它们具有相似的来源或存在形态。

表 6.9　ST05 区块海域表层沉积物各要素的相关系数矩阵

	石油类	有机碳	硫化物	总汞	铬	镉	锌	铜	铅	砷
石油类	1.000									
有机碳	0.124	1.000								
硫化物	0.075	0.165	1.000							
总汞	0.299	0.345	−0.012	1.000						
铬	0.325	0.601	0.203	0.677	1.000					
镉	0.207	−0.083	0.115	0.143	−0.096	1.000				
锌	0.390	0.576	0.222	0.710	0.965	0.057	1.000			
铜	0.222	0.516	0.065	0.849	0.863	−0.097	0.834	1.000		
铅	0.233	0.606	0.329	0.689	0.918	0.100	0.939	0.792	1.000	
砷	0.210	0.471	0.090	0.671	0.807	−0.360	0.759	0.888	0.685	1.000

注:相关系数临界值 0.304 ($n=43,\alpha=0.05$)。

镉与有机碳的相关性很差,相关系数仅为 0.083,低于相关系数临界值 0.304 ($n=43,\alpha=0.05$),不具有相关性。与其他重金属元素之间的相关性也很差,相关系数在 0.057~0.143,不具有相关性。表明镉具有不同的存在形态,在沉积物中不是主要以与有机物络合的赋存状态存在,含量和分布受到有机碳含量的影响较小。这一结果与丘耀文等(2005)对大亚湾海水、沉积物和生物中重金属的相关性研究结论一致,镉不是主要以与有机物络合的赋存状态存在,或者更易由沉积相转入其他相。

闭向阳等(2005)对不同时期长江沉积物中镉的形态分析也表明,镉的主要形态不是有机结合态,镉的形态分布规律为:铁锰氧化物结合态>交换态>残渣态>碳酸盐结合态>松结有机结合态>紧结有机结合态。梅惠等(2007)的研究认为,长江沉积物镉的赋存形式以离子交换态(19.10%~28.72%)和碳酸盐态(23.08%~29.79%)为主。

另外,表层沉积物中镉含量由北向南的降低不是逐渐梯度降低,而是由高值区向周围海域迅速降低,这种分布特征的出现与镉元素特性有关,表明调查海域的镉易于由沉积物中清除,易于在生物、大气或海洋微表层中富集。

6.4.3 结论

(1)表层沉积物中镉具有与其他金属元素明显不同的分布特征,表现为东西方向上含量一致,南北方向差异显著,28°N以北含量明显高于28°N以南。

(2)沉积物中镉具有与其他金属元素明显不同的分布特征,28°N以北含量明显高于28°N以南,可能主要受到了长江输入泥沙的影响。加强对长江口至28°N海域沉积物中镉含量及分布的研究,应该可以成为判断长江对东海表层沉积物影响范围及强度的一种指征方法。

(3)镉的地球化学特征表现为,镉的含量与其他重金属、有机碳的相关性均较差,表明镉具有不同的存在形态,在沉积物中不是主要以与有机物络合的赋存状态存在。

6.5 小结

(1)近海区域及北部海域沉积物性质主要为氧化性;其余区域为弱氧化性。汞、铜、铅的分布均为近海向远海递减;砷、锌、铬由调查海域西南端向北部、东部递减;镉为调查海域北部高于南部。评价结果表明,除6.98%的沉积物样品中铜含量略有超标外,其余各项沉积化学要素均未出现超标现象;调查海域表层沉积物质量良好,属于低潜在生态风险。

(2)沉积物中总氮和有机碳以陆源输入为主;总磷具有不同的来源或存在形式。重金属元素中除了镉以外,铬、铅、锌、铜、砷、汞均与有机碳呈不同程度的正相关,表明它们有相似的来源或具有相同的存在形态。

微生物

海洋微生物种类繁多，据统计有 100 万至 2 亿种，而且相对于陆地微生物而言，它们能够耐受海洋特有的高盐、高压、低营养、低光照等极端条件，因而在物种、基因组成和生态功能上具有多样性，是整个生物多样性的重要组成部分。由于海洋微生物在海洋生态系统物质循环、能量流动以及维持海洋生态系统多样性和稳定性方面的重要作用，因此海洋微生物研究越来越受到广泛的重视。国际上有关海洋与全球变化的重大研究领域包括全球海洋生态系统动力学研究（GLOBC）、全球海洋通量联合研究（JGOFS）及海陆相互作用研究（LOICZ）等。

我国于 20 世纪 50 年代末开始海洋细菌学的研究。1982 年陈笃等对东海大陆架可培养异养细菌的生态分布进行了调查研究；1996 年的全国第二次海洋污染基线调查中对东海近岸海域大肠菌群、异养细菌和弧菌进行了调查；1997 年，肖天、王荣等对长江口及部分东海海域进行了异养细菌及生产力的调查和研究；2000～2001 年，肖天、赵三军等对黄、东海海域的海洋浮游细菌生物量、生产力进行了调查和研究。此次海洋微生物调查范围较广，涵盖内容较为丰富，不仅包括水体和沉积物的细菌、真菌和病毒等丰度，还利用分子生物学手段对海洋水体和沉积物中细菌群落结构和遗传多样性进行了研究，为系统了解和掌握 ST05 区块海洋微生物分布规律及影响因素，进一步研究海洋微生物在物质和能量转化过程中的作用机理，以及开发、利用和保护海洋资源具有极为重要的意义。

7.1 细菌

7.1.1 海水中细菌

1. 水平分布

1）春季

表层，细菌平均数量为 6.12×10^7 cfu/L[*]，其变化范围为 $6.80 \times 10^6 \sim 2.29 \times 10^8$ cfu/L。从水平分布趋势来看，呈现近海高于外海，北部高于南部趋势，高值区集中于北部和中部近海海域，南部及外海海域则形成相对低值区（表 7.1，图 7.1）。

10 m 层，细菌平均数量为 6.03×10^7 cfu/L，其变化范围为 $4.00 \times 10^5 \sim 2.10 \times$

---

* cfu/L 表示每升水样中细菌菌落总数。

10^8 cfu/L。水平分布趋势与表层较为一致。

表 7.1　ST05 区块海域海水中细菌数量四季统计　　　（单位：cfu/L）

季　节	层　次	平均值	范　围
春　季	表　层	$6.12×10^7$	$6.80×10^6～2.29×10^8$
	10.0 m	$6.03×10^7$	$4.00×10^5～2.10×10^8$
	30.0 m	$7.48×10^7$	$5.70×10^5～2.28×10^8$
	底　层	$5.59×10^7$	$7.40×10^5～2.04×10^8$
	平　均	$6.20×10^7$	$4.00×10^5～2.29×10^8$
夏　季	表　层	$1.27×10^8$	$1.30×10^4～1.90×10^9$
	10.0 m	$9.03×10^6$	$1.23×10^5～7.00×10^7$
	30.0 m	$2.67×10^7$	$9.30×10^4～2.17×10^8$
	底　层	$2.62×10^7$	$8.00×10^4～2.17×10^8$
	平　均	$4.91×10^7$	$1.30×10^4～1.90×10^9$
秋　季	表　层	$1.38×10^7$	$7.20×10^5～1.38×10^8$
	10.0 m	$6.88×10^6$	$3.30×10^4～5.03×10^7$
	30.0 m	$2.51×10^7$	$0～2.17×10^8$
	底　层	$1.03×10^7$	$0～5.47×10^7$
	平　均	$1.28×10^7$	$0～2.17×10^8$
冬　季	表　层	$1.31×10^6$	$4.00×10^4～5.89×10^6$
	10.0 m	$1.10×10^6$	$1.30×10^4～3.73×10^6$
	30.0 m	$7.90×10^5$	$1.00×10^4～3.17×10^6$
	底　层	$4.90×10^5$	$1.30×10^4～3.06×10^6$
	平　均	$9.35×10^5$	$1.00×10^4～5.89×10^6$

30 m 层，细菌平均数量为 $7.48×10^7$ cfu/L，其变化范围为 $5.70×10^5～2.28×10^8$ cfu/L。水平分布趋势与表层及 10 m 层一致。

底层，细菌平均数量为 $5.59×10^7$ cfu/L，其变化范围为 $7.40×10^5～2.04×10^8$ cfu/L。与其他层次相似，总体呈现近海高、外海低的趋势。

2）夏季

表层，细菌平均数量为 $1.27×10^8$ cfu/L，其变化范围为 $1.30×10^4～1.90×10^9$ cfu/L。高值区位于近岸中部海域，南部海域及北部外海细菌数量极低，分布相对均匀（表7.1，图7.1）。

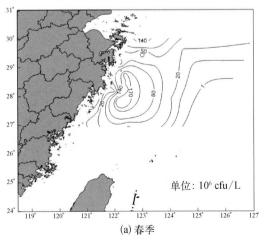

(a) 春季

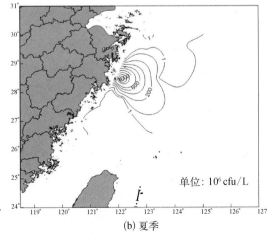

(b) 夏季

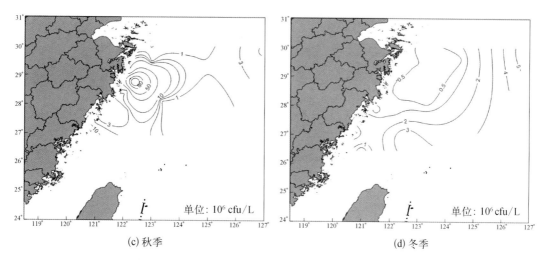

(c) 秋季　　　　　　　　　　　　　　(d) 冬季

图 7.1　ST05 区块海域表层海水中细菌数量四季水平分布

10 m 层,细菌平均数量为 9.03×10^6 cfu/L,其变化范围为 $1.23 \times 10^5 \sim 7.00 \times 10^7$ cfu/L。水平分布趋势与表层一致,高值区仍出现于近岸中部海域。

30 m 层,细菌平均数量为 2.67×10^7 cfu/L,其变化范围为 $9.30 \times 10^4 \sim 2.17 \times 10^8$ cfu/L。水平趋势基本与表层、10 m 层相近,形成中部近岸海域高值区。

底层,细菌平均数量为 2.62×10^7 cfu/L,其变化范围为 $8.00 \times 10^4 \sim 2.17 \times 10^8$ cfu/L。与其他层次相似,水平分布呈现并以调查海域中部为中心逐渐向近岸和外海递增。

3) 秋季

表层,细菌平均数量为 1.38×10^7 cfu/L,变化范围为 $7.20 \times 10^5 \sim 1.38 \times 10^8$ cfu/L。水平分布呈现近海高、外海低的趋势,高值区位于北部近海海域(表 7.1,图 7.1)。

10 m 层,细菌平均数量为 6.88×10^6 cfu/L,变化范围为 $3.30 \times 10^4 \sim 5.03 \times 10^7$ cfu/L。水平分布及高值区均与表层较为一致。

30 m 层,细菌平均数量为 2.51×10^7 cfu/L,变化范围为 $0 \sim 2.17 \times 10^8$ cfu/L。水平分布除中部近海出现一高值区外,其他区域分布较为均匀。

底层,细菌平均细胞数量为 1.03×10^7 cfu/L,变化范围为 $0 \sim 5.47 \times 10^7$ cfu/L。水平分布趋势与表层、10 m 层一致,近海高,外海低。

4) 冬季

表层,细菌平均数量为 1.31×10^6 cfu/L,变化范围为 $4.00 \times 10^4 \sim 5.89 \times 10^6$ cfu/L。与其他几个季节相比,冬季细菌数量较低,水平分布呈由近海向外海递增趋势(表 7.1,图 7.1)。

10 m 层,细菌平均数量为 1.10×10^6 cfu/L,变化范围为 $1.30 \times 10^4 \sim 3.73 \times 10^6$ cfu/L。从水平分布上看,中部海域表现为明显高于其他海域。

30 m 层,细菌平均数量为 7.90×10^5 cfu/L,变化范围为 $1.00 \times 10^4 \sim 3.17 \times 10^6$ cfu/L。从水平分布趋势来看,近岸海域低于外部海域,并在外部海域的南部和北部分别出现一个高值区。

底层,细菌平均数量为 4.90×10^5 cfu/L,变化范围为 $1.30 \times 10^4 \sim 3.06 \times 10^6$ cfu/L。从水平分布看在近岸中部海域形成一个明显高值区。

第7章

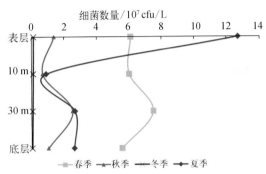

图 7.2　ST05 区块海域海水中细菌数量四季垂直分布

2. 垂直分布

春季,各层次细菌数量平均值分别为 6.12×10^7 cfu/L、6.03×10^7 cfu/L、7.48×10^7 cfu/L 和 5.59×10^7 cfu/L。表层和 10 m 层基本处于同一水平,并向 30 m 逐渐增高,并达到最大值,底层数量最低(图 7.2)。

夏季,各层次细菌数量平均值分别为 1.27×10^8 cfu/L、9.03×10^6 cfu/L、2.67×10^7 cfu/L 和 2.62×10^7 cfu/L。表层>30 m层>底层>10 m层,10 m 层以浅水体细菌数量剧减。

秋季,各层次细菌数量平均值分别为 1.38×10^7 cfu/L、6.88×10^6 cfu/L、2.51×10^7 cfu/L 和 1.03×10^7 cfu/L。以 30 m 层最高,表层和底层次之,10 m 层最低。

冬季,各层次细菌数量平均值分别为 1.31×10^6 cfu/L、1.10×10^6 cfu/L、7.90×10^5 cfu/L 和 4.90×10^5 cfu/L。由表层至底层分布较为均匀。

3. 季节变化

表层,细菌数量均值以夏季最高,春季次之,冬季最低。整个海区细菌数量夏季变化幅度最大,冬季变化幅度最小。夏、春和秋三个季节水平分布趋势一致,均呈现近岸向近海到远海逐渐递减的趋势;冬季细菌数量较其他季节低,单从数量级与其他季节相比,冬季细菌数量水平分布趋势更接近于均匀。

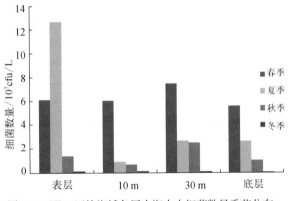

图 7.3　ST05 区块海域各层次海水中细菌数量季节分布

10 m 层,细菌数量均值春季最高,夏季次之,冬季最低。整个海区细菌数量春季变化幅度最大,冬季变化幅度最小。不同季节的水平分布趋势与表层相同。

30 m 层,细菌数量均值春季最高,夏季次之,冬季最低。整个海区细菌数量春季变化幅度最大,冬季变化幅度最小。不同季节的水平分布趋势与表层、10 m 层相同。

底层,细菌数量均值春季最高,夏季次之,冬季最低。底层细菌数量不同季节的水平分布趋势与其他层次相同。

7.1.2　沉积物中细菌

1. 水平分布

春季,沉积物中细菌平均数量为 8.75×10^5 cfu/g[*],变化范围为 7.80×10^4 ～ $2.86\times$

---

　* cfu/g 表示每克沉积物样中细菌菌落总数。

10^6 cfu/g。水平分布呈现近岸海域高于外部海域，并分别在北部和中部近岸海域形成两个高值区（表7.2，图7.4）。

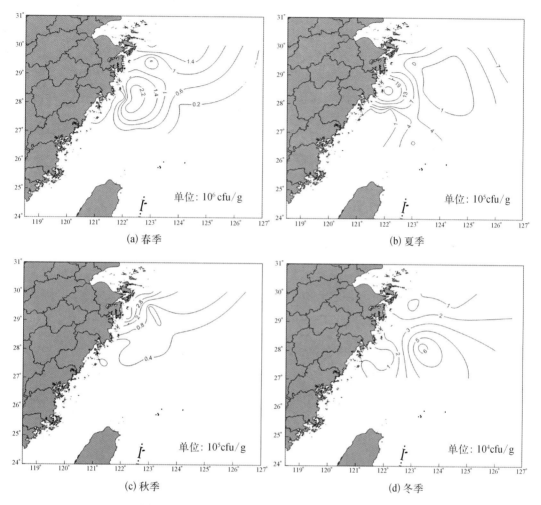

(a) 春季

(b) 夏季

(c) 秋季

(d) 冬季

图7.4 ST05区块海域沉积物中细菌数量平面分布

夏季，细菌平均数量为 6.62×10^5 cfu/g，变化范围为 $6.30 \times 10^3 \sim 4.30 \times 10^6$ cfu/g。水平分布呈北部海域高，南部海域低的趋势。

秋季，细菌平均数量为 8.80×10^4 cfu/g，变化范围为 $4.00 \times 10^3 \sim 4.21 \times 10^5$ cfu/g。水平分布呈现北部海域略高于南部海域，近岸海域高于外部海域的趋势。

冬季，细菌平均数量为 1.53×10^4 cfu/g，变化范围为 $0 \sim 6.06 \times 10^4$ cfu/g，个别站位沉积物样品未培养出细菌。从水平分布趋势来看，中部海域出现一个高值区，其余海域分布较为均匀。

2. 季节变化

ST05区块海域沉积物细菌数量均值夏、秋季最高，春季次之，冬季最低（表7.2）。整个海区细菌数量夏、春季变化幅度最大，冬季变化幅度最小。

表 7.2　ST05 区块海域沉积物细菌培养计数季节分布　　（单位：cfu/g）

季　节	平均值	范　围
春　季	8.75×10^5	$7.80 \times 10^4 \sim 2.86 \times 10^6$
夏　季	6.62×10^5	$6.30 \times 10^3 \sim 4.30 \times 10^6$
秋　季	8.80×10^4	$4.00 \times 10^3 \sim 4.21 \times 10^5$
冬　季	1.53×10^4	$0 \sim 6.06 \times 10^4$
全年平均	4.19×10^5	$0 \sim 4.30 \times 10^6$

7.2　放线菌

7.2.1　海水中放线菌

1. 水平分布

1）春季

表层，海水中放线菌平均数量为 3.14×10^6 cfu/L，变化范围为 $1.00 \times 10^5 \sim 2.08 \times 10^7$ cfu/L。水平分布呈现近海高外海低的趋势，高值区出现在南部近岸海域（表 7.3，图 7.5）。

表 7.3　ST05 区块海域海水中放线菌数量四季统计　　（单位：cfu/L）

季　节	层　次	平均值	范　围
春　季	表　层	3.14×10^6	$1.00 \times 10^5 \sim 2.08 \times 10^7$
	10.0 m	1.26×10^6	$1.00 \times 10^5 \sim 2.95 \times 10^6$
	30.0 m	1.31×10^6	$7.00 \times 10^5 \sim 4.02 \times 10^6$
	底　层	2.04×10^6	$4.00 \times 10^4 \sim 5.60 \times 10^6$
	平　均	2.01×10^6	$4.00 \times 10^4 \sim 2.08 \times 10^7$
夏　季	表　层	1.28×10^7	$0 \sim 1.73 \times 10^8$
	10.0 m	2.61×10^6	$0 \sim 2.17 \times 10^7$
	30.0 m	3.03×10^6	$1.00 \times 10^4 \sim 1.30 \times 10^7$
	底　层	2.32×10^6	$0 \sim 1.10 \times 10^7$
	平　均	5.27×10^6	$0 \sim 1.73 \times 10^8$
秋　季	表　层	1.42×10^6	$0 \sim 1.27 \times 10^7$
	10.0 m	1.01×10^6	$0 \sim 8.33 \times 10^6$
	30.0 m	4.70×10^5	$0 \sim 1.67 \times 10^6$
	底　层	8.70×10^5	$0 \sim 4.25 \times 10^6$
	平　均	9.94×10^5	$0 \sim 1.27 \times 10^7$
冬　季	表　层	9.71×10^5	$1.70 \times 10^4 \sim 3.40 \times 10^6$
	10.0 m	3.50×10^5	$3.00 \times 10^3 \sim 1.97 \times 10^6$
	30.0 m	3.21×10^5	$1.00 \times 10^4 \sim 1.53 \times 10^7$
	底　层	3.75×10^5	$2.00 \times 10^3 \sim 1.79 \times 10^6$
	平　均	4.75×10^5	$1.00 \times 10^4 \sim 1.53 \times 10^7$

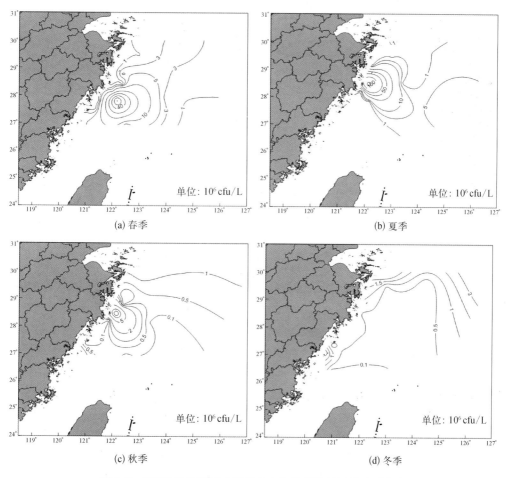

(a) 春季　　(b) 夏季

(c) 秋季　　(d) 冬季

图 7.5　ST05 区块海域表层海水中放线菌数量四季水平分布

10 m 层,放线菌平均数量为 1.26×10^6 cfu/L,变化范围为 $1.00 \times 10^5 \sim 2.95 \times 10^6$ cfu/L。水平分布与表层分布趋势基本一致,无明显高值区。

30 m 层,放线菌平均数量为 1.31×10^6 cfu/L,变化范围为 $7.00 \times 10^5 \sim 4.02 \times 10^6$ cfu/L。从分布趋势来看,基本与表层和 10 m 层一致(表 7.3,图 7.6)。

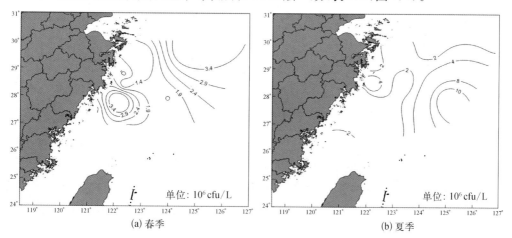

(a) 春季　　(b) 夏季

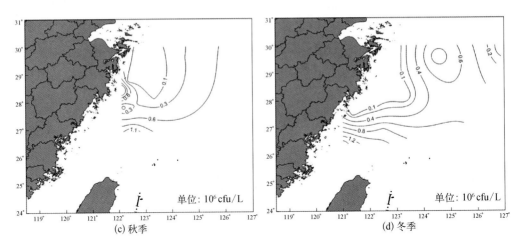

图 7.6　ST05 区块海域 30 m 层海水中放线菌数量四季水平分布

底层,放线菌平均数量为 2.04×10^6 cfu/L,变化范围为 $4.00 \times 10^4 \sim 5.60 \times 10^6$ cfu/L。水平分布趋势与其他层次一致,近海高外海低,并在中部近海海域形成高值区。

2) 夏季

表层,放线菌平均数量为 1.28×10^7 cfu/L,变化范围为 $0 \sim 1.73 \times 10^8$ cfu/L,个别站位未培养出放线菌。从水平分布上看,近岸海域高于外部海域,中部近岸海域高于北部和南部近岸海域,并在中部近海形成高值区(表 7.3,图 7.5)。

10 m 层,放线菌平均数量为 2.61×10^6 cfu/L,变化范围为 $0 \sim 2.17 \times 10^7$ cfu/L,个别站位未培养出放线菌。水平分布趋势与表层相似。

30 m 层,放线菌平均数量为 3.03×10^6 cfu/L,变化范围为 $1.00 \times 10^4 \sim 1.30 \times 10^7$ cfu/L,个别站位未培养出放线菌。从水平分布上看基本与表层和 10 m 层趋势一致(表 7.3,图 7.5)。

底层,放线菌平均数量为 2.32×10^6 cfu/L,变化范围为 $0 \sim 1.10 \times 10^7$ cfu/L,个别站位未培养出放线菌。从水平分布上看与其他层次趋势相同,高值区出现在中部近海海域。

3) 秋季

表层,放线菌平均数量为 1.42×10^6 cfu/L,变化范围为 $0 \sim 1.27 \times 10^7$ cfu/L,个别站位未培养出放线菌。水平分布近岸海域略高于外部海域(表 7.3,图 7.5)。

10 m 层,放线菌平均数量为 1.01×10^6 cfu/L,变化范围为 $0 \sim 8.33 \times 10^6$ cfu/L,个别站位未培养出放线菌。从水平分布趋势上看,基本与表层分布趋于一致,呈现近岸海域高于外部海域。

30 m 层,放线菌平均数量为 4.70×10^5 cfu/L,变化范围为 $0 \sim 1.67 \times 10^6$ cfu/L,个别站位未培养出放线菌。水平分布与表层和 10 m 层有所区别,外海高于近海,并在南部外部海域形成高值区(表 7.3,图 7.5)。

底层,放线菌细胞数量为 8.70×10^5 cfu/L,变化范围为 $0 \sim 4.25 \times 10^6$ cfu/L,个别站位未培养出放线菌。从水平分布趋势上看,与 30 m 层相似,呈现外部海域高于近海海域的特征。

4）冬季

表层，放线菌数量平均数量为 9.71×10^5 cfu/L，变化范围为 $1.70\times10^4\sim3.40\times10^6$ cfu/L。水平分布整体较为均匀，分别在南部近岸和北部外海海域出现一个高值区（表7.3，图7.5）。

10 m 层，放线菌平均数量为 3.21×10^5 cfu/L，变化范围为 $3.00\times10^3\sim1.97\times10^6$ cfu/L。整体分布较均匀，中部海域形成一个相对高值区。

30 m 层，放线菌平均数量为 3.2×10^5 cfu/L，变化范围为 $1.00\times10^4\sim1.53\times10^6$ cfu/L。与表层、10 m 层相似，整体分布较为均匀，仅在南部海域出现一个高值区（表7.3，图7.5）。

底层，放线菌平均数量为 3.75×10^5 cfu/L，变化范围为 $2.00\times10^3\sim1.79\times10^6$ cfu/L。水平分布与其他层次相似，总体分布较为均匀，仅在中部海域出现一个高值区。

2. 垂直分布

春季，调查海区表层、10 m 层、30 m 层和底层放线菌数量平均值分别为 3.14×10^6 cfu/L、1.26×10^6 cfu/L、1.31×10^6 cfu/L 和 2.04×10^6 cfu/L。即表层＞底层＞30 m层＞10 m层（图7.7）。

夏季，各层次放线菌数量平均值分别为 1.28×10^7 cfu/L、2.61×10^6 cfu/L、3.03×10^6 cfu/L 和 2.32×10^6 cfu/L。即表层＞30 m层＞10 m层＞底层，表层放线菌数量远高于其他层次。

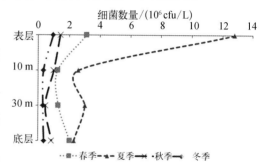

图 7.7　ST05 区块海域海水中放线菌数量四季垂直分布

秋季，各层次放线菌数量分别为 1.42×10^6 cfu/L、1.01×10^6 cfu/L、4.70×10^5 cfu/L、8.70×10^5 cfu/L，即表层＞10 m层＞底层＞30 m层。

冬季，各层次放线菌平均值分别为 9.71×10^5 cfu/L、3.50×10^5 cfu/L、3.21×10^5 cfu/L 和 3.75×10^5 cfu/L，即表层＞底层＞10 m层＞30 m层，10 m层以深分布较为均匀。

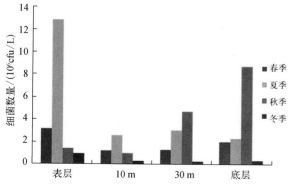

图 7.8　ST05 区块海域各层次海水中放线菌数量季节分布

3. 季节变化

表层，放线菌数量均值夏季最高，春季次之，冬季最低（图7.8）。整个海区放线菌数量夏季变化幅度最大，冬季变化幅度最小。夏、春和秋三个季节水平分布趋势一致，均呈现近岸向近海到远海逐渐递减的趋势，冬季整体分布较为均匀。

10 m 层，放线菌数量均值以夏季最高，春季次之，冬季最低。整个海区放线菌数量夏季变化幅度最大,冬季变化幅度最小。不同季节的水平分布趋势与表层相同。

30 m层,放线菌数量均值以夏季最高,春季次之,冬季最低。整个海区放线菌数量夏季变化幅度最大,冬季变化幅度最小。夏、春两个季节水平分布趋势相同,呈近海高外海低的趋势,而至秋季,外海海域高于近海,冬季整体分布趋于均匀。

底层,放线菌数量均值夏季最高,春季次之,冬季最低。整个海区放线菌数量夏季变化幅度最大,冬季变化幅度最小。水平分布趋势的季节变化与30 m层一致。

7.2.2 沉积物中放线菌

1. 水平分布

春季,沉积物中放线菌平均数量为 $5.86×10^4$ cfu/g,变化范围为 $1.00×10^3 \sim 2.87×10^5$ cfu/g。水平分布呈现近海海域高于外部海域的趋势(图7.9)。

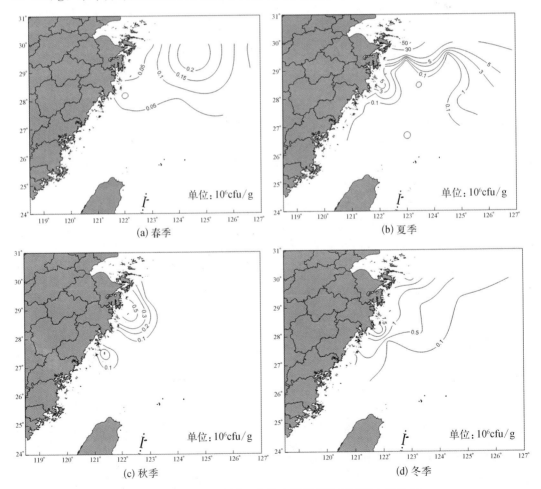

图7.9　ST05区块海域沉积物中放线菌数量四季水平分布

　　夏季,放线菌平均数量为 $5.41×10^4$ cfu/g,变化范围为 $0～6.10×10^5$ cfu/g,个别站位沉积物样品未培养出放线菌。水平分布来看,北部海域高于南部海域。

　　秋季,放线菌平均数量为 $1.44×10^5$ cfu/g,变化范围为 $0～6.60×10^5$ cfu/g,个别站位沉积物样品未培养出放线菌。水平分布趋势近海高外海低。

　　冬季,放线菌平均数量为 $8.31×10^3$ cfu/g,变化范围为 $0～2.57×10^4$ cfu/g,个别站位沉积物样品未培养出放线菌。从水平分布上看,北部海域高于南部海域,近岸海域高于外部海域,并在近岸中部海域形成高值区。

　　2. 季节变化

　　ST05 区块海域沉积物放线菌数量均值以秋季最高,春、夏季次之,冬季最低(表7.4)。整个海区细菌数量秋季变化幅度最大,冬季变化幅度最小。

表 7.4　ST05 区块海域沉积物放线菌数量季节分布　　　　（单位：cfu/g）

季 节	平均值	范 围
春 季	$5.86×10^4$	$1.00×10^3～2.87×10^5$
夏 季	$5.41×10^4$	$0～6.10×10^5$
秋 季	$1.44×10^5$	$0～6.60×10^5$
冬 季	$8.31×10^3$	$0～2.57×10^4$
全年平均	$6.51×10^4$	$0～6.60×10^5$

7.3　真菌

7.3.1　海水中真菌

　　1. 水平分布

　　1) 春季

　　表层,真菌平均数量为 $6.71×10^6$ cfu/L,变化范围为 $1.00×10^5～6.31×10^7$ cfu/L。水平分布来看,南部海域高于北部海域,近岸海域高于外部海域,并在南部近岸海域形成一个高值区(表7.5,图7.10)。

表 7.5　ST05 区块海域海水中真菌数量四季统计　　　　（单位：cfu/L）

季 节	层 次	平均值	范 围
春 季	0.5 m	$6.71×10^6$	$1.00×10^5～6.31×10^7$
	10.0 m	$2.18×10^6$	$1.00×10^5～7.40×10^6$
	30.0 m	$2.21×10^6$	$3.50×10^5～5.28×10^6$
	底 层	$9.45×10^6$	$6.00×10^5～9.20×10^7$
	平 均	$5.41×10^6$	$1.00×10^5～9.20×10^7$
夏 季	0.5 m	$2.37×10^6$	$0～2.60×10^7$
	10.0 m	$2.61×10^6$	$0～3.67×10^7$
	30.0 m	$1.02×10^6$	$0～3.00×10^6$

续表

季 节	层 次	平均值	范 围
	底 层	7.12×10^5	$0 \sim 2.00 \times 10^6$
	平 均	1.73×10^6	$0 \sim 3.67 \times 10^7$
秋季	0.5 m	6.35×10^5	$0 \sim 4.00 \times 10^6$
	10.0 m	6.86×10^5	$0 \sim 6.67 \times 10^6$
	30.0 m	6.04×10^5	$0 \sim 2.33 \times 10^6$
	底 层	1.28×10^5	$0 \sim 4.67 \times 10^5$
	平 均	5.03×10^5	$0 \sim 6.67 \times 10^6$
冬季	0.5 m	8.55×10^5	$7.00 \times 10^3 \sim 5.78 \times 10^6$
	10.0 m	2.59×10^5	$1.00 \times 10^4 \sim 8.63 \times 10^5$
	30.0 m	3.83×10^5	$0 \sim 2.95 \times 10^6$
	底 层	3.75×10^5	$0 \sim 1.79 \times 10^6$
	平 均	5.20×10^5	$0 \sim 8.6 \times 10^5$

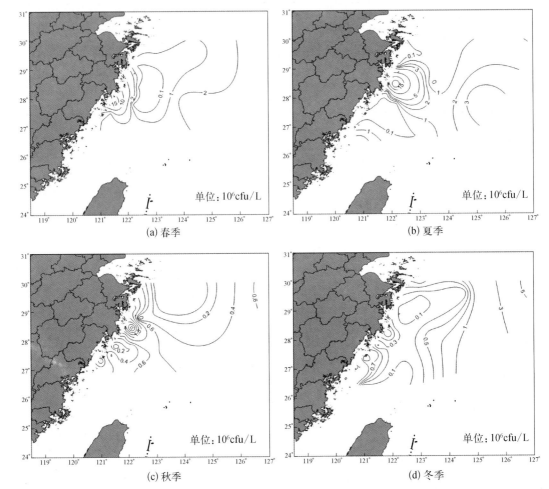

图 7.10 ST05 区块海域表层海水中真菌数量四季水平分布

10 m 层,真菌平均数量为 2.18×10^6 cfu/L,变化范围为 $1.00 \times 10^5 \sim 7.40 \times$

10^6 cfu/L。从水平分布上看与表层分布趋势较为一致。

30 m层，真菌平均数量为 2.21×10^6 cfu/L，变化范围为 $3.50\times10^5\sim5.28\times10^6$ cfu/L。从水平分布看，调查海区中部低于近岸及外部海域，并在中部形成一个低值区（表7.5，图7.11）。

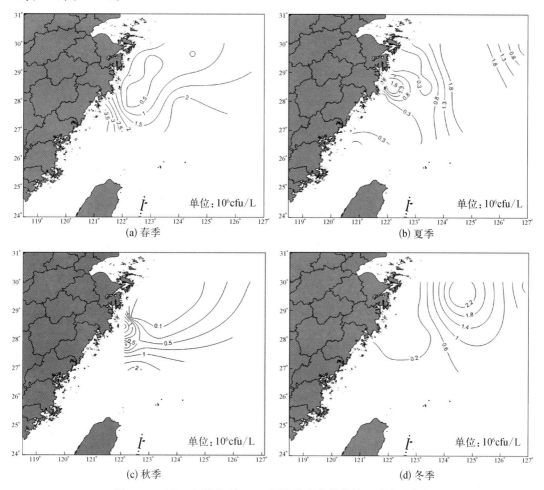

图 7.11　ST05 区块海域 30 m 层海水中真菌数量四季水平分布

底层，真菌平均数量为 9.45×10^6 cfu/L，变化范围为 $0.60\times10^6\sim9.20\times10^7$ cfu/L。从水平分布上看，近海海域高于外部海域。

2）夏季

表层，真菌平均数量为 2.37×10^6 cfu/L，变化范围为 $0\sim2.60\times10^7$ cfu/L，个别站位未培养出真菌。水平分布呈现近海高外海低的趋势，并在近岸中部海域形成一个高值区。

10 m层，真菌平均数量为 2.61×10^6 cfu/L，变化范围为 $0\sim3.67\times10^7$ cfu/L，个别站位未培养出真菌。水平分布整体呈现近海高、外海低的趋势，在中部近海和中部外海分布形成两个高值区。

30 m层，真菌平均数量为 1.02×10^6 cfu/L，变化范围为 $0\sim3.00\times10^6$ cfu/L，个别站位未培养出真菌。水平分布呈现北部近海低于北部外海海域，南部近海高于南部外海海域,并分别在北部外海海域和南部近海海域形成两个高值区。

底层,真菌平均数量为 7.12×10^5 cfu/L,变化范围为 $0 \sim 2.00 \times 10^6$ cfu/L,个别站位未培养出真菌,水平分布与30 m层分布较为一致。

3）秋季

表层,真菌平均数量为 6.35×10^5 cfu/L,变化范围为 $0 \sim 4.00 \times 10^6$ cfu/L,个别站位未培养出真菌。水平分布呈现近海高、外海低的趋势,高值区出现在近海北部。

10 m层,真菌平均数量为 6.86×10^5 cfu/L,变化范围为 $0 \sim 6.67 \times 10^6$ cfu/L,个别站位未培养出真菌。水平分布呈现北部海域低于南部海域,近海海域高于外部海域的趋势。

30 m层,真菌平均数量为 6.04×10^5 cfu/L,变化范围为 $0 \sim 2.33 \times 10^6$ cfu/L,个别站位未培养出真菌。水平分布趋势与表层和10 m层较为一致。

底层,真菌平均数量为 1.28×10^5 cfu/L,变化范围为 $0 \sim 4.67 \times 10^5$ cfu/L,个别站位未培养出真菌。水平分布上在北部形成一条高值断面,而在南部近岸形成一个高值区。

4）冬季

表层,真菌平均数量为 8.55×10^5 cfu/L,变化范围为 $7.00 \times 10^3 \sim 5.78 \times 10^6$ cfu/L。水平分布除东北部海域和南部近岸海域出现高值区外,整体分布较为均匀。

10 m层,真菌平均数量为 2.59×10^5 个/L,变化范围为 $1.00 \times 10^4 \sim 8.63 \times 10^5$ cfu/L。从分布趋势来看,各区域真菌数量变化范围较小,整体分布较均匀。

30 m层,真菌平均数量为 3.83×10^5 cfu/L,变化范围为 $0 \sim 2.95 \times 10^6$ cfu/L,个别站位均未培养出真菌。从分布趋势来看,除北部海域出现一个高值区,其他海域分布较均匀。

底层,真菌平均数量为 3.75×10^5 cfu/L,变化范围为 $0 \sim 1.79 \times 10^6$ cfu/L,个别站位未培养出真菌。水平分布由于冬季真菌数量相对较少,各区域分布较为均匀。

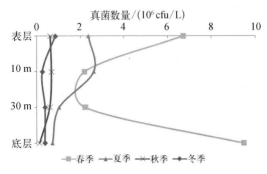

图7.12　ST05区块海域海水中真菌数量四季垂直分布

2. 垂直分布

春季,调查海区各层次真菌平均数量分别为 6.71×10^6 cfu/L、2.18×10^6 cfu/L、2.21×10^6 cfu/L 和 9.45×10^6 cfu/L,即底层>表层>30 m层>10 m层（图7.12）。

夏季,各层次真菌平均数量分别为 2.37×10^6 cfu/L、2.61×10^6 cfu/L、1.02×10^6 cfu/L 和 7.12×10^5 cfu/L。各层次间垂直分布变化不大,表层和10 m层略高于30 m层和底层。

秋季,各层次真菌平均数量分别为 6.35×10^5 cfu/L、6.86×10^5 cfu/L、6.04×10^5 cfu/L 和 1.28×10^5 cfu/L。表层、10 m层和30 m层真菌数量基本处于同一水平,底层真菌数量相对较少。

冬季,各层次平均数量分别为 8.55×10^5 cfu/L、2.59×10^5 cfu/L、3.83×10^5 cfu/L 和 3.75×10^5 cfu/L。即表层>30 m层>底层>10 m层,10 m层以深的水体中分布较为均匀。

3. 季节变化

表层,真菌数量均值春季最高,夏季次之,秋季最低(图 7.13)。整个海区真菌数量夏季变化幅度最大,冬季变化幅度最小。夏、春和秋三个季节的水平分布趋势一致,均呈现近海高外海低的趋势;冬季分布较为均匀。

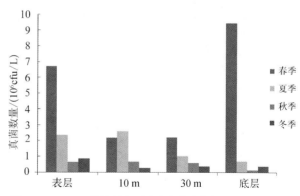

图 7.13　ST05 区块海域各层次海水中真菌数量季节分布

10 m 层,真菌数量均值夏季最高,春季次之,冬季最低。整个海区真菌数量夏季变化幅度最大,冬季变化幅度最小。夏、春和秋三个季节的水平分布趋势一致,均呈现近海高、外海低的趋势;冬季分布较为均匀。

30 m 层,真菌数量均值春季最高,夏季次之,冬季最低。整个海区真菌数量夏季变化幅度最大,冬季变化幅度最小。夏、春和秋三个季节的水平分布趋势一致,均呈现近海高、外海低的趋势;冬季分布较为均匀。

底层,真菌数量均值春季最高,夏季次之,秋季最低。整个海区真菌数量夏季变化幅度最大,冬季变化幅度最小。夏、春和秋三个季节的水平分布趋势一致,均呈现近海高、外海低的趋势;冬季分布较为均匀。

7.3.2　沉积物中真菌

1. 水平分布

春季,沉积物中真菌平均数量为 2.27×10^4 cfu/g,变化范围为 $0 \sim 6.20 \times 10^4$ cfu/g,个别站位沉积物样品未培养出真菌。从水平分布上看,北部外海存在一高值区域,由此向周围区域递减(图 7.14)。

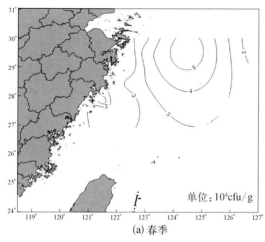

(a) 春季

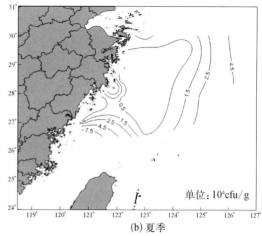

(b) 夏季

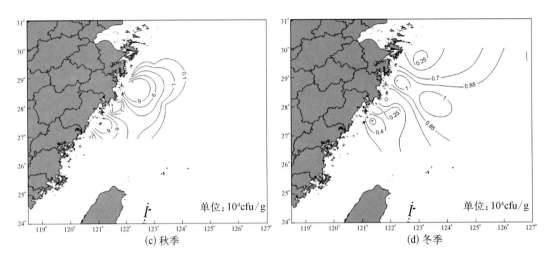

图 7.14 ST05 区块海域沉积物中真菌数量四季水平分布

夏季,真菌平均数量为 1.90×10^4 cfu/g,变化范围为 $0 \sim 1.30 \times 10^5$ cfu/g,个别站位沉积物样品未培养出真菌。水平分布北部近海海域低于外部海域,南部海域表现为近岸海域高于外部海域。

秋季,真菌平均数量为 4.40×10^4 cfu/g,变化范围为 $0 \sim 1.97 \times 10^5$ cfu/g,个别站位沉积物样品未培养出真菌。水平分布由近海向外海递减。

冬季,真菌平均数量为 5.47×10^3 cfu/g,变化范围为 $0 \sim 1.30 \times 10^4$ cfu/g,个别站位沉积物样品未培养出真菌。水平分布上,在中部海域形成两个高值区,南、北部相差不大。

2. 季节变化

ST05 区块海域沉积物真菌数量均值秋季最高,夏、春季次之,冬季最低(表 7.6)。整个海区细菌数量秋季变化幅度最大,冬季变化幅度最小。

表 7.6 ST05 区块海域沉积物真菌数量季节分布 　　　(单位:cfu/g)

季　节	平均值	范　围
春　季	2.27×10^4	$0 \sim 6.20 \times 10^4$
夏　季	1.90×10^4	$0 \sim 1.30 \times 10^5$
秋　季	4.40×10^4	$0 \sim 1.97 \times 10^5$
冬　季	5.47×10^3	$0 \sim 1.30 \times 10^4$
全年平均	2.32×10^4	$0 \sim 1.97 \times 10^5$

7.4　异养细菌

7.4.1　水平分布

1) 春季

表层,异养细菌平均数量为 8.98×10^8 个/L,其变化范围为 $3.25 \times 10^8 \sim 1.51 \times 10^9$

个/L。呈现由东北向西南递减的趋势,高值区出现在北部外海海域,在 30°N 断面出现一高值断面,低值区出现在中北部近海海域(表 7.7,图 7.15)。

表 7.7　ST05 区块海域海水中异氧细菌数量四季统计　　　　(单位:个/L)

季　节	层　次	平均值	范　围
春 季	0.5 m	8.98×10^8	$3.25 \times 10^8 \sim 1.51 \times 10^9$
	10.0 m	8.85×10^8	$4.22 \times 10^8 \sim 1.50 \times 10^9$
	30.0 m	6.44×10^8	$1.77 \times 10^8 \sim 9.84 \times 10^8$
	底 层	6.53×10^8	$3.23 \times 10^8 \sim 1.28 \times 10^9$
	平 均	7.81×10^8	$1.77 \times 10^8 \sim 1.51 \times 10^9$
夏 季	0.5 m	1.36×10^9	$5.07 \times 10^8 \sim 3.42 \times 10^9$
	10.0 m	1.15×10^9	$3.40 \times 10^8 \sim 2.01 \times 10^9$
	30.0 m	9.81×10^8	$5.99 \times 10^8 \sim 2.29 \times 10^9$
	底 层	6.01×10^8	$2.43 \times 10^8 \sim 1.01 \times 10^9$
	平 均	1.03×10^9	$2.43 \times 10^8 \sim 3.42 \times 10^9$
秋 季	0.5 m	4.53×10^8	$1.40 \times 10^8 \sim 8.00 \times 10^8$
	10.0 m	6.47×10^8	$5.80 \times 10^7 \sim 3.10 \times 10^9$
	30.0 m	4.96×10^8	$2.30 \times 10^8 \sim 7.60 \times 10^8$
	底 层	4.35×10^8	$1.70 \times 10^8 \sim 8.10 \times 10^8$
	平 均	5.09×10^8	$1.40 \times 10^8 \sim 8.10 \times 10^8$
冬 季	0.5 m	5.47×10^8	$2.74 \times 10^8 \sim 7.75 \times 10^8$
	10.0 m	5.19×10^8	$3.07 \times 10^8 \sim 9.60 \times 10^8$
	30.0 m	4.48×10^8	$3.10 \times 10^8 \sim 6.42 \times 10^8$
	底 层	4.37×10^8	$2.37 \times 10^8 \sim 6.81 \times 10^8$
	平 均	4.88×10^8	$2.74 \times 10^8 \sim 9.60 \times 10^8$

10 m 层,异养细菌平均数量为 8.85×10^8 个/L,其变化范围为 $4.22 \times 10^8 \sim 1.50 \times 10^9$ 个/L,水平分布与表层分布有所一致。

30 m 层,异养细菌平均数量为 6.44×10^8 个/L,其变化范围为 $1.77 \times 10^8 \sim 9.84 \times 10^9$ 个/L。水平分布呈现由北向南递减的趋势(表 7.7,图 7.16)。

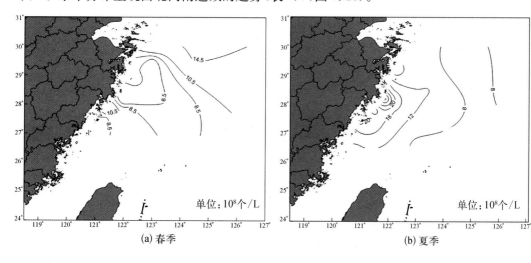

(a) 春季　　　　　　　　　　　　(b) 夏季

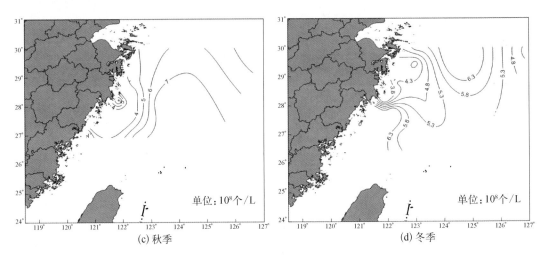

图 7.15　ST05 区块海域表层海水中异氧细菌数量四季水平分布

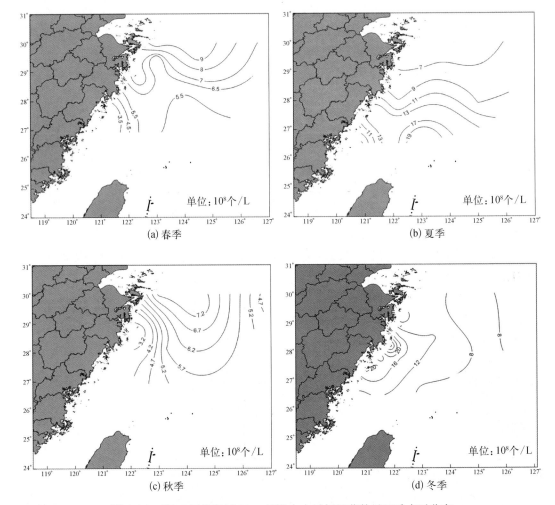

图 7.16　ST05 区块海域 30 m 层海水中异氧细菌数量四季水平分布

第7章

底层,异养细菌平均数量为 6.53×10^8 个/L,其变化范围为 $3.23 \times 10^8 \sim 1.28 \times 10^9$ 个/L。从水平分布上看,南部海域高于北部海域,近岸高于外部海域,并逐渐向外部海域递减,呈现由近岸向远海递减的趋势。

2)夏季

表层,异养细菌平均数量为 1.36×10^9 个/L,其变化范围为 $5.07 \times 10^8 \sim 3.42 \times 10^9$ 个/L。从水平分布趋势看,由近海向外部海域递减,南部近海海域高于北部海域,为明显的高值区。

10 m 层,异养细菌平均数量为 1.15×10^9 个/L,其变化范围为 $3.40 \times 10^8 \sim 2.01 \times 10^9$ 个/L。从水平分布趋势来看,分布呈现南部海域高于北部海域,由近岸向外部海域递减,在南部近海海域形成高值区,同时在外部海域也形成一个高值区。

30 m 层,异养细菌平均数量为 9.81×10^8 个/L,其变化范围为 $5.99 \times 10^8 \sim 2.29 \times 10^9$ 个/L。水平分布由北向南递增,并在南部近海和外海各形成一个高值区。

底层,异养细菌平均数量为 6.01×10^8 个/L,其变化范围为 $2.43 \times 10^8 \sim 1.01 \times 10^9$ 个/L。水平分布呈现南部海域高于北部海域的趋势,近岸高于外部海域,并由近岸向外部海域递减。在中南部近海海域形成一个高值区。

3)秋季

表层,异养细菌平均数量为 4.53×10^8 个/L,其变化范围为 $1.40 \times 10^8 \sim 8.00 \times 10^8$ 个/L。分别在中部近海和中部外海各形成一个高值区,水平分布呈由近海向外海递减再递增再递减的趋势。

10 m 层,异养细菌平均数量为 6.47×10^8 个/L,其变化范围为 $5.80 \times 10^7 \sim 3.10 \times 10^9$ 个/L。水平分布呈现由近岸向远海递减。

30 m 层,异养细菌平均数量为 4.96×10^8 个/L,其变化范围为 $2.30 \times 10^8 \sim 7.60 \times 10^8$ 个/L。水平分布呈现北部高于南部、外海高于近海的趋势。

底层,异养细菌平均数量为 4.35×10^8 个/L,其变化范围为 $1.70 \times 10^8 \sim 8.10 \times 10^8$ 个/L。水平分布呈现近海高于外海,并向外部海域递减的趋势。

4)冬季

表层,异养细菌平均数量为 5.47×10^8 个/L,其变化范围为 $2.74 \times 10^8 \sim 7.75 \times 10^8$ 个/L。从水平分布来看,由中部分别向南北逐渐递增,并在南部海域和北部海域各有一个相对高值区域,但从数值和量级来看,与其他季节相比,冬季整个海域异养细菌分布较均匀。

10 m 层,异养细菌平均数量为 5.19×10^8 个/L,其变化范围为 $3.07 \times 10^8 \sim 9.60 \times 10^8$ 个/L。分布趋势与表层一致。

30 m 层,异养细菌平均数量为 4.48×10^8 个/L,其变化范围为 $3.10 \times 10^8 \sim 6.42 \times 10^8$ 个/L。从分布趋势来看,与表层和 10 m 层有所区别,南部海域高于北部海域,并由南向北逐渐递减。

底层,异养细菌平均数量为 4.37×10^8 个/L,其变化范围为 $2.37 \times 10^8 \sim 6.81 \times 10^8$ 个/L。从分布趋势来看,该层次分布趋势与 30 m 层类似,南部近海海域明显高于其他海域,其他海域变化范围较小。

7.4.2 垂直分布

春季,各层次异养细菌数量平均值分别为 8.98×10^8 个/L、8.85×10^8 个/L、6.44×10^8 个/L 和 6.53×10^8 个/L,明显呈现由表层至底层逐渐下降的趋势,30 m 以深水体异氧菌数量区域稳定(图 7.17)。

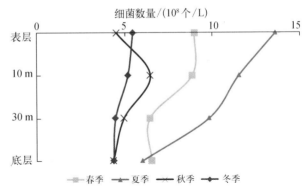

图 7.17 ST05 区块海域海水中异氧细菌数量四季垂直分布

夏季,各层次异养细菌数量平均值分别为 1.36×10^9 个/L、1.15×10^9 个/L、9.81×10^8 个/L 和 6.01×10^8 个/L,由表层至底层呈明显递减趋势。

秋季,各层次异养细菌数量平均值分别为 4.53×10^8 个/L、6.47×10^8 个/L、4.96×10^8 个/L 和 4.35×10^8 个/L,呈现由表层至 10 m 层逐渐上升的趋势,并在 10 m 层达到最高值,然后由 10 m 层向底层逐渐下降。

冬季,各层次异养细菌数量平均值分别为 5.47×10^8 个/L、5.19×10^8 个/L、4.48×10^8 个/L 和 4.37×10^8 个/L,由表层至底层逐渐降低,但层次间变化不明显。

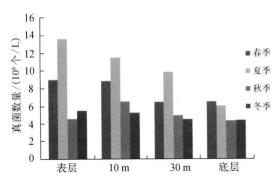

图 7.18 ST05 区块海域各层次海水中异氧细菌数量季节分布

7.4.3 季节变化

表层,异养细菌数量均值以夏季最高,春季次之,秋季最低(图 7.18)。整个海区表层异养细菌数量夏季变化幅度最大,冬季变化幅度最小。

10 m 层,异养细菌数量仍以夏季最高,春季次之,冬季最低。整个海区异养细菌数量夏季变化幅度最大,冬季变化幅度最小。

30 m 层,异养细菌数量均值仍以夏季最高,春季次之,冬季最低。整个海区异养细菌数量夏季变化幅度最大,冬季变化幅度最小。30 m 层异养菌数量在春秋两季的水平分布趋势一致,均呈现北高南低的态势,而夏、冬季呈南高北低的趋势。

底层,异养细菌数量均值春季最高,夏季次之,冬季和秋季相对较低。整个海区异养细菌数量夏季和春季变化幅度较大,冬季变化幅度最小。

7.5 病毒

7.5.1 水平分布

1) 春季

表层,病毒平均数量为 1.02×10^{10} particles/L,其变化范围为 $7.89 \times 10^9 \sim 1.33 \times$

10^{10} particles/L。病毒数量水平分布呈现近海略高于外海,北部海域高于南部海域的趋势
(表7.8,图7.19)。

表7.8 ST05区块海域海水中病毒数量四季统计 （单位：particles/L）

季 节	层 次	平均值	范围
春 季	0.5 m	$1.02×10^{10}$	$7.89×10^9～1.33×10^{10}$
	10.0 m	$8.96×10^9$	$5.47×10^9～1.10×10^{10}$
	30.0 m	$7.80×10^9$	$5.72×10^9～9.27×10^{10}$
	底 层	$6.76×10^9$	$4.17×10^9～1.05×10^{10}$
	平 均	$8.47×10^9$	$4.17×10^9～1.33×10^{10}$
夏 季	0.5 m	$1.97×10^{10}$	$1.19×10^{10}～2.46×10^{10}$
	10.0 m	$1.88×10^{10}$	$1.58×10^{10}～2.12×10^{10}$
	30.0 m	$1.38×10^{10}$	$9.10×10^9～1.79×10^{10}$
	底 层	$1.11×10^{10}$	$6.47×10^9～1.77×10^{10}$
	平 均	$1.60×10^{10}$	$6.47×10^9～2.46×10^{10}$
秋 季	0.5 m	$1.29×10^{10}$	$1.48×10^9～2.14×10^{10}$
	10.0 m	$1.03×10^{10}$	$6.24×10^9～1.38×10^{10}$
	30.0 m	$6.98×10^9$	$5.05×10^9～9.65×10^9$
	底 层	$4.20×10^9$	$2.61×10^9～7.21×10^9$
	平 均	$8.79×10^9$	$1.48×10^9～2.14×10^{10}$
冬 季	0.5 m	$1.09×10^{10}$	$8.33×10^9～1.34×10^{10}$
	10.0 m	$8.87×10^9$	$7.48×10^9～1.03×10^{10}$
	30.0 m	$7.64×10^9$	$6.90×10^9～8.24×10^9$
	底 层	$7.10×10^9$	$8.38×10^9～1.77×10^{10}$
	平 均	$8.49×10^9$	$6.90×10^9～1.77×10^{10}$

10 m层,病毒平均数量为$8.96×10^9$ particles/L,其变化范围为$5.47×10^9～1.10×10^{10}$ particles/L。病毒数量水平分布呈现由近海向外部海域递减、由南部向北部海域递增的趋势,在北部、南部近海各形成一个高值区。

30 m层,病毒平均数量为$7.80×10^9$ particles/L,其变化范围为$5.72×10^9～9.27×10^9$ particles/L。其水平分布呈现由近海向外海逐渐降低的趋势,在中部外海出现一较低值区域(表7.8,图7.20)。

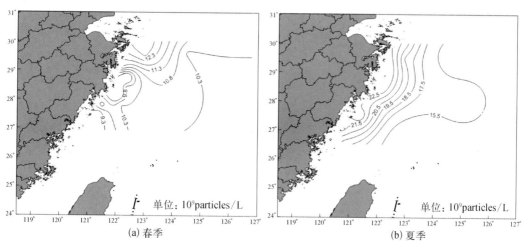

(a) 春季　　　　　　　　　　　　　　(b) 夏季

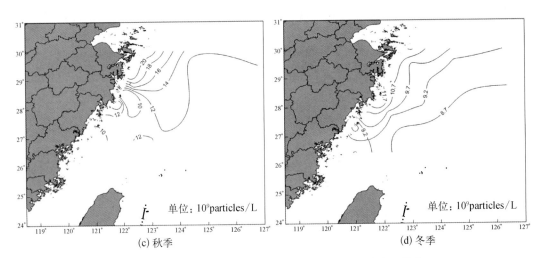

图 7.19　ST05 区块海域表层海水中病毒数量四季水平分布

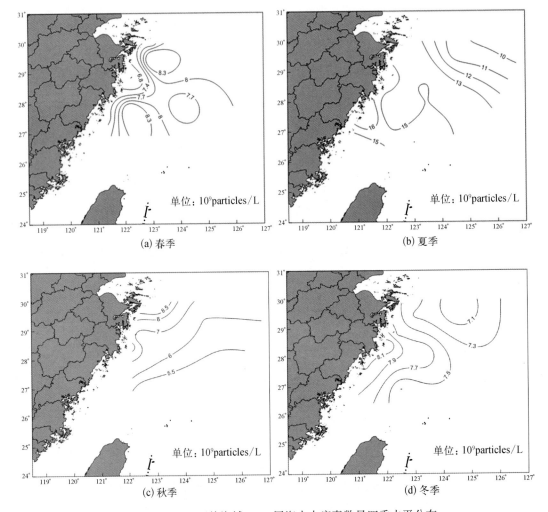

图 7.20　ST05 区块海域 30 m 层海水中病毒数量四季水平分布

底层,病毒平均数量为 6.76×10^9 particles/L,其变化范围为 $4.17 \times 10^9 \sim 1.05 \times 10^{10}$ particles/L,在中北部外海出现一高值区,由此向周围海域逐渐降低。

2)夏季

表层,病毒平均数量为 1.97×10^{10} particles/L,其变化范围为 $1.19 \times 10^{10} \sim 2.46 \times 10^{10}$ particles/L,病毒数量水平分布呈现明显的近海向远海递减的趋势。

10 m 层,病毒平均数量为 1.88×10^{10} particles/L,其变化范围为 $1.58 \times 10^{10} \sim 2.12 \times 10^{10}$ particles/L。从分布趋势来看,呈现由近海向外海递减,北部海域向南部海域递减的趋势,并分别在南、北部近海各形成一个高值区。

30 m 层,病毒平均数量为 1.38×10^{10} particles/L,变化范围为 $9.10 \times 10^9 \sim 1.79 \times 10^{10}$ particles/L。水平分布由西南向东北逐渐降低。

底层,病毒平均数量为 1.11×10^{10} particles/L,其变化范围为 $6.47 \times 10^9 \sim 1.77 \times 10^{10}$ particles/L。水平分布呈现南部海域高于北部海域,近海海域明显高于外部海域,并呈由近海向远海递减的趋势。

3)秋季

表层,病毒平均数量为 1.29×10^{10} particles/L,其变化范围为 $1.48 \times 10^9 \sim 2.14 \times 10^{10}$ particles/L。水平分布趋势与春季相似,近海高于外海,北部高于南部,整个外海海域及南部近海分布较为均匀。

10 m 层,病毒平均数量为 1.03×10^{10} particles/L,其变化范围为 $6.24 \times 10^9 \sim 1.38 \times 10^{10}$ particles/L。水平分布呈现北部海域高于南部海域、北部近海高于北部外海、南部近海海域低于南部外海海域的趋势。

30 m 层,病毒平均数量为 6.98×10^9 particles/L,其变化范围为 $5.05 \times 10^9 \sim 9.65 \times 10^9$ particles/L,水平分布趋势明显,由西北向东南逐渐降低。

底层,病毒平均数量为 4.20×10^9 particles/L,其变化范围为 $2.61 \times 10^9 \sim 7.21 \times 10^9$ particles/L,水平分布趋势明显,表现为北部近海海域明显高于其他区域。

4)冬季

表层,病毒平均数量为 1.09×10^{10} particles/L,其变化范围为 $8.33 \times 10^9 \sim 1.34 \times 10^{10}$ particles/L。水平分布与夏季相似,由近海向外海递减,高值区出现在中部近海海域。

10 m 层,病毒平均数量为 8.87×10^9 particles/L,其变化范围为 $7.48 \times 10^9 \sim 1.03 \times 10^{10}$ particles/L。水平分布上看,近海海域高于外部海域,从数值和数量级来看,整个海域病毒分布较均匀。

30 m 层,病毒平均数量为 7.64×10^9 particles/L,其变化范围为 $6.90 \times 10^9 \sim 8.24 \times 10^9$ particles/L。从水平分布上看,南部海域高于北部海域,近海海域高于外部海域,并在南部近海海域形成相对高值区。

底层,病毒平均数量为 7.10×10^9 particles/L,其变化范围为 $8.38 \times 10^9 \sim 1.77 \times 10^{10}$ particles/L。水平分布呈现由近海向远海递减的趋势,南部海域高于北部海域;从数值和数量级来看,整个海域病毒分布相对较为均匀。

7.5.2 垂直分布

春季,各层次病毒数量平均值分别为 1.02×10^{10} particles/L、8.96×10^{9} particles/L、7.80×10^{9} particles/L 和 6.76×10^{9} particles/L。表层＞10 m层＞30 m层＞底层,呈现由表层至底层逐渐下降的趋势(图7.21)。

夏季,各层次数量平均值分别为 1.97×10^{10} particles/L、1.88×10^{10} particles/L、1.38×10^{10} particles/L

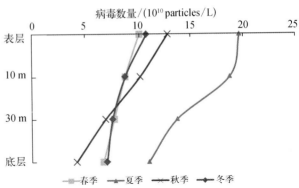

图 7.21 ST05区块海域海水中病毒数量四季垂直分布

和 1.11×10^{10} particles/L。与春季垂直分布相同,呈现由表层至底层逐渐下降的趋势,但下降趋势较春季更为明显。

秋季,各层次数量平均值分别为 1.29×10^{10} particles/L、1.03×10^{10} particles/L、6.98×10^{9} particles/L 和 4.20×10^{9} particles/L。表层＞10 m层＞30 m层＞底层,呈现由表层至底层逐渐下降的趋势,下降趋势与夏季相似。

冬季,各层次数量平均值分别为 1.09×10^{10} particles/L、8.87×10^{9} particles/L、7.64×10^{9} particles/L 和 7.10×10^{9} particles/L。与其他季节相同,呈现由表层至底层逐渐下降的趋势。

7.5.3 季节变化

表层,病毒数量均值夏季最高,秋季次之,冬季和春季较低(图7.22)。整个海区病毒数量秋季变化幅度最大,夏季变化幅度最小。表层病毒数量在夏、冬、春和秋四个季节的水平分布趋势一致,均呈现由近岸向近海到外海逐渐递减趋势。

10 m 层,病毒数量均值夏季最高,秋季次之,冬季和春季较低。整

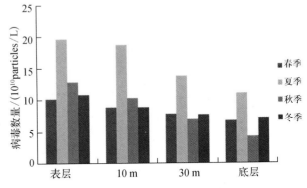

图 7.22 ST05区块海域各层次海水中病毒数量季节分布

个海区病毒数量秋季变化幅度最大,夏季变化幅度最小。与表层相同,10 m层病毒数量在夏、冬、春和秋四个季节的水平分布趋势一致。

30 m 层,病毒数量均值夏季最高,冬季和春季次之,秋季最低。整个海区病毒数量夏季变化幅度最大,冬季变化幅度最小。30 m层病毒数量在四个季节的水平分布趋势各不相同。

底层,病毒数量均值夏季最高,冬季和春季次之,秋季最低。整个海区病毒数量夏季变化幅度最大,冬季变化幅度最小。与表层、10 m层相同,底层病毒数量在夏、冬、春和秋四个季节的水平分布趋势一致。

7.6　微生物多样性

7.6.1　类群组成分析

　　四季海水中微生物类群组成基本比较稳定,细菌数量基本处于较高水平,相比放线菌和真菌基本高出1个数量级,全年细菌在这三种微生物类群中所占比例为88.10%。春季和秋季分别占89.31%和87.52%,秋季和冬季所占比例有所下降,分别为46.09%和48.45%。放线菌和真菌数量相差不大,处于同一水平(表7.9)。

表7.9　ST05区块海域海水中微生物四季的类群组成统计

季　节	细菌平均值 /(cfu/L)	放线菌平均值 /(cfu/L)	真菌平均值 /(cfu/L)	细菌、放线菌、真菌 所占比例/%
春　季	6.20×10^7	2.01×10^6	5.41×10^6	89.31%、2.90%、7.79%
夏　季	4.91×10^7	5.27×10^6	1.73×10^6	87.52%、9.39%、3.08%
秋　季	1.28×10^7	9.94×10^5	5.03×10^5	46.09%、35.79%、18.11%
冬　季	9.35×10^6	4.75×10^5	5.20×10^5	48.45%、24.61%、26.94%
平　均	3.11×10^7	2.20×10^6	2.00×10^6	88.10%、6.23%、5.67%

　　沉积物中微生物类群组成基本比较稳定,细菌数量基本处于较高水平,为其中主要类群,全年细菌在这三种微生物类群中所占比例为82.60%,但相比水体沉积物中细菌所占比例有所减少,尤其是秋季和冬季航次。放线菌和真菌数量比较稳定,放线菌数量略大于真菌数量,基本处于同一水平(表7.10)。

表7.10　ST05区块海域沉积物中微生物四季的类群组成统计

季　节	细菌平均值 /(cfu/g)	放线菌平均值 /(cfu/g)	真菌平均值 /(cfu/g)	细菌、放线菌、真菌 所占比例/%
春　季	8.75×10^5	5.86×10^4	2.27×10^4	91.50%、6.13%、2.37%
夏　季	6.62×10^5	5.41×10^4	1.90×10^4	90.06%、7.36%、2.58%
秋　季	8.80×10^4	1.44×10^5	4.40×10^4	31.89%、52.17%、15.94%
冬　季	1.53×10^4	8.31×10^3	5.47×10^3	52.61%、28.58%、18.81%
平　均	4.19×10^5	6.51×10^4	2.32×10^4	82.60%、12.83%、4.57%

7.6.2　异养细菌分布特征

　　ST05区块海域水体中异养细菌水平分布有较明显的趋势,呈现由近海向外部海域逐渐递减,北部海域异养细菌数量相对较高。分析其主要原因可能与异养菌的数量受陆源营养物质的影响较大有关,陆源污染物的入海扩散导致异养菌分布呈现出离岸越近数量越高的趋势,而北部海域异养细菌数量较高可能与该海域受上升流和长江冲淡水所携带的大量营养物质影响有关,这与现有研究结果一致。

　　ST05区块海域异养菌数量平均为7.05×10^8个/L,与赵三军等的调查结果处于同一数量级(表7.11),与其他海域数据相比,ST05区块水体中异养细菌数量总体上处于较高水平,高于黄、渤海沿岸、胶州湾等海域。异养细菌对营养物质的分解是海洋生态系统中能量流动和物质循环的重要环节,其丰度、活性与水体环境有机物浓度关系密切,因而可作为水体富营养化的指标,这也从另一角度说明 ST05 区块水体尤其是近海水体富营养化较为严重。

表 7.11 ST05 区块海域水体中异养菌数与国内其他海域比较

海　区	异养细菌数量/(个/L)	均　值	资料来源
黄、渤海沿岸	$2.5 \times 10^5 \sim 1.0 \times 10^8$	—	林凤翱,2002
胶州湾	1.1×10^9(最高)	—	王文琪等,2000
东海(春季)	—	5.81×10^8	赵三军等,2002
东海(秋季)	—	6.90×10^8	赵三军等,2002
浙江近岸	$4.0 \times 10^5 \sim 7.7 \times 10^8$	8.50×10^7	杜爱芳,2003
青岛附近海域	$5.4 \times 10^7 \sim 5.0 \times 10^8$	—	杜宗军等,2002
渤海湾近岸	$2.0 \times 10^4 \sim 4.95 \times 10^7$	6.80×10^6	乔旭东等,2007
海南红沙港	$4.0 \times 10^6 \sim 7.2 \times 10^8$	8.60×10^7	朱白婢等,2007
青岛近岸	$1.01 \times 10^4 \sim 1.03 \times 10^8$	3.88×10^6	王娜,2008
ST05 区块	$5.80 \times 10^7 \sim 3.42 \times 10^9$	7.05×10^8	本次调查

7.6.3　微生物物种多样性

1. 分类鉴定与系统发育分析

对采自长江河口三个站点(C1,C2 和 C3)和东海沿岸六个站点(E1,E2,E3,E4,E5 和 E6)的水质、沉积物 36 个样品,进行基因组 DNA 的抽提,通过 PCR 的方法进行扩增,建立克隆文库。从 36 个文库中得到了 2 088 个重组转化子,测序后得到 1 946 条高质量序列,各个文库中测序序列数为 41~64 条,平均测序数为 54 条(表 7.12)。

表 7.12 ST05 区块海域与长江河口 36 个文库统计学分析

站点	测序序列数目	OTU 个数 97%(99%)	Singletons	覆盖度/%	S_{ACE}	S_{chao1}	Shannon-Weaver
C1SF	43	34(36)	28	35	129.8	109.6	3.43
C1AF	51	33(35)	24	53	92.4	79.0	3.31
C2SF	61	32(35)	16	74	48.4	47.0	3.30
C2AF	55	28(30)	16	71	46.5	43.0	3.03
C3SF	55	26(33)	16	71	57.6	56.0	2.95
C3AF	59	25(29)	15	75	46.7	38.1	2.57
E1SF	51	28(29)	17	67	60.2	47.4	3.10
E1AF	62	22(30)	13	79	50.2	48.0	2.63
E2SF	56	34(36)	25	55	110.0	94.0	3.27
E2AF	57	40(46)	33	42	179.9	216.0	3.50
E3SF	55	26(29)	15	73	44.0	43.5	2.89

续表

站点	测序序列数目	OTU 个数 97%(99%)	Singletons	覆盖度/%	S_{ACE}	S_{chao1}	Shannon-Weaver
E3AF	61	31(35)	17	72	56.5	44.6	3.19
E4SF	56	20(23)	10	82	29.9	29.0	2.41
E4AF	55	22(29)	14	75	63.6	44.8	2.61
E5SF	54	17(29)	8	85	27.5	26.3	2.39
E5AF	64	24(30)	13	80	52.8	35.1	2.68
E6SF	51	21(26)	16	69	79.8	81.0	2.35
E6AF	57	27(35)	18	68	66.6	52.5	2.83
C1SS	41	24(28)	20	51	151.8	87.3	2.72
C1AS	62	43(48)	39	37	545.7	290.0	3.39
C2SS	53	42(45)	36	32	232.0	168.0	3.61
C2AS	56	30(35)	26	54	213.4	192.5	2.73
C3SS	58	44(45)	32	45	98.2	89.1	3.71
C3AS	47	44(45)	41	13	344.7	249.0	3.76
E1SS	62	13(23)	9	85	48.3	31.0	1.53
E1AS	58	45(49)	39	33	325.0	193.2	3.63
E2SS	44	41(41)	39	11	300.7	216.8	3.69
E2AS	44	40(41)	36	18	220.0	166.0	3.66
E3SS	55	44(45)	39	29	344.9	229.3	3.64
E3AS	52	38(42)	25	52	73.2	61.1	3.57
E4SS	51	18(22)	13	75	47.2	44.0	1.92
E4AS	48	43(45)	39	19	275.1	228.3	3.72
E5SS	59	28(31)	21	64	104.4	98.0	2.88
E5AS	53	50(53)	48	9	804.0	614.0	3.88
E6SS	52	15(20)	12	77	150.0	81.0	1.91
E6AS	48	44(45)	41	15	396.6	317.3	3.74

　　1946 条有效序列中，变形菌门(1 419,72.9%)为最常见的细菌类群,其中,α-变形菌亚门(456,23.4%)和 γ-变形菌亚门(616,31.7%)分布最广。在水样中,α-变形菌纲出现频率最高,而在海洋底泥中 γ-变形菌纲最常见,而 β-变形菌亚门则主要分布在长江河口(192,9.9%)。其余序列主要属于厚壁菌门(6.4%)、拟杆菌门(4.6%)和放线菌门(4.1%)。

　　水样和泥样中微生物群落结构差异显著。δ-变形菌亚门、厚壁菌门、浮霉菌门、酸杆菌门和疣微菌门的细菌主要分布在底泥中,而 α-变形菌亚门和蓝细菌门的细菌主要分布在海水样品中(图 7.23)。

　　厚壁菌门和疣微菌门的细菌主要分布在近海地区,这种分布情况往往能够暗示近岸地区的污染程度相对较高。蓝细菌门则更多出现在站点 E5(较远离海岸)。相关研究指出蓝细菌门更趋向于出现在寡营养的海域,由于站点 E5 受到较大程度台湾暖流的影响,

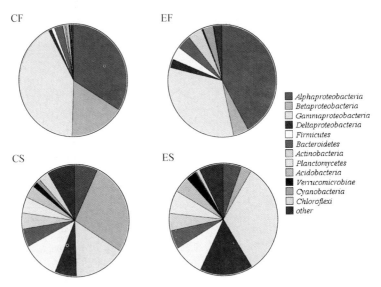

图 7.23 在门和亚门分类地位上的细菌分类图

而台湾暖流又是寡营养的暖流,这项结果与之前的研究相符,蓝细菌门的出现往往暗示着一个相对纯净的水域环境。

2. OTU 鉴定与细菌多样性分析

在 97% 的相似度时,对 36 个文库的细菌 OTU 进行分开归类,各个库 OTU 数目在 13～50 个中变化,平均数目为 32。在 99% 的相似度时,细菌的 OTU 个数有显著增加,变化范围为 20～53 个,平均 OTU 个数为 36(表 7.12)。当把所有细菌一起归类时,鉴定得到 779 个不同的 OTUs。

文库覆盖度计算结果表明,大多数水样文库覆盖度较高,可以代表这个区域真实的微生物多样性。然而,底泥样品的 C 值计算显示大多数泥样覆盖度不高。

与以往对东海区域研究的实验结果相比,本次调查获取的数据具有更高的微生物多样性,泥样中细菌多样性显著高于水样。

3. 细菌群落结构

从 UPGMA 系统发育树中,明显观察到水样与泥样中细菌群落结构呈现分开聚类的现象。水样中,从东海区域采集的样品和从长江河口采集的样品呈现明显的差异,各成一簇,然而,这一现象在泥样中观察并不明显。这一结果说明长江淡水的注入对微生物群落结构有较大的影响。河口复杂的理化性质可能导致了长江口区域的细菌多样性高于东海沿岸(图 7.24)。

PCA 分析得到的结果与 UPGMA 分析大致相同(图 7.25)。水样与泥样的微生物群落存在明显差异,采自长江口门处的水质样品细菌群落结构更接近于泥样。可能由于站点 C2 处在长江与东海交汇处,受长江淡水注入影响较大,高速率的泥沙悬浮沉淀导致水样和泥样中微生物种群的交换明显,故此样品与其他水样相比,更接近于泥样。

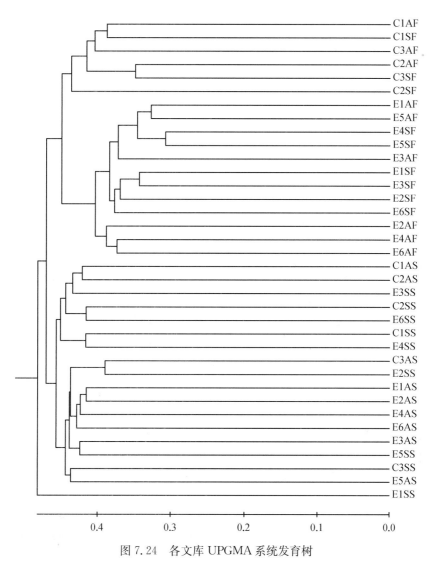

图 7.24　各文库 UPGMA 系统发育树

　　从 ST05 区块海域采集的水样有明显的聚类现象,并呈现比较明显的季节性差异。从长江河口地区采集的水样也呈现明显的聚类现象,但是并未发现显著的季节性差异。在泥样中,主要呈现季节性的聚类现象(春秋季分开聚类),这一现象表示,季节的差异可能在微生物群落结构中起了重要的决定作用。在 PCA 分析中,未发现泥样的微生物群落结构存在明显的差异(图 7.25)。

7.7　小结

　　(1) ST05 区块海域水体异养细菌、病毒平均数量为 7.05×10^8 个/L 和 1.05×10^{10} particles/L,其季节变化基本表现为夏季最高,春秋次之,冬季最低。异养细菌和病毒分布特征趋于一致,水平分布上由近海向外海递减,垂直分布上由表层向底层递减。

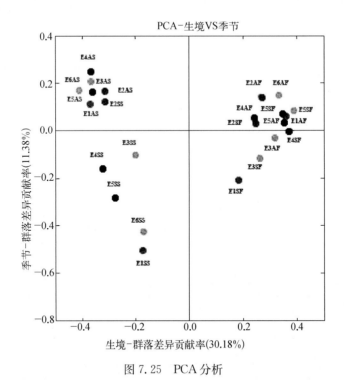

图 7.25 PCA 分析

（2）调查海域水体中微生物组成类群中细菌、放线菌和真菌的平均数量分别为 $3.11×10^7$ cfu/L、$2.20×10^6$ cfu/L 和 $2.01×10^6$ cfu/L。其季节变化表现为春夏季相对较高，冬季较低，全年细菌在这三种微生物类群中所占比例为 88.10%；沉积物中微生物组成类群细菌、放线菌和真菌的平均数量分别为 $4.19×10^5$ cfu/g、$6.51×10^4$ cfu/g 和 $2.32×10^4$ cfu/g，全年细菌占在这三种微生物类群中所占比例为 82.60%，小于其在水体中所占比例。

（3）α-变形菌亚门和γ-变形菌亚门是本区海水中的优势种群。γ-变形菌亚门、δ-变形菌亚门、厚壁菌门、浮霉菌门、酸杆菌门和疣微菌门的细菌主要分布在底泥中。沉积物与水体中的微生物群落结构呈现出较大的差异，表明栖息环境类型对细菌种群分布起着关键的作用。

第7章

叶绿素 a 与浮游植物

浮游植物指因缺乏发达的运动器官而没有或只有微弱的运动能力,悬浮在水层中随水流移动的植物群。按其大小可以分为以下几类:直径小于 2 μm 的为微微型浮游生物(picoplankton),本次调查主要包括聚球藻(Synechococcus, Syn)和微微型光合真核生物(Picoeukaryotes, Euk);直径在 2～20 μm 的为微型浮游生物(nannoplankton),用孔径 20 μm 的筛绢过滤去除大于 20 μm 的生物;直径在 20～200 μm 的为小型浮游生物(microplankton)。浮游植物是海洋生态系统中重要的生产者,是食物链的基础环节,为海洋中的生命活动提供能源,在海洋生态系的物质循环和能量转化过程中起着重要作用。叶绿素 a 是海洋中主要初级生产者浮游植物现存量的一个重要指标,是浮游植物进行光合作用的主要色素,同时也是表征海洋初级生产者浮游植物生物量的一个重要指标。

对于东海区浮游植物和初级生产力的系统调查研究,早在 20 世纪 60 年代就已开始,并获得了一些研究结果:1958～1959 年的全国海洋综合调查,对东海区浮游生物开展第一次全面调查;而后 1975～1976 年的南黄海、东海污染调查,1978～1979 年的东海大陆架调查、1997～2000 年在"126～02"项目、2000 年 10 月在国家重点基础研究发展规划项目——"东、黄海生态系统动力学与生物资源可持续利用"研究课题,都曾对东海区的浮游植物、叶绿素 a 进行过详尽的调查,而且针对局部特殊海域,相关学者也曾开展过相关研究,1981 年宁修仁等就曾对浙江近海及上升流海域叶绿素 a 和初级生产力开展研究工作。这些工作的开展对于更好的开展 ST05 区块浮游植物、初级生产力的量值、分布及动态变化研究提供了很好的基础资料。此次调查对了解和掌握浮游植物和初级生产力在 ST05 区块海域的分布状况及影响规律,进一步研究浮游植物在全球碳循环中所起的作用、海—气界面二氧化碳的交换、水产资源的发展和对资源的合理开发利用具有重要意义。

8.1 叶绿素 a

1. 水平分布

1) 春季

表层,叶绿素 a 平均含量为 1.67 mg/m³,变化范围为 0.03～9.18 mg/m³。水平分布呈现由近海向外海递减的趋势,叶绿素 a 含量为 0.5 mg/m³ 的等值线大致与海岸线平行,离岸垂直距离大约为 45 km,该等值线以东为低于 0.5 mg/m³ 的相对低值区,在北部近海

和中部近海形成两个高值区。(表 8.1,图 8.1)

表 8.1 ST05 区块海域叶绿素 a 含量统计 （单位:mg/m³）

季 节	层 次	平均值	范 围
春季	表 层	1.67	0.03~9.18
	10 m	1.52	0.08~5.23
	30 m	0.62	0.12~3.13
	底 层	0.48	0.01~4.50
	平 均	1.07	0.01~9.18
夏季	表 层	1.60	0.02~12.13
	10 m	1.12	0.03~9.69
	30 m	0.68	0.04~7.74
	底 层	0.55	0.02~2.63
	平 均	0.99	0.02~12.13
秋季	表 层	1.36	0.08~5.62
	10 m	1.31	0.05~4.78
	30 m	1.21	0.10~4.15
	底 层	0.42	0.00~1.67
	平 均	1.08	0.00~5.62
冬季	表 层	0.87	0.28~9.34
	10 m	0.77	0.24~3.37
	30 m	0.70	0.31~3.52
	底 层	0.48	0.10~1.58
	平 均	0.71	0.10~9.34

10 m 层,叶绿素 a 平均含量为 1.52 mg/m³,变化范围为 0.08~5.23 mg/m³。水平分布趋势与表层相似,高值区位于北部近海海域,叶绿素 a 含量为 0.5 mg/m³ 的等值线大致与海岸线平行,离岸垂直距离大约为 40 km,该等值线以东为低于 0.5 mg/m³ 的相对低值区(表 8.1)。

30 m 层,叶绿素 a 平均含量为 0.62 mg/m³,变化范围为 0.12~3.13 mg/m³。从分布趋势来看,近海高外海低,与表层和 10 m 层有所不同,30 m 层水体叶绿素 a 高值区出现在南部近海(表 8.1,图 8.3)。

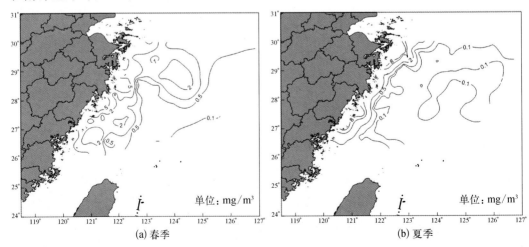

(a) 春季　　　　　　　　　　　　　　　　(b) 夏季

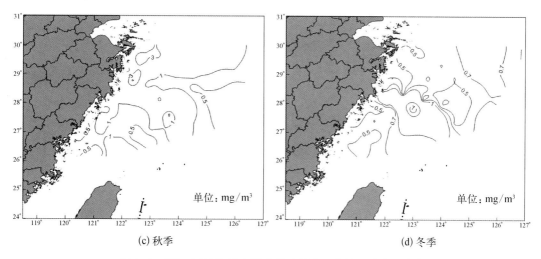

(c) 秋季 　　　　　　　　　　　　　　　(d) 冬季

图 8.1 ST05 区块海域表层水体叶绿素 a 含量四季水平分布

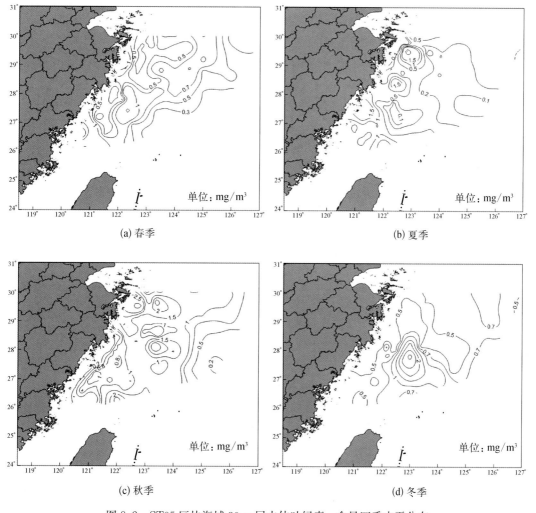

(a) 春季 　　　　　　　　　　　　　　　(b) 夏季

(c) 秋季 　　　　　　　　　　　　　　　(d) 冬季

图 8.2 ST05 区块海域 30 m 层水体叶绿素 a 含量四季水平分布

底层,叶绿素 a 平均含量为 0.48 mg/m³,变化范围为 0.01～4.50 mg/m³。分布趋势与其他层次基本趋于一致,由近海海域向外部海域递减,高值区出现在中部近海海域(表 8.1)。

2)夏季

表层,叶绿素 a 平均含量为 1.60 mg/m³,变化范围为 0.02～12.13 mg/m³。水平分布呈现由近海向外部海域逐渐递减的趋势,叶绿素 a 含量为 0.5 mg/m³ 的等值线大致与海岸线平行,离岸垂直距离大约为 45 km,该等值线以东为低于 0.5 mg/m³ 的相对低值区。

10 m 层,叶绿素 a 平均含量为 1.12 mg/m³,变化范围为 0.03～9.69 mg/m³。从水平分布趋势来看,与表层分布趋势一致,呈现由近海向外部海域递减,叶绿素 a 含量为 0.5 mg/m³ 的等值线大致与海岸线平行,离岸垂直距离大约为 40 km,该等值线以东为低于 0.5 mg/m³ 的相对低值区。

30 m 层,叶绿素 a 平均含量为 0.68 mg/m³,其变化范围为 0.04～7.74 mg/m³。水平分布呈现由近海海域向外部海域逐渐递减的趋势,由北向南近海依次出现 3 个高值区。

底层,叶绿素 a 平均含量为 0.55 mg/m³,变化范围为 0.02～2.63 mg/m³。水平分布与其他层次相似,由近海向外海叶绿素 a 含量逐渐降低。

3)秋季

表层,叶绿素 a 平均含量为 1.36 mg/m³,变化范围为 0.08～5.62 mg/m³。水平分布整体呈现为由西北向东南递减,外海和南部近海低值区可能受黑潮及台湾暖流的入侵影响,叶绿素 a 含量为 0.5 mg/m³ 的等值线处于外部海域,该等值线以东为低于 0.5 mg/m³ 的低值区。

10 m 层,叶绿素 a 平均含量为 1.31 mg/m³,变化范围为 0.05～4.78 mg/m³。从水平分布趋势来看与表层分布趋于一致,高值区位于北部近海海域。

30 m 层,叶绿素 a 平均含量为 1.21 mg/m³,变化范围为 0.10～4.15 mg/m³。水平分布与表层、10 m 层相似,受黑潮和台湾暖流影响更趋于明显。

底层,叶绿素 a 平均含量为 0.42 mg/m³,变化范围为未检出～1.67 mg/m³。从分布趋势来看,呈现由近海向外部海域逐渐递减的趋势,叶绿素 a 含量 0.5 mg/m³ 的等值线与浙江海岸线平行,表明底层未受到黑潮及台湾暖流影响,该等值线以东为低于 0.5 mg/m³ 的低值区。

4)冬季

表层,叶绿素 a 平均含量为 0.87 mg/m³,变化范围为 0.28～9.34 mg/m³。从分布趋势来看,叶绿素 a 含量为 1.0 mg/m³ 以上高值区域大致位于整个调查海域的中部,并且该区域面积大约为整个调查海域面积的 1/5,该区域周围均为低于 1.0 mg/m³ 的低值区域。比较明显的特征是在中部海域呈现一个高值区域,而其他海域变化不显著。

10 m 层,叶绿素 a 平均含量为 0.77 mg/m³,变化范围为 0.24～3.37 mg/m³。水平分布基本与表层分布趋于一致,整个调查海域叶绿素 a 含量变化范围较小,在海域中间形成一个高值区,并向南北方向递减。

30 m 层,叶绿素 a 平均含量为 0.70 mg/m³,变化范围为 0.31～3.52 mg/m³。水平分布趋势与表层和 10 m 层分布较为类似,在调查海域中间形成一个相对高值区,而其他海域变化范围较小。

底层,叶绿素 a 平均含量为 0.48 mg/m³,变化范围为 0.10～1.58 mg/m³。从水平分布趋势来看,基本与其他层类似,在中部海域出现一个高值区,但高值区面积有所减小。

2. 垂直分布

春、夏、秋、冬四季,各层次叶绿素 a 含量均呈现明显的垂直变化,由表层至底层逐渐下降,春、夏两季,表层和 10 m 层明显高于 30 m 层和底层,30 m 以深水体中叶绿素 a 含量较为均匀,垂直变化不甚明显。而秋、冬两季,30 m 以浅水体中叶绿素 a 含量垂直变化不甚明显,至 30 m 已深,变化较快(图 8.3)。

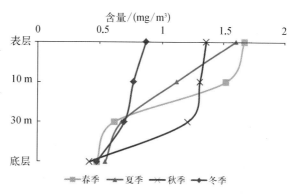

图 8.3　ST05 区块海域海水中叶绿素 a 含量垂直变化

3. 断面分布

为进一步说明 ST05 区块海域叶绿素 a 在垂直方向上的分布特征,分别选取北部、中部和南部 3 条断面对叶绿素 a 含量分布进行阐述。

春季,随着表层海水因太阳辐射的增强而增强,垂向混合减弱,水温垂直分布的均匀状态遭到破坏,出现微弱的垂直梯度。北部断面叶绿素 a 含量整体表现为由表层向底层逐渐下降的趋势。但在 122.8°～123.5°E,30 m 以浅海水垂向混合均匀,出现叶绿素 a 含量高值区,并与 30 m 以深水体出现明显分层。中部断面垂向分布趋势明显,表现为由表层向底层逐渐下降的趋势,高值区主要集中在 20 m 水深以浅近海海域(图 8.4)。

夏季,北部断面 123.5°E 以西近海海域,10 m 以浅海域垂向混合均匀,叶绿素 a 含量基本无垂向分布趋势。中部断面 122°E 以西近海海域,以 30 m 层为界线形成明显分层,30 m 以浅海域形成明显的高值区。南部断面 121.3°E 以东海域水体中叶绿素 a 含量呈现明显的垂向分布,逐渐由表层向底层递减;121.3°E 以东海域水体混合较为均匀,叶绿素 a

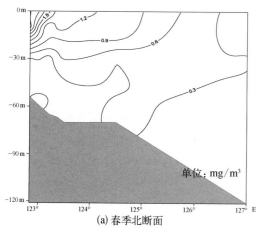

(a) 春季北断面

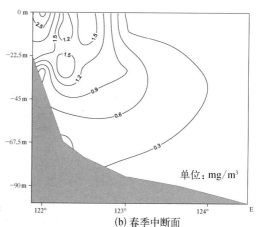

(b) 春季中断面

第8章

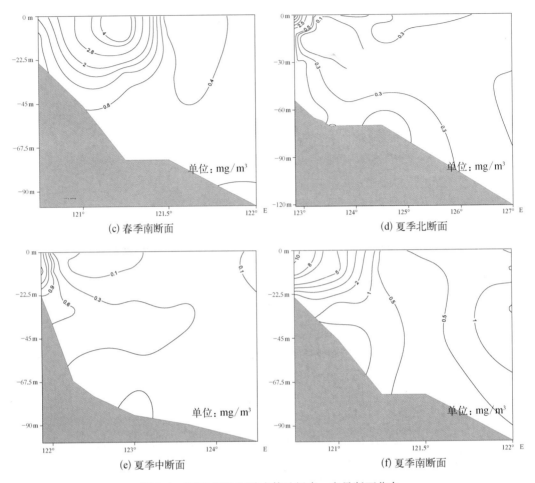

(c) 春季南断面 (d) 夏季北断面

(e) 夏季中断面 (f) 夏季南断面

图 8.4 ST05 区块海域水体叶绿素 a 含量断面分布

含量无垂向分布趋势,基本处于同一水平(图 8.4)。

秋季,北部断面水体中叶绿素 a 含量垂向分布上较为均匀,由表层至底层基本未呈现分层现象,相对高值区主要分布在近海 30 m 以浅水体。中部断面 122.5°E 以西近海水体混合较为均匀,并形成叶绿素 a 高值区。122.5°E 以东海域水体中叶绿素 a 含量相对较低,呈现由表层向底层逐渐下降的趋势。南部断面由于离岸相对较近,水体混合较为均匀,叶绿素 a 含量基本未呈现分层现象。近海水体叶绿素 a 含量较低,并逐渐向外部海域递增,并在 122°E 附近海域 30 m 以浅海域形成高值区(图 8.5)。

冬季,北部断面 124°E 以西海域在水体 30 m 处形成明显的分层,在 30 m 以浅海域形成高值区。124°E 以东海域水体混合较为均匀,叶绿素 a 含量较近海相对偏低,未呈现出垂向分布。中部断面 122.5°~123.5°E 海域水体中叶绿素 a 含量呈现明显的分层现象,并在 20 m 左右以浅水体形成高值区。122.5°E 以西及 123.5°E 以东海域水体混合均匀,各层次叶绿素 a 含量基本处于同一水平。南部断面 121.5°E 以东海域水体混合较为均匀,叶绿素 a 含量呈现出明显的垂向分布变化;121.5°E 以西及近海海域水体中叶绿素 a 含量呈现一定的垂向分布,基本呈现由表层向底层逐渐递减的趋势(图 8.5)。

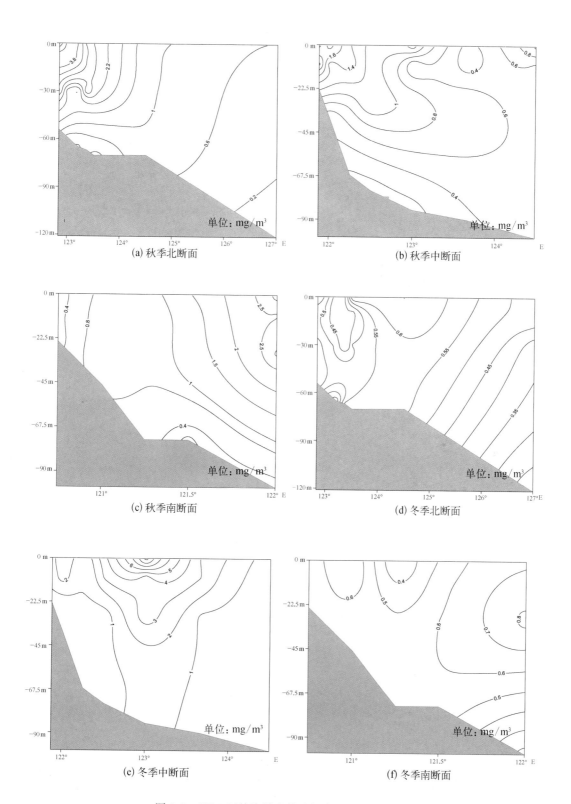

图 8.5　ST05 区块海域水体叶绿素 a 含量断面分布

4. 季节变化

叶绿素 a 在各个层次的季节变化并不一致,表层水体表现出明显的春、夏、秋、冬四季逐渐降低的变化特征;10 m 层水体季节变化趋势与表层基本一致,只有秋季由于受到台湾暖流和黑潮的影响,秋季的含量反而超过了夏季,在各季中居于第二位;30 m 层水体的季

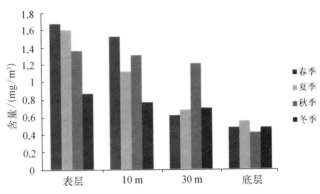

图 8.6 ST05 区块海域海水中叶绿素 a 含量季节变化

节变化不甚明显,但秋季由于受到台湾暖流和黑潮的影响,叶绿素 a 含量居于各季之首。底层叶绿素 a 始终保持较低含量水平,四季无明显变化趋势(图 8.6)。

夏、春两个季节各层次叶绿素 a 含量水平分布趋势一致,均呈现近海到远海逐渐递减的趋势;秋季各个层次水平分布,由于受到台湾暖流和黑潮的影响,叶绿素 a 分布呈现由西北向东南逐渐降低的趋势;而冬季,由于整个海区中部受黑潮影响显著,叶绿素 a 在海区中部形成一个较明显的高值区。

8.2 微微型浮游生物

8.2.1 聚球藻

1. 水平分布

1) 春季

表层,聚球藻平均密度为 4.98×10^4 个/ml,变化范围为 $3.80 \times 10^3 \sim 6.50 \times 10^5$ 个/ml,生物量平均值为 14.65 $\mu g/L$(聚球藻含碳量按 294 fgC/个换算,下同),变化范围为 $1.12 \sim 191.10$ $\mu g/L$(图 8.7,表 8.2)。从海区分布来看,外海北部>近海北部>近海南部>外海

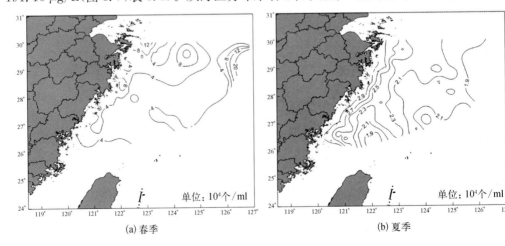

(a) 春季   (b) 夏季

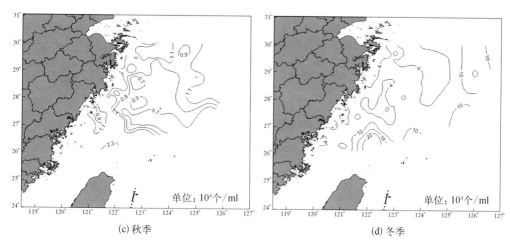

图 8.7 ST05 区块海域表层水体聚球藻数量四季水平分布

南部。从趋势分布上看,整个调查海区表层聚球藻细胞密度和生物量分布趋势明显呈现由近海向外部海域逐渐递增,高值区出现在外海南部海域,而在中部海域形成较为明显的低值区。

表 8.2　ST05 区块海域春季聚球藻密度及生物量统计

类　别	层　次	近海北部 范围 平均值	近海南部 范围 平均值	外海北部 范围 平均值	外海南部 范围 平均值
细胞 密度 /(10⁴个/ml)	表　层	0.76~14.60 6.31	1.00~9.59 3.80	0.65~65.00 6.41	0.38~7.28 2.96
	10 m	0.62~12.30 4.66	0.59~5.94 2.48	0.12~14.30 3.40	0.31~8.20 2.71
	30 m	0.23~6.60 0.90	0.20~3.26 1.18	0.28~6.00 1.18	0.21~4.89 1.01
	底　层	0.15~4.09 0.97	0.10~0.93 0.41	0.15~0.66 0.31	0.12~1.19 0.42
生物量 /(μg/L)	表　层	2.24~42.92 18.54	2.94~28.19 11.18	1.91~191.10 18.86	1.12~21.40 8.69
	10 m	1.83~36.16 13.71	1.73~17.46 7.30	0.36~42.04 10.00	0.91~24.11 7.96
	30 m	0.68~19.40 2.64	0.58~9.58 3.47	0.83~17.64 3.47	0.62~14.38 2.98
	底　层	0.44~12.02 2.85	0.30~2.74 1.19	0.44~1.95 0.92	0.34~3.50 1.23

10 m 层,聚球藻密度为 3.35×10^4 个/ml,变化范围为 $1.22 \times 10^3 \sim 1.43 \times 10^5$ 个/ml,生物量平均值为 9.86 μg/L,变化范围为 0.36~42.04 μg/L(表 8.2)。从区域分布上来看近海北部>外海北部>外海南部>近海南部,从趋势分布上与表层分布有所不同,在南部海域外海高于近海,北部海域则呈现出近海向中部逐渐递增,并在中部形成一个高值区,再

向外海递减。整个调查海域最小值则出现在中部海域。

30 m 层,聚球藻平均密度 $1.07×10^4$ 个/ml,变化范围为 $1.98×10^3 \sim 6.60×10^4$ 个/ml,生物量平均值为 $3.14 \mu g/L$,变化范围为 $0.58 \sim 19.40 \mu g/L$(图 8.8,表 8.2),从区域分布上来看外海北部=近海南部>外海南部>近海北部,趋势分布与 10 m 层基本相同,整个 ST05 区块海域最小值也出现在中部海域。

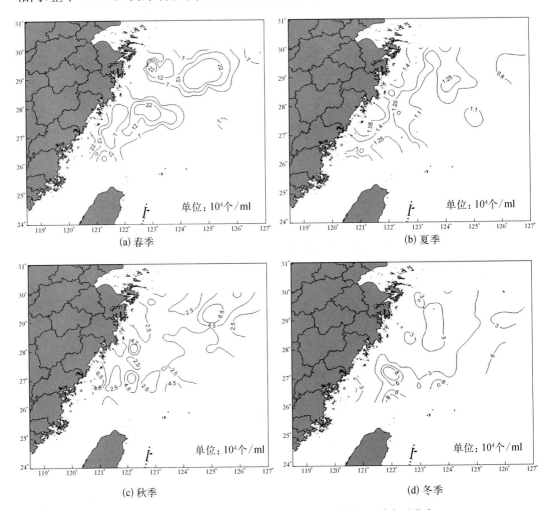

(a) 春季   (b) 夏季

(c) 秋季   (d) 冬季

图 8.8 ST05 区块海域 30 m 层水体聚球藻密度四季水平分布

底层,聚球藻平均密度为 $4.11×10^3$ 个/ml,变化范围为 $1.02×10^3 \sim 4.09×10^4$ 个/ml(表 8.2),生物量平均值为 $1.21 \mu g/L$,变化范围为 $0.30 \sim 12.02 \mu g/L$。从区域分布上来看近海北部>外海南部>近海南部>外海北部,整体分布呈近海高,外海低的趋势。

2) 夏季

表层,聚球藻平均密度为 $2.33×10^4$ 个/ml,变化范围为 $1.47×10^4 \sim 3.16×10^4$ 个/ml,生物量平均值为 $6.85 \mu g/L$,变化范围为 $4.32 \sim 9.29 \mu g/L$。从海区分布来看,近海南部要高于近海北部,外海南部高于外海北部,聚球藻密度等值线与海岸线平行,由近海向外海逐渐递减(图 8.7,表 8.3)。

表 8.3　ST05 区块海域夏季聚球藻密度及生物量统计

类　别	层　次	近海北部 范围 平均值	近海南部 范围 平均值	外海北部 范围 平均值	外海南部 范围 平均值
细胞密度 /(10⁴个/ml)	表　层	2.17～2.93 2.31	2.02～2.96 2.55	1.47～2.38 2.01	1.64～3.16 2.21
	10 m	1.51～2.13 1.87	1.44～2.43 1.90	1.08～1.89 1.48	1.29～2.87 1.68
	30 m	0.87～1.49 1.15	0.56～1.55 1.18	0.85～1.80 1.28	0.91～1.49 1.23
	底　层	0.32～1.50 0.76	0.45～4.63 1.51	0.15～3.80 0.67	0.42～5.24 2.36
生物量 /(μg/L)	表　层	6.38～8.61 7.30	5.94～8.70 7.51	4.32～7.00 5.91	4.82～9.29 6.50
	10 m	4.44～6.26 5.51	4.23～7.14 5.58	3.18～5.56 4.34	3.79～8.44 1.93
	30 m	2.57～4.38 3.37	1.65～4.56 3.48	2.50～5.29 3.75	2.66～4.38 3.61
	底　层	0.94～4.41 2.22	1.32～13.61 4.44	0.43～11.17 1.96	1.22～15.41 6.94

$10 \mathrm{~m}$ 层,聚球藻平均密度为 1.74×10^4 个/ml,变化范围为 $1.08 \times 10^4 \sim 2.87 \times 10^4$ 个/ml,平均生物量为 $5.12 \mu\mathrm{g/L}$,变化范围为 $3.18 \sim 8.44 \mu\mathrm{g/L}$(表 8.3),水平分布趋势与表层基本一致。

$30 \mathrm{~m}$ 层,聚球藻平均密度为 1.21×10^4 个/ml,变化范围为 $5.6 \times 10^3 \sim 1.80 \times 10^4$ 个/ml,生物量平均值为 $3.56 \mu\mathrm{g/L}$,变化范围为 $1.65 \sim 5.29 \mu\mathrm{g/L}$。水平分布呈由近海向外海递减的趋势(图 8.8,表 8.3)。

底层,聚球藻平均密度为 1.25×10^4 个/ml,变化范围为 $1.45 \times 10^3 \sim 5.24 \times 10^4$ 个/ml,生物量平均值为 $3.68 \mu\mathrm{g/L}$,变化范围为 $0.43 \sim 15.41 \mu\mathrm{g/L}$(表 8.3)。高值区出现在南部相对外海的海域。

3) 秋季

表层,聚球藻平均密度为 1.10×10^4 个/ml,变化范围为 $3.43 \times 10^3 \sim 2.52 \times 10^4$ 个/ml,平均生物量为 $3.24 \mu\mathrm{g/L}$,变化范围为 $1.01 \sim 7.41 \mu\mathrm{g/L}$。从区域分布上来看,外海南部>近海南部>近海北部>外海北部(图 8.7,表 8.4)。整个 ST05 区块海域表层聚球藻细胞密度和生物量由北部海域和南部海域逐渐向中部海域递减,并在中部海域形成低值区。

表 8.4　ST05 区块海域秋季聚球藻密度及生物量统计

类　别	层　次	近海北部 范围 平均值	近海南部 范围 平均值	外海北部 范围 平均值	外海南部 范围 平均值
细胞密度 /(10⁴个/ml)	表　层	0.45～2.20 1.07	0.55～2.21 1.12	0.34～1.79 1.07	0.75～2.52 1.17
	10 m	0.27～1.10 0.67	0.39～1.98 0.68	0.24～1.92 0.77	0.29～1.71 0.76

续表

类　别	层　次	近海北部 范围 平均值	近海南部 范围 平均值	外海北部 范围 平均值	外海南部 范围 平均值
细胞密度 /(10⁴个/ml)	30 m	0.16～0.54 0.30	0.14～1.12 0.35	0.08～1.16 0.31	0.13～1.00 0.35
	底　层	0.07～0.57 0.17	0.07～0.73 0.18	0.06～0.25 0.12	0.03～0.24 0.16
生物量 /(μg/L)	表　层	1.31～6.47 3.15	1.61～6.50 3.28	1.01～5.26 3.13	2.21～7.41 3.44
	10 m	0.79～3.23 1.96	1.15～5.82 1.99	0.71～5.64 2.25	0.85～5.03 2.23
	30 m	0.08～1.59 0.88	0.40～3.29 1.03	0.24～3.41 0.92	0.39～2.94 1.02
	底　层	0.20～1.69 0.50	0.21～2.16 0.52	0.18～0.72 0.34	0.10～0.72 0.47

10 m 层, 聚球藻平均密度为 7.13×10^3 个/ml, 变化范围为 $2.42\times10^3\sim1.98\times10^4$ 个/ml, 平均生物量为 2.10 μg/L, 变化范围为 0.71～5.82 μg/L(表 8.4)。从区域分布上来看, 外海北部＞外海南部＞近海南部＞近海北部, 趋势分布与表层基本趋于一致。

30 m 层, 聚球藻平均密度为 3.24×10^3 个/ml, 变化范围为 $8.01\times10^2\sim1.16\times10^4$ 个/ml, 生物量平均值为 0.95 μg/L, 变化范围为 0.24～3.41 μg/L(图 8.8, 表 8.4)。从区域分布上来看, 近海南部＞外海南部＞外海北部＞近海北部。分布趋势与表层、10 m 层有所不同, 北部海域由近海向外部海域逐渐递增; 南部海域则相反, 近海高于外海。

底层, 聚球藻平均密度为 1.55×10^3 个/ml, 变化范围为 $3.41\times10^2\sim7.33\times10^3$ 个/ml, 生物量平均值为 0.46 μg/L, 变化范围为 0.10～2.16 μg/L(表 8.4)。从区域分布上来看, 近海南部＞近海北部＞外海南部＞外海北部。整个海区呈现以中部近海高值区为中心, 由近海向外海递减。

4) 冬季

表层, 聚球藻平均密度为 6.02×10^3 个/ml, 变化范围为 $1.79\times10^3\sim3.02\times10^4$ 个/ml, 平均生物量为 1.77 μg/L, 变化范围为 0.53～8.88 μg/L。从海区分布来看, 近海南部要高于近海北部, 外海南部高于外海北部, 表层密度等值线大致与海岸线平行, 由近海向远海递增, 整个海区中北部近海形成范围较大的低值区域(图 8.7, 表 8.5)。

表 8.5　ST05 区块海域冬季聚球藻密度及生物量统计

类　别	层　次	近海北部 范围 平均值	近海南部 范围 平均值	外海北部 范围 平均值	外海南部 范围 平均值
细胞密度 /(10³个/ml)	表　层	1.79～14.30 4.41	2.51～14.6 5.16	2.54～17.00 6.27	3.50～30.20 9.31
	10 m	1.35～18.77 3.41	0.77～9.94 3.51	1.33～10.60 3.75	1.38～36.00 6.34

续表

类　别	层　次	近海北部 范围 平均值	近海南部 范围 平均值	外海北部 范围 平均值	外海南部 范围 平均值
细胞密度 /(10³个/ml)	30 m	1.26~7.62 2.63	1.33~12.30 3.34	1.23~6.50 3.43	1.14~10.70 3.72
	底　层	0.29~6.07 1.78	0.60~13.70 2.96	0.89~15.90 3.60	1.02~3.19 1.87
生物量 /(µg/L)	表　层	0.53~4.20 1.30	0.74~4.29 1.52	0.75~5.00 1.84	1.03~8.88 2.74
	10 m	0.40~2.58 1.00	0.23~2.92 1.03	0.39~3.12 1.10	0.41~10.58 1.86
	30 m	0.37~2.24 0.77	0.39~3.62 0.98	0.36~1.91 1.01	0.34~3.15 1.09
	底　层	0.08~1.78 0.52	0.18~4.03 0.87	0.26~4.67 1.06	0.30~0.94 0.55

　　10 m 层,聚球藻平均密度为 4.10×10^3 个/ml,变化范围 $7.67 \times 10^2 \sim 3.60 \times 10^4$ 个/ml,平均生物量为 1.21 µg/L,变化范围为 0.23~10.58 µg/L(表 8.5)。从区域分布上来看,外海南部>外海北部>近海南部>近海北部,基本上与表层水体分布趋势一致。

　　30 m 层,聚球藻平均密度为 3.29×10^3 个/ml,变化范围为 $1.14 \times 10^3 \sim 1.23 \times 10^4$ 个/ml,生物量平均值为 0.97 µg/L,变化范围为 0.34~3.62 µg/L。区域分布南部外海密度较高,其他区域分布较为均匀(图 8.8,表 8.5)。

　　底层,聚球藻平均密度为 2.61×10^3 个/ml,变化范围为 $2.89 \times 10^2 \sim 1.59 \times 10^4$ 个/ml,细胞生物量平均值为 0.77 µg/L,变化范围为 0.08~4.67 µg/L(表 8.5)。水平分布略有别于其他层次,外海北部形成一个相对高值区,由北向南递减,相对低值区依然出现在近海海域。

　　2. 垂直分布

　　春、夏、秋、冬四季,聚球藻密度和生物量均表现出较为明显的由表层至底层逐渐下降的趋势,30 m 以浅水体,密度和生物量变化幅度较大,除春季外,其他季节 30 m 以深水体密度、生物量分布较为均匀(图 8.9,表 8.6)。

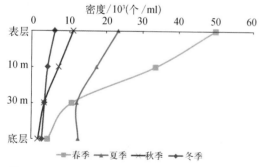

图 8.9　ST05 区块各层次聚球藻细胞密度垂直分布

表 8.6　ST05 区块海域水体聚球藻细胞密度、生物量季节变化统计

项　目	季　节	调查海域 范围 平均值	表层 范围 平均值	10 m 范围 平均值	30 m 范围 平均值	底层 范围 平均值
细胞密度 /(10³个/ml)	春季	1.02~650.00 24.98	3.80~650.00 49.84	1.22~143.00 33.54	1.98~66.00 10.69	1.02~40.90 4.11

续表

项　目	季　节	调查海域 范围 平均值	表层 范围 平均值	10 m 范围 平均值	30 m 范围 平均值	底层 范围 平均值
细胞密度 /(10³个/ml)	夏　季	1.45~52.40 16.45	14.70~31.60 23.30	10.80~28.70 17.40	5.60~18.00 12.11	1.45~52.40 12.50
	秋　季	0.34~25.20 5.82	3.43~25.20 11.01	2.42~19.80 7.13	0.80~11.60 3.24	0.34~7.33 1.55
	冬　季	0.29~36.00 4.03	1.79~30.20 6.02	0.77~36.00 4.10	1.14~12.30 3.29	0.29~15.90 2.61
生物量 /(μg/L)	春　季	0.30~191.10 7.34	1.12~191.10 14.65	0.36~42.04 9.86	0.58~19.40 3.14	0.30~12.02 1.21
	夏　季	0.43~15.41 4.84	4.32~9.29 6.85	3.18~8.44 5.12	1.65~5.29 3.56	0.43~15.41 3.68
	秋　季	0.10~7.41 1.71	1.01~7.41 3.24	0.71~5.82 2.10	0.24~3.41 0.95	0.10~9.95 0.56
	冬　季	0.08~10.58 1.18	0.53~8.88 1.77	0.23~10.58 1.21	0.34~3.62 0.97	0.08~4.67 0.77

3. 季节变化

ST05 海域聚球藻平均密度和生物量季节变化特征明显,以春季最高,夏季次之,冬季最低,春、夏季明显高于秋、冬季。表层及 10 m 层季节变化趋势与平均细胞密度和生物量一致,30 m 层和底层则以夏季最高、春季次之,秋季最低(图 8.10)。

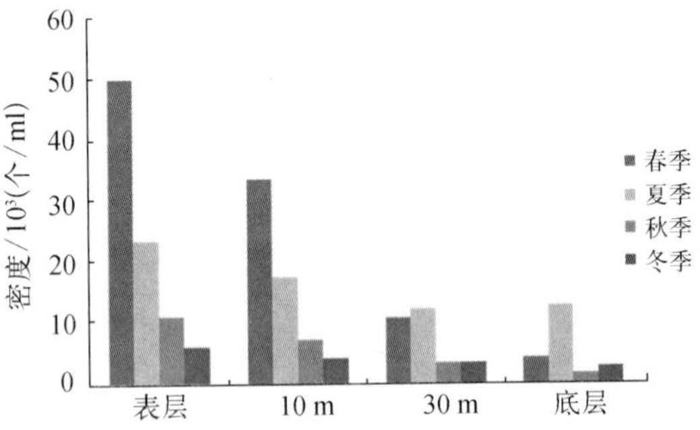

图 8.10　ST05 区块海域各层次聚球藻细胞密度季节变化

8.2.2　微微型光合真核生物

1. 水平分布

1) 春季

表层,微微型光合真核生物细胞平均密度为 $1.04×10^3$ 个/ml,变化范围为 $6.8×10^1 \sim 1.13×10^4$ 个/ml。从区域分布上来看,近海北部>近海南部>外海北部>外海南部。整个海区密度分布呈现由近海向外海逐渐递减的趋势,高值区出现在南部近海海域,北部近海海域存在一次高值区,最小值出现在中部海域(图 8.11、表 8.7)。

表 8.7　ST05 区块海域水体四季光合真核生物细胞密度季节变化统计　　(单位: 个/ml)

季　节	层　次	近海北部 范围 平均值	近海南部 范围 平均值	外海北部 范围 平均值	外海南部 范围 平均值
春　季	表　层	119~9 200 1 689	102~11 300 1 303	68~2 340 671	85~733 292

第8章

8 叶绿素 a 与浮游植物

续表

季 节	层 次	近海北部 范围 平均值	近海南部 范围 平均值	外海北部 范围 平均值	外海南部 范围 平均值
春 季	10 m	$\dfrac{136\sim3\,430}{1\,024}$	$\dfrac{0\sim2\,200}{499}$	$\dfrac{17\sim1\,910}{519}$	$\dfrac{68\sim733}{305}$
	30 m	$\dfrac{0\sim1\,670}{275}$	$\dfrac{0\sim2\,060}{358}$	$\dfrac{68\sim562}{192}$	$\dfrac{34\sim460}{198}$
	底 层	$\dfrac{0\sim665}{189}$	$\dfrac{0\sim477}{171}$	$\dfrac{0\sim255}{110}$	$\dfrac{34\sim375}{130}$
夏 季	表 层	$\dfrac{1\,130\sim2\,070}{1\,474}$	$\dfrac{832\sim1\,880}{1\,372}$	$\dfrac{426\sim1\,630}{1\,183}$	$\dfrac{619\sim2\,490}{1\,178}$
	10 m	$\dfrac{315\sim1\,350}{773}$	$\dfrac{294\sim1\,120}{547}$	$\dfrac{223\sim944}{540}$	$\dfrac{244\sim1\,410}{491}$
	30 m	$\dfrac{30\sim487}{274}$	$\dfrac{20\sim365}{187}$	$\dfrac{0\sim1\,020}{237}$	$\dfrac{20\sim254}{194}$
	底 层	$\dfrac{0\sim193}{41}$	$\dfrac{0\sim345}{32}$	$\dfrac{0\sim284}{41}$	$\dfrac{0\sim365}{57}$
秋 季	表 层	$\dfrac{153\sim887}{401}$	$\dfrac{136\sim1\,400}{526}$	$\dfrac{119\sim1\,670}{703}$	$\dfrac{256\sim2\,490}{1\,071}$
	10 m	$\dfrac{51\sim580}{228}$	$\dfrac{68\sim767}{270}$	$\dfrac{102\sim1\,110}{494}$	$\dfrac{136\sim1\,420}{604}$
	30 m	$\dfrac{34\sim273}{124}$	$\dfrac{0\sim239}{106}$	$\dfrac{0\sim256}{100}$	$\dfrac{51\sim188}{90}$
	底 层	$\dfrac{17\sim239}{72}$	$\dfrac{0\sim205}{76}$	$\dfrac{0\sim171}{53}$	$\dfrac{0\sim119}{60}$
冬 季	表 层	$\dfrac{34\sim1\,450}{225}$	$\dfrac{136\sim545}{217}$	$\dfrac{119\sim699}{289}$	$\dfrac{85\sim2\,380}{385}$
	10 m	$\dfrac{0\sim818}{189}$	$\dfrac{51\sim972}{187}$	$\dfrac{51\sim443}{180}$	$\dfrac{68\sim528}{175}$
	30 m	$\dfrac{0\sim767}{162}$	$\dfrac{51\sim290}{154}$	$\dfrac{0\sim324}{171}$	$\dfrac{17\sim255}{133}$
	底 层	$\dfrac{0\sim682}{134}$	$\dfrac{0\sim324}{140}$	$\dfrac{0\sim4\,060}{320}$	$\dfrac{0\sim153}{88}$

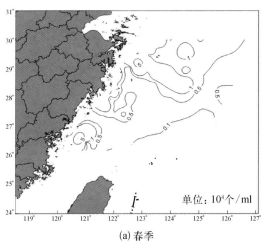

(a) 春季

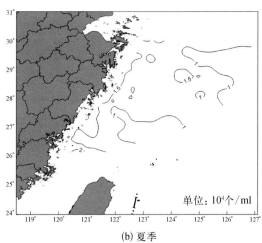

(b) 夏季

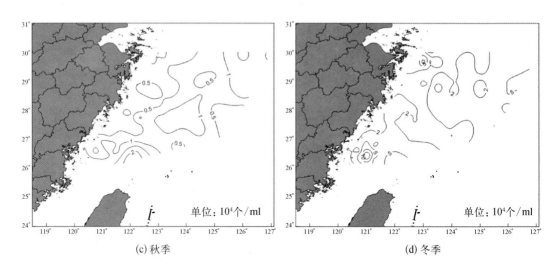

(c) 秋季　　　　　　　　　　　　　　(d) 冬季

图 8.11　ST05 区块海域 0.5 m 层水体微微型光合真核生物密度四季水平分布

10 m 层,微微型光合真核生物细胞平均密度为 6.04×10^2 个/ml,变化范围为 0～ 3.43×10^3 个/ml(表 8.7)。从区域分布上来看,近海北部>外海北部>近海南部>外海南部,整体分布趋势与表层基本一致,南北部近海各存在一个高值区。

30 m 层,微微型光合真核生物细胞平均密度 2.52×10^2 个/ml,变化范围为 0～ 2.06×10^3 个/ml,从区域分布上来看,近海南部>近海北部>外海南部>外海北部。分布趋势与表层、10 m 层一致,由近海向外海递减,与表层、10 m 层略有不同的是,30 m 层密度南部海域高于北部海域(图 8.12、表 8.7)。

底层,微微型光合真核生物细胞平均密度为 1.51×10^2 个/ml,变化范围为 0～$6.65 \times$ 10^2 个/ml(表 8.7),较多区域未检出,主要集中分布在北部外海。高值区出现在北部近海。

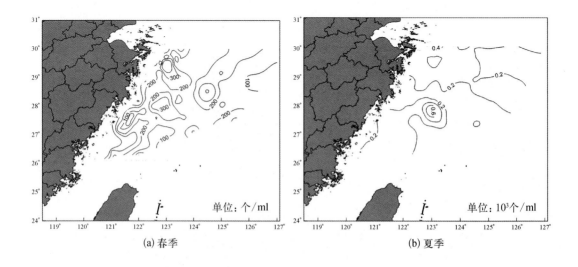

(a) 春季　　　　　　　　　　　　　　(b) 夏季

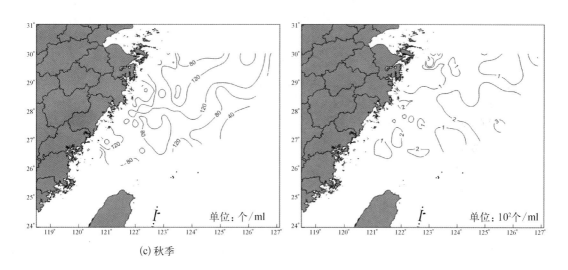

(c) 秋季

图 8.12   ST05 区块海域 30 m 层水体微微型光合真核生物密度四季水平分布

2）夏季

表层，微微型光合真核生物细胞平均密度为 1.31×10^3 个/ml，变化范围为 $4.26 \times 10^2 \sim$ 2.49×10^3 个/ml。从海区分布来看，近海北部要高于近海南部，外海南部与外海北部之间差别较小，细胞密度基本趋于一致，近海北部微微型光合真核生物密度平均值最高，为 1.47×10^3 个/ml，其次为近海南部，为 1.37×10^3 个/ml，综观整个海区微微型光合真核生物细胞密度由近海向远海逐渐递减，由北部向南部逐渐递减，在中、南部近海海域附近形成两个高值区（图 8.11、表 8.7）。

10 m 层，微微型光合真核生物细胞平均密度为 5.94×10^2 个/ml，变化范围为$2.23 \times$ $10^2 \sim 1.41 \times 10^3$ 个/ml，水平分布趋势与基本表层一致（表 8.7）。

30 m 层，微微型光合真核生物细胞平均密度为 2.25×10^2 个/ml，变化范围为 $0 \sim$ 1.02×10^3 个/ml（图 8.12、表 8.7）。

底层，微微型光合真核生物平均密度为 41 个/ml，变化范围为 $0 \sim 3.65 \times 10^2$ 个/ml（表 8.7），大多区域未检出。

3）秋季

表层，微微型光合真核生物细胞平均密度为 6.47×10^2 个/ml，变化范围为 $1.19 \times 10^2 \sim$ 2.49×10^3 个/ml，区域分布为外海南部＞外海北部＞近海南部＞近海北部。整个海区密度分布呈近海向外海逐渐递增的趋势（图 8.11、表 8.7）。

10 m 层，微微型光合真核生物细胞平均密度为 3.84×10^2 个/ml，变化范围为 $51 \sim$ 1.42×10^3 个/ml（表 8.7），水平分布趋势与表层一致。

30 m 层，微微型光合真核生物细胞平均密度为 1.05×10^2 个/ml，变化范围为 $0 \sim$ 2.73×10^2 个/ml，区域分布为近海北部＞近海南部＞外海北部＞外海南部。整体趋势分布有别于表层、10 m 层，北部海域呈现由近海向外部海域递增的趋势，中、南部海域则呈现由近海向外部海域递减的趋势（图 8.12、表 8.7）。

底层，微微型光合真核生物细胞平均密度为 65 个/ml，变化范围为 $0 \sim 2.39 \times$

第8章

10^2 个/ml(表 8.7),大多区域未检出,主要集中分布在外海。整体分布呈现由近海向外海逐渐递减的趋势。

4)冬季

表层,微微型光合真核生物细胞平均密度为 $2.71×10^2$ 个/ml,变化范围为 $3.4×10^1～2.38×10^3$ 个/ml。从海区分布来看,南部外海高于北部外海,而北部近海与南部近海之间差别较小,细胞密度基本趋于一致。整个调查微微型光合真核生物细胞密度由近海向远海逐渐递增(图 8.11、表 8.7)。

10 m 层,微微型光合真核生物细胞平均密度为 $1.83×10^2$ 个/ml,变化范围为 $0～9.72×10^2$ 个/ml,水平分布趋势与表层趋于一致(表 8.7)。

30 m 层,微微型光合真核生物细胞平均密度为 $1.56×10^2$ 个/ml,变化范围为 $0～7.67×10^2$ 个/ml(图 8.12、表 8.7)。

底层,微微型光合真核生物细胞平均密度为 $1.77×10^2$ 个/ml,变化范围为 $0～4.06×10^3$ 个/ml(表 8.7),大多区域未检出,主要集中分布在北部外海区域。

2. 垂直分布

春、夏、秋、冬四季,水体中微微型光合真核生物密度均表现出较为明显的由表层至底层逐渐下降的趋势,尤其以春、夏季垂直分布更为明显,冬季水体垂直交换作用较强,使得整体分布较为均匀(图 8.13)。

3. 季节变化

ST05 区块海域微微型光合真核生物平均细胞密度呈现出明显的季节变化,夏季＞春季＞秋季＞冬季,春、夏季明显高于秋、冬季,各层次细胞密度的季节变化趋势基本也趋于一致(图 8.14)。

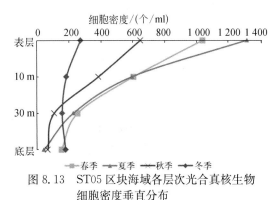

图 8.13　ST05 区块海域各层次光合真核生物　　图 8.14　ST05 区块海域各层次光合真核生物
　　　　细胞密度垂直分布　　　　　　　　　　　　　　　细胞密度季节变化

8.3　微型浮游生物

8.3.1　种类组成

ST05 区块海域,共采集微型浮游生物 8 门 80 属 196 种。其中,硅藻门 48 属 130 种,

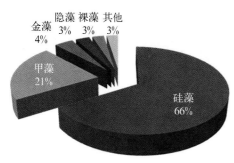

图 8.15　ST05 区块海域微型浮游生物门类百分比组成

甲藻门 15 属 42 种,金藻门 5 属 8 种,隐藻门 5 属 6 种,裸藻门 2 属 5 种,绿藻门 3 属 2 种,蓝藻 1 属 2 种,动鞭门 1 属 1 种(图 8.15)。夏、秋两季,近海海域微型浮游生物种类要多于外海,而春、冬两季种类分布无明显趋势。

根据丰度和出现频率,ST05 区块海域微型浮游生物优势种共 5 种,主要为具齿原甲藻(*Prorocentrum dentatum*)、中肋骨条藻(*Skeletonema costatum*)、柔弱拟菱形藻(*Pseudo-nitzschia delicatissima*)、新月柱鞘藻(*Cylindrotheca closterium*)和贺胥黎艾氏颗石藻(*Emiliania huxleyi*)。具齿原甲藻,春季 30 m 以浅水体中处于绝对优势地位,对北部中间海域的高值区形成起决定作用。中肋骨条藻在春、夏季的 30 m 以深水体中表现为优势种类,主要分布于近海海域。柔弱拟菱形藻在四季均为该海域优势种类,尤其在夏、秋两季上升成为第一优势种,主要分布于近海海域。新月柱鞘藻在春、秋、冬三季为主要优势种之一,在冬季海区整体密度水平偏低的情况下,上升至第一优势种。贺胥黎艾氏颗石藻仅在春、冬两季表现出优势地位,冬季在 10 m 以深水体成为第一优势种(表 8.8,表 8.9)。

8.3.2　细胞数量

1. 水平分布

1) 春季

表层,随着春季温度的升高,与冬季相比微型浮游生物细胞数量在近海开始逐渐升高,南部近海温度较北方高,因而南部密集区开始在近海形成,但北部密集区分布仍位于中间海域(图 8.16)。细胞数量平均值为 8.98×10^3 个/L,变化范围为 $400 \sim 1.40 \times 10^5$ 个/L。

10 m 层,细胞数量分布趋势与表层相似。细胞数量平均值为 1.29×10^4 个/L,变化范围为 $480 \sim 1.86 \times 10^5$ 个/L,最大值出现在北部外海海域。

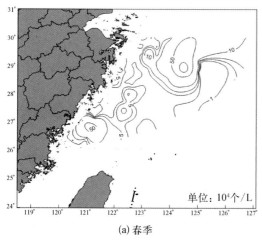

(a) 春季

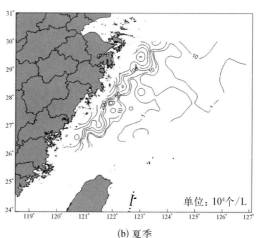

(b) 夏季

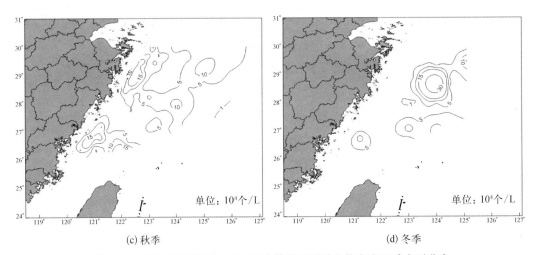

(c) 秋季   (d) 冬季

图 8.16   ST05 区块海域 0.5 m 层水体微型浮游生物密度四季水平分布

30 m 层,细胞数量分布趋势与表层相似,细胞数量高值区出现在南部及东南部海域(图 8.17)。细胞数量平均值为 7.19×10^3 个/L,变化范围为 $200 \sim 8.97 \times 10^4$ 个/L。

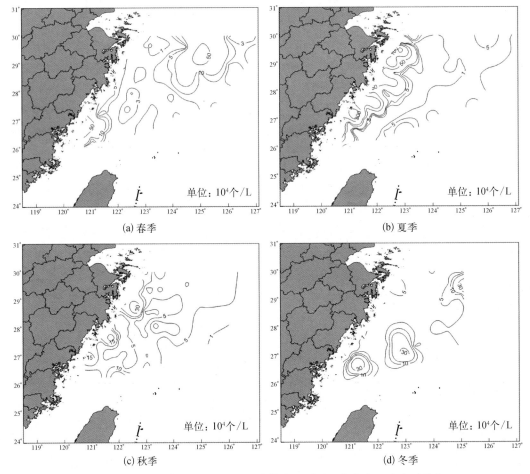

(a) 春季   (b) 夏季

(c) 秋季   (d) 冬季

图 8.17   ST05 区块海域 30 m 层水体微型浮游生物密度四季水平分布

第8章

表 8.8　ST05 区块海域水体微型浮游生物优势种类优势度统计

种 类	春季 表层	春季 10 m	春季 30 m	春季 底层	夏季 表层	夏季 10 m	夏季 30 m	夏季 底层	秋季 表层	秋季 10 m	秋季 30 m	秋季 底层	冬季 表层	冬季 10 m	冬季 30 m	冬季 底层
具齿原甲藻	0.23	0.39	0.14	—	0.02	—	—	—	—	—	—	—	—	—	—	—
中肋骨条藻	0.05	0.05	0.11	0.21	0.23	0.26	0.37	0.55	—	—	—	—	—	—	—	—
柔弱拟菱形藻	0.09	0.09	0.08	0.07	0.39	0.31	0.16	0.05	0.25	0.22	0.19	0.37	0.10	0.06	0.05	0.10
新月柱鞘藻	0.02	—	0.04	0.04	—	—	—	—	0.1	0.09	0.09	0.08	0.12	0.07	0.06	0.16
贺青黎艾氏颗石藻	0.03	0.02	0.03	—	—	—	—	—	—	—	—	—	0.11	0.09	0.11	0.16
舟形藻	0.14	0.08	0.14	0.06	—	—	—	—	0.2	0.18	0.21	0.14	0.04	0.03	0.09	0.07
裸甲藻	0.02	—	—	—	—	—	—	—	—	—	—	—	—	—	—	—
旋沟藻	—	—	0.05	0.10	0.05	0.02	—	—	0.04	0.05	0.04	0.02	—	—	—	—
脆根管藻	—	—	—	—	—	—	—	—	—	—	—	—	—	—	—	—
布氏双尾藻	—	0.05	—	—	—	—	—	—	—	—	—	—	—	—	—	—
斯氏几内亚藻	—	—	—	—	—	—	—	—	0.15	0.23	0.16	0.06	—	—	—	—
尖刺伪菱形藻	—	—	—	—	—	—	—	—	0.02	—	0.02	—	—	—	—	—
菱形海线藻	—	—	—	—	—	—	—	0.03	—	—	—	—	—	—	—	—
货币直链藻	—	—	—	—	—	—	—	—	0.04	—	—	0.07	0.04	0.07	0.03	—

表 8.9　ST05 区块海域水体微型浮游生物优势种类细胞密度统计

（单位：个/L）

种 类	春季 表层	春季 10 m	春季 30 m	春季 底层	夏季 表层	夏季 10 m	夏季 30 m	夏季 底层	秋季 表层	秋季 10 m	秋季 30 m	秋季 底层	冬季 表层	冬季 10 m	冬季 30 m	冬季 底层
具齿原甲藻	256 080	528 680	116 540	—	—	—	—	—	18 854	—	—	—	—	—	—	—
中肋骨条藻	156 880	213 280	175 440	178 770	5 189 378	4 073 089	2 088 578	7 313 533	—	—	—	—	—	—	—	—
柔弱拟菱形藻	88 350	128 280	53 800	35 240	7 066 856	4 082 711	694 833	621 100	164 308	170 586	134 121	123 414	29 910	31 700	67 970	24 340
新月柱鞘藻	21 280	—	25 880	16 980	—	—	—	—	65 352	71 950	63 145	28 112	31 900	32 200	26 800	35 940
贺青黎艾氏颗石藻	32 600	38 046	23 280	—	—	—	—	—	—	—	—	—	32 300	46 680	36 800	37 740
舟形藻	123 040	104 760	84 440	22 840	—	—	—	—	121 867	132 074	132 973	44 056	11 240	16 830	44 260	15 250
裸甲藻	30 920	—	—	—	—	—	—	—	—	—	—	—	—	—	—	—
旋沟藻	—	—	32 280	46 048	2 005 256	611 633	—	—	29 201	37 024	27 352	8 977	—	—	—	—
脆根管藻	—	—	—	—	—	—	—	—	—	—	—	—	—	—	—	—
布氏双尾藻	—	32 280	—	—	—	—	—	—	—	—	—	—	—	—	—	—
斯氏几内亚藻	—	—	—	—	—	—	—	—	118 340	208 401	119 893	30 440	—	—	—	—
尖刺伪菱形藻	—	—	—	—	—	—	—	—	18 288	—	20 119	—	—	—	—	—
菱形海线藻	—	—	—	—	—	—	—	1 630 333	—	—	—	—	—	—	—	—
货币直链藻	—	—	—	—	—	—	—	—	—	—	—	22 281	73 700	225 630	60 400	—

第8章

底层,细胞数量高值区位于中部近海及南部海域。细胞数量平均值为 4.15×10^3 个/L,变化范围为 $368 \sim 9.14 \times 10^4$ 个/L,最大值出现在南部近海海域。

2)夏季

随着温度的进一步升高,北部表层高值区在近海开始形成,并与南部高值区相连,形成带状平行于岸线,整体分布由近海向外海降低(图 8.16)。细胞数量平均值为 1.69×10^5 个/L,变化范围为 $44 \sim 2.93 \times 10^6$ 个/L,最大值出现在南部近海海域。

10 m 层细胞数量分布趋势与表层相似。细胞数量平均值为 1.10×10^5 个/L,变化范围为未检出 $\sim 1.55 \times 10^6$ 个/L,最大值同样出现在南部近海海域。

30 m 层细胞数量分布规律与表层、10 m 层相似(图 8.17)。细胞数量平均值为 4.17×10^4 个/L,变化范围为 $44 \sim 8.95 \times 10^5$ 个/L,最大值出现在南部近海海域。

底层细胞数量分布基本上是由近海向外海降低。细胞数量平均值为 1.18×10^5 个/L,变化范围为 $44 \sim 6.47 \times 10^6$ 个/L,最大值出现在南部外海海域。

3)秋季

表层细胞数量分布整体较为均匀,由近海向外海递减趋势不甚明显,相对高值区位于近海海域。细胞数量平均值为 6.63×10^3 个/L,变化范围为 $621 \sim 2.96 \times 10^4$ 个/L。

10 m 层细胞数量分布无明显趋势,高值区同样出现在近海海域。细胞数量平均值为 8.07×10^3 个/L,变化范围为 $740 \sim 1.19 \times 10^5$ 个/L。

30 m 层细胞数量分布与表层趋势相似,但其由近海向外海递减趋势稍强于表层。细胞数量平均值为 8.00×10^3 个/L,变化范围为 $370 \sim 5.26 \times 10^4$ 个/L,最大值出现在中部海域(图 8.17)。

底层细胞数量平均值为 3.39×10^3 个/L,变化范围为 $222 \sim 1.72 \times 10^4$ 个/L,最大值出现在南部近海。

4)冬季

表层细胞数量分布呈外海高于近海趋势,高值区出现在外海海域,其分布表现出微型浮游生物对台湾暖流及黑潮暖流的响应(图 8.16)。细胞数量平均值为 4.84×10^3 个/L,变化范围为 $1.12 \times 10^3 \sim 6.23 \times 10^4$ 个/L。

10 m 层细胞数量平均值为 8.26×10^3 个/L,变化范围为 $620 \sim 2.28 \times 10^5$ 个/L,最大值出现在北部外海。

30 m 层与表层分布趋势相似,三个高值区均位于外海海域,其受台湾暖流及黑潮暖流影响较表层更为明显。细胞数量平均值为 6.71×10^3 个/L,变化范围为 $590 \sim 6.85 \times 10^4$ 个/L(图 8.17)。

底层细胞数量平均值为 4.03×10^3 个/L,变化范围为 $1.09 \times 10^3 \sim 3.53 \times 10^4$ 个/L,最大值出现在中部外海。

2. 垂直分布

与夏季相比,春、秋、冬三季,水体中微型浮游生物细胞数量垂直变化不甚明显,但均表现出以 10 m 层高于其他层次的特点。而夏季层次变化明显,由表层向 30 m 层递减,进而至底层递增(图 8.18)。

3. 季节变化

ST05 区块海域微型浮游生物平均细胞数量季节变化明显,以夏季(1.12×10⁵个/L)最高,春季(8.35×10³个/L)次之,冬季(5.97×10³个/L)最低(图 8.19)。夏季明显高于其他几个季节,各层次细胞密度的季节变化趋势基本趋于一致。

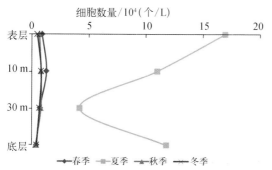

图 8.18　ST05 区块海域水体微型浮游生物
细胞数量垂直分布

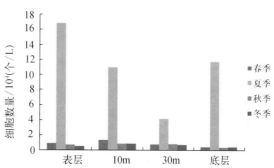

图 8.19　ST05 区块海域水体各层次微型浮游
生物细胞数量季节变化

8.4　小型浮游生物

8.4.1　种类组成

ST05 区块海域,共采集小型浮游生物 7 门 108 属 403 种,以硅藻和甲藻种类最多,占总种类的 97.3%(表 8.10)。秋季采获种类最多(308 种),其次是春季(246 种),夏季最少,仅 198 种。甲藻为春季近海及北部外海海域的主要优势类群,而其余三个季节,硅藻均居绝对优势,蓝藻仅在春、夏季外海海域体现其优势地位。主要优势种包括具齿原甲藻、中肋骨条藻、菱形海线藻(*Thalassionema nitzschioides*)、薛氏束毛藻(*Trichodesmium thiebautii*)、柔弱拟菱形藻、圆海链藻(*Thalassiosira rotula*)、螺旋环沟藻(*Gyrodinium spirale*)、具槽直链藻(*Melosira sulcata*)、蜂腰双壁藻(*Diploneis bombus*)、扭链角毛藻(*Chaetoceros tortissimus*)、具翼漂流藻(*Planktoniella blanda*)、尖刺拟菱形藻(*Pseudonitzschia pungens*)、汉氏束毛藻(*Trichodesmium hildebrandtii*)和佛氏海毛藻(*Thalassiothrix frauenfeldii*),共计 14 种,其中以具齿原甲藻、中肋骨条藻、菱形海线藻、薛氏束毛藻和柔弱拟菱形藻最为优势。春季具齿原甲藻优势度最为突出,对总细胞数量分布起决定作用;中肋骨条藻优势主要体现在夏季南部近海海域;菱形海线藻在夏、秋、冬三季均为优势种类,其分布主要在南部外海;薛氏束毛藻在春、夏两季为优势种类,其分布主要在外海海域。

本区地处亚热带和暖温带,水系复杂,小型浮游生物种类丰富,生态类型多样。按种类的生境、生态特征,可大体分为如下 5 个生态类型。

第 8 章

表 8.10　ST05 区块海域水体小型浮游生物种类组成统计

类　群	7 门 108 属 403 种	
	种类数	比例/%
硅藻门	70 属 240 种	59.55
甲藻门	29 属 152 种	37.72
蓝藻门	1 属 3 种	0.74
金藻门	3 属 3 种	0.74
绿藻门	2 属 2 种	0.50
裸藻门	2 属 2 种	0.50
动鞭门	1 属 1 种	0.25

河口性类型。该类型种类和数量都很少,半咸水种主要分布在河口咸淡水交汇的海域,也常被冲淡水扩展其分布区域。代表种为锤状中鼓藻(*Bellerochea malleus*)、颗粒直链藻(*Melosira granulata*)和蛇目圆筛藻(*Coscinodiscus argus*)等。

沿岸性类群。该类型种类数不多,但常在沿岸海域形成优势种。代表种有奇异棍形藻(*Bacillaria paradoxa*)、具槽直链藻和中肋骨条藻等。

近海广布性类型。该类型种类数最多,数量较大。大多数的优势种是该类型的,其在种类和数量均占优势。代表种为琼氏圆筛藻(*Coscinodiscus jonesianus*)、虹彩圆筛藻(*Coscinodiscus oculus-iridis*)、扁面角毛藻(*Chaetoceros compressus*)、旋链角毛藻(*Chaetoceros cuevisetus*)、中华盒形藻(*Biddulphia sinensis*)、菱形海线藻、佛氏海毛藻、尖刺拟菱形藻、三角角藻(*Ceratium tripos*)和梭角藻(*Ceratium fusus*)等。

大洋广布性类型。该类型种类不多。代表种为细弱海链藻(*Thalassiosira subtilis*)和密连角毛藻(*Chaetoceros densus*)等。前者秋冬季在调查海域的北部形成优势种。

高温高盐性类型。该类型种类较多,但数量少。代表种为中华盒形藻热带型、梨甲藻属(*Pyrocystis sp.*)的 5 种、鸟尾藻属(*Ornithocercus sp.*)的 5 种、脑形角藻和屈膝角藻等。该类型主要分布在外海受台湾暖流和黑潮影响的海域。

8.4.2　细胞数量

1. 水平分布

春季,随着温度的升高,与冬季相比小型浮游生物细胞数量在近海开始逐渐升高,南部近海温度较北部高,因而首先南部相对高值区开始在近海形成。细胞数量整体分布仍较为均匀,近海稍低于外海,高值区出现在南部外海海域。细胞数量平均值为 7.55×10^4 个/m³,变动范围为 $1.13 \times 10^3 \sim 3.16 \times 10^6$ 个/m³(图 8.20)。

夏季较春季温度持续上升,北部近海温度也达到适宜小型浮游生物生长繁殖的条件,北部近海高值区与南部高值区相连,形成位于近海平行于岸线的高值带,整体分布由近海向外海降低。细胞数量平均值为 8.95×10^6 个/m³,变动范围为 $1.01 \times 10^4 \sim 2.55 \times 10^8$ 个/m³(图 8.20)。

秋季高密度区集中于北部近海海域,整体呈由西北向东南降低趋势,细胞数量平均值

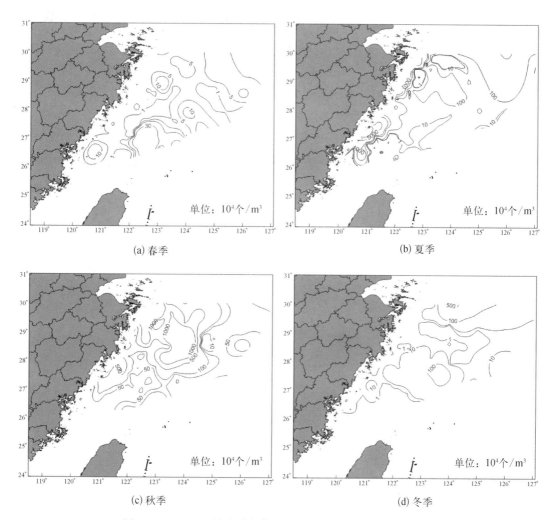

图 8.20　ST05 区块海域水体小型浮游生物密度四季水平分布

为 4.93×10^6 个$/m^3$,变动范围为 $3.16 \times 10^4 \sim 5.60 \times 10^7$ 个$/m^3$(图 8.20)。

冬季小型浮游生物细胞数量进一步减少,细胞数量平均值为 2.71×10^5 个$/m^3$,变动范围为 $231 \sim 7.70 \times 10^6$ 个$/m^3$。ST05 海域北部和南部外海各形成一相对高值区,秋季高值区域在冬季成为低值区(图 8.20)。

2. 季节变化

ST05 区块海域小型浮游生物平均细胞数量季节变化呈明显单峰型,以夏季(8.95×10^6 个$/L$)最高,秋季(4.93×10^6 个$/L$)次之,春季(7.55×10^4 个$/L$)最低,夏、秋季明显高于其他几个季节,夏季细胞数量为春季的 118.5 倍。

8.4.3　主要赤潮生物种类

1) 夜光藻

夜光藻四季均有发现(冬季仅在网采样品有检出),但密度极低。春、夏两季仅在南部近海海域个别站位采集到夜光藻,密度最高值也仅为 40 个/L。秋季夜光藻出现率较春、夏季稍高,但集中在北部近海,密度最高值为 133 个/L。

2) 尖刺拟菱形藻

尖刺拟菱形藻四季均有发现,夏季平均密度最高,达 $7.02×10^4$ 个/L。夏季最高值出现在北部近海海域,密度为 $1.01×10^6$ 个/L。该种主要分布于近海海域,春季分布较广、较均匀,未见明显高值。夏季该种分布较春季更靠近海,西北部舟山海域附近呈现明显高值区。秋季高值区同样出现在西北部,但密集程度远不如夏季。冬季该种出现率极低,仅有两个站位采集到。

3) 米氏凯伦藻

米氏凯伦藻(*Karenia mikimotoi*)四季均有发现,春季出现率最高,在整个海区零星分布,无明显高值区。夏季集中分布在西北部,仍无明显高值区。秋、冬两季仅在个别站位采集到该种。

4) 中肋骨条藻

中肋骨条藻四季均有发现,以夏季平均密度最高,为 $1.17×10^5$ 个/L。主要集中在近海海域,高值区分布在西南部海域。最高值出现在南部近海海域,密度为 $8.71×10^5$ 个/L。春、秋、冬三季仅个别站位采集到,密度也远低于夏季。

5) 具齿原甲藻

具齿原甲藻四季均有发现,以春季平均密度最高,为 $2.85×10^3$ 个/L。春季该种遍布近海海域,存在两个高值区,一个分布在舟山渔场外海域,另一高值区分布在南部近海海域。最高值出现在北部外海海域,密度为 $9.45×10^4$ 个/L。夏、秋、冬三季平均密度远低于夏季,零星状分布,无明显高值区。

除以上几种赤潮生物外,还有塔玛亚历山大藻(*Alexandrium tarmaremse*)、链状亚历山大藻(*Alexandrium catenella*)、丹麦细柱藻(*Leptocylindrus danicus*)、锥状斯氏藻(*Scrippsiella trochoidea*)、红色中缢虫(*Mesodinium rubrum*)、多纹膝沟藻(*Gonyaulax polyramma*)和旋链海链藻(*Chaetoceros curvisetus*)等种类也在本区沿海发生过赤潮,由于有的种类无毒,或是虽然有毒,但发生的时间短、面积小,危害程度不是太大,或在本次调查中未采集到该种标本,故不再详细论述。

8.5 浙江海域隐藻两新记录种

隐藻在海洋中广泛分布,特别是在远洋,数量众多,是海洋初级生产力主要贡献者之一。隐藻对温度、光照适应性极强,无论冬季、夏季、表层、底层,均可形成优势群体,有的种类在近海海域可形成赤潮。因其个体较小(大多小于 20 μm),光学显微镜下很容易被忽略,因而对隐藻的研究一直处于停滞状态。近年来随着电子显微镜技术的发展,国外学者对隐藻的研究正逐步走向轨道,而国内还处于起步阶段。本次调查利用电子显微镜,对146 个微型浮游生物样品进行鉴定,发现浙江海域隐藻两新记录种,并对其数量、分布及环境适应性进行初步分析,为今后在东海区开展针对隐藻的研究打下基础。

8.5.1　形态特征

1）伸长斜片藻

伸长斜片藻（*Teleaulax acuta*）属隐藻纲（*Cryptophyceae*），隐鞭藻目（*Cryptomonadales*），隐鞭藻科（*Cryptomonadaceae*），斜片藻属（*Teleaulax*）。

Plagioselmis prolonga Butcher ex Novarino, Lucas & S. Morrall in Cryptogamie - Algol. 15：90. 1994；Butcher in Fish. Invest. London, Ser. 4：18. 1967；D. R. A. Hill in Ann. Bot. Fenn. 29：165. 1992；M. Kuylenstierna & B. Karlson in Botanica Mar. 37：22. 1994. Xiao-Li XING，Xu-Yin LIN，Chang-Ping CHEN，et al in Journal of Systematics and Evolution 46（2）：205：212. 2008.

形态特征：藻体为单细胞。细胞长 5～7 μm，宽 3～3.7 μm。细胞前端钝圆，后端急剧变尖，形成一个特有的尾部（characteristically acute cell posterior）。鞭毛（flagella）两条，略等长，着生在前端略靠近腹侧的浅凹陷中，长鞭毛基本与细胞等长。细胞体部包被六边形的周质体（periplast）形成的板片，尾部没有。尾部长度为细胞长度的 1/5～1/3。有口沟（ventral furrow），约延伸到细胞 1/2 处。纵沟（mid-ventral band，MVB）从口沟后端一直延伸到尾部末端（图 8.21）。

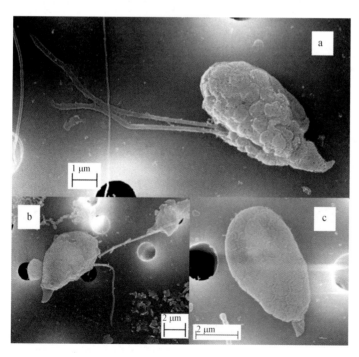

图 8.21　伸长斜片藻扫描电镜图片

图 a 侧面观，示略等长鞭毛、口沟、尾部无板片；图 b 侧面观，示六边形周质体形成的板片；图 c 背面观，示六边形周质体形成的板片、尾部

2）尖尾全沟藻

尖尾全沟藻（*Teleaulax acuta*）属隐藻纲，隐鞭藻目，隐鞭藻科，全沟藻属（*Teleaulax*）。

Teleaulax acuta(Butcher)Hill 与 Cryptomonas acuta Butcher 为同种异名。D. R. A. Hill 于 1991 年将全沟藻属从隐藻属中分离出来,两属在口沟长短和周质体是否形成板片两个特征上明显不同。

Teleaulax acuta D. R. A. Hill in Phycologia. 30(2):177. 1991;D. R. A. Hill in Ann. Bot. Fenn. 29:173,174. 1992;L. Bérard-Therriault et al. in Can. J. Fish. Aquat. Sci. 128:250. 1999.,Cryptomonas acuta G. Butcher in J. Mar. Biol. Assoc. UK. 31(1):188 1952;G. Novarino in Nord. J. Bot. 11:602. 1991a;G. Novarino et al. in J. Plankt. Res. 19:1094. 1997. Non Cryptomonas acuta sensu F. H. Chang in N. Z. J. Mar. Freshwater Res. 17:291. 1983. Xiao-Li XING, Xu-Yin LIN, Chang-Ping CHEN, et al. in Journal of Systematics and Evolution. 46(2):205:212.2008.

形态特征:藻体为单细胞。细胞长 5.6～8.4 μm,宽 2.8～3.7 μm。细胞前端有一喙状突起(strongly rostrate anterior),向后渐狭,后端尖细,细胞略向腹侧弯曲。鞭毛两条,等长,约为细胞长度的 2/3。口沟明显,从前端凹陷处延伸到细胞中部,有很多突起的孔(ejectosome pores),一般有四个较大的孔。细胞表面有很多小孔。周质体不形成板片(图 8.22)。

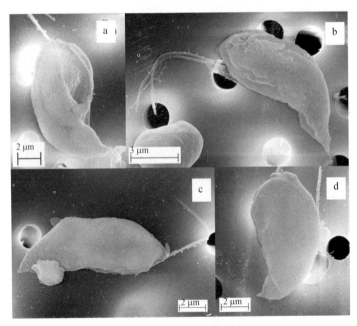

图 8.22 尖尾全沟藻扫描电镜图片

图 a 腹面观,示口沟;图 b 侧面观,示等长鞭毛、前端喙状突起、尾部、周质体;
图 c 侧面观,示表面小孔;图 d 背面观,示前端喙状突起、尾部、表面小孔

8.5.2 数量分布

1)伸长斜片藻

88 个样品中检出伸长斜片藻,占检测样品的 60.3%。其平均细胞数量为 2.65×10³ 个/L,变化范围为未检出～1.90×10⁴ 个/L。伸长斜片藻在表层水体中水平分布为近海高,外海

低(图 8.23)。

2) 尖尾全沟藻

59 个样品中检出尖尾全沟藻,占检测样品的 40.4%。其平均细胞数量为 $1.23×10^3$ 个/L,变化范围为未检出~$2.50×10^4$ 个/L。尖尾全沟藻在表层水体中水平分布为近海高,外海低(图 8.24)。

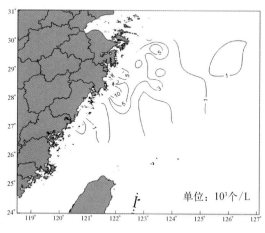

图 8.23 ST05 区块海域水体冬季伸长斜片藻表层
　　　　 细胞数量分布图

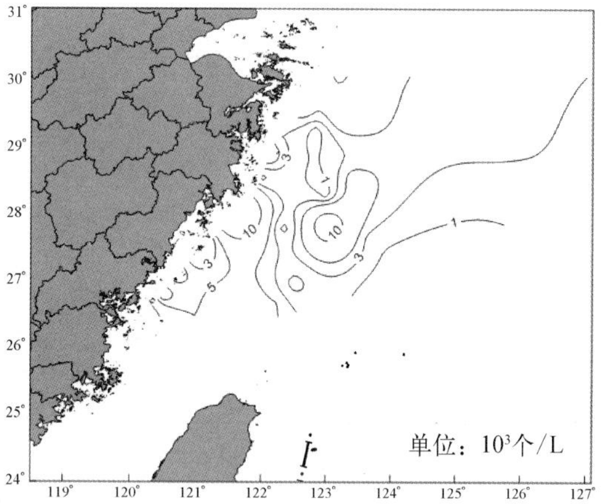

图 8.24 ST05 区块海域水体冬季尖尾全沟藻表层
　　　　 细胞数量分布图

8.5.3 环境适应性分析

1) 伸长斜片藻

出现伸长斜片藻的站位,温度范围为 9.65~20.43℃,其中,细胞数量大于平均值的温度范围为 10.78~18.84℃,说明其适合生长的温度较低,在冬季易成为优势种。盐度范围为 27.015~34.508,其中,细胞数量大于平均值的盐度范围为 28.554~34.277,说明其适合在盐度较高的水域生长。浊度范围为 0.8~39.4,其中,细胞数量大于平均值的浊度范围为 0.8~39.4,表层样品共有 32 个出现伸长斜片藻,有 26 个站位浊度小于 10,占81.3%,表明其适宜在浊度较低的水域生长(图 8.25~图 8.26)。

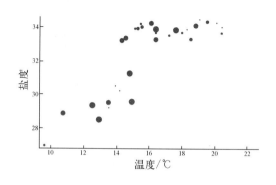

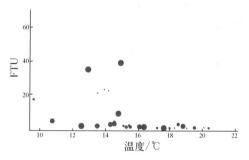

图 8.25 伸长斜片藻细胞数量温度盐度关系

图 8.26 伸长斜片藻细胞数量温度浊度关系

2) 尖尾全沟藻

出现尖尾全沟藻的站位,温度范围为 9.65～20.41℃,其中,细胞数量大于平均值的温度范围为 10.78～16.41℃,说明其适合生长的温度较低,在冬季易出现优势。盐度范围为27.015～34.708,其中,细胞数量大于平均值的盐度范围为 28.923～34.277,说明其适合在咸水中生长;浊度范围为 0.8～76.0,其中,细胞数量大于平均值的浊度范围为 0.9～4.9,表层样品共有 28 个中出现伸长斜片藻,有 23 个站位浊度小于 10,占 82.1%,显示该藻适宜在浊度较低的水域中生长(图 8.27～图 8.28)。

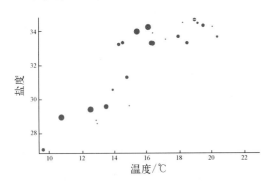

图 8.27　尖尾全沟藻细胞数量温度盐度关系

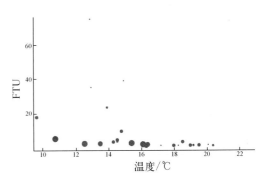

图 8.28　尖尾全沟藻细胞数量温度浊度关系

8.6　小结

(1) ST05 区块海域叶绿素 a 全年平均含量为 0.96 mg/m³,季节变化明显,春季＞夏季＞秋季＞冬季;水平分布特征基本表现为由近岸向外部海域递减;垂向分布特征为由表层向底层递减;秋季 30 m 层叶绿素浓度高值区分布与台湾暖流走向基本一致。该海域叶绿素 a 含量相对高于其他海域及东海历史数据;秋季叶绿素 a 浓度表层至 30 m 层变化不大,且秋季 10 m 层仅次于夏季,而 30 m 层位居各季之首,反映出秋季该海域受台湾暖流影响显著,且台湾暖流主要控制着 30 m 层上下。

(2) 该海域共发现微型浮游生物 199 种。其中,硅藻 130 种,甲藻 42 种,其他藻类 27 种。发现东海区新记录种两种,伸长斜片藻和尖尾全沟藻;小型浮游生物 403 种。其中,硅藻 240 种,甲藻 152 种,其他藻类 11 种。

(3) 四季平均细胞数量,聚球藻＞微微型光合真核生物＞微型浮游生物＞小型浮游生物,秋季小型浮游生物略大于微型浮游生物。微型浮游生物细胞数量与小型浮游生物相差不大。

浮游动物

浮游动物(zooplankton)是一类自己不能制造有机物的异养性浮游生物,其种类组成主要包括原生动物、腔肠动物、栉水母、轮虫、甲壳动物、腹足动物、毛颚动物、被囊动物以及浮游幼虫,根据个体大小分为中型浮游动物和大型浮游动物。浮游动物是海洋次级生产力的主要组成者,是食物网中承前启后的重要一环,是海洋生态系统物质循环和能量流动中的关键调控功能群。浮游动物通过摄食及其垂直移动,能够有效地将上层的初级生产量主动"泵"入其他水层,成为真光层颗粒有机物的沉降输出过程中的"生物泵",在海洋生源要素循环中起着重要枢纽作用。浮游动物是经济海产动物幼体,特别是仔、稚鱼的饵料,浮游动物种群与鱼类(尤其是幼鱼)的时空关系,很大程度上决定了鱼种的补充机制,通过浮游动物的分布和数量变动研究,可以为渔情预报提供科学依据。很多浮游动物,如水母类、桡足类、被囊类等可作为指示种,在世界各海区用来判断一般用水温、盐度等不能完全识别的海流或水团,对研究海流的来龙去脉有一定的价值。浮游动物种群动态变化和生产力的高低对于整个海洋生态系统结构功能、生态容纳量以及生物资源补充量都有着十分重要的影响。

我国有关东海区浮游动物生态的研究已有较多的报道。早在1955年,沈嘉瑞(1955)就曾对长江口水域甲壳类动物有过报道,但缺少定量资料。新中国成立以后,我国对东海区的浮游动物生态展开了多次调查研究,包括1958年9月~1959年12月的全国海洋综合调查,1961年1~12月东海区浮游动物的初步调查,1975~1976年南黄海、东海污染调查,1978~1979年东海大陆架调查,1980~1985年中国海岸带和海涂资源综合调查等。这些工作的开展对于更好地开展ST05区块海洋浮游动物研究提供了丰富的基础资料。

9.1 中型浮游动物

9.1.1 种类组成

ST05区块海域共采集中型浮游动物18个类群256种(不包括浮游幼体类21种),其中桡足类152种,毛颚类19种,端足类18种,磷虾类11种,翼足类9种,糠虾类和多毛类各8种,十足类6种,海樽类5种,枝角类和有尾类各4种,水螅水母类和管水母类各3种,介形类和栉水母动物2种,涟虫类和钵水母类各1种。桡足类是中型浮游动物群落中最主要的组成类群,占总种类数的59.4%。春、夏、秋、冬四季,中型浮游动物种类,以夏季 185 种最多,春季次之,153 种,冬季 132 种居第三位,秋季最少,为 111 种。桡足类种类数季节变化左右了中型浮游动物季节变化,其他类群无明显季节变化趋势。四季中型浮游动物种类检出率分布基本呈近海低,中部、外部海域高的趋势,检出率较高区域随季节变化而有所不同,冬、春季检出率较高的海域主要集中于外海海域,秋季集中于中部海域,夏季整个中部、外部海域检出率均较高。

根据丰度和出现频率,取优势度(Y)≥0.02 的浮游动物进行统计,本区中型浮游动物优势种共有 10 种,分别为中华哲水蚤(*Calanus sinicus*)、针刺拟哲水蚤(*Paracalanus aculeatus*)、异体住囊虫(*Oikopleura dioica*)、小拟哲水蚤(*Paracalanus parvus*)、普通波水蚤(*Undinula vulgaris*)、肥胖箭虫(*Sagitta enflata*)、锥形宽水蚤(*Temora turbinata*)、小毛猛水蚤(*Microsetella* sp.)、精致真刺水蚤(*Euchaeta concinna*)和平滑真刺水蚤(*Euchaeta plana*)。各季节优势种以桡足类占绝对优势,各季优势种数依次为夏季(6种)、冬季(5种)、春季(4种)和秋季(1种),不同季节出现的优势种类不尽相同,除针刺拟哲水蚤四季均为优势种外,一些种类存在一定的季节更替现象。如中华哲水蚤在春季处于绝对优势地位,优势度达 0.40,而至夏、秋、冬季,其优势地位被针刺拟哲水蚤取代,尽管冬季该种仍为优势种,但优势度仅有 0.078,居第二位(表 9.1)。

表 9.1 ST05 区块海域浮游动物中型优势种优势度、出现频率及平均密度统计结果(Y≥0.02)

优势种	春 季			夏 季			秋 季			冬 季		
	Y	出现频率/%	平均密度/(个/m³)	Y	出现频率/%	平均密度/(个/m³)	Y	出现频率/%	平均密度/(个/m³)	Y	出现频率/%	平均密度/(个/m³)
中华哲水蚤	0.4	97.80	688.71	—	—	—	—	—	—	0.078	87.78	17.76
针刺拟哲水蚤	0.066	84.62	131.02	0.128	98.91	79.49	0.55	98.90	337.99	0.192	100.00	38.27
异体住囊虫	0.024	84.62	48.2	0.048	93.48	31.66						
桡足类六肢幼虫	0.024	23.08	172.29									
真刺水蚤幼体	0.021	87.91	40.19	0.044	98.91	27.2	0.021	86.81	14.91	0.079	83.33	18.83
小拟哲水蚤	0.021	37.36	93.71							0.046	62.22	14.87
普通波水蚤	—	—	—	0.029	76.09	23.55						
肥胖箭虫	—	—	—	0.03	97.83	18.91						
锥形宽水蚤	—	—	—	0.036	82.61	27.02						
小毛猛水蚤	—	—	—	0.02	44.57	27.96						
精致真刺水蚤										0.026	83.33	6.27
平滑真刺水蚤										0.026	83.33	6.17

9.1.2 栖息密度

1. 水平分布

春季,中型浮游动物栖息密度范围在 18.02~10 300.00 个/m³,均值为 1 684.68 个/m³。密度分布由近海向外海逐渐降低,密度高值区主要集中在近海海域(图 9.1)。

夏季,密度范围在 32.38~2 020.80 个/m³,均值为 612.08 个/m³。密度分布趋势与春季相似,总体呈现近海高、外海低的规律,高值区出现在近海海域,大部分海域的密度范围在 100~200 个/m³(图 9.1)。

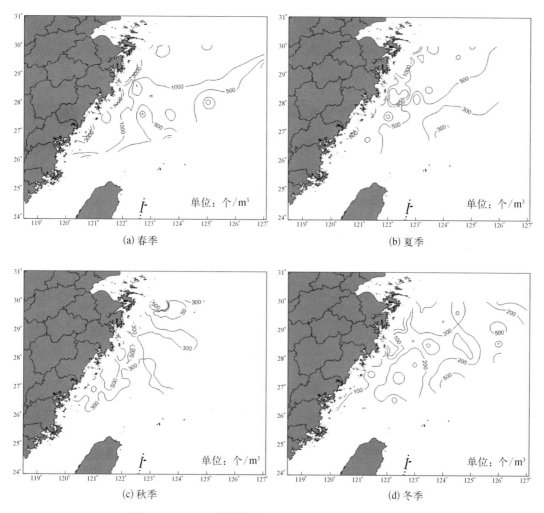

(a) 春季　　　　　　　　　　　　　(b) 夏季

(c) 秋季　　　　　　　　　　　　　(d) 冬季

图 9.1　ST05 区块海域中型浮游动物栖息密度水平分布

秋季，密度范围在 38.50～26 504.42 个/m³，均值为 607.69 个/m³。整体分布较为均匀，相对高值区主要集中在近海，尤其是北部近海海域(图 9.1)。

冬季，中型浮游动物整体密度低于其他几个季节，平均密度仅为 199.17 个/m³，范围 19.45～729.05 个/m³，分布趋势与春、夏季相反，整体由近海向外海逐渐升高(图 9.1)。

2. 季节变化

ST05 区块海域中型浮游动物密度季节变化明显，以春季最高，夏季次之，冬季最低。具体到各个区域其季节变化趋势有所不同，外海区，包括南部外海和北部外海，全年高峰仍然出现在春季，夏季次之，但秋冬两季数量相差不大，且以冬季略高于秋季。南部近海季节变化与整体变化趋势相同。北部近海季节变化呈双峰式分布，春季和秋季达到四季中的最高和次高值，冬季最低(图 9.2，表 9.2)。

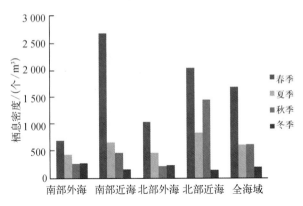

图 9.2　ST05 区块海域中型浮游动物栖息密度季节变化

表 9.2　ST05 区块海域各分区中型浮游动物栖息密度统计　（单位：个/m³）

海　区	春　季	夏　季	秋　季	冬　季
南部外海	689.28	432.27	265.68	278.02
南部近海	2 682.98	664.58	467.71	161.53
北部外海	1 042.03	467.45	216.63	230.66
北部近海	2 034.00	840.53	1 446.47	146.20
全海域	1 684.68	613.04	619.67	199.17

9.1.3　生物量

1. 平面分布

春季，总生物量范围在 5.49～4 750.00 mg/m³，均值为 599.10 mg/m³，平面分布呈近海向外海递减、北部高于南部的特征，生物量高值区主要集中在中、北部近海海域（图 9.3）。

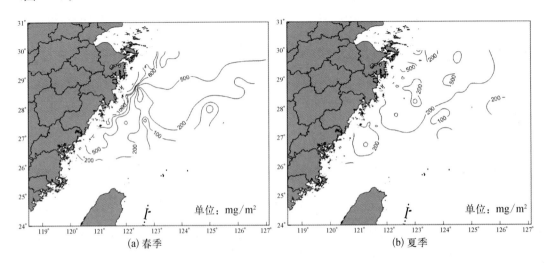

(a) 春季　　　　　　　　　　　　　　　(b) 夏季

第9章

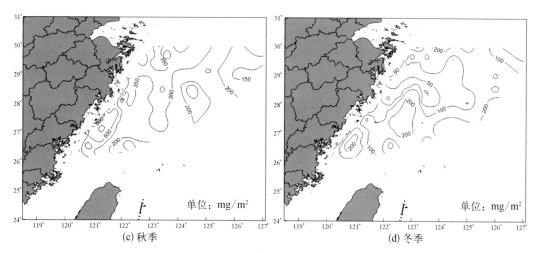

图 9.3　ST05 区块海域中型浮游动物生物量水平分布

夏季，总生物量范围在 $20.00 \sim 982.46 \ \mathrm{mg/m^3}$，均值为 $258.43 \ \mathrm{mg/m^3}$，整体分布趋于均匀，高值区依然出现在北部近海海域(图 9.3)。

秋季，总生物量范围在 $68.42 \sim 1\,560.00 \ \mathrm{mg/m^3}$，均值为 $380.17 \ \mathrm{mg/m^3}$，整体分布较为均匀，但仍能呈现由近海向外海递减的趋势。高生物量区主要分布在南部近海海域(图 9.3)。

冬季，总生物量在四季中最小，范围为 $14.29 \sim 358.97 \ \mathrm{mg/m^3}$，均值为 $112.07 \ \mathrm{mg/m^3}$，整体分布较为均匀，近海略低于外海。在中部海域存在一明显低值区(图 9.3)。

2. 季 节 变 化

ST05 区块海域中型浮游动物密度季节变化呈明显双峰型，生物量最高峰出现在春季、次高峰出现在秋季，冬季为全年最低。具体到各个区域其季节变化趋势有所不同，南部外海秋季达到生物量最高峰，而其他几个季节无明显季节波动。南部近海、北部近海、北部外海几个区域季节变化趋势与整体变化趋势保持一致，春季最高、秋季次之，冬季最低(图 9.4，表 9.3)。

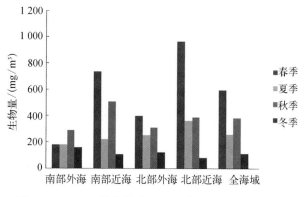

图 9.4　ST05 区块海域中型浮游动物生物量季节变化

表 9.3 ST05 区块海域各分区中型浮游动物总生物量统计 （单位：mg/m³）

海 区	春 季	夏 季	秋 季	冬 季
南部外海	178.20	178.37	287.10	157.64
南部近海	736.72	221.16	506.55	103.83
北部外海	398.74	251.62	308.73	118.79
北部近海	971.75	364.10	389.75	79.43
全海域	599.10	258.43	380.17	112.07

9.2 大型浮游动物

9.2.1 种类组成

ST05 区块海域共采集大型浮游动物 19 个类群 350 种（不包括浮游幼体类 35 种），其中桡足类 148 种，端足类 39 种，毛颚类 27 种，水螅水母类和多毛类各 19 种，翼足类 17 种，磷虾类 15 种，糠虾类和介形类各 12 种，海樽 11 种，管水母类 10 种，十足类 8 种，有尾类 5 种，枝角类 3 种，栉水母动物 2 种，涟虫类、等足类和钵水母类各 1 种。

春、夏、秋、冬四季，以春季 267 种最多，夏季（231 种）以微弱劣势居第二位，秋季、冬季相差不大，秋季（122 种）居第三位，冬季最少（117 种）。桡足类种类数季节变化同样也表现出春、夏季种类多，秋、冬季种类少的态势。四季大型浮游动物种类检出率分布基本呈近海低，中部、外部海域高的趋势，检出率较高区域随季节变化而有所不同，春、夏、秋三季检出率较高的海域主要集于中部及南部外海海域，冬季主要集中在外海海域。四季种类数的水平分布表现为，春季呈不规则分布，但整体趋势为近海低、外海高；夏季，近海海域浮游动物种类数量较少，由近海向外海浮游动物种类数呈现逐渐递增的趋势，种类数量最多的区域主要集中在 122°~124°E，27°~29°N 的海域，124°以外海域浮游动物种类数量不再递增并趋于稳定；秋季的种类分布无明显规律，绝大部分近海和外海的浮游动物种类数较少；冬季，种类数也呈不规则分布，但总体而言种类数较多站位大多都集中在离岸较远的海域。

根据丰度和出现频率，取优势度（Y）≥0.02，大型浮游动物优势种共有 11 种（不包括 2 种浮游幼体优势种），分别为中华哲水蚤、普通波水蚤、肥胖箭虫、锥形宽水蚤、平滑真刺水蚤、精致真刺水蚤、亚强真哲水蚤（*Eucalanus subcrassus*）、针刺拟哲水蚤、五角水母（*Muggiaea atlantica*）、达氏波水蚤（*Undinula darwinii*）和缘齿厚壳水蚤（*Scolecithrix nicobarica*）。各季节优势种以桡足类占绝对优势，各季优势种数依次为秋季（10 种）、夏季（7 种）、冬季（5 种）、春季（1 种），不同季节出现的优势种类不尽相同，亦即主要种类存在一定的季节更替现象。如中华哲水蚤在春季处于绝对优势地位，优势度达 0.886，而至夏、秋季，其优势度下降至 0.02、0.03，第一优势种地位分别被普通波水蚤和针刺拟哲水蚤所取代，冬季中华哲水蚤又上升为本区第一优势种（表 9.4）。

表 9.4　ST05 区块海域大型浮游动物优势种优势度、出现频率及平均密度统计(Y≥0.02)

大型种类	春 季			夏 季			秋 季			冬 季		
	Y	出现频率/%	平均密度/(个/m³)	Y	出现频率/%	平均密度/(个/m³)	Y	出现频率/%	平均密度/(个/m³)	Y	出现频率/%	平均密度/(个/m³)
中华哲水蚤	0.886	100	782.57	0.021	41.30	22.63	0.03	61.54	9.02	0.314	93.33	39.53
真刺水蚤幼体	—	—	—	0.096	100	24.92	0.069	95.60	13.39	0.14	93.33	17.63
普通波水蚤	—	—	—	0.079	75	16.22	0.037	72.53	9.58	—	—	—
肥胖箭虫	—	—	—	0.068	98.91	18.84	0.034	98.90	6.36	0.021	66.67	2.68
锥形宽水蚤	—	—	—	0.066	82.61	10.94	—	—	—	—	—	—
平滑真刺水蚤	—	—	—	0.046	98.91	9.24	0.033	93.41	6.46	0.056	86.67	7.01
精致真刺水蚤	—	—	—	0.038	97.83	8.76	0.025	93.41	5.06	0.061	86.67	7.63
亚强真哲水蚤	—	—	—	0.036	96.74	10.38	0.073	95.60	14.23	0.024	71.11	3.05
针刺拟哲水蚤	—	—	—	—	—	—	0.077	92.31	15.55	—	—	—
五角水母	—	—	—	—	—	—	0.039	90.11	8.08	—	—	—
达氏波水蚤	—	—	—	—	—	—	0.029	71.43	7.42	—	—	—
缘齿厚壳水蚤	—	—	—	—	—	—	0.023	70.33	6.12	—	—	—
长尾类幼体	—	—	—	—	—	—	—	—	—	0.045	77.78	5.69

9.2.2　栖息密度

1. 水平分布

春季,大型浮游动物栖息密度范围为 0.46～11 518.00 个/m³,平均密度 1 005.71 个/m³。总体分布呈现自西北向东南递减的趋势。高值区主要集中在中北部近海海域,南部外海海域出现较大范围的低值区(图 9.5)。

夏季,平均密度为 366.78 个/m³,范围为 11.15～8 156.33 个/m³;两个密度高值区分别出现在北部近海海域和中部外海海域,由于高值区域的绝对优势控制,其他区域凸显均匀分布(图 9.5)。

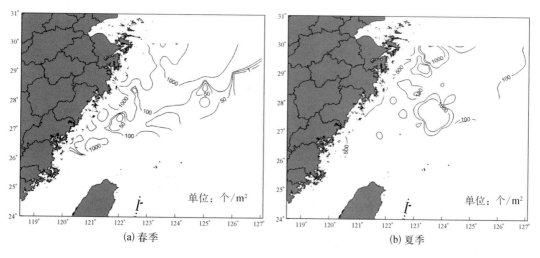

(a) 春季　　　　　　　　　　(b) 夏季

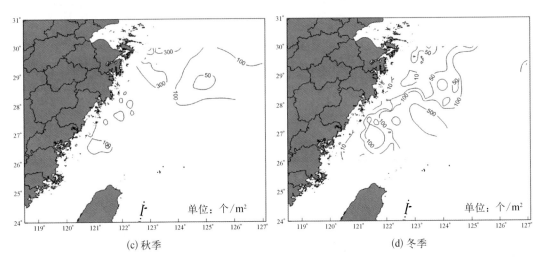

(c) 秋季　　　　　　　　　　　　　　　(d) 冬季

图 9.5　ST05 区块海域大型浮游动物栖息密度水平分布

　　秋季,栖息密度范围在 22.57～679.68 个/m³,均值为 185.46 个/m³;栖息密度整体分布较为均匀,高值区主要位于北部近海海域,相对来说,北部外海数量较低(图 9.5)。

　　冬季,栖息密度范围 0.49～914.76 个/m³,均值为 125.77 个/m³,整体呈外海高近海低的趋势,高值区出现在南部外海海域(图 9.5)。

2. 季节变化

　　ST05 区块海域大型浮游动物密度季节变化明显,以春季最高,夏季次之,冬季最低。具体到各个区域其季节变化趋势有所不同,南部外海年内最低密度水平出现在秋季,从秋季开始至次年夏季,密度水平逐步上升,直至夏季达到最高峰;北部近海、北部外海和南部近海三个区域密度季节变化趋势与全海域的变化趋势保持一致,呈春季＞夏季＞秋季＞冬季,春季密度水平明显高于其他季节,但三个分区仍有所不同,南部近海和北部外海夏、秋、冬三个季节栖息密度虽然呈现下降趋势,但趋势较缓,而北部近海海域栖息密度受季节因素影响极为显著,春季为四个分区中最高,冬季则成为四个分区中最低(图 9.6,表 9.5)。

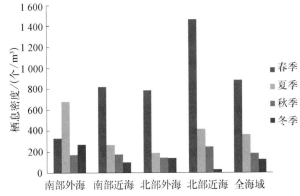

图 9.6　ST05 区块海域大型浮游动物栖息密度季节变化

表 9.5　ST05 区块海域各分区大型浮游动物栖息密度统计　　(单位:个/m³)

海　区	春　季	夏　季	秋　季	冬　季
南部外海	330.89	677.08	170.75	269.14
南部近海	819.85	265.94	175.43	99.67

海　区	春　季	夏　季	秋　季	冬　季
北部外海	787.07	188.64	141.96	137.80
北部近海	1 461.39	415.75	250.42	32.32
全海域	883.68	366.39	185.46	125.77

9.2.3　生物量

1. 平面分布

春季，总生物量范围在 16.78～4 049.00 mg/m³，均值为 462.10 mg/m³，平面分布并不均匀，呈西北高东南低、近海高外海低的分布特征，生物量高值区集中在北部近海海域，南部外海出现较大范围的低值区域(图 9.7)。

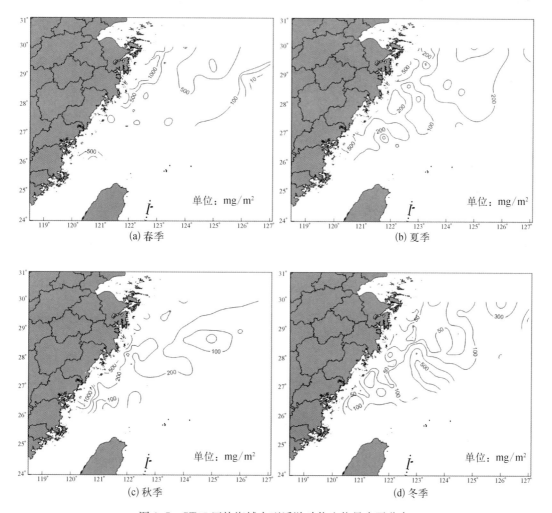

(a) 春季　　　　(b) 夏季

(c) 秋季　　　　(d) 冬季

图 9.7　ST05 区块海域大型浮游动物生物量水平分布

夏季,平均生物量为 211.04 mg/m³,范围在 9.88～1 143.45 mg/m³,平面分布趋于均匀,大部分海域的总生物量为 100～500 mg/m³,南部外海仍表现出相对低值的特征(图 9.7)。

秋季,总生物量范围在 20.24～3 941.72 mg/m³,均值为 292.81 mg/m³,平面分布表现为近海高、外海低的趋势。高值区出现在南部近海海域,整个外海海域分布较为均匀(图 9.7)。

冬季,总生物量为四季最小,范围为 0.55～716.00 mg/m³,均值为 112.10 mg/m³,总体分布呈近海低、外海高的特征,南部外海海域生物量水平仍与其他几个季节保持一致,但由于其他区域密度降低,南部外海海域在冬季反而成为高值区域(图 9.7)。

2. 季节变化

ST05 区块海域大型浮游动物密度季节变化呈明显双峰型,生物量最高峰出现在春季、次高峰出现在秋季,冬季为全年最低。具体到各个区域其季节变化趋势有所不同,近海海域,包括南部近海和北部近海,季节变化趋势与整体变化趋势相似,呈明显双峰型,但不同之处在于,北部近海春季生物量最高,而南部近海秋季生物量最高;北部外海生物量变化以春季最高,夏、秋、冬三季依次降低,但降低趋势趋缓;南部外海尽管从数据上也能反映出一定的季节变化,夏季最低,秋、冬、春三季依次升高,春季达到最高,但是,该区域大型浮游动物生物量水平基本保持在一定范围内,变化不大(图 9.8,表 9.6)。

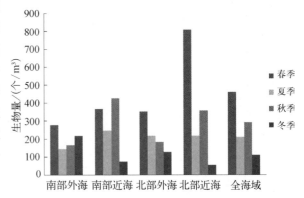

图 9.8　ST05 区块海域大型浮游动物生物量季节变化

9.2.4　主要类群

1. 甲壳动物

甲壳动物在浮游动物中占据重要地位,种类多、密度大、分布广,是海洋经济动物,尤其是经济鱼类的主要摄食饵料。ST05 区块海域共采集甲壳动物 302 种,占浮游动物总种类数的 71.23%;密度均值为 292.57 个/m³,占浮游动物总密度的 75.02%。其中,以桡足类、端足类、磷虾类和十足类等浮游甲壳动物最为重要。

1) 桡足类

桡足类是浮游动物中种类最丰富、数量最多、分布最广、最为重要且最具经济意义的一个类群,也是食物链中的一个重要环节,ST05 区块海域浮游桡足类密度占浮游动物总密度的 72.64%。ST05 区块海域水系状况复杂,受水系变化和气候环境的影响,桡足类种类组成和密度分布也随之发生变化。

a. 种类组成

由于受到江河径流、东海沿岸流、台湾暖流和黄海冷水团的影响,局部海域受到部分黑潮暖流的影响,ST05区块海域的浮游桡足类种类组成较为丰富,四季共计鉴定191种,占所有浮游动物种类数的45.05%,占甲壳动物总种数的63.25%。四季中以夏季种类最多,达146种,占桡足类总种类数的76.44%;春季略低于夏季,为144种(占75.39%);冬季97种(占50.79%);秋季的种类数最低,仅为82种(仅占42.93%)。

　　b. 平面分布

　　春季,桡足类密度均值为808.66个/m³,分布遍布全海域,基本呈由近海向外海递减趋势,高值区主要集中在近海,尤其在北部近海海域,东部外海和东南部外侧海域分别出现两个密度低值区(0~50个/m³)。密度最高值出现在西北部近海,达5 292.80个/m³(图9.9)。

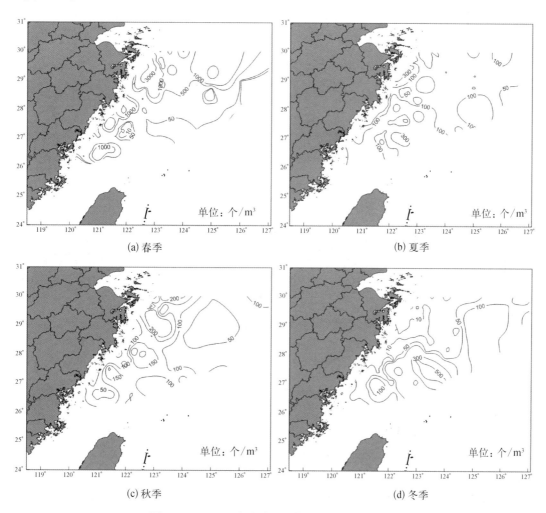

(a) 春季　　　　　　　　　　　　(b) 夏季

(c) 秋季　　　　　　　　　　　　(d) 冬季

图9.9　ST05区块海域浮游桡足类栖息密度分布

　　夏季,桡足类密度均值为129.78个/m³,整体分布较为均匀,近海相对高于外海。最高值位于中部近海海域,其值为515.61个/m³(图9.9)。

　　秋季,桡足类密度均值为119.01个/m³,分布与夏季相似,整体较为均匀,近海相对高于外海,东北部外海较大范围区域密度较低(10~50个/m³)。密度最高值位于北部近海,其值为 551.68 个/m³(图 9.9)。

冬季,桡足类密度均值为 76.47 个/m³,其分布明显有别于其他三个季节,近海密度低于外海,密度高值区向东部、东南部移动,密度高值区位于南部外海海域,而近海海域密度则出现明显回落,绝大部分海域的密度范围在 0~50 个/m³(图 9.9)。

c. 季节变化

ST05 区块海域浮游桡足类的四季密度均值为 283.30 个/m³。无论是全海域还是分海区,桡足类的季节变化均比较明显,全海域的四季变化趋势为春季>夏季>秋季>冬季。分海区看,各海区桡足类的密度最高峰均出现在春季,次高峰以夏季居多,但南部外海和北部外海的密度次高峰则分别出现在冬季和秋季。四季中,各海区的密度波动以春季最为明显,其中北部近海密度最高,其密度值超过南部外海的 4 倍,南部近海和北部外海的密度相差不大,但两者的密度值均仅为北部近海的一半左右(表 9.6)。

表 9.6　ST05 区块海域浮游桡足类密度季节变化　　　　(单位:个/m³)

海　区	春　季	夏　季	秋　季	冬　季
南部外海	297.59	171.12	111.20	193.92
南部近海	773.98	137.40	106.43	55.68
北部外海	640.02	77.57	90.59	69.79
东部近海	1 394.03	143.04	166.38	16.72
全海域	807.95	129.78	119.01	76.47

d. 优势种

中华哲水蚤为暖温带种,一般广泛地分布于渤、黄海和东海近岸区,数量极为丰富,为这些水域的优势种。该种是 ST05 区块海域唯一一种四季均成为优势种的浮游动物,四季密度均值为 210.69 个/m³,占桡足类总量的 74.37%,浮游动物生物量的平面分布一般取决于该种的分布。

春季中华哲水蚤密度最高,均值达 782.57 个/m³,分布遍及整个海域,有明显的高密集区(>1 000 个/m³),范围主要以近海为主,东南部外侧海域则有一个明显的低值区(0~50 个/m³);夏季,密度明显降低,其均值仅为 12.10 个/m³,零星地分布于近海海域,相对高密集区(>100 个/m³)出现在西北部近海,范围较小,外海大部分区域没有其分布;秋季,密度降至四季最低水平,均值仅为 9.02 个/m³,无明显高值区出现,且外海几乎无分布;冬季,密度有明显上升,其均值达 39.09 个/m³,南部外海有一明显高密集区(100~1 000 个/m³),其他海域的密度分布较为均匀,一般不超过 50 个/m³(图 9.10)。

平滑真刺水蚤为暖水种,一般夏、秋季在福建和浙江出现较多,向北扩展至南黄海、朝鲜海峡,以及太平洋的日本沿岸。其密度占到桡足类总量的 9.94%,仅次于中华哲水蚤,是浮游动物中夏季、秋季和冬季的优势种之一。该种的四季密度均值为 7.04 个/m³,春季最低(仅 4.01 个/m³);至夏季密度上升到 10.75 个/m³,为四季最高,秋季密度回落至 6.46 个/m³;冬季与秋季基本持平,均值为 6.93 个/m³。春、秋季分布趋势相似,整体分布较为均匀,无明显高密集区;夏季分布趋势呈近海高、外海低,在北部近海出现一较高密集

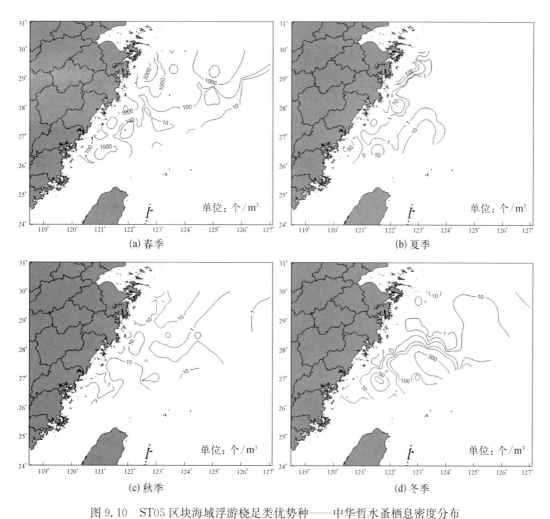

图 9.10 ST05 区块海域浮游桡足类优势种——中华哲水蚤栖息密度分布

区（50～100 个/m³）；冬季分布趋势与夏季相反，呈外海高、近海低趋势，但无明显高密集区（图 9.11）。

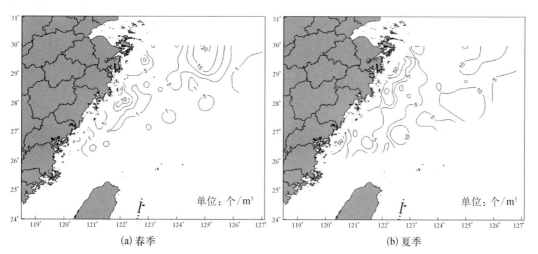

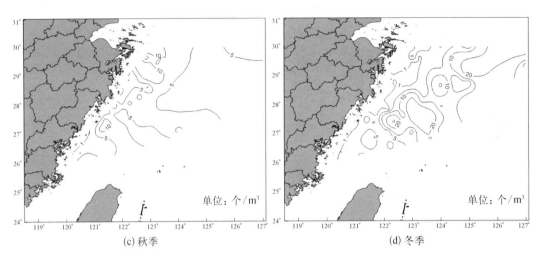

图 9.11　ST05 区块海域浮游桡足类优势种——平滑真刺蚤栖息密度分布

亚强真哲水蚤为热带种，一般夏、秋季出现于浙江和福建外海，数量少，此外，日本黑潮区、太平洋、大西洋和印度洋的热带水域，地中海也均有分布。该种四季均有出现，是浮游动物夏秋冬三季的优势种之一，密度占到桡足类总量的 9.78%，四季均值为 6.93 个/m³，各季节的密度均值分别为春季 1.86 个/m³、夏季 8.60 个/m³、秋季 14.23 个/m³ 和冬季3.02 个/m³。

精致针刺水蚤在福建、浙江和南黄海都有分布，一般夏、秋季数量较多，最常见。在太平洋和北印度洋的热带区均有分布。其密度占到桡足类总量的 8.72%，为浮游动物夏秋冬三季的优势种之一。该种的四季密度均值为 6.17 个/m³，各季节的密度均值分别为：春季 3.02 个/m³、夏季 9.07 个/m³、秋季 5.06 个/m³ 和冬季7.54 个/m³。各季的密度分布趋势与平滑真刺水蚤基本一致。

2）端足类

ST05 区块海域共鉴定端足类 47 种，大多为暖水性种类，该类群的种类数仅次于桡足类，占整个调查海域浮游动物总种数的 11.08%，四季共有种仅 4 种，分别为尖头巾虫戎（*Tullbergella cuspidata*）、钳四盾虫戎（*Tetrathyrus forcipatus*）、大眼蛮虫戎（*Lestrigonus macrophalmus*）和长眼短脚虫戎（*Hypera macrophthalma*）。端足类的密度极低，仅占甲壳类的 0.76%，占浮游动物的 0.57%，其中以大眼蛮虫戎、钳四盾虫戎、长眼短脚虫戎和尖头巾虫戎等占优势。

春季，共出现端足类 40 种，占总种类数的 85.11%，密度均值为 52 个/100 m³，占端足类总量的 5.86%，其分布主要集中在近海、中部海域和东南外海，近海分布主要集中在西北部和西南部，无明显高值区，密度范围 0～10 个/m³，主要优势种为钳四盾虫戎、大眼蛮虫戎和裂颏蛮虫戎（*Lestrigonus schizogeneios*）。

夏季，共出现端足类 21 种，占总种类数的 44.68%，密度均值为 507 个/100 m³，占端足类总量的 56.80%，夏季端足类覆盖范围极广，除偏西北部近海的少量站位未检出外，几乎遍布全海域，但无明显高密集区，绝大部分海域的密度范围 0～10 个/m³，优势种主

第9章

要有大眼蛮虫戎、尖头巾虫戎、裂颏蛮虫戎、长眼短脚虫戎和钳四盾虫戎。

秋季,共出现端足类 9 种,密度均值为 232 个/100 m³,占端足类总量的 26.03%,呈斑块状分布,主要集中在西北部近海、中部海域、西南部近海和偏北部海域,其中又以西北部近海的密度略高,主要优势种为大眼蛮虫戎和长眼短脚虫戎。

冬季,共出现端足类 10 种,密度均值 102 个/100 m³,占端足类总量的 11.31%,零星式分布,分布以东南部及东北部外海居多,而近海和中部海域的分布则较为稀疏,密度范围基本介于 0~10 个/m³ 之间,主要优势种为大眼蛮虫戎和尖头巾虫戎。

3) 磷虾类

磷虾类是海洋中非常重要的一类浮游动物,隶属甲壳纲,真虾部,磷虾目。该类群是浮游动物中种类较多、密度较大、分布较广的一个类群,也是许多经济鱼类和须鲸的重要饵料之一。此外,磷虾类是一类具有集群行为的浮游动物,它的集群与鱼类的集群行为存在着十分密切的联系。

ST05 区块共鉴定磷虾类 17 种,在甲壳类所有种类中位居第三,其中最为常见的磷虾主要有小型磷虾(*Euphausia nana*)、中华假磷虾(*Pseudeuphausia sinica*)、长额磷虾(*Euphausia diomedeae*)、三锥手磷虾(*Stylocheiron suhmii*)和宽额假磷虾(*Pseudeuphausia latifrons*)等,各季优势种主要以小型磷虾和中华假磷虾居多。上述的这些磷虾几乎均是鲐鲹鱼、竹荚鱼(*Trachurus japonicus*)和带鱼(*Trichiurus haumela*)的主要摄食品种,也可作为海区不同水团的指示生物。

本区磷虾四季种类数为:春季 13 种,夏季 15 种、秋季 7 种和冬季 5 种,除前面描述的 5 种磷虾外,尚有长额刺磷虾(*Euphausia diomedeae*)、多形手磷虾(*Stylocheiron affine*)、厚额樱磷虾、卷叶磷虾(*Euphausia recurva*)、两锥手磷虾(*Stylocheiron microphthalma*)、隆突手磷虾(*Stylocheiron carinatum*)、鸟喙磷虾(*Euphausia mutica*)、三刺樱磷虾(*Thysanopoda tricuspidata*)和瘦线脚磷虾(*Nematoscelis gracilis*)等。就密度而言,本次调查中磷虾类密度四季密度总和仅为 1 045.19 个/m³,仅占甲壳动物总量的 0.98%,对浮游动物总密度的贡献极小(仅占 0.74%)。

小型磷虾为暖温带外海种,广泛分布于黄海、东海、台湾海峡和南海。在本次调查中,该种密度居磷虾类之首,占磷虾总量的 81.55%,其中春季密度最高,均值达到 724 个/100 m³,冬季次之(120 个/100 m³),秋季更低(66 个/100 m³),夏季最低(仅 26 个/100 m³)。四季密度均呈零星式分布,主要集中在西北部近海、中部海域和东南部外侧海域,无明显的高密集区,最高值出现在春季的中北部,为 443.26 个/m³。

中华假磷虾是产于我国沿海的地方种,主要分布于苏北浅滩、长江口和杭州湾及浙江沿岸一带海域。在本次调查中,该种居磷虾类第 2 位,密度较低,分别占磷虾类和甲壳动物的 10.33% 和 0.10%。磷虾类四季均有出现,在冬季时密度较低(密度均值仅为 9 个/100 m³),从冬季到春、夏、秋季,密度呈逐步增加的趋势,其中春季为 15 个/100 m³、夏季为 21 个/100 m³,到秋季密度达到四季中的最高,平均密度值为 73 个/100 m³。中华假磷虾在春季出现的频率最低、范围最小,仅在西北部近海、西部及西南部的局部近岸零星出现;夏季分布范围比春季略大,零星地分布在西部近海和中部近海;秋季,分布呈斑块状,范围也主要集中在西部近海,尤以西南部居多;冬季,除近海有零星分布外,中部外海及东南海域也有少量出现。

4）介形类

浮游介形类是一类小型低等的甲壳动物，隶属于甲壳纲，介形亚纲，该类群在淡水和海洋中都有，海产的种类一般生活在上层，在热带和亚热带的海区种类和数量均比较多，它不但是经济鱼类的饵料之一，而且在与水系或其他环境因子的相关分析中也具有重大意义。

本次调查共采集到介形类生物 16 种，占浮游动物总种数的 3.77％。在甲壳动物中，其种类数位居第 4 位，占甲壳动物总种类数的 5.30％。四季的介形类种类数分别为春季 14 种、夏季 4 种，秋冬两季各 2 种。四季共同出现的仅 2 种，分别是齿形海萤（*Cypridina dentata*）和针刺真浮萤（*Euconchoecia aculeata*）。介形类总量为 863.93 个/m³，均值为 237 个/100 m³，占甲壳动物总量的 0.81％。

春季，介形类的密度均值为 32 个/100 m³，仅占四季介形类总量的 3.38％，零星地分布于西北部近海、中部海域和西南部海域，外海也偶有出现，密度范围在 0～10 个/m³，主要优势种为短棒真浮萤（*Euconchoecia chierchiae*）和针刺真浮萤。

夏季，介形类密度剧增，达到四季中最高，密度均值为 825 个/100 m³，占四季介形类总量的 86.93％，主要分布在西部近海及局部的中部海域，北部海域几乎无分布，东部外海仅局部站位偶有检出，密度高值（100～500 个/m³）均出现在近海海域。主要种为齿形海萤和针刺真浮萤。

秋季，介形类密度为四季中最低，均值仅为 23 个/100 m³，零星分布于北部近海、中部近海和东南海域，密度极低，范围在 0～10 个/m³，主要种为齿形海萤和针刺真浮萤。

冬季，介形类密度达到四季中次高值，均值为 71 个/100 m³，零星地分布在西北部近海、东北部海域和南部海域，其中东北部海域密度较高，密度范围在 0～50 个/m³，主要种为齿形海萤和针刺真浮萤。

5）十足类

浮游十足类包括十足目、游泳亚目、对虾目的樱虾科和真虾次目、玻璃虾目。十足类动物的种类不多，但也是经济鱼类的主要饵料之一。另外，有些种类如毛虾，是沿海张网捕捞的重要对象之一。

本次调查共出现十足类 9 种，分别占甲壳动物和浮游动物总种数的 2.96％和 2.08％，四季共有种为 3 种，分别为中型莹虾（*Lucifer intermedius*）、中国毛虾（*Acetes chinensis*）和细螯虾（*Leptochela gracilis*）。四季出现的十足类种类数分别为春季 6 种、夏季 7 种、秋季 6 种和冬季 8 种。十足类四季密度总量为 457.66 个/m³，占甲壳动物总量的 0.43％，浮游动物总量的 0.32％。其中，夏季密度最高，其次为冬季、秋季，春季最低。

春季，十足类密度均值为 69 个/100 m³，呈零星式分布，密度范围在 0～10 个/m³，主要种为刷状莹虾（*Lucifer penicillifer*）、细螯虾和亨生莹虾（*Lucifer hanseni*）。

夏季，十足类密度急剧上升至全年最高水平，均值为 223 个/100 m³，占到十足类总量的 44.27％，本季密度分布范围比春季明显向东北部扩展，除少数站位未检出外，分布几乎遍布全海域。密度分布均比较均匀（范围在 0～10 个/m³），仅在西南部近海密度（10～50 个/m³）略高于周边海域，全海域无明显高密集区。主要种为中型莹虾、刷状莹虾和细螯虾。

秋季，十足类密度出现回落，平均密度为 101 个/100 m³，密度在全海域呈零星式分

第9章

布,主要种为亨生莹虾、中型莹虾和细螯虾。

冬季,十足类密度较秋季稳中有升,均值达到 112 个/100 m³,在全海域中基本呈斑块状分布,密度范围均处于 0～10 个/m³。主要种为细螯虾、刷状莹虾和中型莹虾。

2. 毛颚动物

毛颚动物是一类数量大、分布广、生活在海洋中的海洋生物,除极少数的种类外,全部营浮游生活。该类群不仅是影响浮游动物生物量的重要类群(其重要性仅次于甲壳动物),而且由于它对水温和盐度有一定的适应范围,对海流或水团的依存性强,因此也常被用作识别海流或水团的指示生物。

ST05 区块海域共采集毛颚动物 28 种,占浮游动物总种数的 6.60%,其中四季共有种 13 种,占 46.43%。四季中以春夏两季的种类最多,均为 23 种,冬季为 17 种,秋季最少,为 15 种。四季毛颚动物的优势种主要为肥胖箭虫、海龙箭虫(*Sagitta nagae*)和百陶箭虫(*Sagitta bedoti*),其密度分别占毛颚动物的 46.67%、22.98% 和 9.57%。另外,小型箭虫(*Sagitta neglecta*)、粗壮箭虫(*Sagitta robusta*)和规则箭虫(*Sagitta regularis*)等种类的出现频率也比较高。本海域毛颚类平均密度为 14.12 个/m³,其四季密度总量占浮游动物总量的 3.62%,为本海域中浮游动物的第二大类群,密度季节变化明显,夏季最高,秋季次之,冬季最低。

1) 季节变化

春季,毛颚动物密度均值为 10.52 个/m³,除个别站位外,分布几乎遍布全海域,整个海域呈斑块状分布,在西北部海域形成一中度密集区(10～50 个/m³),该区域的范围是以西北部近海为中心向南延伸至中部近海,向东延伸至北部外海。其他海域的范围几乎都处于 0～10 个/m³。春季优势种主要包括海龙箭虫、百陶箭虫、肥胖箭虫和小型箭虫。

夏季,毛颚动物密度平均为 23.16 个/m³,分布几乎遍及全海域,密度分布较为均匀,无明显高密集区,大部分海域的密度范围都处于 10～50 个/m³,全海域最高值出现在西北部近海,达 173.47 个/m³。夏季的主要优势种为肥胖箭虫和海龙箭虫,其中肥胖箭虫的密度优势明显。

秋季,毛颚动物平均密度为 15.19 个/m³,分布几乎遍布全海域,除东北部海域密度较小(均在 0～10 个/m³)外,其他海域密度均匀,基本都处于 10～50 个/m³。该季的优势种较多,包括肥胖箭虫、海龙箭虫、小型箭虫、粗壮箭虫、百陶箭虫和规则箭虫。

冬季,毛颚动物密度均值为 7.60 个/m³,密度呈斑块状分布,近海密度较低,均处于 0～10 个/m³,而靠东部外海的密度较高,一般都在 10～50 个/m³。

2) 主要种类及其分布

肥胖箭虫为全海域中密度和优势度最占优势的种类,其总量达 2 384.82 个/m³,四季平均密度以夏季为最高(15.96 个/m³),秋季次之(6.36 个/m³),冬季更低(2.65 个/m³),春季则为最低(仅为 1.42 个/m³)。从四季密度的平面分布来看,春季整体海域密度分布较为均匀,但在北部外海海域的出现率较低,全海域密度范围在 0～10 个/m³;夏季密度分布较为均匀,基本覆盖全海域,近海形成明显的相对高密集区(50～100 个/m³);秋季,密度比夏季明显回落,但密度分布仍较为均匀(几乎都处于 0～10 个/m³),北部近海海域密度较高(50～

100 个/m³);冬季,密度分布由近海向外海逐渐升高,近海分布较其他季节明显减少(图 9.12)。

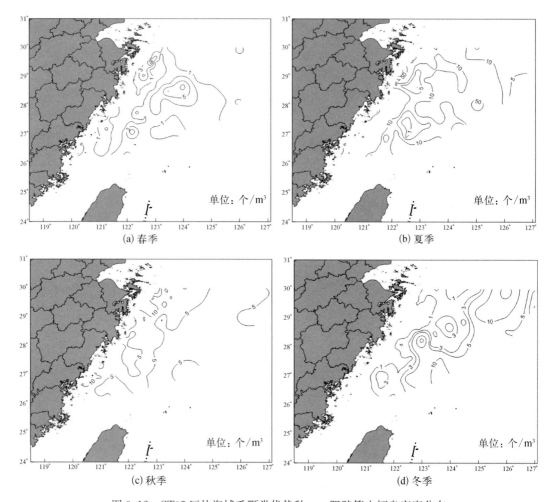

(a) 春季　　　　　　　　　　　(b) 夏季

(c) 秋季　　　　　　　　　　　(d) 冬季

图 9.12　ST05 区块海域毛颚类优势种——肥胖箭虫栖息密度分布

海龙箭虫在全海域的毛颚动物中密度和优势度仅次于肥胖箭虫,其总量为 1 179.22 个/m³,海龙箭虫密度未见明显的四季变化,四季密度均值春季(434 个/100 m³)>夏季(335 个/100 m³)>秋季(315 个/100 m³)>冬季(219 个/100 m³)。春季,除近西部近海的部分海域密度略高(10~50 个/m³)外,其他海域密度基本处于 0~10 个/m³;夏季该种分布基本覆盖全海域,无明显聚集区,全海域密度分布较为均匀,大部分海域密度介于 0~10 个/m³;秋季的密度分布与夏季较为相似,也为均匀式分布,密度范围也基本一致;冬季海龙箭虫在近海海域分布较少,外海海域呈均匀式分布。

百陶箭虫在 ST05 区块海域的毛颚类动物中排名第三,四季密度总量为 490.98 个/m³,同海龙箭虫一样,该种的四季密度未见明显差异,四季均值春季略高(245 个/100 m³),夏季(105 个/100 m³)和秋季(103 个/100 m³)几乎持平,冬季最低(86 个/100 m³)。春季,该种大多出现在近海海域,外海海域少有分布,密度范围大多在 0~10 个/m³;夏季分布主要集中在近海,外海海域则基本不出现,密度大多处于 0~10 个/m³;秋冬两季的密度分布与夏季较为相似,基本也以近海分布为主,密度范围也基本处于 0～10 个/m³。

3. 水母类

水母类主要包括腔肠动物门的水螅水母、管水母、钵水母和栉水母动物门的栉水母。

1) 水螅水母类

本次调查共采集水螅水母 21 种,占浮游动物总种数的 4.95%,居浮游动物第 5 位,但密度较低,在四季中占浮游动物总密度的比例分别为春季 0.14%、夏季 0.20%、秋季 0.30% 和冬季 0.15%。

春季,共出现 17 种水螅水母,其密度均值为 140.97 个/100 m³,仅占该季浮游动物总密度的 0.14%。春季该类群在 ST05 区块海域的分布较为稀疏,在外海鲜有出现(极个别站位有检出)。密度最高值位于中部近海,达 114.29 个/m³。主要由两手对称筐水母(Solmundella bitentaculata)、四叶小舌水母(Liriope tetraphylla)、半口壮丽水母(Aglaura hemistoma)及其他水螅水母(Other hydromedusae)构成。

夏季,共出现 5 种水螅水母,密度均值为 73.34 个/100 m³,占该季浮游动物总密度的 0.41%。相比春季而言,该季水螅水母类在整个海域的分布相对均匀,在四季中出现的海域所覆盖的面积为最高,但密度基本都介于 0～10 个/m³。种类组成主要由四叶小舌水母、两手对称筐水母和多管水母(Aequorea aequorea)等构成。

秋季,共出现 5 种水螅水母,密度均值为 55.40 个/100 m³,仅占该季浮游动物总密度的 0.30%。该季水螅水母类在海域内的出现频率并不高,多出现在近海海域,外海该种出现率极低。密度无明显密集区,基本处于 0～10 个/m³ 的水平。主要由两手对称筐水母、四叶小舌水母、多管水母和八管水母构成。

冬季,共出现 6 种水螅水母,密度均值为 18.80 个/100 m³,仅占该季浮游动物总密度的 0.15%。该季水螅水母类的分布呈现零星式分布,分别在北部、南部近海有两个较小的聚集区,密度范围较小,基本在 0～10 个/m³。主要种类由两手筐水母、四叶小舌水母和多管水母组成。

2) 管水母类

管水母是一个独特的类群,该类群没有世代交替,但却有多态现象,绝大多数为大洋性热带种,种类多、密度大、分布广,不少种类由于群体大,随波漂浮,是良好的海流指示生物。

本次调查共采集管水母 11 种,占浮游动物总种类数的 2.59%,居第 10 位。春季共出现 10 种,夏季为 2 种,秋季为 3 种,冬季为 2 种,四季共出现管水母类 1 446.31 个/m³,占水母类总密度的 83.17%,占浮游动物总密度的 0.94%,平均值为 398 个/100 m³。主要种类有五角水母、双生水母(Diphyes chamissonis)、拟细浅室水母(Lensia subtiloides)、拟双生水母(Diphyes bojani)、方拟多面水母(Abylopsis tetragona)、异双生水母(Diphyes dispar)、小拟多面水母(Abylopsis eschscholtzi)、巴斯水母(Bassia bassensis)和气囊水母(Physophora hydrostatica)等,其中,五角水母和双生水母为四季共有种,在密度上也占据绝对优势。

3) 钵水母类

本次调查仅发现钵水母 2 种,仅在春季和秋季有检出,且出现率极低,其中春季出现在南部近海,而秋季则出现在西北部近海。

4）栉水母动物

本次调查海域采集到栉水母动物 2 种,除冬季外,其他三个季节 2 种均有出现,其密度在水母类动物中所占的比例仅为 1.60%。密度的四季分布中,以秋季为最高,占全年栉水母动物总密度的 74.09%,其次为夏季(24.04%),春季仅为 1.87%,冬季则无检出。主要种类为球型侧腕水母(*Pleurobrachia globosa*)和瓜水母(*Beroe cucumis*)。

9.3 鱼类浮游生物

9.3.1 种类组成与数量分布

1. 种类组成

本次调查共采集鱼类浮游生物 105 种,隶属 11 目 51 科,其中 100 种鉴定到种。鱼卵 33 种,隶属 6 目 18 科,其中已鉴定到种(科)的有 29 种,鲈形目种类最多,有 9 科 12 种,占鱼卵总种类数的 36.36%;其次为鲱形目,2 科 6 种,占鱼卵总种类数 18.18%;第三为鲽形目,4 科 4 种,占鱼卵总种类数 12.12%;仔、稚鱼 105 种,隶属 11 目 51 科,其中 100 种鉴定到种,鲈形目种类最多,有 29 科 48 种,占仔、稚鱼总种类数的 45.71%;其次为灯笼鱼目,2 科 12 种,占仔、稚鱼总种类数 11.43%;第三为鲽形目,4 科 4 种,占仔、稚鱼总种类数 10.48%(表 9.7)。

表 9.7　ST05 区块海域鱼类浮游生物种类数及比例

种(目、科)名	鱼卵		仔、稚鱼		种(目、科)名	鱼卵		仔、稚鱼	
	种类数	占总种比/%	种类数	占总种比/%		种类数	占总种比/%	种类数	占总种比/%
鲱形目	6	18.18	8	7.62	大眼鲷科			1	
鲱科	3		5		谐鱼科			1	
鳀科	3		3		鲹科	2		6	
鲑形目			2		金钱鱼科			1	
钻光鱼科			1		鲯鳅科	1		1	
银鱼科			1		石首鱼科	2		5	
灯笼鱼目	2	6.06	12	11.43	隆头鱼科			1	
狗母鱼科	2		4		雀鲷科			1	
灯笼鱼科			8		笛鲷科			1	
鳗鲡目	3	9.09	5	4.76	金线鱼科			1	
蛇鳗科	3		4		羊鱼科			1	
蚓鳗科			1		鳄齿鱼科	1		1	
鳕形目			2		鲋科			2	
犀鳕科			2		鮨科		1		
鮟鱇目			2		瞻星鱼科	1		1	
鮟科			1		带鱼科	2		2	
鮋科			1		鲭科	1		1	
海蛾目			2		鲅科	1		1	
海蛾科			1		金枪鱼科			2	

续表

种(目、科)名	鱼卵 种类数	鱼卵 占总种比/%	仔、稚鱼 种类数	仔、稚鱼 占总种比/%	种(目、科)名	鱼卵 种类数	鱼卵 占总种比/%	仔、稚鱼 种类数	仔、稚鱼 占总种比/%
菱鲷科			1		鲻科	1		1	
鲈形目	12	36.36	48	45.71	鲳科			2	
鲬科			3		鰕虎鱼科			5	
方头鱼科			1		鳗鰕虎鱼科			1	
玉筋鱼科			1		弹涂鱼科			1	
发光鲷科			1		鲀形目	2	6.06	7	6.67
天竺鲷科			1		鲀科			1	
毒鲉科			1		鳎科	1		1	
鲂鮄科	2		3		舌鳎科	1		2	
鲉科			2		鮟鱇目			1	
鲽形目	4	12.12	11	10.48	鮟鱇科			1	
鲆科	1		5		未定种	4	12.12	5	4.76
鲽科	1		3						

2. 数量分布

本次调查共采获鱼类浮游生物 1 341 尾(粒),其中鱼卵 423 粒,仔、稚鱼 918 尾,全年总平均密度鱼卵为 0.14 粒/m³,仔、稚鱼为 0.28 尾/m³。ST05 区块全年均有鱼卵和仔、稚鱼分布,主要集中在近海海域,高值区位于南部近海海域,外海有少量分布,但密度明显低于近海,总体来说近海高于外海(表 9.8～9.9)。

表 9.8　ST05 区块海域鱼卵数量统计

季　节	总　量/粒	平均密度/(粒/m³)
春　季	280	0.35
夏　季	110	0.17
秋　季	15	<0.01
冬　季	18	0.01
四季均值	423	0.14

表 9.9　ST05 区块海域仔稚鱼数量统计

季　节	总　量/尾	平均密度/(尾/m³)
春　季	541	0.53
夏　季	195	0.31
秋　季	80	0.13
冬　季	102	0.14
四季均值	918	0.28

9.3.2　季节变化

1. 种类

春季共分析鉴定鱼类浮游生物 50 种,隶属 9 目 35 科,其中已鉴定到种的有 40 种。

ST05区块鱼卵出现站次比仔、稚鱼要少，主要分布于中部近海海域，共15种，日本鳀(*Engraulis japonicus*)为其唯一优势种，优势度为0.072，其他各类出现频率均不高。仔、稚鱼的种类比鱼卵相对较多，调查海域共检得46种仔、稚鱼。其中鲈形目23种，占总种类的50%。

夏季共分析鉴定鱼类浮游生物50种，隶属9目34科，其中已鉴定到种的有33种，隶属钻光鱼科、鲆科、鰕虎鱼科、鲾科、蛇鳗科和银鱼科的6种仅鉴定到科，隶属石斑鱼属、光鳃鱼属、引鳗属、蛇鳗属、眶灯鱼属和底灯鱼属的7种仅鉴定到属。

秋季共分析鉴定鱼类浮游生物24种，隶属7目15科，其中有3种未能鉴定。鱼卵出现站次比仔、稚鱼要少，主要在中部近海零星分布，共6种，日本鳀为其唯一优势种，其他各类出现频率均不高。仔、稚鱼的种类比鱼卵相对较多，调查海域共检得18种仔、稚鱼。其中鲈形目9种，占总种类的50%。

冬季共分析鉴定鱼类浮游生物34种，隶属8目20科25属，其中已鉴定到种的有19种，8种鉴定到属，3种仅鉴定到科。鱼卵出现次数比仔稚鱼相对较少，仅在北部近海有发现，共检出7种，其中优势种为短鳄齿鱼(*Champsodon capensis*)，数量占38.89%，其中死卵占85.71%；其次为木叶鲽(*Pleuronichthys cornutus*)，占27.78%，其他各类出现频率均不高。仔、稚鱼的种类及数量均比鱼卵要多，ST05区块海域共检出34种仔稚鱼。其中优势种为鰕虎鱼科，占总数量36.27%，基本都是仔鱼；第二优势种是绿鳍鱼(*Chelidonichthys kumu*)，占总数量6%，其他如底灯鱼属，蛇鳗科，在数量上也占一定优势。

综上所述，在本区鱼类产卵主要集中在春、夏两季，本次调查所采集到的鱼类浮游生物样本以春、夏季种类最多，均有50种，秋季最少，仅24种。各季产卵的鱼类种类不尽相同，其中在本区周年产卵的种类有日本鳀、带鱼和短鳄齿鱼。

2. 数量

春季，46个站次中有44站次采到鱼类浮游生物。其中鱼卵280粒，仔、稚鱼541尾。鱼卵的平均密度仅为0.35个/m^3，最大值出现在北部近海海域。仔、稚鱼的平均密度为0.53个/m^3，优势种为日本鳀和鰕虎鱼科，优势度分别为0.17和0.04。密度水平分布较为均匀，总体来说近海略高于外海，但差异并不明显。

夏季，25站次采到鱼类浮游生物。其中鱼卵110个，仔、稚鱼195尾。鱼卵、仔鱼的平均密度为0.169个/m^3，最大值出现在中部近海，密度为1.308个/m^3。高值区位于南部近海，南部外海海域基本没有采集到鱼卵仔鱼；北部无论近海还是外海均有鱼卵仔鱼分布，但密度明显低于南部，总体来说近海高于外海，但差异并不是非常明显。

秋季，21站次采到鱼类浮游生物。其中鱼卵15粒，仔稚鱼80尾。仔稚鱼的平均密度为0.13个/m^3，优势种为日本鳀和底灯鱼属。ST05区块海域仔稚鱼的密度水平分布近海略高于外海，但差异并不明显。

冬季，30站次采到鱼类浮游生物。其中鱼卵18粒，仔稚鱼102尾。鱼卵的平均密度仅为0.012个/m^3，明显低于夏季航次，最大值出现在浙江北部近海海域，密度为0.140个/m^3。仔稚鱼的平均密度为0.053个/m^3，高值区位于中部近海海域，无论近海还是外海均有仔鱼分布。ST05区块海域南部密度明显低于中北部区块。总体来说近海高于外海,但差异并不明显。

综上所述,ST05区块海域鱼类浮游生物数量高峰出现在春季,该季鱼类浮游生物采获率、鱼卵数量及仔、稚鱼数量均为全年最高,采获率达95.6%。秋季最低,鱼卵仅采集到15个,仔、稚鱼也只有80尾(表9.9,表9.10)。这可能是由于大部分鱼类此时正值育肥期,鱼类浮游生物作为饵料生物被摄食所造成的。全年鱼类浮游生物分布均为近海较多,外海相对较少,但差异并不明显。

表 9.10   ST05 区块海域春季大、中型浮游动物生物多样性指标统计

生物多样性指标		大型浮游动物	中型浮游动物
丰富度指数	均值	3.43	2.44
	范围	0.00~17.04	1.06~5.77
多样性指数	均值	1.92	3.02
	范围	0.10~4.94	1.10~4.42
均匀度指数	均值	0.42	0.66
	范围	0.02~0.94	0.25~0.87

9.4   浮游动物多样性评价

9.4.1   生态类型

ST05区块海域受江河径流、大陆沿岸流、黄海冷水团、台湾暖流及黑潮的影响,明显反映出浮游动物组成比较复杂。根据对温度、盐度和环境的适应性及浮游动物的生态习性和分布分析,本区浮游动物可分为以下几种生态类型。

1)暖温性近岸低盐类型

(1)河口半咸水类型。该类型主要分布在盐度小于10的河口海域中。ST05区块海域该类型种类较少,仅在夏季中部近海海域采集到少量的火腿许水蚤(Schmackeria poplesia)。

(2)近岸低盐类型。该类群种类的适盐范围在10~25,其出现和密度变动主要受控于沿岸水的影响,密集区大多出现于沿岸水和混合水锋面内侧。这种类型的代表种主要有真刺唇角水蚤(Labidocera euchaeta)、太平洋纺锤水蚤(Acartia pacifica)、小长足水蚤(Calanopia minor)、异尾宽水蚤(Temora discaudata)、锥形宽水蚤、柱形宽水蚤(Temora stylifera)、丹氏纺锤水蚤(Acartia danae)、羽长腹剑水蚤(Oithona plumifera)、平大眼剑水蚤(Corycaeus dahli)、中国毛虾、百陶箭虫、海龙箭虫、矮壮箭虫(Sagitta bedfordii)、多变箭虫(Sagitta decipiens)、中华假磷虾、中华刺糠虾(Acanthomysis sinensis)、中型住囊虫(Oikopleura interrmedia)、五角水母和拟细浅室水母等。

2)广温广盐类型

广温广盐类型在该海域浮游动物的总密度中优势明显,这些类型的种类在陆架混合

水区广泛分布,四季均有出现,代表种主要有中华哲水蚤、普通波水蚤、亚强真哲水蚤、弓角基齿哲水蚤(Causocalanus arcuicornis)、缘齿厚壳水蚤、丹氏厚壳水蚤(Scolecithrix danae)、驼背隆哲水蚤(Acrocalanus gibber)、中型莹虾、刷状莹虾、裂颏蛮虫戎、短棒真浮萤、马蹄琥螺(Limacina trochiformis)、长尾住囊虫(Oikopleura longicauda)、半口壮丽水母、双生水母、拟双生水母、真囊水母(Euphysora sp.)、两手对称筐水母、异双生水母、瓜水母、球型侧腕水母和巴斯水母等。

3) 低温高盐类型

低温高盐类型的种类密度极低,主要栖息于中层、深层海域,随中层、深层水的涌升作用及黄海冷水携带出现于本区。代表种较少,主要有芦氏拟真刺水蚤(Pareuchaeta russelli)和隆线拟哲水蚤(Calanoides carinatus)。

4) 低温广盐类型

低温广盐类型为热带大洋偏低温广盐类型,密度极低,该类型中的种类一般分布于黑潮锋及其以东的黑潮暖流海域,特别是黑潮次表层水中。代表种有大同长腹剑水蚤(Oithona similis)和四叶小舌水母等。

5) 高温广盐类型

高温广盐类型动物一般密度较低,但分布较广,多出现在温度较高的夏、秋季,很少出现密集区。代表种有汤氏长足水蚤(Calanopia thompsoni)、长角隆哲水蚤(Acrocalanus longicornis)、奥氏胸刺水蚤(Centropages orsinii)、东亚大眼剑水蚤(Corycaeus asiatius)、精致大眼剑水蚤(Corycaeus concinnus)、细大眼剑水蚤(Corycaeus subtilis)、孔雀唇角水蚤(Labidocera pavo)、红小毛猛水蚤(Microsetella rosea)、小拟多面水母、多管水母、泡琥螺(Limacina bulimoides)、明螺(Atlanta sp.)和极小假近糠虾(Pseudanchialina pusilla)等。

6) 高温高盐类型

高温高盐类型广泛分布于黑潮锋区附近海域,该类群的种类较多,主要有达氏波水蚤、海洋真刺水蚤(Euchaeta marina)、瘦乳点水蚤(Pleuromamma gracilis)、鼻锚哲水蚤(Rhincalanus nasutus)、亚强真哲水蚤、细真哲水蚤(Eucalanus attemuatus)、伪细真哲水蚤(Eucalanus pseudattenuatus)、角锚哲水蚤(Rhincalanus cornutus)、伯氏平头水蚤(Candacia bradyi)、红大眼剑水蚤(Corycaeus erythraeus)、叉大眼剑水蚤(Corycaeus furcifer)、小型大眼剑水蚤(Corycaeus pumilus)、克氏唇角水蚤(Labidocera kroyeri)、叉刺角水蚤(Pontella chierchiae)和肥胖箭虫等。

9.4.2 物种多样性

1) 春季

ST05 区块海域大型浮游动物物种丰富度指数范围为 0~17.04,均值为 3.43;多样性指数范围为 0.10~4.94,均值为 1.92;均匀度指数范围为 0.02~0.94,均值为 0.42。中型浮游动物物种丰富度指数范围为 1.06~5.77,均值为 2.44;多样性指数范围为1.10~4.42,均值为 3.02;均匀度指数范围为 0.25~0.87,均值为 0.66。综合浮游动物的各项生态指标和生物多样性指数判别,该海域浮游动物的物种丰富度较高,种间分布较为均匀,多样性较高,浮游动物群落结构较为稳定(表9.10)。

2)夏季

ST05区块大型浮游动物物种丰富度指数范围为1.86～11.37,均值为5.88;多样性指数范围为2.24～5.25,均值为4.11;均匀度指数范围为0.40～0.89,均值为0.77。中型浮游动物物种丰富度指数范围为1.79～8.05,均值为4.44;多样性指数范围为3.32～5.29,均值为4.33;均匀度指数范围为0.64～0.92,均值为0.81。综合浮游动物的各项生态指标和生物多样性指数判别,该海域浮游动物的物种丰富度较高,种间分布较为均匀,多样性指数均值大于2,浮游动物群落结构较为稳定(表9.11)。

表9.11　ST05区块海域夏季大、中型浮游动物生物多样性指标统计

生物多样性指标		大型浮游动物	中型浮游动物
丰富度指数	均值	5.88	4.44
	范围	1.86～11.37	1.79～8.05
多样性指数	均值	4.11	4.33
	范围	2.24～5.25	3.32～5.29
均匀度指数	均值	0.77	0.81
	范围	0.40～0.89	0.64～0.92

3)秋季

ST05区块大型浮游动物的物种丰富度指数范围为2.33～7.29,均值为4.08;多样性指数范围为3.33～5.21,均值为4.35;均匀度指数范围为0.82～0.94,均值为0.90。中型浮游动物物种丰富度指数范围为1.65～6.63,均值为3.38;多样性指数范围为0.06～5.08,均值为4.06;均匀度指数范围为0.01～0.94,均值为0.85。综合浮游动物的各项生态指标和生物多样性指数判别,该海域浮游动物的物种丰富度较高,种间分布较为均匀,多样性较高,浮游动物群落结构较为稳定(表9.12)。

表9.12　ST05区块海域秋季大、中型浮游动物生物多样性指标统计

生物多样性指标		大型浮游动物	中型浮游动物
丰富度指数	均值	4.08	3.38
	范围	2.33～7.29	1.65～6.63
多样性指数	均值	4.35	4.06
	范围	3.33～5.21	0.06～5.08
均匀度指数	均值	0.90	0.85
	范围	0.82～0.94	0.01～0.94

4)冬季

ST05区块大型浮游动物物种丰富度指数范围为0～11.63,均值为3.94;多样性指数范围为0.98～4.75,均值为3.36;均匀度指数范围为0.43～0.98,均值为0.79。中型浮游动物物种丰富度指数范围为0.70～9.30,均值为2.94;多样性指数范围为1.92～4.69,均值为3.55;均匀度指数范围为0.58～0.96,均值为0.82。综合浮游动物的各项生态指标和生物多样性指数判别,调查海域浮游动物的物种丰富度较高,种间分布较为均匀,多

样性指数均值大于 2,浮游动物群落结构较为稳定(表 9.13)。

表 9.13　ST05 区块海域冬季大、中型浮游动物生物多样性指标统计

生物多样性指标		大型浮游动物	中型浮游动物
丰富度指数	均值	3.94	2.94
	范围	0~11.63	0.70~9.30
多样性指数	均值	3.36	3.55
	范围	0.98~4.75	1.92~4.69
均匀度指数	均值	0.79	0.82
	范围	0.43~0.98	0.58~0.96

综上所述,整个 ST05 区块海域四季物种丰富度以夏季为最高,秋季次之,冬季居第三,春季的丰富度为最差;从生物多样性上看,四季中秋季多样性为最高,夏季次之,春季的生物多样性仍为最小;从种间分布的均匀度来讲,秋季的均匀度最高,冬季次之,夏季比冬季略低,春季均匀度最差。

9.4.3　趋势变化

新中国成立以来,我国在海洋方面曾做过几次大规模、大范围的调查研究,其中不乏对东海区浮游动物的调查研究,但由于以往各项调查研究的海域范围、调查时间等存在着或多或少的差异,因此对于东海区浮游动物的调查很难进行全面的比较。本书选取 1981 年东海区渔业资源调查和区划调查以及我国专属经济区和大陆架海洋勘测专项调查资料(调查时间为 1997~2000 年),由于本次的调查区域要比前两次的调查海域小得多,因此在这里仅对其种类进行分析比较。

(1)浮游动物的种类发生了一定的变化。根据 1973~1981 年和 1997~2000 年的东海海域的调查资料,1973~1981 年东海调查海域的浮游桡足类共出现 243 种,端足类 39种、毛颚动物 22 种、糠虾类 13 种;而后到了 1997~2000 年,东海调查海域的浮游桡足类数量虽有所降低(为 226 种),其他各类群的种类数却出现了明显增加(表 9.14)。到本次调查期间(2006~2007 年),调查海域的桡足类种类数仍呈继续减少的趋势,其他较为重要的类群如端足类、水螅水母类、管水母类、多毛类、介形类、海樽类和糠虾类等也都出现了不同程度的减少,但毛颚动物则有所增加。由于本次调查区域较前两次调查偏小,初步判断,本区浮游动物总种类数在近 20 年时间内未发生明显变化。

表 9.14　浮游动物各类群种类历史比较

时　　间	桡足类	端足类	毛颚动物	水螅水母类	管水母	多毛类	介形类	糠虾类	海樽类
1981 年	243	39	22	—	—	—	—	13	—
1997~2000 年	226	70	26	61	41	33	26	18	21
2006~2007 年	191	47	28	21	12	23	16	14	12

资料来源:(1)东海区渔业资源调查和区划(农牧渔业部水产局,1990),区域为东海;

(2)我国专属经济区和大陆架海洋勘测专项(唐启升,2006),区域为东海;

(3)本次调查,区域为 ST05 区块海域。

(2) 浮游动物的优势种组成有所丰富。从 1959～1960 年、1973～1981 年到 1997～2000 年调查,一直保持优势地位的优势种主要有中华哲水蚤、精致真刺水蚤、亚强真哲水蚤、普通波水蚤、平滑真刺水蚤、肥胖箭虫、中型莹虾、海龙箭虫、东方双尾纽鳃樽和五角水母等,此外,1997～2000 年优势种又增加了丽隆剑水蚤(*Oncaea venusta*)、小哲水蚤(*Nannocalanus minor*)、异尾宽水蚤、驼背隆哲水蚤和缘齿厚壳水蚤等。而根据本次调查,大多数传统优势种(如中华哲水蚤、精致真刺水蚤、亚强真哲水蚤、普通波水蚤、平滑真刺水蚤、肥胖箭虫、五角水母、缘齿厚壳水蚤等)仍保持不变,所不同的是优势种中又新出现了锥形宽水蚤、针刺拟哲水蚤、达氏波水蚤、异体住囊虫、小拟哲水蚤、小毛猛水蚤等种类,优势种的改变反映出本区浮游动物区系特点在东海区的特殊性。

9.5 小结

(1) ST05 区块海域共发现浮游动物 424 种(不包括 41 种浮游幼体),分属于 7 个门 18 个类群,甲壳动物的种类数最多,共鉴定出 302 种,占浮游动物所有种类数的 71.23%,其他种类数较多的类群还包括毛颚类 28 种、浮游多毛类 22 种和水螅水母类 21 种。大型浮游动物 19 个类群 350 种,中型浮游动物 18 个类群 256 种。物种以高温高盐种和广温广盐种为主要生态类型,其次为暖温近岸低盐种,偶尔出现少量低温高盐、低温广盐和高温广盐种。与历史资料比较,浮游动物的种类未发生明显变化,优势种的改变反映出本区浮游动物区系特点在东海区的特殊性。

(2) 四季密度均值为大型浮游动物 390.33 个/m³,中型浮游动 779.14 个/m³,四季生物量的均值为大型浮游动物 269.45 mg/m³、中型浮游动 337.32 mg/m³。密度及生物量平面分布不均匀,呈斑块状。

(3) 该海域共发现鱼类浮游生物 105 种,隶属 11 目 51 科。其中鱼卵 33 种,隶属 6 目 18 科,仔、稚鱼 105 种,隶属 11 目 51 科。全年均有鱼卵,仔、稚鱼分布,总体近海高于外海,但差异并不明显,主要集中在浙江沿海,高值区位于浙江南部近海。

(4) 鱼类产卵主要集中在春、夏两季。所获鱼类浮游生物样本以春、夏季种类最多,秋季最少。周年产卵的种类有日本鳀、带鱼和短鳄齿鱼。鱼类浮游生物数量高峰出现在春季,该季鱼类浮游生物采获率、鱼卵数量及仔、稚鱼数量均为全年最高,秋季最低。

10 底栖生物

底栖生物是栖息在水域基底表面或底内的生物。在海洋中,这类生物自潮间带至水深大于万米以上的超深渊带(深海沟底部)都有分布,是海洋生物中种类最多的一个生态类群,包括了大多数海洋动物门类、大型和微型定生海藻类和海洋种子植物,据初步统计,全球海洋底栖生物约14万种。底栖生物根据个体的大小,凡被孔径为0.5 mm套筛网目所截留的生物,称为大型底栖生物(macrobenthos),如海绵、珊瑚、虾、蟹和环节动物。根据底栖生物生活环境,又可分为潮间带生物和污损生物。生活在潮间带底表的植物和底表与底内的动物,称为潮间带生物(intertidal benthos)。附着生长于船底、浮标、平台和海中一切其他设施表面或内部的生物,如牡蛎、藤壶、苔虫、水螅、海鞘和一些藻类等,称为污损生物(fouling organisms),这类生物一般是有害的。

新中国成立以来,我国曾针对底栖生物开展了数次大规模调查,1958~1959年的全国海洋综合调查;1975~1976年南黄海、东海污染调查;1978~1979年东海大陆架调查;1980~1985年中国海岸带和海涂资源综合调查等。这些工作的开展为更好地开展ST05区块海域底栖生物研究提供了丰富的基础资料。此次调查除了对ST05区块海域的大型底栖生物开展了详细的调查,同时针对该海域潮间带生物和污损生物进行了调查,对了解和掌握底栖生物在ST05区块海域的分布状况及影响规律,并进一步研究其在水层-底栖耦合和资源补充机制将具有重要作用。

10.1 大型底栖生物

10.1.1 物种组成

春、夏、秋、冬四季调查,共采集到大型底栖生物共计462种,其中环节动物195种,软体动物85种,甲壳动物98种,棘皮动物32种和其他动物52种。环节动物、软体动物和甲壳动物占总种数的82%,构成大型底栖生物的主要类群(图10.1)。春、夏、秋、冬四季,以冬季258种最多;夏季次之,为243种;秋季218种居第三位;春季最少,

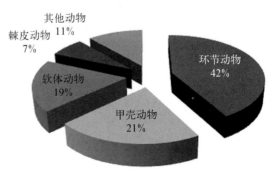

图 10.1 ST05 区块海域大型底栖生物门类组成

仅 120 种。各类群种类数季节变化与总种类数季节变化不相一致,具体见表 10.1。

表 10.1 ST05 区块海域大型底栖生物种类季节变化

季 节	环节动物	软体动物	甲壳动物	棘皮动物	其他动物	总种数
春 季	25	26	35	11	23	120
夏 季	118	39	49	19	18	243
秋 季	90	52	39	17	20	218
冬 季	106	38	63	20	31	258
合 计	197	87	99	33	52	468

夏、秋、冬三季大型底栖生物种类数量分布趋势基本相同,均呈由北向南、由近海向外海逐渐减少的趋势,三季中,20%～30%的站位,大型底栖生物可检出 11～20 种/站,这些站位大多位于近海海域,种类数量最多的区域集中于东北部海域。春季大型底栖生物检出率极低,93.3%的站位检出率在 0～5 种/站,无明显分布趋势。

群落组成中的每个组分,在决定整个群落的性质和功能上并不具有相同的地位和作用。一般来说,群落中常由一个或几个生物种群大量控制能流,其数量、大小以及在食物链中的地位,强烈影响着其他生物物种的生境,这类物种称为群落的优势种。优势种通常在群落中不仅占有较广泛的生境范围、利用较多的资源、具有较高的生产力,而且具有较大容量的能量,即个体数量多,生物量大等特点。根据丰度和出现频率,ST05 区块海域大型底栖生物的优势种共 15 种,主要为不倒翁虫(*Sternaspis sculata*)、双鳃内卷齿蚕(*Aglaophamus dibranchis*)、双形拟单指虫(*Cossurella dimorpha*)、背蚓虫 *Notomastus latericeus*)、尖叶长手沙蚕(*Magelona cincta*)、后指虫(*Laonice cirrata*)、双唇索沙蚕(*Lumbrineris cruzensis*)、圆筒原盒螺(*Eocylichna cylindrella*)和棘刺锚参(*Protankyra bidentata*)等,主要以环节动物为主。

不倒翁虫,四季出现率均较高,主要分布在近海海域。双鳃内卷齿蚕,夏、秋、冬三季出现率较高,夏冬两季主要分布在近海海域,而秋季,北部近海数量减少,分布集中在南部近海海域。双形拟单指虫,夏、秋、冬三季出现率较高,夏季主要分布在近海海域,秋季以北部近海海域最为密集,冬季则在北部近海、南部近海及北部外海海域均有出现。背蚓虫,夏、秋两季出现率较高,主要分布在近海海域,外海仅有零星出现。圆筒原盒螺,春季出现率较高,主要分布在南部近海海域,在北部近海海域零星出现,外海未发现其分布。尖叶长手沙蚕、后指虫和双唇索沙蚕,夏季出现率较高,主要分布在北部近海海域,其余地区仅有零星出现。足鳃虫,夏季出现率较高,主要分布在中北部。棘刺锚参,冬季出现率较高,主要分布在北部近海、南部近海及北部外海海域,尤其在北部近海海域分布较为密集。

10.1.2 栖息密度

1. 栖息密度组成

ST05 区块海域大型底栖生物四季平均栖息密度为 132.42 个/m²,其中环节动物以栖息密度 87.53 个/m² 占居第 1 位,甲壳动物居第 2 位,栖息密度为 17.46 个/m²,其他动物居第 3 位,栖息密度为 11.66 个/m²,软体动物最少,为 7.39 个/m²(图 10.2,表 10.2)。

表 10.2　ST05 区块海域大型底栖生物栖息密度组成

类群	环节动物	软体动物	甲壳动物	棘皮动物	其他动物	合计
密度/(个/m²)	87.53	7.39	17.46	8.40	11.66	132.42

2. 平面分布

四季栖息密度分布相似,呈由近海向外海递减的趋势(图 10.3)。其中春、夏、秋三季均以北部近海密度最高,南部近海次之,北部外海最低。而冬季密度最低区域主要分布在南部外海。高密度区主要出现在近海海域,尤其集中于北部近海,冬季最高密度可达 17 个/m²。环节动物栖息密度平面分布,呈现近海高、外海低的趋势,与总栖息密度分布趋势相同,侧面表现出环节动物对于大型底栖生物总密度的贡献在各类群中居于首位;软体动物、甲壳动物和棘皮动物主要分布在近海海域,尤其是南部近海海域,外海仅零星出现(图 10.4)。

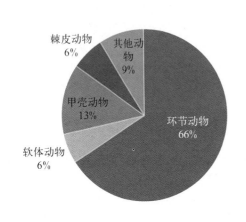

图 10.2　ST05 区块海域大型底栖
生物栖息密度组成

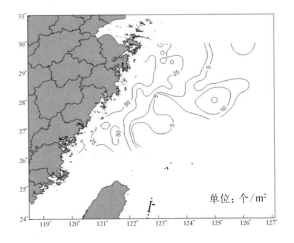

图 10.3　ST05 区块海域大型底栖生物春季
栖息密度水平分布

3. 季节变化

大型底栖生物栖息密度季节变化明显,以冬季(200.47 个/m²)最高,夏季(195.18 个/m²)略低于冬季,居于第二位,春季最低,仅为 27.3 个/m²。各类群季节变化与总体季节变化不相一致(表 10.3)。

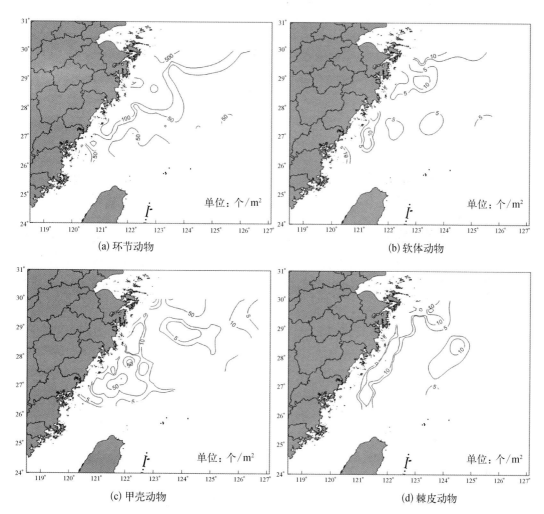

(a) 环节动物　　　　　　　　　　　　　　(b) 软体动物

(c) 甲壳动物　　　　　　　　　　　　　　(d) 棘皮动物

图 10.4　ST05 区块海域大型底栖生物四大门类栖息密度水平分布

表 10.3　ST05 区块海域大型底栖生物栖息密度季节变化　（单位：个/m²）

类　群	环节动物	软体动物	甲壳动物	棘皮动物	其他动物	合　计
春　季	7.64	5.84	4.38	7.75	1.69	27.30
夏　季	144.82	4.34	25.18	9.40	11.45	195.18
秋　季	67.08	11.24	9.33	5.96	13.15	106.74
冬　季	130.58	8.14	30.93	10.47	20.35	200.47
平　均	87.53	7.39	17.46	8.40	11.66	132.42

10.1.3　生物量

1. 生物量组成

大型底栖生物四季平均生物量为 23.18 g/m²，其中棘皮动物以生物量16.00 g/m²居首位，软体动物居第 2 位，生物量为 2.60 g/m²，其他动物居第 3 位，生物量为 2.15 g/m²，

第10章

甲壳动物最少,仅为 1.11 g/m^2(表 10.4,图 10.5)。

表 10.4　ST05 区块海域大型底栖生物生物量组成

类　群	环节动物	软体动物	甲壳动物	棘皮动物	其他动物	合　计
生物量/(g/m²)	1.33	2.60	1.11	16.00	2.15	23.18

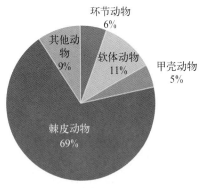

图 10.5　ST05 区块海域大型底栖
生物生物量组成

2. 平面分布

大型底栖生物生物量四季平面分布趋势相似,均呈由近海向外海递减趋势。春、夏生物量高值区出现在北部近海海域,春季最高生物量可达 $1\,128.20 \text{ g/m}^2$;秋、冬两季高值区出现于中北部近海海域(图 10.6)。环节动物尽管在大型底栖生物总密度中贡献最大,但由于其个体小,因而对于总生物量贡献弱于棘皮动物和软体动物等大个体生物,在其水平分布中,春、冬两季绝大多数站位生物量介于 $0\sim2 \text{ g/m}^2$,夏、秋两季绝大多数站位生物量介于 $0\sim5 \text{ g/m}^2$,生物量大于 5 g/m^2 的区域基本可看做是环节动物生物量高值区,主要分布于近海海域,尤其是北部近海海域,外海海域整体分布较为均匀;软体动物和甲壳动物两个类群的分布趋势相似,由于该类群大个体样本采集率很低,因而生物量大多介于 $0\sim1 \text{ g/m}^2$,生物量大于 10 g/m^2 的高值区大多出现在北部海域,尤其北部近海海域。棘皮动物栖息密度尽管不高,但其对总生物量的贡献最大,在四大重要门类中居于首位。大于 100 g/m^2 的高生物量区大多出现在近海海域,尤其北部近海海域(图 10.7)。

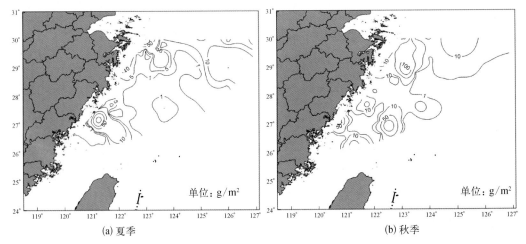

图 10.6　ST05 区块海域大型底栖生物夏、秋季生物量水平分布

3. 季节变化

与栖息密度季节变化恰恰相反,大型底栖生物生物量季节变化,以春季(42.60 g/m^2)

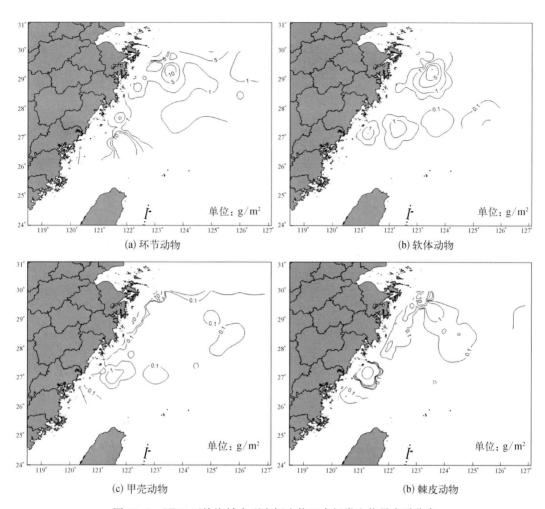

(a) 环节动物　　　　　　　　　　　　(b) 软体动物

(c) 甲壳动物　　　　　　　　　　　　(b) 棘皮动物

图 10.7　ST05 区块海域大型底栖生物四大门类生物量水平分布

最高,秋季(19.18 g/m²)、冬季(17.86 g/m²)次之,夏季(13.09 g/m²)最低,各类群季节变化与总体季节变化不相一致(表 10.5)。

表 10.5　ST05 区块海域大型底栖生物生物量季节变化　　　（单位：g/m²）

类　群	环节动物	软体动物	甲壳动物	棘皮动物	其他动物	合　计
春　季	1.33	5.29	0.81	31.86	3.31	42.60
夏　季	1.74	0.34	1.79	8.04	1.18	13.09
秋　季	1.19	3.46	0.51	13.17	0.84	19.18
冬　季	1.07	1.29	1.33	10.92	3.25	17.86
平　均	1.33	2.60	1.11	16.00	2.15	23.18

10.1.4　群落结构

根据 Bray-Curtis 相似性系数聚类分析和多维排序尺度,ST05 区块海域大型底栖生物可划分为 2 个群落(图 10.8,图 10.9)。

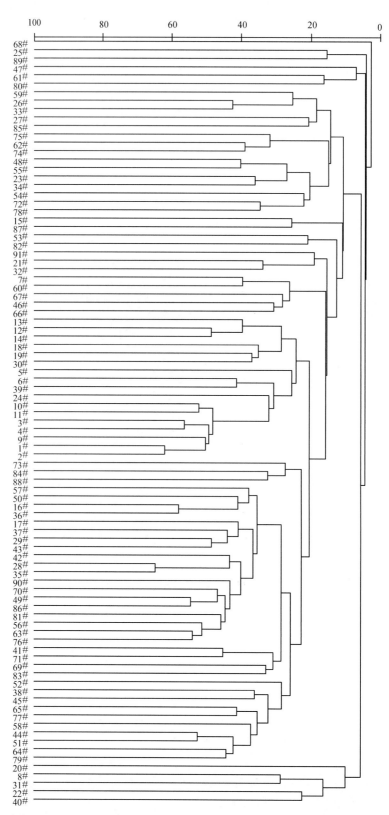

图10.8　ST05区块海域大型底栖生物群落 Bray-Curtis 相似性聚类树状图

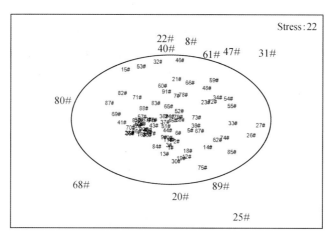

图 10.9 ST05 区块海域大型底栖生物群落多维尺度排序

群落Ⅰ：双形拟单指虫-不倒翁虫-钩虾-棘刺锚参群落。该群落位于 ST05 区块海域西侧以及东北侧小区域，水深 20.7~73 m，底质主要为粉砂黏土、黏土粉砂和砂。该群落特点是分布范围广、物种多、数量大。优势种双形拟单指虫，出现率高，分布较广，个体小，主要出现在夏、秋、冬三季，密集区分布在近海海域，密度最高出现于冬季，达 1 270 个/m²。优势种不倒翁虫，四季出现率均较高，主要分布在近海海域，密度最高值出现在夏季，达 440 个/m²。钩虾（Gammarus sp.），出现率较高，分布广，数量较均匀，密度最高值出现在冬季，达 210 个/m²。棘刺锚参，冬季出现率较高，主要分布在北部近海，密度最高值为 230 个/m²（图 10.10）。

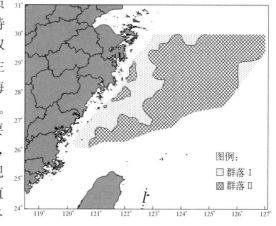

图 10.10 ST05 区块海域大型底栖生物群落结构分布图

群落Ⅱ：索沙蚕-浅缝骨螺-日本鼓虾-马氏刺蛇尾群落。该群落主要位于 ST05 区块海域东侧，水深 68.2~119 m，底质主要为黏土粉砂、砂、砂壳。该群落特点是物种少，栖息密度及生物量低。作为主要种的索沙蚕（Lumbrineris sp.），仅在春、夏两季出现，最大栖息密度为 10 个/m²。浅缝骨螺（Murex trapa）仅在春、秋两季出现，最大栖息密度为 30 个/m²。日本鼓虾仅出现于冬季，最大栖息密度为 10 个/m²。马氏刺蛇尾（Ophiothrix marenzelleri）出现于春、秋、冬三季，最大栖息密度为 10 个/m²。其他习见种有独指虫、双鳃内卷齿蚕、短叶索沙蚕（Lumbrineris latreilli）、拟节虫（Praxillella praetermissa）、奇异稚齿虫（Paraprionospio pinnata）、足鳃虫（Paranorthia sp.）、钩虾和螺蠃蜚（Corophium sp.）等（图 10.10）。

群落多样性是群落水平的生态特征，涉及群落的稳定性和生产力。多样性与物种丰富度和物种均匀度密切相关。群落内物种越丰富，多样性越大，物种的个体分布越均匀，群落的多样性值越高,群落多样性的高低,除受取样面积大小、数量的影响外,主要依赖于群落中物种数量的多少以及个体数量在各个物种中的分布是否均匀。ST05 区块海域大型底栖生物,群落 I 的物种多样性、均匀度和丰富度相对较高,分别为 3.70、0.890 和 2.95,物种丰富、分布均匀,群落结构稳定。与群落 I 相比,群落 II 的特征值相对较小,尤其是丰富度偏低,但群落结构同样相对稳定(表 10.6)。

表 10.6　ST05 区块海域大型底栖生物群落多样性(H')、均匀度(J)及丰富度(d)特征值

群落	H'	J	d
群落 I	3.70	0.890	2.95
群落 II	2.20	0.879	1.17

大型底栖生物物种的栖息密度、生物量与其生存环境的底质类型、沉积物颗粒大小密切相关。受沉积物中大颗粒间摩擦的影响,在细砾中的底内生物个体较轻。底内生物的平均生物量按细砾-砂-粉砂质黏土的顺序而递增。粉砂黏土有利于底内生物钻入获取营养物质。底内动物个体数量按砾-砂-粉砂质黏土的顺序而递增,且底内生物比底上生物的个体数要多。本次调查大型底栖生物数量组成、分布符合以上规律。受长江径流、江浙沿岸流及台湾暖流影响,ST05 区块海域内沉积物大致分为粉砂黏土、黏土粉砂、砂及砂壳四种类型。群落 I 底质主要为粉砂黏土、黏土粉砂和砂,物种丰富、栖息密度及生物量均较高。群落 II 底质主要为黏土粉砂、砂和砂壳,种类组成简单、栖息密度及生物量均偏低。

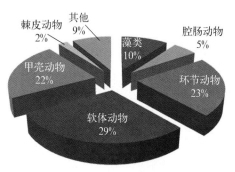

图 10.11　ST05 区块海域潮间带生物门类组成

10.2　潮间带生物

10.2.1　物种组成

ST05 区块海域潮间带调查共采集潮间带生物 299 种,其中包括大型藻类 31 种,腔肠动物 16 种,环节动物环节动物 67 种,软体动物 87 种,甲壳动物 66 种,棘皮动物 6 种,其他类(纽形动物、星虫、脊索动物)26 种。潮间带生物的种类组成以软体动物最为丰富,占 29.1%,其次为多毛环节动物和甲壳动物,分别占 22.1% 和 22.4%,腔肠动物、棘皮动物和其他类动物在总的种类组成中均低于 10%。

调查断面由于地形、底质类型的不同而形成特征各异的群落结构,根据自然生境和优势种命名方法,可粗略地将调查断面分为两个类型的群落。

(1)礁泥滩软相群落,在所有调查的潮间带断面中此类型最多,共有七条,分别为佛渡捕南村断面、西沪港断面、强蛟断面、沿赤断面、乌沙山断面、高泥块断面和龙湾断面,在中、低潮区基质均为泥滩,但高潮区也存在岩石、堤坝、礁石或碎石基质。泥滩缺乏固着生

物,以爬行的腹足类和钻穴或栖埋生物为主要类群,生物组成主要为环节动物、软体动物和节肢动物3大类群,中间拟滨螺(*Littorinopsis intermedia*)-珠带拟蟹守螺(*Cerithidea cingulata*)-长足长方蟹(*Metaplax longipes*)-弧边招潮(*Uca（Deltuca）arcuata*)-彩虹明樱蛤(*Moerella iridescens*)是此类群落生物代表,主要以滤食表面沉积物中硅藻和吞食动物碎屑为生。潮间带生物种类垂直分布以中潮区种类最高,其次为低潮区,高潮区最少,符合一般潮间带生物分布规律。高潮区生态因子变化最大,限制了许多种类的分布;低潮区敌害生物多,种间竞争激烈,种类也不丰富;中潮区潮滩面积大,食物资源比较丰富,且环境相对稳定,因而种类最为众多。

（2）礁石固相群落,五子岛、乌石子村和后岙3条断面主要为岩相基底,岩相潮间带多经受剧烈波浪作用,潮汐作用几乎被强大的波浪作用所取代,生物垂直分布界限明显,高潮区主要生物类群为软体动物和甲壳动物,中、低潮区主要以大型藻类、软体动物和甲壳动物为主,个别断面低潮区还会出现棘皮动物。岩相潮间带生物优势种非常明显,高潮区为粒结节滨螺(*Littorna granularis*)和短滨螺(*Littorina（Littorina）brevicula*)带,并有少量的史氏背尖贝(*Notoacmea schrenckii*)和藤壶(*Balanus* sp.)等。在中潮区上层,开始分布数量较多的鳞笠藤壶(*Tetraclita squamosa*)、日本笠藤壶(*Tetraclita japonica*)、疣荔枝螺(*Thais clavigera*)、齿纹蜒螺(*Nerita（Ritena）yoldii*)和单齿螺(*Monodonta labio*)等。而低潮区,除鳞笠藤壶、日本笠藤壶继中潮区蔓延下来,更多的覆盖以各种大型藻类,如鼠尾藻(*Sargassum thunbergii*)、珊瑚藻(*Corallina officinalis*)和铁钉菜(*Ishige okamurae*)等,藻类的优势可一直延伸至低潮线。岩相潮间带与泥相潮间带种类垂直分布趋势不同,该群落种类总数由高潮区向中潮区、低潮区依次增加,低潮区密集的海藻为各类动物提供了良好的栖息场所和食物,动物区系复杂,种类繁多。

底栖生物的生存与底质类型息息相关,尤其对绝大部分营固着生活的潮间带生物,更是如此。根据底质类型不同将十条潮间带断面分为礁石固相和泥滩软相两种生态类型。对照分析,发现他们的种类组成有着明显差别。在软相底质断面中,以软体动物、甲壳动物和环节动物环节动物为主,分别占总种类数的43%、27%和15%。而在固相底质断面中,以软体动物为主,多毛环节动物种类极少。四个季节,潮间带生物组成均以环节动物、软体动物和节肢动物为主,三大类群占生物种类总数的70%以上。藻类所占比例季节变化比较大,秋季仅占3.6%,春、夏季则在10.6%和10.7%,其他种类在物种组成中所占比例相对稳定。

10.2.2　栖息密度

1. 水平分布

ST05区块海域潮间带大型底栖生物的年平均栖息密度为823.3个/m²,密度最高的断面出现在三门湾五子岛断面(2 199.5个/m²),其次为桃花岛乌石子村(1 768.8个/m²),数量最低的断面为三门湾沿赤断面,栖息密度仅为162.5个/m²。不同底质生态类型潮间带的生物密度比较,表现出固相断面的生物栖息密度要远远高于软相断面,这一结果与潮间带生物数量的分布规律相吻合。而即使三条固相底质的潮间带断面,由于普陀山后岙断面的低潮区为泥滩基底,只有高、中潮区为固相基底,栖息密度远低于全部为固相基底的其他两条断面。

春季,潮间带生物的栖息密度为287~3746个/m²,各断面生物密度差异很大。潮间带动物最稀少的沿赤断面栖息密度只有287个/m²;龙湾稍高于沿赤,为310个/m²;高泥块和强蛟两条断面潮间带动物栖息密度较高,尤以高泥块最高,为3746个/m²,强蛟次之,为3041个/m²;其他6条断面动物密度都在401~1947个/m²。高泥块和强蛟两条断面潮间带生物栖息密度比其他大部分断面平均高出一个数量级(表10.7)。

表10.7 ST05区块海域潮间带生物四季栖息密度统计 （单位:个/m²）

潮间带类型	断 面	春 季	夏 季	秋 季	冬 季
软相基底潮间带	捕南村	678	152	290	585
	高泥块	3 746	166	800	174
	龙湾	310	99	359	458
	强蛟	3 041	303	580	304
	乌沙山	401	225	146	377
	西沪港	427	186	297	464
	沿赤	287	91	192	80
	软相平均值	1 270.0	174.6	380.6	348.9
固相基底潮间带	乌石子	751	3 738	2 014	572
	五子岛	1 947	3 550	2 458	843
	后吞	434	334	391	682
	固相平均值	1 044	2 540.667	1 621	699
总平均值		1 202.2	884.4	752.7	453.9

夏季,潮间带生物的栖息密度为91~3738个/m²,各断面生物密度差异很大。沿赤和龙湾两条断面生物栖息密度依旧处于各断面低位;随着夏季甲壳动物藤壶繁殖季节来临,乌石子和五子岛两条断面潮间带动物栖息密度跃居各断面之首,尤以乌石子最高,为3738个/m²,五子岛次之,为3550个/m²,比其他各断面生物密度平均高出一个数量级(表10.7)。

秋季,潮间带生物最稀少的断面出现在乌沙山,栖息密度只有146个/m²,乌石子和五子岛两条断面潮间带生物栖息密度仍处于各断面之首,比其他各断面生物密度平均高出一个数量级(表10.7)。

冬季,潮间带生物最稀少的区域依旧出现在沿赤断面;五子岛和后吞两条断面潮间带生物栖息密度依然处于第一位,但其密度也随着温度的降低而减少,密度水平与其他断面基本处于同一量级(表10.7)。

2. 垂直分布

1)固相基底潮间带

固相潮间带3条断面生物栖息密度相对较高,垂直分布规律因生物种类不同而各不相同。后吞断面4个季度垂直分布规律基本一致,即从高潮区向低潮区,生物栖息密度逐渐降低。高潮区的高栖息密度主要是由于高密度的短滨螺造成的;乌石子断面潮间带生物栖息密度以中潮区中带最高,尤其在夏季,中潮区中带日本笠藤壶栖息密度极高,其次为高潮区,低潮区生物栖息密度相对较低;五子岛潮间带生物栖息密度垂直分布趋势各季节稍有差异,总体以中潮区最高,低潮区稍低,高潮区最低。而夏季,由于藤壶繁殖旺季,中潮区上带出现大密度个体较小的藤壶,其他季节,鳞笠藤壶在中潮区下带达到较高密度的栖息,在固相基底断面中,对生物栖息密度中起主导作用的还是甲壳类的藤壶,成片的日本笠藤壶、鳞笠藤壶使得中潮区的栖息密度明显居高(表10.8)。

表 10.8　固相潮间带生物栖息密度　　　　　　　　　　(单位:个/m²)

断　面	潮　区		春　季	夏　季	秋　季	冬　季	平　均
后　岙	高	上	928	944	1 784	1 128	1 196.0
	高	下	1 080	240	136	2 120	894.0
	中	上	456	192	168	640	364.0
	中	中	232	328	168	352	270.0
	中	下	120	320	280	144	216.0
	低	上	120	208	88	104	130.0
	低	下	112	104	112	288	154.0
乌石子	高	上	368	336	3 200	800	1 176.0
	高	下	488	850	3 500	656	1 373.5
	中	上	1 750	7 900	1 350	304	2 826.0
	中	中	1 600	11 200	3 700	568	4 267.0
	中	下	800	4 700	2 200	874	2 143.5
	低	上	250	4 000	100	480	1 207.5
	低	下	0	550	50	328	232.0
五子岛	高	上	1 312	200	136	544	548.0
	高	下	416	2 850	88	864	1 054.5
	中	上	2 200	12 500	632	680	4 003.0
	中	中	3 125	2 800	3 900	1 112	2 734.3
	中	下	2 775	4 850	6 150	1 408	3 795.8
	低	上	1 525	1 600	3 150	672	1 736.8
	低	下	2 275	50	3 150	624	1 524.8

2) 软相基底潮间带

软相潮间带高潮区多为岩石或堤坝,主要生物种类为滨螺,沿赤高潮区主要种类为董拟沼螺(*Assiminea violacea*),高潮区密度相对较高,尤其在冬、春季滨螺幼螺大量附着在高潮区,生物密度较高。春季为大部分生物繁殖旺季,部分断面中低潮区出现较高密度的生物幼体,如高泥块中潮区中带的光滑河蓝蛤(*Potamocorbula laevis*),强蛟低潮区的角偏顶蛤(*Modiolus metcalfei*)和乌沙山中潮区中带出现的玉螺幼螺,密度都比较高。其他季节中,低潮区泥滩栖息环境相对均衡,密度相对均匀,且远低于岩相潮间带生物栖息密度(表10.9)。

表 10.9　软相潮间带生物栖息密度　　　　　　　　　　(单位:个/m²)

断　面	潮　区		春　季	夏　季	秋　季	冬　季	平　均
龙　湾	高	上	384	136	992	816	582
	高	下	520	152	368	1 504	636
	中	上	752	64	608	280	426

第10章

续表

断 面	潮	区	春 季	夏 季	秋 季	冬 季	平 均
龙 湾	中	中	160	80	144	224	152
	中	下	104	72	184	40	100
	低	上	136	32	144	88	100
	低	下	112	152	72	256	148
捕南村外湾	高	上	1 450	120	504	2 096	1 042.5
	高	下	2 250	208	408	1 136	1 000.5
	中	上	176	96	576	64	228
	中	中	256	240	80	48	156
	中	下	112	160	88	488	212
	低	上	344	136	168	88	184
	低	下	160	104	208	176	162
高泥块	高	上	488	112	104	464	292
	高	下	120	112	96	112	110
	中	上	416	192	80	168	214
	中	中	23 312	184	144	208	5 962
	中	下	328	304	288	112	258
	低	上	448	128	56	104	184
	低	下	1 112	128	72	48	340
沿 赤	高	上	560	32	72	32	174
	高	下	248	112	288	88	184
	中	上	344	32	136	104	154
	中	中	464	104	312	144	256
	中	下	168	280	336	56	210
	低	上	112	80	152	128	118
	低	下	112	0	48	8	42
乌沙山	高	上	232	20	104	1 040	349
	高	下	680	136	304	192	328
	中	上	176	712	96	96	270
	中	中	840	248	88	200	344
	中	下	688	116	224	624	413
	低	上	128	152	88	256	156
	低	下	64	192	120	232	152
西沪港	高	上	264	100	352	384	275
	高	下	368	248	544	552	428
	中	上	416	104	360	368	312
	中	中	304	272	168	864	402
	中	下	712	104	504	344	416
	低	上	608	280	64	320	318
	低	下	320	192	88	416	254
强 蛟	高	上	64	56	48	224	98
	高	下	448	248	272	128	274
	中	上	744	480	272	560	514
	中	中	1 264	504	464	384	654
	中	下	1 248	536	656	456	724
	低	上	11 441	114	632	232	3 104.75
	低	下	6 080	112	1 716	144	2 013

3. 季节变化

按照所有调查断面平均栖息密度来反应季节变化,表现为春季潮间带生物栖息密度最高,按春-夏-秋-冬时序,栖息密度逐渐减少(图10.12)。然而,当按照固相和软相基底不同生态类型分别进行统计时,则发现,两种生态类型的潮间带断面在季节变化上表现出各自性的差异,而且,与之前按照所有断面平均栖息密度统计出的季节变化也有所不同。

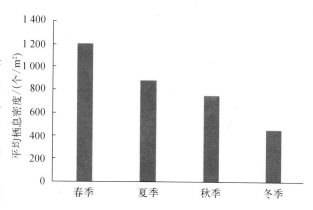

图 10.12 ST05 区块海域潮间带生物平均栖息密度季节变化

软相基底潮间带生物季节变化以春季(1 270 个/m²)最高,秋季(380.6 个/m²)和冬季(348.9 个/m²)次之,夏季(174.6 个/m²)最少,而固相基底潮间带生物季节变化表现为夏季>秋季>春季>冬季,两种生态类型潮间带生物季节变化规律,均与以往调查基本一致。虽然软相潮间带基底以泥滩为主,但其高潮区仍存在礁石、堤坝等基底,生长于此的滨螺等,春季繁殖旺季,大量的幼体极大地提高了生物栖息密度。固相潮间带中优势种类藤壶的繁殖旺季为夏季,大量的藤壶幼体,使得夏季密度远高于其他季节(表10.7)。

10.2.3 生物量

1. 水平分布

ST05 区块海域潮间带大型底栖生物年平均生物量为 555.6 g/m²。生物量最高的断面出现在三门湾五子岛断面(3 929.6 g/m²),其次为桃花岛乌石子村(781.8 g/m²),生物量最低的断面为三门湾沿赤断面,仅为 46.5 g/m²,生物量水平分布与栖息密度基本保持一致,高、低值区均出现在同一断面。不同底质生态类型潮间带生物的生物量比较,表现出固相断面的生物量要远远高于软相断面,这一结果与潮间带生物数量的分布规律相吻合。而即使三条固相底质的潮间带断面,由于普陀山后岙断面的低潮区为泥滩基底,只有高、中潮区为固相基底,其潮间带生物量远低于全部为固相基底的其他两条断面。

春季,潮间带生物的生物量为 48.42~4 131.19 g/m²,各断面间差异很大。生物量最少的捕南村潮间带生物只有 48.42 g/m²,以五子岛断面生物量最高,为 4 131.19 g/m²,其他 8 条潮间带断面生物量都在 83.84~781.38 g/m²。生物量最高的五子岛断面,潮间带生物量比其他断面平均高出 1~2 个数量级(表10.10)。

表 10.10   ST05 区块海域潮间带生物四季生物量统计   (单位:g/m²)

潮间带类型	断 面	春 季	夏 季	秋 季	冬 季
软相基底潮间带	西沪港	102.56	52.50	126.88	100.41
	乌沙山	84.13	34.18	34.47	59.13

续表

潮间带类型	断 面	春 季	夏 季	秋 季	冬 季
软相基底潮间带	强 蛟	333.49	59.75	113.51	60.14
	龙 湾	83.84	61.87	98.54	74.29
	捕南村	48.42	46.21	86.83	49.07
	沿 赤	105.76	29.43	32.45	18.19
	高泥堍	143.02	101.29	19.77	51.75
	软相平均值	128.75	55.03	73.21	59.00
固相基底潮间带	五子岛	4 131.19	2 836.73	7 597.90	1 152.77
	乌石子	781.38	652.79	658.36	1 034.50
	后呇	287.02	294.45	223.20	362.13
	固相平均值	1 733.20	1 261.32	2 826.49	849.80
总体平均值		610.08	416.92	899.19	296.24

夏季,生物量范围为 $29.43\sim2\,836$ g/m²,各断面间差异很大。生物量最少的断面出现在沿赤,只有 29.43 g/m²,高值区仍出现在固相基底的五子岛、乌石子和后呇三条断面。生物量最高的五子岛,潮间带生物量比其他断面平均高出 $1\sim2$ 个数量级(表 10.10)。

秋季,生物量为 $19.77\sim7\,597.9$ g/m²。生物量最少的高泥堍断面只有 19.77 g/m²,高值区仍然出现在五子岛和乌石子断面,生物量最高的五子岛,潮间带生物量比其他断面平均高出 $1\sim2$ 个数量级(表 10.10)。

冬季,潮间带生物的生物量为 $18.19\sim1\,152.77$ g/m²,生物量最少的区域再次出现在沿赤断面,高值区仍出现在固相基底的三条断面。尽管冬季随着温度降低,该三条断面生物量有所降低,但仍比其他断面平均高出 $1\sim2$ 个数量级(表 10.10)。

2. 垂直分布

1) 岩相潮间带

岩相潮间带生物量垂直分布一般在中潮区最高,低潮区次之,高潮区最低。后呇由于低潮带为软相潮间带,因此低潮区生物量低于高潮区。后呇春季生物量最大值出现在中潮区上层,以日本笠藤壶生物量最高;夏季最大值出现在中潮区下层,以鳞笠藤壶生物量最高;秋季在中潮区上层和中潮区下层各出现两个峰值,日本笠藤壶和鳞笠藤壶的分布形成了上下两条带;冬季生物量最高值再次出现在中潮区上层,但与春季不同的是,冬季中潮区上层生物量主要贡献为鳞笠藤壶,出现鳞笠藤壶与日本笠藤壶共存的现象,中潮区中层鳞笠藤壶生物量高于中潮区上层,日本笠藤壶和鳞笠藤壶的生态位交替与竞争体现得较为明显。

乌石子潮间带高潮区为滨螺带,中潮区日本笠藤壶和鳞笠藤壶交替占据优势地位,低潮区为大型海藻。春季中潮区中层生物量最高,日本笠藤壶分布最多、生物量最大,中潮区下层生物量次之,鳞笠藤壶在该层成带状分布。夏季在低潮区上层和中潮区上层分别形成了 2 条生物量高值带,低潮区上层为铁钉菜-日本笠藤壶带,中潮区上层以日本笠藤壶和条纹隔贻贝(*Septifer virgatus*)生物量最大。秋季生物量较其他季节相对较低,生物量最高值在中潮区上层,中潮区中层次之,日本笠藤壶在此区域分布较多。冬季鳞笠藤壶在中潮区下层至低潮区上层形成生物量高值带。

五子岛 4 季潮间带生物量垂直分布基本一致,高潮区上层至中潮区下层生物量逐渐升高,低潮区两个层次生物量均低于最高的中潮区下层,但仍处于较高水平。生物分层现象也比较规律,高潮区上层为滨螺区;高潮区下层和中潮区上层为日本笠藤壶带,日本笠藤壶生长下限至中潮区中层;鳞笠藤壶广泛分布于中潮区上层至低潮区下层,而在中潮区中层至低潮区上层间形成一条较宽的密集生长带;低潮区为海藻区,鼠尾藻、珊瑚藻和鸡毛菜(*Pterocladia capillacea*)生物量较大。

2) 软相潮间带

软相潮间带生物量相对岩相潮间带低。一般高潮区为岩石和堤坝,中、低潮区为泥滩,相互交界处为碎石或沙泥。高潮区一般为滨螺生长区,滨螺个体小,但栖息密度大,因此高潮区生物量相对较高。在高潮区下层或中潮区上层,岩相与泥滩交接处,由于栖息环境多样性较高,可利用立体空间大,往往成为断面高生物量区,如沿赤、龙湾和强蛟 3 条潮间带,中低潮区泥滩基底,相对平坦,生态环境相对均衡,生物量相差不大。

沿赤断面高潮区下层为软硬相底质交接处,海草湿地,春季时为大量褶痕相手蟹[*Sesarma* (*Parasesarma*) *plicata*]的栖息地。强蛟高潮区下层为碎石和泥滩基底,春季该处大量生长着浒苔(*Enteromorpha sp.*)和珠带拟蟹守螺,同时,中潮区也生长有大面积浒苔,秋季低潮区下层凸壳肌蛤(*Musculus senhousei*)具有较高的生物量。龙湾软硬相交接面较宽,高潮区下层至中潮区上层均是,在这里不同季节分别生长着生物量较高的日本笠藤壶、白脊藤壶(*Balanus albicostatus*)、团聚牡蛎(*Ostrea glomerata*)和僧帽牡蛎(*Sccostrea cucullata*)。

佛渡捕南村、高泥块、乌沙山和西沪港 4 条断面潮间带垂直差异不明显,生物量均处于较低水平,或仅在部分季节部分潮区,由于某个或某些种类大量出现,而表现出相对较高的生物量。秋季,捕南村中潮区上层潮间带僧帽牡蛎生物量较高。高泥块潮间带,在春季,中潮区中层泥螺(*Bullacta exarata*)和伍氏厚蟹(*Helicewuana*)生物量较大,低潮区下层红肉河蓝蛤(*Potamocorbula rubromuscula*)栖息密度和生物量均较高,其他季节,生物量垂直分布则相对均匀。乌沙山春季时高潮区下层和中潮区下层生物量相对较高,高潮区下层齿纹蜒螺和中间拟滨螺生物量优势较大,中潮区下层小翼拟蟹守螺(*Cerithidea microptera*)生物量相对较高。西沪港潮间带生物量垂直分布没有明显的规律,秋季高潮区和中潮区上层滨螺、西格织纹螺(*Nassarius siquinjorensis*)及缢蛏(*Sinonovacula constricta*)等生物量相对较高。

3. 季节变化

固相和软相断面潮间带生物量季节变化趋势有所差异,总体变化情况与固相断面保持一致,表现出固相断面潮间带生物量的绝对优势。软相基底潮间带生物量表现为以春季最高,秋季次之,夏季最低;而固相潮间带生物量则为秋季＞春季＞夏季＞冬季。软相基底潮间带生物量季节变化与密度变化趋势相同,固相潮间带高生物量季节为秋季,而高密度季节为夏季,主要是由于固相潮间带优势种藤壶在夏季大量繁殖,随着秋

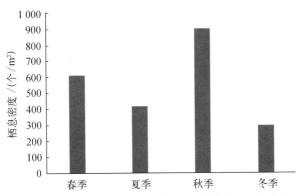

图 10.13　ST05 区块海域潮间带生物平均生物量季节变化

季生长发育,生物量大大提升。

四个季度中,秋季潮间带生物量最高,春季次之,冬季最低(图10.13)。春季大量的新繁殖个体以及较多的大型海藻对生物量有一定补充,但随着幼小个体的生长,不断死亡和被更高食物链等级的生物捕食消耗,到夏季总生物量有所下降,随着个体进一步生长发育,一些生物为越冬大量储蓄物质和能量,到秋季时,总生物量达到全年最高值,冬季时,生存环境相对恶劣,经过消耗和死亡之后,冬季生物量降到全年最低。

10.3　污损生物

10.3.1　物种组成

根据挂板调查结果,共发现污损生物 85 种:其中藻类 13 种,腔肠动物 13 种,苔藓虫 4 种,环节动物 12 种,软体动物 8 种,甲壳类 22 种,其他类 13 种。无柄蔓足类为 ST05 区块近岸海域最主要的致污种类,其中泥藤壶(*Balanus uliginosus*)和白脊藤壶为主要优势种类;双壳类软体动物个体大,竞争力强,是稳定群落中的优势种,以僧帽牡蛎和近江牡蛎(*Ostrea rivularis*)为代表种类;苔藓动物是污损生物群落的主要种类之一;环节动物环节动物栖息方式较多,有管栖、附着、固着和游走等类型,优势种主要为盘管虫;腔肠动物生长周期短,季节变化明显,主要优势种为中胚花筒螅(*Tubularca mesembryanthemum*);藻类主要以浒苔、石莼(*Ulva lactuca*)为主。

10.3.2　数量组成

1)表层板附着量

朱家尖表层全年附着量波动在 $0.9\sim827.55 \ \mathrm{g/m^2}$,最高值出现在 7 月,高达 827.55 g/m²,最低值出现于 2 月,仅 0.9 g/m²,全年附着总量 2 006.1 g/m²,月平均 167.2 g/m²,以海藻类(46.6%)、甲壳动物(25.8%)和腔肠动物(25.2%)占绝对优势,三大类共占总数的97.6%,其他几大类仅占 2.4%(表 10.11、图 10.14)。

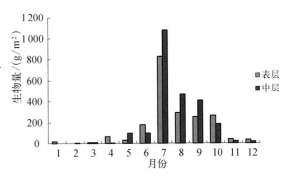

图 10.14　舟山朱家尖海域污损生物生物量月份变化

第10章

表 10.11　舟山朱家尖海域污损生物种类组成及出现频率

类群	优势种	频率/%	种类	频率/%
藻类 Algae	浒苔 Enteromorpha sp.		长石莼 Ulva linza	3.9
			石莼 Ulva lactuca	6.6
			多管藻 Polysiphonia sp.	7.9
			刚毛藻 Cladophora sp.	3.9
			硬毛藻 Chaelomorpha sp.	3.9
			肠浒苔 Enteromorpha intestinalis	2.6
			管浒苔 Enteromorpha fubulosa	2.6
			软丝藻 Ulothrix flacca	2.6
			丝藻 Ulothrix sp.	1.3
			萱藻 Scytosiphon sp.	2.6
			长耳盒形藻 Biddulphia aurita	1.3
			盒形藻 Biddulphia sp.	17.1
腔肠动物 Coelenterata	中胚花筒 Tubularca mesembryanthemum	50	海筒螅 Tubularca marina	2.6
	纤细薮枝螅 Obelia graciliser	23.7	厚丛柳珊瑚 Hicksonella sp.	1.3
	水螅 Hydrozoa sp.	22.4	单体珊瑚 Garyophyllia sp.	1.3
	纵条肌海葵 Haliplanelia luciae	22.4	曲膝薮枝螅 Obelia geniculata	6.6
	太平洋侧花海葵 Anthopleura pacifica	22.4	胶钟螅 Campanulariu gelatinosn	1.3
			薮枝螅 Obelia sp.	3.9
			管状真枝螅 Eudendrium capillare	5.3
			真枝螅 Eudendrium sp.	1.3
软体动物 Mollusca	僧帽牡蛎 Ostrea cucullata	28.9	三肋马掌螺 Amathina tricarinata	1.3
	近江牡蛎 Ostrea rivulayes	11.8	梯螺 Epitonium sp.	1.3
			小帽螺 Mitrella bicincta	1.3
			丽核螺 Pyrene bella	2.6
			青蚶 Arca virescens	1.3

第10章

续 表

类群	优势种		频率/%	种类		频率/%
				石鳖	*Onchidium verruculatum*	1.3
无柄蔓足类 Balanomorpha	泥藤壶	*Balanus uliginosus*	38.2	网纹藤壶	*Balanus reticulatus*	3.9
	白脊藤壶	*Balanus albicostatus*	28.9	鳞笠藤壶	*Tetralita squamosa*	1.3
				糊斑藤壶	*Balanus cirratus*	2.6
				三角藤壶	*Balanus trigonus*	1.3
				高峰星藤壶	*Chirona amaryllis*	1.3
				纹藤壶	*Balanus amphitrite*	1.3
端足类 Amphipoda	圆鳃麦秆虫	*Caprella acutifrons*	88.2	水虱	*Cirolana* sp.	1.3
	长鳃麦秆虫	*Caprella equilibra*	86.8	背棘麦秆虫	*Caprella scaura*	5.3
	马尔他钩虾	*Melita* sp.	50	麦秆虫	*Caprella* sp.	1.3
				绿钩虾	*Hyale* sp.	28.9
				蜾蠃蜚	*Corophium crassicornes*	15.8
				细足钩虾	*Stenothoe* sp.	15.8
				藻钩虾	*Ampithoe* sp.	13.2
				日本片足虫	*Elastyopus japonicus*	5.3
				钩虾	*Gammarus* sp.	46.1
十足类 Decapoda				光辉圆扇蟹	*Sphaerozius nitidus*	1.3
				锯额瓷蟹	*Pisidia serratifrons*	7.9
苔藓动物 Bryozoa	苔藓虫	*Bryozoa* sp.	21.1	西方三胞苔虫	*Tricellaria oceidenialis*	14.5
	独角粗胞苔虫	*Scrupocellaria unicornis*	18.4	大盖粗胞苔虫	*Scrupocellaria maderensis*	2.6
多毛类 Polychaeta	格鲁管虫	*Hydroides grubei*	11.8	岩虫	*Marphysa sanguinea*	7.9
	锯刺盘管虫	*Hydroides lunulifera*	11.8	日本沙蚕	*Nereis japonica*	1.3

续　表

类群	优势种	频率/%	种类	种类	频率/%
			小头虫	Capitella capitata	2.6
			龙介虫	Serpula vermicularis	1.3
			背鳞虫	Lepidonotinae sp.	1.3
			鳞虫	Halosydna sp.	5.3
			旋鳃虫	Spirobranc giganteus	10.5
			双冠盘管虫	Hydroides protulicola	5.3
			华美盘管虫	Hydroides elegans	5.3
			白盘管虫	Hydroides albiceps	1.3
海绵动物 Porifer			海绵	Porifer sp.	2.6
桡足类 Copepoda			小毛猛水蚤	Microsetella sp.	1.3
			背针胸刺水蚤	Centropages dorsis	1.3
			猛水蚤	Harpecticus sp.	1.3
			拟哲水蚤	Paracalanus sp.	1.3
介形类 Ostracoda			真刺真浮莹	Euconchoecia aculeata	1.3
毛颚动物 Chaetognatha			百陶箭虫	Sagitta Insecta	1.3
海洋昆虫 Insecta			海洋昆虫	Insecta sp.	1.3
			海洋蜘蛛	Pycnoconida sp.	1.3
浮游幼体 Pelagie larvae			蜉蝣幼虫	Ecdyonurus sp.	1.3
			大眼幼虫	Megalopa larva	1.3
			幼蛤	Lamellibrahia larva	2.6
线形动物 Nemertinea			线虫	Nematods sp.	1.3

表 10.12　舟山朱家尖海域表层板污损生物的数量组成（2007.3～2008.3）

月份	1	2	3	4	5	6	7	8	9	10	11	12
种数	4	2	4	6	6	7	14	10	10	8	6	5
厚度/mm	1.7	0.6	0.2	0.5	2	6.8	2.7	2.2	2.8	2.4	0.6	1.6
覆盖面积/%	8.25	0.2	1.2	13.9	6.54	17.1	39.65	31.6	25.6	47.4	24.3	20.2
湿重生物量/(g/m²)	15.75	0.9	8.55	67.5	31.05	176.4	827.55	289.8	250.2	262.8	40.5	35.1
百分组成　海藻	0	0	5.26	0	0	0	34.39	65.22	46.04	95.89	55.56	0
腔肠动物	28.57	0	0	80	86.96	81.38	15.23	0	47.48	0	0	71.79
苔藓虫	57.14	0	0	13.33	0	0	9.00	0	0	0	33.33	25.64
多毛类	0	0	10.53	0	0	0	0	0	0	0	0	0
软体动物	0	0	52.63	0	0	0	0	0	0	0	1.11	0
甲壳类	14.29	100	31.58	5.33	13.04	18.62	41.38	34.78	6.48	4.11	10	2.57
其他	0	0	0	1.34	0	0	0	0	0	0	0	0

月份	春(3～5)	夏(6～8)	秋(9～11)	冬(12～翌年2)	上(3～8)	下(9～翌年2)	年(3～翌年2)
种数	7	16	9	5	19	4	19
厚度/mm	3	15.8	5.7	3.2	17.6	3.5	15
覆盖面积/%	16.45	88.7	28.95	22.5	97.55	12.8	59.1
湿重生物量/(g/m²)	68.37	1125.74	286.81	38.7	2101.26	71.01	1292.76
百分组成　海藻	0	6.39	0	50	0	60.33	0
腔肠动物	91.19	37.90	3.9	44.44	3.4	0	13.91
苔藓虫	0	0.61	0	0	9.25	36.67	1.88
多毛类	0	0	0.3	0	2.92	0	0.42
软体动物	0	0.49	0	0	6.5	0	8.19
甲壳类	8.81	13.06	95.8	5.56	77.93	3	75.6
其他	0	41.55	0	0	0	0	0

第10章

a. 季度板附着量

朱家尖 4 组表层季度板污损生物平均湿重为 362.60 g/m²,以夏季为最高,湿重高达 1 056.51 g/m²;秋季次之,湿重达 286.81 g/m²;春季湿重为 68.37 g/m²;冬季最少,湿重仅 38.70 g/m²。覆盖面积在 7～10 月达到最大,四个月平均每月覆盖面积可达 36.1%,最大覆盖面积出现在 10 月,最大覆盖面积达 47.4%。

b. 半年板附着量

表层上半年板(3～8 月)污损生物湿重为 2 101.26 g/m²,试板附着生物以甲壳动物为主,占 77.93%;其他分别为苔藓虫 9.25%,软体动物 6.50%,腔肠动物 3.40%,环节动物 2.92%。

下半年板(9 月～翌年 2 月)污损生物湿重为 70.01 g/m²,试板附着生物以海藻和苔藓虫为主,分别占总生物量的 60.33% 和 36.67%。

c. 年度板附着量

表层年度板污损生物湿重为 1 292.76 g/m²,试板生物仍以甲壳动物为主,占 75.60%;其他分别为腔肠动物 13.91%,软体动物 8.19%,苔藓虫 1.88%,环节动物 0.42%(表 10.12)。

2) 中层附着量

中层全年附着量波动在 0.9～1 075.95 g/m²,最高值出现在 7 月份,高达 1 075.95 g/m²,最低值出现于 1 月份,仅 0.9 g/m²,全年附着总量 2 388.15 g/m²,月平均 199.01 g/m²,以甲壳动物(67.02%)、海藻类(13.78%)和腔肠动物(13.01%)占绝对优势,三大类共占总数的 93.81%,其他几大类仅占 6.19%(表 10.13、图 10.14)。

a. 季度板附着量

4 组中层季度板污损生物平均湿重为 436.56 g/m²,以夏季为最高,湿重高达 1 382.88 g/m²;秋季次之,湿重达 200.38 g/m²;春季湿重为 132.01 g/m²;冬季最少,湿重仅 30.96 g/m²。覆盖面积在 7～9 月达到最大,三个月平均每月覆盖面积可达 41.9%,以 7 月覆盖面积最大,最大达 50.3%。

b. 半年板附着量

中层上半年板(3～8 月)污损生物湿重为 2 586.36 g/m²,试板生物以甲壳动物、软体动物和苔藓虫为主,分别为甲壳类 41.95%,苔藓虫 30.40%,软体动物 27.18%;三大类共占总数的 99.53%,其他几大类仅占 0.43%(表 10.13)。下半年板(9 月～翌年 2 月)污损生物湿重为 508.2 g/m²,试板附着生物以软体动物和苔藓虫为主,分别占总生物量的 67.04% 和 32.4%。

c. 年度板附着量

中层年度板污损生物湿重为 2 586.36 g/m²,试板生物仍以甲壳动物为主,占总量的 57.35%;其他分别为腔肠动物 21.23%,软体动物 11.63%,苔藓虫 9.39%,环节动物 0.40%(表 10.13)。

表 10.13　舟山朱家尖海域中层板污损生物的数量组成（2007.3～2008.3）

月　份	1	2	3	4	5	6	7	8	9	10	11	12
种数	2	5	6	5	6	10	10	10	13	6	7	4
厚度/mm	0.5	2.1	0.5	1.5	2	2.5	4	3.8	3.2	0.2	0.8	1.2
覆盖面积	0.15	4.25	2.1	2.59	18.7	9.95	50.3	49.8	25.5	8.6	11.5	6.2
湿重生物量/(g/m²)	0.9	4.5	8.1	5.85	97.2	96.75	1 075.95	465.3	410.4	183.6	23.85	15.75
百分组成　海藻	0	40	5.56	15.38	0	0	0	59.57	0	0.25	49.06	0
腔肠动物	0	0	11.10	11.11	92.59	52.09	5.86	0	26.09	0	0	35.99
苔藓虫	0	10	27.78	10.27	0	13.95	0	0	0	0	18.87	0
多毛类	0	0	0	0	0	0	0.16	0	0.23	0	0	0
软体动物	0	0	0	0	0	0	29.28	0	0	0	22.64	28.57
甲壳类	100	50	38.89	17.09	7.41	33.96	64.7	40.43	73.68	99.26	9.43	35.44
其他	0	0	16.66	46.15	0	0	0	0	0	0.49	0	0

月　份	春(3～5)	夏(6～8)	秋(9～11)	冬(12～翌年2)	上(3～8)	下(9～翌年2)	年(3～翌年2)
种数	10	18	11	4	26	8	16
厚度/mm	5	14.6	2.7	4.5	15.2	6.3	14.8
覆盖面积	8.6	80.5	27.8	15.35	98.85	34.8	90
湿重生物量/(g/m²)	132.01	1 382.88	200.38	30.96	2 586.36	508.2	2 817.36
百分组成　海藻	95.44	0	40.13	58.33	0	0	0
腔肠动物	0	0.31	28.97	34.72	0.32	0	21.23
苔藓虫	0	7.21	0	0	30.4	32.4	9.39
多毛类	0	1.53	0	0	0.15	0.15	0.40
软体动物	0	1.53	0	0	27.18	67.04	11.63
甲壳类	4.56	89.39	30.9	6.95	41.95	0.41	57.35
其他	0	0.03	0	0	0	0	0

10.3.3　优势种生态特点

1. 污损生物附着期

ST05区块海域全年都有污损生物附着,各季附着强度和种类不同,总体来说,附着生物量夏秋季较高,冬季最低(图10.15)。12月至翌年3月为低温季节,附着强度低,此时正是苔藓虫全年的附着高峰期;从4月开始腔肠动物中胚花筒螅,无柄蔓足类泥藤壶、白脊藤壶,软体动物僧帽牡蛎和近江牡蛎,端足类马尔他钩虾(Melita sp.)、圆鳃麦秆虫(Caprella acutifrons)、长鳃麦秆虫(Caprella equilibra)和环节动物环节动物盘管虫(Hydroides sp.)等开始大量附着,7月达到高峰期,一直延续到11月都是优势种,其中的泥藤壶、白脊藤壶、僧帽牡蛎和近江牡蛎等在湿重生物量中起决定作用。圆鳃麦秆虫、长鳃麦秆虫、马尔他钩虾和中胚花筒螅的出现频率都在50%以上。泥藤壶、白脊藤壶、僧帽牡蛎和近江牡蛎出现频率虽不高,但仍是主要的河口低盐种。

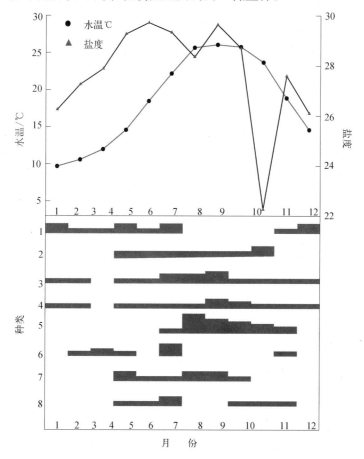

图10.15　舟山朱家尖海域主要污损生物附着季节

1. 苔藓虫;2. 马尔他钩虾;3. 长鳃虫节;4. 圆鳃虫节;5. 泥藤壶;6. 僧帽牡蛎;7. 海葵;8. 中胚花筒螅

2. 主要污损生物的生态特点

1）藤壶

藤壶是舟山朱家尖海域主要污损生物类群之一,包括泥藤壶、白脊藤壶、网纹藤壶（*Balanus reticulatus*）、鳞笠藤壶、糊斑藤壶（*Balanus cirratus*）、三角藤壶（*Balanus trigonus*）、高峰星藤壶（*Chirona amaryllis*）和纹藤壶（*Balanus amphitritte*）8 种。泥藤壶是舟山朱家尖海域最主要的污损生物,从 6 月开始附着,到 7 月达到高峰,一直延续到 11 月底结束。污损生物附着量特别大,7 月月板附着量达 684.0 g/m²,3 个月（6～8 月）板湿重达到1 158.42 g/m²,6 个月（3～8 月）板湿重达到 1 475.04 g/m²。它广泛分布于中国沿岸河口低盐水域,附着季节从北到南随着纬度的降低,其附着月份增加,黄海、渤海为 6～10 月（水温 20.26～26.5℃）,东海浙江 6～11 月（水温 21.5～28.5℃）,福建泉州港 4～12 月（水温 19.5～27.6℃）,广东汕头港 1～12 月（水温 15～30℃）,附着于船底或贝壳上,密集成群。泥藤壶栖息在河口港湾低盐度海区,是中国沿岸低盐水域的主要污损生物之一。

2）牡蛎

牡蛎是另一种防污对象,该海域主要有僧帽牡蛎、近江牡蛎 2 种,附着期在 6～12 月,它生长周期较长,因而在月试板上的湿重较低。僧帽牡蛎、近江牡蛎在中国沿岸潮间带到浅海都有分布,低潮区特别多,是浙江、福建沿岸港湾滩涂养殖对象之一,也是船底及沿海工厂冷却管道系统的防污对象。

3）水螅类

水螅类最主要的种类是中胚花筒螅,其次是纤细薮枝螅（*Obelia graciliser*）和曲膝薮枝螅（*Obelia graciliser*）,水螅类是朱家尖海域春季、夏季和秋季主要的污损生物,附着期从 4 月至 12 月。是中国沿岸河口低盐水域定置网具最主要的污损生物,对定置网衣危害很大。

4）其他小型甲壳类动物

端足目钩虾亚目和麦秆虫亚目是中国沿岸最常见的污损生物群落中的成员,舟山朱家尖的圆鳃麦秆虫、长鳃麦秆虫和马尔他钩虾等小型甲壳动物附着密度很高,一年四季都有附着,高峰期为 6～9 月,密度可达 5 625 个/m²,它们的大量出现伴随着中胚花筒螅和其他水螅的出现。

5）海葵

海葵包括纵条肌海葵（*Haliplanelia luciae*）和太平洋侧花海葵（*Anthopleura pacifica*）2 种,纵条肌海葵是舟山朱家尖主要的污损生物之一,附着期集中于 4～10 月,以 7～9 月最多。两种海葵在黄海、东海和南海沿岸分布广泛。

6）苔藓虫

苔藓虫共有 5 种,其中以独角粗胞苔虫（*Scrupocellaria unicornis*）和西方三胞苔虫（*Tricellaria oceidenialis*）为主。附着期以冬、春两季为主。

10.3.4 与环境因子关系

污损生物群落中各种生物之间和同一种群的各个个体之间,存在着相互依存又互相制约的关系,明显地表现在附着空间和食物的竞争两个方面。理化因子,特别是温盐和附着基的种种性质,也给予群落莫大的影响。由于群落内部相互间以及外界环境的影响,群落存在明显的季节变化和年变化现象。

不同季节下的物体表面,污损生物群落的形成、演替和数量的增减都不相同。舟山朱家尖海域污损生物一年四季都有繁殖附着,盛期在高温的夏季,特别是 7 月,附着种类数多,附着强度大。低温的 1～3 月附着种类少,附着强度低,因此 5～11 月为防污的主要季节。在前五个月的湿重一般都不大,自 6 月开始增加,7 月达到最高峰,一般来说,高温月份的生物量湿重大,低温月份反之(图 10.16)。

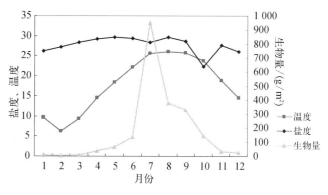

图 10.16　污损生物生物量与温度、盐度关系

该海域常年受长江、钱塘江和甬江淡水的影响,盐度较低,全年各月平均盐度为 22.26～29.72,全年平均盐度为 27.61,全年各月平均水温变化幅度为 6.2～26.1,透明度经常小于 0.3 m。根据污损生物的生态习性、分布特征及对盐度的适应,舟山朱家尖海域污损生物主要为河口低盐种。水温是影响该海域污损生物分布的主要因素,盐度则对朱家尖海域污损生物的种类及指标种分布具有决定性作用。

10.4　大型底栖生物多样性趋势性变化

10.4.1　物种趋势性变化

大型底栖生物物种丰富度与采样面积及站位多寡关系密切,在一定范围内取样面积越大、站位设置越多,物种越丰富。表 10.14 记录了本次和历史上三次的调查资料,与文献记载的 1 282 种(郑元甲等,2003)相比,底栖动物种类比现有明显高得多。其原因初步认为与调查海区范围以及设置站位多寡有关,尤其是底栖拖网站位设置数量。但从几次记录来看,底栖生物种类已大幅减少是不争的事实。

东海由于受黑潮暖流影响较大,底栖动物区系中以暖水种类占压倒性优势。曾报道的优势种软体动物有褐管蛾螺,甲壳动物有须赤虾(*Metapenaeopsis barbata*)、红虾(*Plesionika sp.*)、斜方玉蟹(*Leucosia rhomboidalis*)和银光梭子蟹(*Portunus argentatus*),棘皮动物有骑士章海星(*Stellaster equestris*)和凹裂星海胆(*Schizaster lacunosus*),与本次调查优势种不倒翁虫、双鳃内卷齿蚕、双形拟单指虫、背蚓虫、圆筒原盒螺、尖叶长手沙蚕和棘刺锚参等多有不同。由于以上所列种类多为活动能力较强的底上动物,只有在底栖拖网样品中才有可能出现,因而其原因可能与底栖动物拖网站位设置有关。

文献中关于双形拟单指虫很少提及,推断在以往调查中不是优势种类,但是本次调查中,该种上升为优势种,且往往形成高密度区,初步判断本区优势种类发生了一定变化。

这一结果与近几年来长江口监测结果相一致。有关该种的生态习性目前还未有公开发表的研究成果,因为该种可能成为新的环境指示生物,今后应开展这方面研究。

表 10.14　ST05 区块海域各类群大型底栖生物种类历史资料比较

时　间	类　别				总种类数
	环节动物	软体动物	甲壳动物	棘皮动物	
2006～2007	197	85	98	32	465
2000～2001	95	131	118	48	392
1997～2000	268	283	171	68	855
统计资料	280	215	339	214	1 287

资料来源:(1)"十五"国家重点基础研究项目(刘录三,2002),区域为 121°～127°E、26°～32°N 之间的东海海域。
(2)《中国海陆架及邻近海域大型底栖生物》(李荣冠,2003),区域为 127°E 以西、16.5°～31.5°N 之间的东海海域。
(3)《东海大陆架生物资源与环境》(郑元甲,2003),区域为东海海域。

10.4.2　生物量趋势性变化

以 1959 年海洋综合调查及 1976 年中国科学院海洋研究所东海大陆架区底栖动物调查资料为历史背景,进行比较分析。三次调查区域有所不同,与前两次调查范围相比,本次调查区域较小。三次调查所采用的调查取样方式基本相同,均用采泥器做定量采泥取样,前两次用的采泥器为 0.1 m² 的抓斗式采泥器,本次调查采用 0.1 m² 的箱式采泥器。前两次采用 1 mm 孔目的网筛进行过滤冲泥,本次调查为 0.5 mm,这对大型底栖动物的栖息密度统计影响较大,但对生物量来说影响相对较小,因此我们针对三次调查的生物量进行对比分析。

ST05 区块海域大型底栖生物总生物量较 1959 年综合调查偏低,而高于 1976 年东海大陆架区底栖动物调查,主要因棘皮动物生物量变化所致。棘皮动物类群为底栖生物生物量的主要贡献者,本次调查棘皮动物生物量占总生物量的 69%,因而其变化直接影响总生物量变化(表 10.15)。

表 10.15　ST05 区块海域各类群大型底栖生物生物量历史资料比较(单位:g/m²)

时　间	类　别				总生物量
	环节动物	软体动物	甲壳动物	棘皮动物	
2006.07	1.74	0.34	1.79	8.04	13.09
2006.11	1.07	1.29	1.33	10.92	17.86
2007.04	1.33	5.29	0.81	31.86	42.60
2007.10	1.19	3.46	0.51	13.17	19.18
平　均	1.33	2.60	1.11	16.00	23.18
1976.08	2.60	5.40	1.10	1.00	11.80
1959.04	2.89	2.94	0.94	29.60	38.93
1959.10	3.19	3.09	1.35	17.15	26.99
平　均	3.04	3.02	1.15	23.38	32.96

注:1959 年及 1976 年海洋调查所用网筛孔目为 1 mm,本次调查所用网目为 0.5 mm。
资料来源:(1)中国海陆架及邻近海域大型底栖生物(李荣冠,2003),区域为 127°E 以西、16.5°～31.5°N 的东海海域。
(2)1959 年全国海洋综合调查(刘瑞玉和徐凤山,1963),区域为 124°E 以西、28°N 以北的东海海域。

环节动物生物量较前两次比较有较大幅度降低,与1959年调查相比下降了56%,由于环节动物个体较小,生物量贡献相对较低,但其栖息密度居各类群之首,因而其生物量的大幅下降,可能反映出环节动物种群质量的变化。1959年4月调查,高密度区域4 042站环节动物密度为175个/m²,生物量为25.15 g/m²。而本次调查,单站环节动物密度最高值出现在冬季,达1 510个/m²,而生物量仅为4.55 g/m²。环节动物密度增加了7倍,而生物量却减少了80%。

我们将本次调查环节动物密度、生物量,与历史资料进行比较(表10.16),发现本区单个环节动物的平均重量呈逐年减少趋势,初步判断环节动物种群已发生了改变,群落正在向小个体、高密度演替,可能是由于环境变化所导致。已有相关研究表明,在潜在大型底栖动物指数中,单个环节动物平均重量指标对于环境损伤会表现出减小的趋势。今后加强单个环节动物生物量变化与环境关系的研究,可作为监测海洋环境变化的关键指标。

表 10.16　单个环节动物生物量历史资料比较

时　　间	密度/(个/m²)	生物量/(g/m²)	单个环节动物生物量/(g/m²)
2006~2007	87.53	1.33	0.015
2000~2001	87.89	3.59	0.041
1997~2000	116.00	3.13	0.027
历史资料	15.00	1.70	0.113

资料来源:(1)"十五"国家重点基础研究项目(刘录三和李新正,2002),区域为121°~127°E,26°~32°N的东海海域。
(2)《中国海陆架及邻近海域大型底栖生物》(李荣冠,2003),区域为127°E以西,16.5°~31.5°N之间的东海海域。
(3)《中国海陆架及邻近海域大型底栖生物》(李荣冠,2003),区域为东海海域。

10.4.3　本区底栖生物在中国海的地位

ST05区块海域大型底栖生物与中国海其他海区相比(表10.17),渤海春秋季底栖生物平均生物量为24.30 g/m²,北黄海61.80 g/m²,南黄海27.7 g/m²,都比本区较高,只有纬度较低的南海北部陆架区生物量11.00 g/m²较本区为低。低生物量并不意味着底栖生物的生产量低,实际生产量应该是较高的,调查所得生物量值只不过是补充(繁殖和生长)与消耗(被捕食和自然死亡)之间动态情况的反映。生物量较高的渤海、黄海,底栖动物显然是以生命周期较长的多年生物种占优势,具有高纬度海域的某些特点。因此,本区较渤海、黄海生态系统的物质循环和能量流动更为活跃,具有更高的生产力。

表 10.17　其他海区大型底栖生物生物量比较

指　标	ST05区块	渤海	北黄海	南黄海	南海北部
生物量/(g/m²)	23.18	24.30	61.80	27.70	11.00

资料来源:刘瑞玉,1986,区域为渤海、北黄海、南黄海、南海北部。

10.5　小结

(1)ST05区块海域共发现大型底栖生物462种,其中环节动物195种,软体动物85

种,甲壳动物 98 种,棘皮动物 32 种和其他动物 52 种。四季平均栖息密度为 132.42 个/m²,平均生物量为 23.18 g/m²。

(2) 该海域单个环节动物的平均重量减少,初步判断环节动物种群已发生了改变,群落正在向小个体、高密度演替。

(3) 双形拟单指虫上升为优势种,且在近岸海区常形成高密度区,初步判断本区优势种类已发生一定变化。这一结果与近几年来长江口监测结果相一致。

(4) ST05 区块海域共发现潮间带生物 299 种,其中包括大型藻类 31 种,环节动物环节动物 67 种,软体动物 87 种,节肢动物 66 种,棘皮动物 6 种,刺胞动物 16 种,纽形动物 2 种,星虫 1 种和鱼类 23 种。高密度、高生物量区分布在乌石子、五子岛、高泥块和强蛟潮间带,以上几条断面底质以固相基底为主,反映出固相基底潮间带生物较软相基底数量高。

(5) 舟山朱家尖污损生物有 85 种,其中藻类 13 种,腔肠动物 13 种,苔藓虫 4 种,环节动物 12 种,软体动物 8 种,甲壳类 22 种,其他类 13 种。主要优势种有中胚花筒螅、泥藤壶、白脊藤壶、僧帽牡蛎、近江牡蛎、马尔他钩虾、圆鳃虫节、长鳃虫节、盘管虫和水螅等。污损生物一年 4 季都繁殖附着,盛期出现在夏季,特别是 7 月,附着种类数多,附着强度大。低温的 1～3 月附着种数较少,附着强度低,5～11 月为防污的主要季节。

游泳动物

游泳动物(Nekton)是指在水层中能克服水流阻力自由游动的水生动物生态类群,绝大多数游泳动物是水域生产力中的终级生产品,产量占世界水产品总量的90%左右,是人类食品中动物蛋白质的重要来源。游泳动物主要由鱼类、头足类和甲壳类的一些种类组成。ST05区块海域季风盛行,气候温和,四季分明,给经济鱼类的季节性洄游提供了极为优良的条件,从而形成春夏和秋冬两大鱼汛。浙江沿岸大量的江河淡水注入,携带丰富的营养物质,在沿岸海域形成了高生产力区;台湾暖流的锲入和黄海冷水团的季节性影响,不同水系交汇的锋区、大陆边缘上升流区有更高的生物生产力,使舟山群岛及其邻近海域成为我国最大的渔场,主要有舟山渔场、鱼山渔场、温台渔场和闽东渔场。

ST05区块海洋捕捞在全国渔业生产中占有十分重要的地位,但是,随着海域环境恶化,渔业捕捞强度逐渐加重,一些传统的捕捞对象开始衰退甚至已经衰竭,捕捞利用对象也发生了较大改变。优势种中的典型底层鱼类的比重下降,中上层鱼比例上升,大型和高龄鱼如大黄鱼(*Pseudosciaena crocea*)资源衰退,而小型鱼如发光鲷、鳄齿鱼等和一年生的虾蟹类、头足类等显著多了起来,现有经济鱼类大型个体资源稀缺。这些现象客观反映了本区海洋捕捞强度和海洋捕捞结构对海域资源产生了重大影响。通过本次调查,对该海域渔业资源中游泳动物开展现存量及生物学特征的研究,为渔业资源的可持续利用提供了科学依据。

11.1 物种组成

ST05区块海域,四季共捕获游泳动物153种,其中鱼类98种,甲壳类32种,头足类22种,口足类1种,从种类组成来看,鱼类是本区最主要的游泳动物,占总种类数的64.1%。种类季节变化以冬季(92种)种类最多,春季(90种)仅次于冬季屈居第二,夏季(84种)居第三位,秋季最少,仅62种(表11.1)。各季节均排在前几位的种类有带鱼和小黄鱼(*Pseudosciaena polyactis*)等,其他一些种类则只出现在某些季节,如黄鮟鱇(*Lophius litulon*)和黄鲫(*Setipinna taty*)主要出现在春季和冬季。假长缝拟对虾(*Parapenaeus fissuroides*)和日本海鲂(*Zeus japonicus*)主要出现在春季,剑尖枪乌贼(*loligo edulis*)、圆板赤虾(*Metapenaeopsis lata*)、麦氏犀鳕(*Bregmaceros macclellandi*)和鳄齿鱼主要出现在夏季,刺鲳(*Psenopsis anomala*)、银鲳(*Pampus argenteus*)、剑尖枪乌贼、六斑刺鲀(*Diodon holacanthus*)和竹荚鱼主要出现在秋季,龙头鱼(*Harpodon nehereus*)和绿鳍鱼则主要出现在冬季。

表 11.1　ST05 区块海域游泳动物种类季节统计

季 节	鱼 类	甲壳类	头足类	口足类	总　计
春 季	51	21	17	1	90
夏 季	54	15	15	—	84
秋 季	37	15	10	—	62
冬 季	57	22	13	—	92
合 计	98	32	22	1	153

春季，共捕获游泳动物 90 种，其中鱼类 51 种、甲壳类 21 种、头足类 17 种，口足类 1 种。按平均资源密度指数排序，带鱼最高为 11.06 kg/h，其他依次为小黄鱼(0.50 kg/h)、假长缝拟对虾(0.47 kg/h)、黄鮟鱇(0.45 kg/h)、日本海鲂(0.28 kg/h)和黄鲫(0.28 kg/h)等(表 11.2)。以平均资源尾数密度指数的排序来看，带鱼最高，其他依次为长角赤虾(*Metapenaeopsis longirostris*)、假长缝拟对虾、鳄齿鱼、大管鞭虾(*Solenocera melantho*)和高脊管鞭虾(*Solenocera alticarinata*)等。

表 11.2　ST05 区块海域四季主要渔获种类资源密度统计

季节	种　类	平均资源密度指数/(kg/h)	所占比例/%	种　类	平均资源尾数密度指数/(尾/h)	所占比例/%
春季	带鱼	11.06	11.23	带鱼	396	65.96
	小黄鱼	0.50	2.97	长角赤虾	172	15.31
	假长缝拟对虾	0.47	2.82	假长缝拟对虾	150	13.33
	黄鮟鱇	0.45	2.70	鳄齿鱼	62	5.54
	日本海鲂	0.28	1.67	大管鞭虾	54	4.83
	黄鲫	0.28	1.66	高脊管鞭虾	24	2.14
	长角赤虾	0.27	1.63	凹管鞭虾	22	1.97
	鳀	0.25	1.51	发光鲷	22	1.96
夏季	带鱼	26.38	75.41	带鱼	704	24.95
	剑尖枪乌贼	0.93	2.66	圆板赤虾	549	19.46
	圆板赤虾	0.82	2.34	东海红虾	469	16.63
	小黄鱼	0.79	2.27	麦氏犀鳕	344	12.20
	麦氏犀鳕	0.78	2.22	鳄齿鱼	261	9.25
	鳄齿鱼	0.70	2.00	七星底灯鱼	130	4.62
	刺鲳	0.64	1.83	剑尖枪乌贼	43	1.51
	白姑鱼	0.56	1.60	翼红娘鱼	32	1.15
	须赤虾	0.36	1.04	须赤虾	29	1.02
秋季	带鱼	162.65	83.67	带鱼	1 662	62.77
	刺鲳	13.73	7.06	小黄鱼	239	9.01
	银鲳	4.67	2.40	刺鲳	228	8.62
	小黄鱼	3.38	1.74	多钩钩腕乌贼	123	4.63
	剑尖枪乌贼	1.69	0.87	鳄齿鱼	116	4.39
	六斑刺鲀	1.29	0.66	剑尖枪乌贼	41	1.54
	竹荚鱼	1.25	0.64	银鲳	37	1.41
	细点圆趾蟹	0.94	0.49	竹荚鱼	30	1.13

续表

季节	种 类	平均资源 密度指数 /(kg/h)	所占比例 /%	种 类	平均资源尾 数密度指数 /(尾/h)	所占比例 /%
冬季	带鱼	13.06	40.33	发光鲷	419	17.42
	龙头鱼	2.87	8.85	尖牙鲷	332	13.80
	黄鮟鱇	2.02	6.24	带鱼	285	11.85
	绿鳍鱼	1.70	5.26	圆板赤虾	260	10.81
	小黄鱼	1.57	4.85	鳄齿鱼	213	8.85
	黄鲫	1.40	4.31	六丝钝尾鰕虎鱼	131	5.45
	发光鲷	1.07	3.30	龙头鱼	102	4.24
	细纹狮子鱼	0.85	2.62	假长缝拟对虾	94	3.91

夏季共捕获游泳动物 84 种，其中鱼类 54 种、甲壳类 15 种、头足类 15 种。按平均资源密度指数排序，带鱼最高为 26.38 kg/h，其他依次为剑尖枪乌贼(0.93 kg/h)、圆板赤虾(0.82 kg/h)、小黄鱼(0.79 kg/h)、麦氏犀鳕(0.78 kg/h)和鳄齿鱼(0.70 kg/h)等(表 11.2)。以平均资源尾数密度指数的排序来看，带鱼最高，其他依次为圆板赤虾、东海红虾(Plesionika izumiae)、麦氏犀鳕、鳄齿鱼和七星底灯鱼(Benthosema pterotum)等。

秋季共捕获游泳动物 62 种，其中鱼类 37 种、甲壳类 15 种、头足类 10 种。按平均资源密度指数排序，带鱼最高为 162.65 kg/h，其他依次为刺鲳(13.73 kg/h)、银鲳(4.67 kg/h)、小黄鱼(3.38 kg/h)、剑尖枪乌贼(1.69 kg/h)、六斑刺鲀(1.29 kg/h)和竹荚鱼(1.25 kg/h)等(表 11.2)。以平均资源尾数密度指数的排序来看，带鱼最高，其他依次为小黄鱼、刺鲳、多钩钩腕乌贼(Abralia multihamata)、鳄齿鱼和剑尖枪乌贼等。

冬季共捕获游泳动物 92 种，其中鱼类 57 种、甲壳类 22 种、头足类 13 种。按平均资源密度指数排序，带鱼最高为 13.06 kg/h，其他依次为龙头鱼(2.87 kg/h)、黄鮟鱇(2.02 kg/h)、绿鳍鱼(1.70 kg/h)、小黄鱼(1.57 kg/h)和黄鲫(1.40 kg/h)等(表 11.2)。以平均资源尾数密度指数的排序来看，发光鲷(Acropoma japonicum)最高，其他依次为尖牙鲈(Synagrops japonicus)、带鱼、圆板赤虾、鳄齿鱼和六丝钝尾鰕虎鱼(Amblychaeturichthys hexanema)等。

11.2 生物学状况

对捕获到的本区 11 个主要品种(鱼类 6 种、甲壳类 2 种和头足类 3 种)进行了生物学测定(表 11.3)，共测定 822 尾，其中带鱼 405 尾、小黄鱼 106 尾、龙头鱼 40 尾、鳀鱼(Engraulis japonicus)43 尾、刺鲳 30 尾、黄鲫 30 尾、高脊管鞭虾 40 尾、须赤虾 30 尾、小头乌贼(Taonius sp.)40 尾、剑尖枪乌贼 28 尾、神户枪乌贼(Loligo kobiensis)30 尾。

表 11.3　ST05 区块海域四季主要经济鱼种的生物学测定结果

季节	种　名	体长/mm			体重/g			样品数/尾
		范　围	平　均	优势范围	范　围	平　均	优势范围	
春季	带鱼	135～193	160.32	150～170	31～129	67.43	50～70	40
	小黄鱼	123～197	151.11	140～160	24～99	50.15	40～60	17
	龙头鱼	176～230	197.77	190～200	25～75	43.83	35～60	40
	鳀	106～152	125.52	115～135	11～30	18.07	15～25	43
	高脊管鞭虾	17～30	22.30	20～25	2.5～15.7	7.04	5～10	40
	小头乌贼	123～213	146.20	130～160	27～152	46.70	35～55	40
夏季	带鱼	110～280	172.55	120～170	16～321	98.45	20～70	65
	小黄鱼	120～153	137.21	130～150	26～72	45.38	30～60	29
	剑尖枪乌贼	39～167	61.32	40～70	6～165	22.50	10～30	28
	须赤虾	15～25	20.57	20～24	3.5～9.6	5.88	4～8	30
秋季	带鱼	131～325	197.17	170～210	33～432	120.96	70～130	180
	刺鲳	145～180	163.40	150～180	63～114	92.17	70～110	30
冬季	带鱼	100～251	187.61	180～210	13～251	112.83	100～160	120
	小黄鱼	111～175	130.78	120～140	24～99	40.73	30～50	60
	黄鲫	115～150	133.83	135～145	14～30	21.40	15～25	30
	神户枪乌贼	51～100	75.87	70～80	11～55	31.03	20～40	30

　　春季,对 6 个主要品种进行了生物学测定,共测定 220 尾,其中带鱼 40 尾、小黄鱼 17 尾、龙头鱼 40 尾、鳀鱼 43 尾、高脊管鞭虾 40 尾、小头乌贼 40 尾。带鱼的平均体长和平均体重分别为 160.32 mm 和 67.43 g,优势体长为 150～170 mm,优势体重为 50～70 g。小黄鱼的平均体长和平均体重范围分别为 151.11 mm 和 50.15 g,优势体长范围和优势体重范围分别为 140～160 mm 和 40～60 g(表 11.3)。

　　夏季,对 4 个主要品种进行了生物学测定,共测定 152 尾,其中带鱼 65 尾、小黄鱼 29 尾、剑尖枪乌贼 28 尾、须赤虾 30 尾。带鱼的平均体长和平均体重分别为 172.55 mm 和 98.45 g,优势肛长为 120～170 mm,优势体重为 20～70 g。小黄鱼的平均体长和平均体重范围分别为 137.21 mm 和 45.38 g,优势体长范围和优势体重范围分别为 130～150 mm 和 30～60 g(表 11.3)。

　　秋季,对 2 个主要品种带鱼和刺鲳进行了生物学测定,共测定 210 尾,其中带鱼 180 尾、刺鲳 30 尾。带鱼的平均体长和平均体重分别为 197.17 mm 和 120.96 g,优势体长为 170～210 mm,优势体重为 70～130 g。刺鲳的平均体长和平均体重范围分别为 163.40 mm 和 92.17 g,优势体长范围和优势体重范围分别为 150～180 mm 和 70～110 g(表 11.3)。

　　冬季,对 4 个主要品种进行了生物学测定,共测定 240 尾,其中带鱼 120 尾、小黄鱼 60 尾、黄鲫 30 尾、神户枪乌贼 30 尾等。带鱼的平均肛长和平均体重分别为 187.61 mm 和 112.83 g,优势肛长为 180～210 mm,优势体重为 100～160 g。小黄鱼的平均体长和平均体重范围分别为 130.78 mm 和 40.73 g,优势体长范围和优势体重范围分别为 120～140 mm 和 30～50 g(表 11.3)。

11.3 资源密度

11.3.1 总资源密度

四季调查总渔获量为 4 178.10 kg,其中鱼类 3 979.48 kg,占 95.25％;甲壳类 94.68 kg,占 2.27％;头足类 103.92 kg,占 2.49％(表 11.4)。平均资源密度指数为 69.64 kg/h,平均尾数资源密度指数为 2 249.52 尾/h。四季渔获量显示,本区渔获量秋季 (2 915.85 kg)＞夏季(524.82 kg)＞冬季(485.89 kg)＞春季(251.54 kg)。鱼类在渔获量 所占比例达到 95.25％,其季节变化趋势决定渔获量的变化。

表 11.4　ST05 区块海域四季渔获量统计表

季　节	鱼类/kg	甲壳类/kg	头足类/kg	渔获量/kg
春　季	222.03	21.69	7.80	251.54
夏　季	474.87	27.79	22.17	524.82
秋　季	2 844.97	18.92	51.96	2 915.85
冬　季	437.61	26.28	21.99	485.89
合　计	3 979.48	94.68	103.92	4 178.10

从四季平均资源密度指数(表 11.5)可以看出,平均资源密度季节变化与渔获量变化 相同,秋季＞夏季＞冬季＞春季。以鱼类的平均资源密度最高,为调查海区的渔获物组成 的主要类群。与渔获量和资源密度变化不同,平均资源尾数密度最高出现于夏季,季节变 化呈夏季＞秋季＞冬季＞春季。甲壳类尾数密度夏季为 1 134.87 尾/h,为全年最高,至 秋季锐减至全年最低,仅 55.00 尾/h,可能是由于此时期鱼类主要以甲壳动物为饵料。而 春、夏季鱼类以甲壳类为饵料的同时,甲壳类也吞噬小鱼,因而尾数密度相差不大。

表 11.5　ST05 区块海域鱼类、甲壳类和头足类资源密度指数

指　标	季　节	鱼　类	甲壳类	头足类	合　计
平均资源密度 指数/(kg/h)	春　季	14.80	1.45	0.52	16.77
	夏　季	31.66	1.85	1.48	34.99
	秋　季	189.66	1.26	3.46	194.39
	冬　季	29.17	1.75	1.47	32.39
	合　计	265.29	6.31	6.93	278.54
平均资源尾数 密度指数/(尾/h)	春　季	616.00	479.00	28.00	1 123.00
	夏　季	1 619.33	1 134.87	66.87	2 821.07
	秋　季	2 409.00	55.00	184.00	2 648.00
	冬　季	1 757.00	550.00	99.00	2 406.00
	合　计	6 401.33	2 218.87	377.87	8 998.07

春季,平均资源密度为 16.77 kg/h,范围为 1.95～49.04 kg/h。全部 15 个调查站位, 40.00％调查站位资源密度指数低于 10 kg/h,大于 30 kg/h 的有 3 站,其中大于 40 kg/h 的仅有 1 站。春季资源相对其他季节属于较差时期,ST05 区块海域高生物量区域并不

明显(图 11.1)。

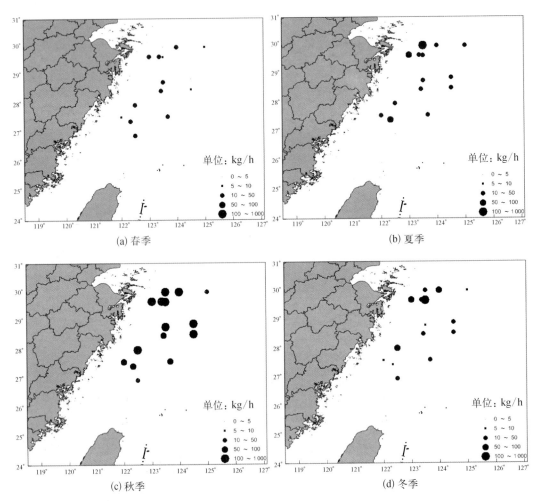

图 11.1 ST05 区块海域四季游泳动物资源密度分布

夏季,平均资源密度为 34.99 kg/h,范围为 4.78~134.93 kg/h。其中资源密度指数低于 50 kg/h 的有 12 个站位,占调查站位的 80%,大于 50 kg/h 的有 3 站,大于 100 kg/h 的仅有 1 站。夏季调查海区高生物量区相对集中于舟山渔场,其中在 30°00′N、123°30′E 海域最高,27°00′N、122°30′E 附近海域最小(图 11.1)。

秋季,平均资源密度为 194.39 kg/h,范围为 24.75~785.66 kg/h。其中资源密度指数低于 100 kg/h 的有 6 个站位,占调查站位的 40.00%,大于 200 kg/h 的有 4 站,其中大于 500 kg/h 的仅有 1 站。秋季调查为伏季休渔期即将结束时期,资源密度相对其他季节高,特别是鱼类资源密度明显高于其他季节,高生物量区域主要位于舟山渔场海域,其次为鱼山渔场海域(图 11.1)。

冬季,平均资源密度为 32.39 kg/h,范围为 7.07~102.10 kg/h。73.33% 的调查站位资源密度指数低于 50 kg/h,大于 50 kg/h 的有 4 站,其中大于 100 kg/h 的仅有 1 站。冬季高生物量区相对集中于舟山渔场,其中在 29°30′N、124°30′E 附近海域较高,28°00′N 以南海域生物量较低(图 11.1)。

11.3.2 鱼类

　　四季 ST05 区块海域鱼类资源密度状况以秋季最高,其余依次为夏季、冬季和春季。春季高生物量区分布并不明显,最高渔获量位于最南部的温台渔场,其次位于舟山渔场。夏季高生物量分布区相对集中于舟山渔场,其中在 30°00′N、123°30′E 海域最高。秋季调查期间为伏季休渔期末期,大量鱼类得到暂时的养护,特别是大量带鱼洄游至近海海域产卵,因此,鱼类资源密度大大高于其他季节,高生物量区分布于舟山渔场和鱼山渔场海域,主要鱼种为带鱼。冬季高生物量分布区相对集中于舟山渔场,其中在 30°00′N、123°30′E 附近海域较高(表 11.6)。

表 11.6　ST05 区块海域四季鱼类资源密度分布

季 节	平均资源密度指数/(kg/h)	平均资源尾数密度指数/(尾/h)	高生物量区域
春 季	14.80	616.00	温台渔场
夏 季	31.66	1 619.33	舟山渔场
秋 季	189.66	2 409.00	舟山渔场和鱼山渔场
冬 季	29.17	1 757.00	舟山渔场
合 计	265.29	6 401.33	

　　春季鱼类的平均资源密度为 14.80 kg/h,范围为 1.59~46.80 kg/h。其中资源密度指数低于 5 kg/h 的有 3 个站位,占调查站位的 20.00%,低于 10 kg/h 的有 7 个站位,占调查站位的 46.67%,大于 30 kg/h 的仅有 1 站。高生物量区分布并不明显,最高渔获量位于最南部的温台渔场,其次位于舟山渔场,主要鱼种均为带鱼。按平均资源密度指数排序,鱼类的主要种类为带鱼、鳄齿鱼、白姑鱼(*Argyrosomus argentatus*)、刺鲳、翼红娘鱼(*Lepidotrigla alata*)、小黄鱼和细条天竺鲷(*Apogon lineatus*)等(表 11.7)。按平均资源尾数密度指数排序,主要种类为带鱼、鳄齿鱼、发光鲷、鳀、麦氏犀鳕、鳀和小黄鱼等。

表 11.7　ST05 区块海域春季主要鱼类资源密度和出现率

鱼 种	资源密度指数/(kg/h)	资源尾数密度指数/(尾/h)	出现率/%
带鱼	11.06	395.73	100.00
鳄齿鱼	0.16	62.20	60.00
白姑鱼	0.16	2.32	40.00
刺鲳	0.15	1.17	40.00
翼红娘鱼	0.11	6.93	40.00
小黄鱼	0.50	10.00	40.00
细条天竺鲷	0.04	4.93	40.00
竹荚鱼	0.03	10.67	40.00
鳀	0.25	15.40	40.00
龙头鱼	0.20	4.88	40.00
麦氏犀鳕	0.04	14.45	33.33
发光鲷	0.12	22.00	33.33

　　夏季鱼类的平均资源密度为 31.66 kg/h,范围为 2.96~134.93 kg/h。其中资源密度

指数低于 10 kg/h 的有 5 个站位,占调查站位的 33.33%,大于 50 kg/h 的有 3 站,大于 100 kg/h 的仅有 1 站。高生物量分布区相对集中于舟山渔场,其中在 30°00′N、123°30′E 海域最高,主要鱼种为带鱼,27°00′N、122°30′E 附近海域鱼类分布最少。按平均资源密度指数排序,鱼类的主要种类为带鱼、小黄鱼、麦氏犀鳕、鳄齿鱼和刺鲳等(表 11.8)。按平均资源尾数密度指数排序,主要种类为带鱼、麦氏犀鳕、鳄齿鱼和七星底灯鱼等。

表 11.8　ST05 区块海域夏季主要鱼类资源密度和出现率

鱼　种	资源密度指数/(kg/h)	资源尾数密度指数/(尾/h)	出现率/%
带鱼	26.38	703.73	100.00
小黄鱼	0.79	17.40	33.33
麦氏犀鳕	0.78	344.27	40.00
鳄齿鱼	0.70	260.87	60.00
刺鲳	0.64	18.47	73.33
白姑鱼	0.56	5.40	46.67
六斑刺鲀	0.35	3.93	20.00
龙头鱼	0.24	4.80	13.33
发光鲷	0.22	24.27	33.33
翼红娘鱼	0.17	32.47	46.67
七星底灯鱼	0.12	130.27	13.33
二长棘犁齿鲷	0.07	0.80	20.00

秋季鱼类的平均资源密度为 189.66 kg/h,范围为 22.66~782.10 kg/h。其中资源密度指数低于 100 kg/h 的有 6 个站位,占调查站位的 40.00%,高于 200 kg/h 的有 3 个站位,占调查站位的 20.00%,大于 500 kg/h 的仅有 1 站。由于调查期间为伏季休渔期末期,大量鱼类得到暂时的养护,特别是大量带鱼洄游至近海海域产卵,因此,鱼类资源密度大大高于其他季节,高生物量区分布于舟山渔场和鱼山渔场海域,主要鱼种为带鱼。按平均资源密度指数排序,鱼类的主要种类为带鱼、刺鲳、银鲳、小黄鱼、六斑刺鲀、竹荚鱼、蓝圆鲹(Decapterus maruadsi)和白姑鱼等(表 11.9)。按平均资源尾数密度指数排序,主要种类为带鱼、小黄鱼、刺鲳、鳄齿鱼、银鲳、竹荚鱼、发光鲷和六斑刺鲀等。

表 11.9　ST05 区块海域秋季主要鱼类资源密度和出现率

鱼　种	资源密度指数/(kg/h)	资源尾数密度指数/(尾/h)	出现率/%
带鱼	162.65	1 661.76	100.00
刺鲳	13.73	228.17	100.00
银鲳	4.67	37.43	40.00
小黄鱼	3.38	238.60	26.67
六斑刺鲀	1.29	13.86	20.00
竹荚鱼	1.25	29.95	46.67
蓝圆鲹	0.59	10.27	6.67
白姑鱼	0.53	11.82	20.00
月腹刺鲀	0.28	0.91	6.67
鳄齿鱼	0.19	116.26	33.33
发光鲷	0.17	24.18	40.00
背点棘赤刀鱼	0.16	2.31	13.33

第11章

冬季鱼类的平均资源密度为 29.17 kg/h,范围为 6.78～95.94 kg/h。其中资源密度指数低于 10 kg/h 的有 6 个站位,占调查站位的 40.00%,大于 50 kg/h 的仅有 2 站。高生物量分布区相对集中于舟山渔场,其中在 30°00′N、123°30′E 附近海域较高,主要鱼种为带鱼,29°30′N 以南海域鱼类分布较少。按平均资源密度指数排序,鱼类的主要种类为带鱼、龙头鱼、黄鮟鱇、绿鳍鱼、小黄鱼和黄鲫等(表 11.10)。按平均资源尾数密度指数排序,主要种类为发光鲷、尖牙鲷(Synagrops belhts)、带鱼、鳄齿鱼和六丝钝尾鰕虎鱼等。

表 11.10　ST05 区块海域冬季主要鱼类资源密度和出现率

鱼　种	资源密度指数/(kg/h)	资源尾数密度指数/(尾/h)	出现率/%
带鱼	13.06	284.71	100.00
龙头鱼	2.87	101.87	26.67
黄鮟鱇	2.02	1.93	26.67
绿鳍鱼	1.70	18.40	40.00
小黄鱼	1.57	42.33	26.67
黄鲫	1.40	57.93	26.67
发光鲷	1.07	419.01	80.00
细纹狮子鱼	0.85	0.80	20.00
六丝钝尾鰕虎鱼	0.57	131.47	26.67
鳄齿鱼	0.47	213.48	66.67
尖牙鲷	0.43	332.37	46.67
日本海鲂	0.41	0.47	13.33

11.3.3　甲壳类

四季 ST05 区块海域甲壳类资源密度以夏季最高,其余依次为冬季、春季和秋季。春季甲壳类主要分布于鱼山渔场和舟山渔场,夏季主要分布于舟山渔场和温台渔场,秋季甲壳类资源密度较低,无明显高生物量区,冬季主要分布区南移至温台渔场和鱼山渔场。

春季甲壳类共出现 14 站,出现率为 93.3%,平均资源密度指数为 1.45 kg/h,平均资源尾数密度指数为 478.83 尾/h(表 11.11)。站位资源密度指数的变化范围为 0.00～12.68 kg/h,其中资源密度指数高于 1 kg/h 的站位有 5 个,占 33.33%,资源密度指数低于 0.5 kg/h 的站位有 6 个,占 40.00%,大于 5 kg/h 的站位只有 1 站。ST05 区块海域甲壳类主要分布于鱼山渔场和舟山渔场,其余渔场分布较少。按平均资源密度指数排序,甲壳类的主要种类为假长缝拟对虾、长角赤虾、大管鞭虾、高脊管鞭虾、凹管鞭虾(Solenocera koelbeli)和细点圆趾蟹(Ovalipes punctatus)等。按平均资源尾数密度指数排序,主要种类为长角赤虾、假长缝拟对虾、大管鞭虾、高脊管鞭虾、凹管鞭虾和滑脊等腕虾(Heterocarpoides laevicarina)等(表 11.12)。

表 11.11　ST05 区块海域四季甲壳类资源密度分布

季　节	平均资源密度指数/(kg/h)	平均资源尾数密度指数/(尾/h)	高生物量区域
春　季	1.45	478.83	舟山渔场和鱼山渔场
夏　季	1.85	1 134.87	舟山渔场和温台渔场
秋　季	1.26	54.91	——
冬　季	1.75	550.07	温台渔场和鱼山渔场
合　计	6.31	2 218.68	

表 11.12　ST05 区块海域春季主要甲壳类资源密度和出现率

种　类	资源密度指数/(kg/h)	资源尾数密度指数/(尾/h)	出现率/%
假长缝拟对虾	0.47	149.73	40.00
长角赤虾	0.27	172.00	33.33
大管鞭虾	0.22	54.25	60.00
高脊管鞭虾	0.17	24.00	46.67
凹管鞭虾	0.12	22.13	46.67
细点圆趾蟹	0.05	0.47	13.33
滑脊等腕虾	0.04	19.87	40.00
鹰爪虾	0.04	6.67	33.33

　　夏季甲壳类共出现 11 站,出现率为 73.3%,平均资源密度指数为 1.85 kg/h,平均资源尾数密度指数为 1 134.87 尾/h。站位资源密度指数的变化范围为 0.00～8.07 kg/h,其中资源密度指数高于 1 kg/h 的站位仅有 5 个,占 33.33%,资源密度指数低于 0.5 kg/h 的超过 50%。甲壳类主要分布于舟山渔场和温台渔场,鱼山渔场分布较少。按平均资源密度指数排序,甲壳类的主要种类为圆板赤虾、须赤虾、东海红虾和双斑蟳(Charybdis bimaculata)等。按平均资源尾数密度指数排序,主要种类为圆板赤虾、东海红虾、须赤虾、戴氏赤虾(Metapenaeopsis dalei)、滑脊等腕虾和双斑蟳等(表 11.13)。

表 11.13　ST05 区块海域夏季主要甲壳类资源密度和出现率

种　类	资源密度指数/(kg/h)	资源尾数密度指数/(尾/h)	出现率/%
圆板赤虾	8.19	548.93	40.00
须赤虾	3.64	28.80	26.67
东海红虾	2.63	469.20	33.33
双斑蟳	1.33	13.20	46.67
凹管鞭虾	0.78	10.93	13.33
大管鞭虾	0.75	7.13	33.33
戴氏赤虾	0.42	28.53	13.33
滑脊等腕虾	0.32	13.87	26.67

　　秋季甲壳类共出现 9 站,出现率为 60.00%,平均资源密度指数为 1.26 kg/h,平均资源尾数密度指数为 54.91 尾/h。站位资源密度指数的变化范围为 0.00～4.58 kg/h,其中资源密度指数低于 0.5 kg/h 的站位有 3 个,占 20.00%,资源密度指数高于 2.0 kg/h 的

站位有 6 个,占 40.00%,大于 4 kg/h 的站位只有 1 站。甲壳类资源密度较低,分布数量较少。按平均资源密度指数排序,甲壳类的主要种类为细点圆趾蟹、高脊管鞭虾、三疣梭子蟹(*Portunus trituberculatus*)、日本囊对虾(*Marsupenaeus Japonicus*)、银光梭子蟹、鹰爪虾(*Trachypenaeus curvirostris*)和凹管鞭虾等。按平均资源尾数密度指数排序,从高到低依次为等细点圆趾蟹、高脊管鞭虾、凹管鞭虾、三疣梭子蟹、鹰爪虾、双斑蟳和银光梭子蟹等(表 11.14)。

表 11.14　ST05 区块海域秋季主要甲壳类资源密度和出现率

种　类	资源密度指数/(kg/h)	资源尾数密度指数/(尾/h)	出现率/%
细点圆趾蟹	0.94	15.67	40.00
高脊管鞭虾	0.15	12.20	20.00
三疣梭子蟹	0.10	3.20	6.67
日本囊对虾	0.02	0.27	6.67
银光梭子蟹	0.01	1.53	13.33
鹰爪虾	0.01	2.40	6.67
凹管鞭虾	0.01	3.47	6.67
双斑蟳	0.01	1.57	13.33

冬季甲壳类共出现 14 站,出现率为 93.3%,平均资源密度指数为 1.75 kg/h,平均资源尾数密度指数为 550.07 尾/h。站位资源密度指数的变化范围为 0.00～8.63 kg/h,其中资源密度指数高于 1 kg/h 的站位有 6 个,占 40.00%,资源密度指数低于 0.5 kg/h 的站位也有 6 个,占 40.00%。甲壳类主要分布于温台渔场和鱼山渔场,其余渔场分布较少。平均资源密度指数和平均资源尾数密度排序相同,甲壳类的主要种类为圆板赤虾、假长缝拟对虾、凹管鞭虾、中华管鞭虾(*Solenocera crassicornis*)、口虾蛄(*Oratosquilla oratoria*)和双斑蟳等(表 11.15)。

表 11.15　ST05 区块海域冬季主要甲壳类资源密度和出现率

种　类	资源密度指数/(kg/h)	资源尾数密度指数/(尾/h)	出现率/%
圆板赤虾	0.45	260.27	53.33
假长缝拟对虾	0.34	94.27	40.00
凹管鞭虾	0.21	40.80	20.00
中华管鞭虾	0.14	31.73	20.00
口虾蛄	0.13	7.13	26.67
双斑蟳	0.10	27.27	33.33
高脊管鞭虾	0.09	15.87	46.67
鹰爪虾	0.06	13.60	26.67
须赤虾	0.05	11.20	26.67

11.3.4　头足类

ST05 区块海域头足类资源密度以秋季最高,其余依次为夏季、冬季和春季。春季主要分布在温台渔场和舟山渔场,夏季和冬季主要分布在舟山渔场东南部,秋季头足类分布范围较广,无明显高生物量区。

表 11.16 ST05 区块海域四季头足类资源密度分布

季 节	平均资源密度指数/(kg/h)	平均资源尾数密度指数/(尾/h)	高生物量区域
春 季	0.52	27.89	温台渔场和舟山渔场
夏 季	1.48	66.87	舟山渔场东南部
秋 季	3.46	184.05	——
冬 季	1.47	99.05	舟山渔场东南部
合 计	6.93	377.86	

春季头足类共出现 14 站,出现率为 93.3%,平均资源密度指数为 0.52 kg/h,平均资源尾数密度指数为 27.89 尾/h。站位资源密度指数的变化范围为 0.00～2.19 kg/h,其中资源密度指数高于 1 kg/h 的站位有 3 个,占 20.00%,资源密度指数低于 0.5 kg/h 的达 10 个,占 66.67%。头足类主要分布于温台渔场和舟山渔场。按平均资源密度指数排序,头足类的主要种类为剑尖枪乌贼、太平洋褶柔鱼(*Todarodes pacificus*)、多钩钩腕乌贼、火枪乌贼(*Loligo beka*)、短蛸(*Octopus ocellatus*)和金乌贼(*Sepia esculenta*)等。按平均资源尾数密度指数排序,主要种类为多钩钩腕乌贼、太平洋褶柔鱼、剑尖枪乌贼、火枪乌贼、四盘耳乌贼(*Euprymna morsei*)和短蛸等(表 11.17)。

表 11.17 ST05 区块海域春季主要头足类资源密度和出现率

种 类	资源密度指数/(kg/h)	资源尾数密度指数/(尾/h)	出现率/%
剑尖枪乌贼	0.21	4.18	20.00
太平洋褶柔鱼	0.16	5.66	26.67
多钩钩腕乌贼	0.03	11.67	46.67
火枪乌贼	0.03	2.00	20.00
短蛸	0.02	0.47	6.67
金乌贼	0.02	0.07	6.67
条纹蛸	0.02	0.13	6.67
日本爪乌贼	0.01	0.20	6.67

夏季头足类共出现 14 站,出现率为 93.3%,平均资源密度指数为 1.48 kg/h,平均资源尾数密度指数为 66.87 尾/h。站位资源密度指数的变化范围为 0.00～13.95 kg/h,其中资源密度指数高于 1 kg/h 的站位仅有 5 个,占 33.33%,超过 10 kg/h 的站位有 1 个,资源密度指数低于 0.5 kg/h 的有 7 个,接近 50%。甲壳类主要分布于舟山渔场东南部海域,其余渔场分布较少。按平均资源密度指数排序,头足类的主要种类为剑尖枪乌贼、太平洋褶柔鱼、杜氏枪乌贼(*Loligo duvaucelii*)、神户乌贼(*Sepia kobiensis*)和金乌贼等。按平均资源尾数密度指数排序,主要种类为剑尖枪乌贼、神户乌贼、太平洋褶柔鱼、柏氏四盘耳乌贼(*Euprymna morsei*)、多钩钩腕乌贼和杜氏枪乌贼等(表 11.18)。

表 11.18　ST05 区块海域夏季主要头足类资源密度和出现率

种　类	资源密度指数/(kg/h)	资源尾数密度指数/(尾/h)	出现率/%
剑尖枪乌贼	9.30	42.53	66.67
太平洋褶柔鱼	2.61	5.67	60.00
杜氏枪乌贼	0.91	1.27	20.00
神户乌贼	0.61	5.73	13.33
金乌贼	0.34	0.13	6.67
多钩钩腕乌贼	0.24	3.07	46.67
菱鳍乌贼	0.17	0.60	13.33
柏氏四盘耳乌贼	0.16	3.60	26.67

　　秋季头足类共出现 14 站,出现率为 93.3%,平均资源密度指数为 3.46 kg/h,平均资源尾数密度指数为 184.05 尾/h。站位资源密度指数的变化范围为 0.00～14.38 kg/h,其中资源密度指数低于 1 kg/h 的站位有 5 个,占 33.33%,资源密度指数高于 1 kg/h 的达 9 站,占 60.00%,高于 10 kg/h 的有 2 站。头足类分布范围较广,但资源密度指数不高。按平均资源密度指数排序,头足类的主要种类为剑尖枪乌贼、金乌贼、多钩钩腕乌贼、中国枪乌贼(*Loligo chinensis*)、条纹蛸(*Octopus striolatus*)、神户枪乌贼、印太水孔蛸(*Tremoctopus violaceus*)和太平洋褶柔鱼等。按平均资源尾数密度指数排序,主要种类为剑尖枪乌贼、金乌贼、多钩钩腕乌贼、神户枪乌贼、条纹蛸、中国枪乌贼、太平洋褶柔鱼和印太水孔蛸等(表 11.19)。

表 11.19　ST05 区块海域秋季主要头足类资源密度和出现率

种　类	资源密度指数/(kg/h)	资源尾数密度指数/(尾/h)	出现率/%
剑尖枪乌贼	1.69	40.72	73.33
金乌贼	0.49	5.47	40.00
多钩钩腕乌贼	0.43	122.50	33.33
中国枪乌贼	0.25	0.66	13.33
条纹蛸	0.19	1.87	20.00
神户枪乌贼	0.18	7.07	26.67
印太水孔蛸	0.12	0.27	6.67
太平洋褶柔鱼	0.05	0.57	13.33

　　冬季头足类共出现 14 站,出现率为 93.3%,平均资源密度指数为 1.47 kg/h,平均资源尾数密度指数为 99.05 尾/h。站位资源密度指数的变化范围为 0.00～6.15 kg/h,其中资源密度指数高于 1 kg/h 的站位有 7 个,占 46.67%,资源密度指数低于 0.5 kg/h 的有 4 个,占 26.67%。头足类主要分布于舟山渔场东南部海域,其余渔场分布数量较少。按平均资源密度指数排序,头足类的主要种类为神户枪乌贼、剑尖枪乌贼、尤氏枪乌贼(*Loligo uyii*)、多钩钩腕乌贼、柏氏四盘耳乌贼和金乌贼等。按平均资源尾数密度指数排序,主要种类为多钩钩腕乌贼、神户枪乌贼、柏氏四盘耳乌贼、尤氏枪乌贼和太平洋褶柔鱼等(表 11.20)。

第 11 章

表 11.20　ST05 区块海域冬季主要头足类资源密度和出现率

种　类	资源密度指数/(kg/h)	资源尾数密度指数/(尾/h)	出现率/%
神户枪乌贼	0.64	26.27	46.67
剑尖枪乌贼	0.24	1.67	33.33
尤氏枪乌贼	0.17	8.00	26.67
多钩钩腕乌贼	0.11	33.35	53.33
柏氏四盘耳乌贼	0.10	15.80	46.67
金乌贼	0.09	0.57	20.00
太平洋褶柔鱼	0.05	6.40	20.00
神户乌贼	0.04	4.27	6.67

11.4　渔业资源评估

11.4.1　鱼类资源

据杨纪明评估结果认为东海区鱼类生产量为 337.8×10^4 t(杨纪明,1985),邱书院于 1997 年采用生态效率转换法和碳鱼比例法,对东海区渔业资源进行评估,提出东海鱼类潜在年生产量为 616.19×10^4 t,持续渔获量为 308.09×10^4 t(丘书院,1997)。而本次 ST05 区块海域鱼类现存资源量全年平均为 23.2×10^4 t,其中以秋季最高,为 66.5×10^4 t,春季最低,为 5.2×10^4 t(表 11.21)。由于本次调查范围仅为东海区的一部分,且布设的 15 个游泳动物调查站位主要分布于近海渔场内,因而在进行评估时,评估结果明显偏低。

表 11.21　ST05 区块海域鱼类现存资源量估算

季　节	平均拖速/(n mile/h)	资源密度指数/(kg/h)	ST05 区块海域面积(估算值)/(n mile²)	ST05 区块现存资源量/t
春　季	2	14.80	66 960	5.2×10^4
夏　季	2	31.66	66 960	11.1×10^4
秋　季	2	189.66	66 960	66.5×10^4
冬　季	2	29.17	66 960	10.2×10^4
全　年	2	66.32	66 960	23.2×10^4

11.4.2　甲壳类资源

ST05 区块海域甲壳类现存资源量全年平均仅为 0.55×10^4 t,其中以夏季最高,为 0.65×10^4 t,秋季最低,为 0.44×10^4 t(表 11.22)。由于该捕捞网具不是捕捞虾蟹类的专业网具,评估结果比客观现存资源数量显著偏低。

第11章

表 11.22　ST05 区块海域甲壳类现存资源量估算

季　节	平均拖速 /(n mile/h)	资源密度指数 /(kg/h)	ST05 区块海域面积 （估算值)/(n mile²)	ST05 区块现存 资源量/t
春　季	2	1.45	66 960	$0.51×10^4$
夏　季	2	1.85	66 960	$0.65×10^4$
秋　季	2	1.26	66 960	$0.44×10^4$
冬　季	2	1.75	66 960	$0.61×10^4$
全　年	2	1.58	66 960	$0.55×10^4$

11.4.3　头足类资源

据东海区海洋渔业统计资料(郑元甲等,2003),由于捕捞强度的加大,致使曼氏无针乌贼(*Sepiella maindroni*)资源从 20 世纪 80 年代初开始急剧衰退,至 80 年代末降至低谷,已不再形成群体,至今在浙江渔场的曼氏无针乌贼数量已寥寥无几,本次调查,曼氏无针乌贼的资源密度指数及资源尾数密度指数四季均未列入前八位。主要头足类渔获种类为剑尖枪乌贼、太平洋褶柔鱼和多钩钩腕乌贼等。另据文献报道,福建、浙江两省的鱿鱼产量 1994～1995 年达到了 $5.5×10^4$ t～$9.0×10^4$ t,比 1990～1993 年的 $1.1×10^4$ t～$1.7×10^4$ t 增加了数倍,说明本区鱿鱼资源尚有潜力,但鱿鱼是一年生生物,资源易受环境的影响而发生较大的波动。本次调查利用扫海面积法评估出的头足类现存资源量全年平均仅为 $0.61×10^4$ t,由于捕捞网具及站位布设原因,其资源密度指数评估出的资源量明显偏低(表 11.23)。

表 11.23　ST05 区块海域头足类现存资源量估算

季　节	平均拖速 /(n mile/h)	资源密度指数 /(kg/h)	ST05 区块海域面积 （估算值)/(n mile²)	ST05 区块现存 资源量/t
春　季	2	0.52	66 960	$0.18×10^4$
夏　季	2	1.48	66 960	$0.52×10^4$
秋　季	2	3.46	66 960	$1.2×10^4$
冬　季	2	1.47	66 960	$0.52×10^4$
全　年	2	1.73	66 960	$0.61×10^4$

11.5　主要经济鱼种资源现状评价——以带鱼为例

带鱼隶属鲈形目、带鱼科、带鱼属,广泛分布于中国、朝鲜、日本、印度尼西亚、菲律宾、印度、非洲东岸及红海等海域。我国渔获量最多,约占世界同种鱼渔获量的 70%～80%。带鱼是 ST05 区块海域最重要的经济鱼类之一,为"四大渔产"之一。2000～2005 年,东海底拖渔业主要渔获物种类组成中,带鱼的渔获量所占比例连续 6 年处于第一位(林龙山,2007),这与本次调查结果相一致。

11.5.1　数量分布

四季调查总站位数为 60 个,带鱼的出现率为 100%。年渔获量为 2 739.73 kg,占年总渔获量的 65.57%。在春、夏、秋、冬四季中,带鱼渔获量占全年带鱼总渔获量的百分比分别为 3.52%、4.02%、85.45% 和 7.01%,以秋季最大,春季最小。秋季带鱼密集区较为明显,主要集中在舟山渔场南部及鱼山渔场海域。平均资源密度季节变化与渔获量变化相同,而平均资源尾数密度指数最低值出现于冬季(表 11.24)。

表 11.24 ST05 区块海域带鱼渔获量指标季节变化

季　节	出现率	渔获量/kg	总渔获量	所占比例	平均资源密度指数/(kg/h)	平均资源尾数密度指数/(尾/h)
春　季	100%	96.38	4 178.1	2.31%	11.06	396
夏　季	100%	110.08	4 178.1	2.63%	26.38	704
秋　季	100%	2 341.17	4 178.1	56.03%	162.65	1662
冬　季	100%	192.11	4 178.1	4.60%	13.06	285
合　计	100%	2 739.73	4 178.1	65.57%	53.29	762

11.5.2　季节变化

春季,带鱼渔获量为 96.38 kg,占该季总渔获量的 2.31%,平均资源密度指数为 11.06 kg/h,平均资源尾数密度指数为 395.73 尾/h,站位资源密度指数的变化范围为 0.53~55.56 kg/h,6 个站位的资源密度指数高于 10 kg/h,占 40.00%,低于 1 kg/h 的站位有 3 个。最高渔获量站位位于温台渔场南部,其次鱼山渔场资源密度也较高。

夏季,带鱼渔获量为 110.08 kg,占该季总渔获量的 2.63%,平均资源密度指数为 26.38 kg/h,平均资源尾数密度指数为 703.73 尾/h,站位资源密度指数的变化范围为 0.90~83.09 kg/h,7 个站位的资源密度指数高于 10 kg/h,接近 50%,资源密度指数高于 50 kg/h 的站位仅有 1 个,低于 1 kg/h 的站位有 2 个,主要分布于舟山渔场的近海海域。

秋季,带鱼渔获量为 2 341.17 kg,占该季总渔获量的 56.03%,平均资源密度指数为 162.65 kg/h,平均资源尾数密度指数为 1 661.76 尾/h,站位资源密度指数的变化范围为 3.61~712.44 kg/h,8 个站位的资源密度指数高于 100 kg/h,占 53.33%,低于 10 kg/h 的站位仅有 1 个。资源密度指数较高的渔场的位于舟山渔场南部,其次为鱼山渔场海域。

冬季,带鱼渔获量为 192.11 kg,占该季总渔获量的 4.60%,平均资源密度指数为 13.06 kg/h,平均资源尾数密度指数为 284.71 尾/h,站位资源密度指数的变化范围为 0.06~78.66 kg/h,4 个站位的资源密度指数高于 10 kg/h,占 26.67%,资源密度指数高于 50 kg/h 的站位仅有 1 个,低于 1 kg/h 的站位有 2 个,主要分布于舟山渔场的近海海域。

11.5.3　生物学特征

春季共测量带鱼 28 条,最大肛长 193 mm、最小肛长 135 mm,平均肛长为 160.3 mm。肛长优势组范围 140~180 mm,占 92.9%。夏季共测量带鱼 64 条,最大肛长 280 mm、最小肛长 70 mm,平均肛长为 171.2 mm。肛长优势组范围 120~250 mm,占 84.4%。秋季共测量带鱼 180 条,最大肛长 325 mm、最小肛长 131 mm,平均肛长为 197.2 mm。肛长优势组范围 150~260 mm,占 92.2%。冬季共测量带鱼 120 条,最大肛长 251 mm、最小肛长 100 mm,平均肛长为 187.7 mm。肛长优势组范围 120~230 mm,占 91.7%。

本次调查结果与历史资料比较,带鱼肛长组成有较大变化,无论是夏、秋季或冬季,带鱼肛长分布均呈现逐年小型化(图 11.2,表 11.25)。从表中还可以反映出,在 20 世纪 80 年代初之前以中型鱼(肛长 211～280 mm)为主,其在渔获尾数中的比例在 60％以上,90 年代初,中型鱼比例下降至 30％,至 21 世纪,中型鱼的比例比 20 世纪 90 年代初期又下降了 5％。相反地,小型鱼(肛长 210 mm 以下)的比例

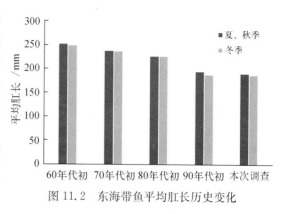

图 11.2　东海带鱼平均肛长历史变化

逐渐增大,在 20 世纪 80 年代以前,小型鱼的比例在 10％～30％,90 年代初期小型鱼比例增至 70％左右,而进入 21 世纪,小型鱼的比例继续增加,较 90 年代初增加 6％。大型鱼(肛长为 281 mm 以上)的比例呈逐年减少趋势,由 20 世纪 60 年代的 23.3％降至 21 世纪的 0.02％。ST05 区块海域大型带鱼资源量已近枯竭。

表 11.25　东海带鱼肛长指数历史资料比较(郭文路,2003)

| 年　代 | 季　节 | 分布范围 | 组成分档比例／％ | | | 平均肛长/mm |
			210 mm 以下	211～280 mm	281 mm 以上	
60 年代初	夏、秋季	110～490	16.5	60.2	23.3	252.6
(1960～1962)	冬季	90～420	12.9	73.5	13.6	249.7
70 年代初	夏、秋季	100～390	10.4	82.6	7.0	238.1
(1972～1974)	冬季	100～340	18.0	76.5	5.5	237.6
80 年代初	夏、秋季	60～510	26.1	68.8	5.1	226.8
(1980～1982)	冬季	70～360	33.1	62.1	4.8	226.7
90 年代初	夏、秋季	90～370	67.7	28.8	3.5	194.9
(1990～1992)	冬季	40～360	64.8	34.5	0.7	188.5
本次调查	夏、秋季	70～330	74.2	24.2	0.0	190.3
(2006～2007)	冬季	100～250	62.5	37.5	0.0	187.7

11.5.4　资源评估

利用资源扫海法对 ST05 区块海域带鱼现存资源量进行评估,全年本区带鱼平均资源量为 18.7×10^4 t,其中以秋季最高为 57.0×10^4 t,春季最低,为 3.9×10^4 t(表 11.26)。由于本区仅布设了 15 个游泳动物调查站位,且主要分布在近海渔场区域,因而在进行评估时,不可避免地产生误差。

表 11.26　ST05 区块海域带鱼现存资源量估算

季　节	平均拖速/(n mile/h)	资源密度指数/(kg/h)	ST05 区块海域面积(估算值)/(n mile²)	ST05 区块现存资源量/t
春　季	2	11.06	66 960	3.9×10^4
夏　季	2	26.38	66 960	9.2×10^4
秋　季	2	162.65	66 960	57.0×10^4
冬　季	2	13.06	66 960	4.6×10^4
全　年	2	53.29	66 960	18.7×10^4

11.6　小结

（1）利用资源密度扫海面积法估算，ST05 区块海域鱼类现存量为 23.2×10^4 t、甲壳类现存量为 0.55×10^4 t、头足类现存量为 0.61×10^4 t，其中该海域主要经济鱼种——带鱼现存量为 18.7×10^4 t。由于站位布设及捕捞网具原因，本书评估值低于其客观存在值，本书评估仅作为现存量参考。

（2）与历史资料比较，带鱼肛长分布均呈现逐年小型化，大型带鱼资源量已接近枯竭。

（3）该海域渔获物种类以冬季最多，其次为春季，秋季最少。鱼类始终为渔获物组成的主要类群。渔获量季节变化以秋季最高，其次为夏季，春季最少。鱼类在渔获量所占比例达到 95.25%，其季节变化趋势直接决定渔获量变化。

区域海洋学特征

　　区域海洋学(regional oceanography)是综合地研究一个海区中各种海洋现象的科学。是海洋科学的一个分支学科,也是世界自然地理学的一个组成部分。区域海洋学的研究领域十分广泛,其主要内容包括对海洋的物理、化学、生物和地质过程的基础研究,海洋资源的开发利用,以及海上军事活动等的应用研究。在海洋科学中,区域海洋学与专门海洋学(或系统海洋学)在研究内容和方法上,既有联系又有差异。根据研究对象的不同,专门海洋学可分为海洋物理学、海洋化学、海洋生物学和海洋地质学等分支学科进行专题研究。而区域海洋学则是综合地研究某一个区域内的各种海洋现象,所以,区域海洋学与其他海洋学分支学科的显著差别,就在于它的区域性和综合性。

　　根据本次调查结果,结合前人研究结论,对 ST05 区块海域区域海洋学特征,从流场特征和生态环境特征两方面予以总结归纳。

12.1 区域流场特征

　　ST05 区块海域北倚杭州湾,南临台湾岛,西接浙闽沿岸,东至东海大陆架边缘,海域流系复杂多变,北有苏北沿岸水和黄海冷水团南伸,同时有长江、钱塘江两大江河的淡水注入,南有台湾暖流北进,东有黑潮暖流通过,沿海有闽浙沿岸流分布,并且存在独特的上升流系。

　　近岸海域主要存在着两条支流,即闽浙沿岸流和台湾暖流;近岸以东的部分主要受到东海黑潮分支的控制。闽浙沿岸流是指东海沿岸流流经浙江近岸的部分支流,因其流层浅,易受风的影响,表现在流路上具有明显的季节变化。

　　台湾暖流和闽浙沿岸流在 ST05 区块海域交汇,其消长变化控制着该海域的环流、温盐结构以及物质扩散输运过程,形成了该海域独特的上升流流系;对该海域的初级生产力、生态结构的形成和变化会产生至关重要的影响。

12.1.1 潮汐潮流特征

　　ST05 区块海域除台湾岛北部沿冲绳海槽至五岛列岛一带、浙江定海、穿山和镇海一带为不正规半日潮性质外,其余部分海域为正规半日潮。海域最大可能潮差分布的总趋势是近岸及港湾潮差大,逐步向外海减小;杭州湾和闽江口附近海域存在两个大潮差区。

　　该海域潮流类型以半日潮流为主,夏季海流最强,最大平均流速为 48.02 cm/s。垂向流速中上层流速大于底层流速,但冬季由于风力强劲垂向混合均匀以及台湾暖流较弱,垂向流速切变小于其余 3 个季节。

12.1.2 环流特征

ST05 区块海域近岸 30 m 等深线内主要为闽浙沿岸流控制；30～50 m 等深线区域表层为闽浙沿岸流，其以下为台湾暖流和闽浙沿岸流的混合水。台湾暖流主体分布在 50 m 等深线以深的海域，但在底层能影响到 30 m 等深线附近。

该海域 50～100 m 等深线区域主要受到黑潮次表层水和台湾暖流共同控制。黑潮次表层水的强烈入侵致使台湾暖流北上势力增强，在 124°E 附近与黄海混合水相遇后，先作顺时针后作逆时针转向后在黑潮主轴西侧流向东北；50 m 水层以下黑潮次表层水入侵明显增强，且越近底层黑潮次表层水作用更强，至底层黑潮次表层水广泛存在于外陆架底层，该入侵态势同时进一步充分说明台湾暖流底层水来源于黑潮水的次表层。

ST05 区块外海 100～150 m 等深线区域主要受到黑潮次表层水、台湾暖流、黄东海混合水共同控制，越底层黑潮次表层水作用更强。

12.1.3 上升流特征

早在 1964 年，毛汉礼等(1964)就指出浙江沿岸存在上升流，之后被观测和研究所证实。上升流主要是由台湾暖流沿坡爬升和风引起的，两者产生的上升流量值相当(潘玉球等，1985)，其中，前者的作用比较稳定，后者的作用则是多变化的，因而浙江沿岸上升流年际间的强弱变化，主要取决于每年盛行的偏南西南风的强弱(胡敦欣等，1979)。按其成因浙江沿岸上升流可分成两个区域，即近岸区和远岸区。在近岸区，风应力对上升流和沿岸锋面的形成有重要的作用；而在远岸区，上升流主要由沿岸向北的台湾暖流诱生(刘先炳等，1991)。此外，潮汐因素是产生上升流的经常性的动力因素。潮波在东海的传播过程中，由于潮波非线性效应以及海底地形的作用能够在闽、浙沿岸海域产生上升流。当风速为 3 m/s 时，风生上升流与潮致上升流具有相同量级的量值，当风速为 5 m/s 时，风生上升流比潮致上升流大数倍。潮汐与风、台湾暖流等因素共同产生闽、浙沿岸的上升流并影响其变化(黄祖珂等，1996)。

随着调查的深入和数值模拟技术的广泛应用，逐步发现：闽浙沿岸一年四季均存在上升流现象，且上升流中心及上升流强度有明显的季节变化特征(图 12.1)。较强的上升流区域主要分布在离岸 1～1.5 个经、纬度范围内。其中，浙江沿岸舟山群岛和渔山列岛附近，福建沿岸海坛岛和马祖列岛附近一年四季均有较强的上升流中心存在，上升流强度季节变化表现出"冬弱夏强"，冬季沿岸上升流强度量级为 0.01 cm/s，10 m 层平均上升流速为 0.000 3 cm/s 左右；夏季最大上升流速可达 0.008 cm/s，10 m 层平均上升流速为 0.004 cm/s 左右。浙江沿岸强上升流区主要分布在离岸较近的 10～40 m 层，福建沿岸强上升流区主要分布在 50 m 以浅位置。台湾东北部彭佳屿附近上升流速较大，冬季最大上升流速为 0.004 5 cm/s，夏季最大上升流速达到了 0.01 cm/s(经志友等，2007)。

夏季，台湾北部的台湾暖流深层水沿着闽浙沿岸一面爬坡，一面北上，一直可达舟山近海。风和台湾暖流的作用均可在东海沿岸产生上升流，它沿着海岸呈带状分布，宽约 40 km。相对而言，风对中层的上升流贡献较大，而下层的上升流则主要受台湾暖流的影

第 12 章

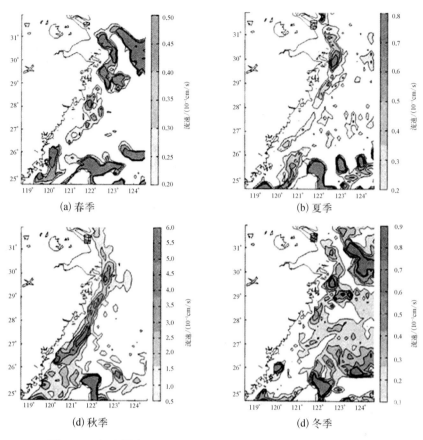

图 12.1　闽浙沿岸 10 m 层垂向流速平面分布(经志友等,2007)

响。风生上升流在 20~30 m 水层速度较大,其值一般为 0.001 cm/s;而台湾暖流形成的上升流则在 30 m 以下速度较大,其值在浙南和闽北一般为 0.001 cm/s;在舟山近海为 0.000 5 cm/s(罗义勇等,1998)。夏季,闽浙沿岸近海岸区域有三个比较强的上升流中心,分别位于海坛岛 25°20′N、120°00′E,26°40′N、120°15′E 和 27°20′N、120°45′E 附近(潘玉萍等,2004a),舟山近海的强上升流出现在 30 m 层,向南则可达到较深的水层,流速一般为 0.006 5 cm/s(胡敦欣,1979;刘先炳等,1991;罗义勇,1998)。

　　冬季,台湾暖流仍同夏季一样爬坡北上,地形及台湾暖流仍是冬季上升流形成的重要因子。闽中沿岸冬季水动力条件和环境因素与夏季有相类似之处,台湾暖流深层水自南向北运动过程中,由于沿途水深变浅,海水受海底地形的抬升和摩擦作用,冬季在闽中沿岸海坛岛附近海域形成沿岸坡涌升,即产生上升流是可能的(黄荣祥,1996)。冬季上升流的强度和范围较夏季小,其中在 28°30′~30°00′N、122°00′E 和 26°00′N、120°30′E 以及海坛岛 25°20′N、120°30′E 附近有相对较强的上升流(潘玉萍等,2004b)。冬季北向的海峡暖流在海坛岛附近海域存在向岸运动分量也可以佐证上升流的存在。

　　冬季闽浙沿岸上升流为一明显的带状区,位于浙江舟山群岛以南至福建海坛岛以北的一个狭长的近岸区域内,10 m 层上升速度为 0.008 5 cm/s。在远海岸处,上升流的范围与台湾暖流的走向相似,这是台湾暖流爬坡的结果。此外,由于台湾东北海域存在一气旋式涡旋,该处上层海流流向为东南,它可以与东北向流动的部分黑潮水构成气旋式涡旋,对冷水的上涌有一定的作用,因而在台湾东北方彭佳屿附近海域存在一较强的上升流,中心速度达 0.002 cm/s。30 m 层沿岸上升流都有所增强,海坛岛($25°20'$N,$120°00'$E)和 $26°00'$N、$120°30'$E 附近上升流速分别为 0.003 cm/s 和 0.002 cm/s。台湾东北海域上升流速为 0.004 cm/s。

春季,在台湾暖流有所增强且北向风减弱的情况下,上升流强度较冬季有所增强;秋季,台湾暖流有所减弱且处于季风转换期,风对沿岸上升流的贡献有所减小,上升流强度较夏季有明显减小。

12.2 区域生态环境特征

ST05 区块海域地处我国陆架最宽的东海西南部,东部靠近东海黑潮表层流轴,西部濒临我国经济高速发展的浙江省和福建省。径流携带的陆源污染,独特的上升流导致的底层营养补充,使得该海域近岸水体环境表现为典型的富营养化特征,一方面为此处的舟山渔场提供了丰富的营养物质,而另一方面也造成了该海域赤潮灾害频发,成为我国典型的赤潮高发区。

12.2.1 近岸水体富营养

根据 2001～2010 年《中国海洋环境质量公报》统计,东海区始终为我国近海海洋重污染区。10 年间,严重污染海域(劣于国家海水水质标准中第四类海水水质的海域)面积始终维持在较高水平,略有下降趋势,年际变化范围在 14 660 km² (2006 年)～30 380 km² (2010 年)。主要污染区域包括长江口、杭州湾、宁波近岸、舟山群岛、象山港、闽江口、乐清湾和厦门近岸海域,主要污染物质为无机氮和活性磷酸盐(国家海洋局,2001～2010)。

从本次调查结果来看,近岸海域为营养盐高值区域,在不同季节无机氮、总氮、活性磷酸盐和总磷均存在一定程度的超标现象,近岸海域受到营养盐的污染。无机氮在秋季、冬季污染程度严重,近岸海域全部为无机氮的污染海域,有部分站位超过第四类海水水质标准,达到重污染级,重污染海域主要分布在三门湾和台州海域以及福建北部近海。活性磷酸盐在夏、秋季节污染严重,夏季底层活性磷酸盐的污染最为严重,尤其是浙江北部海域,几乎全部为活性磷酸盐的污染海域,并在舟山外海、象山近海和调查海域东北部达到重污染级。秋季,表层、10 m 层活性磷酸盐的污染海域主要分布在近海大部分海域和调查海域北部,椒江口外和霞浦近海污染最为严重,为重污染级。底层活性磷酸盐的污染更为严重,除了浙江南部部分区域外,调查海域 90% 以上的面积受到活性磷酸盐的污染,并在舟山近海、福建北部近海和调查海域中部海域达到重污染级。

针对该区域富营养化特征,相关学者对其来源与输送机制曾开展大量研究,提出河流输入、沉积物-海水界面交换和大气沉降等主要输入输送机制(王芳,2008;王保栋,2002;陆赛英,1996;章守宇,2000;万小芳,2002)。ST05 区块海域污染源主要由陆源入海污染源、海上污染源和大气污染源三部分组成。陆源污染源主要包括工业、农业、生活污水和经河流输入海洋的污染物;海上污染源主要包括水产养殖污染源、上升流输运污染源以及沉积物-海水

第12章

界面交换污染源等;大气污染源主要包括大气干沉降和大气湿沉降带来的大量污染物等。

　　近年来,随着浙江省与福建省经济的迅速发展,近岸海域污染也越来越严重,大量污染物经由河流和排污口携带入海。根据 2006 年、2007 年中国海洋环境质量公报统计,2006 年,东海海域监测的入海排污口为 118 个,其中 96 个排污口超标排放;2007 年监测的入海排污口为 131 个,其中 104 个排污口超标排放。影响调查海域的河流主要有长江、钱塘江、闽江、椒江、鳌江、甬江、敖江和龙江,2006 年入海污染物总量为 906 万吨,其中营养盐(氨氮和活性磷酸盐)为 132 万吨;2007 年入海污染物总量为 868 万吨,其中营养盐为 156 万吨(国家海洋局,2001～2010)。

　　随着浙江省和福建省养殖业发展迅速,水产开发居全国沿海省份的前列。海水养殖污染物的排放加剧了近岸海域的污染,造成养殖区水体富营养化并诱发赤潮的发生,使海域生态受到损害,并进一步威胁着近海养殖业的发展。研究表明,海水养殖的产出量与周围海水中各项营养盐的含量为正相关,其中,养殖虾的产量与溶解无机氮的平均含量正相关关系尤为明显(崔毅等,2005);另外,曹欣中研究认为浙江近岸海域营养盐的分布确实受到沿岸上升流、垂直涡动混合及径流等水动力因子的影响,沿岸上升流可将海洋底部的营养盐携带到近海面的透光层来(曹欣中,1983);N、P、Si 等营养盐在沉积物-海水界面的交换不仅是海洋营养盐生物地球化学循环的一个重要环节,而且是海水营养盐的一个重要补充途径,有时甚至超过河流的输入(Berelson W et al.,1998)。我国自 20 世纪 80 年代开始较关注这一营养盐补充途径。东海海域沉积物-海水界面硅酸盐由沉积物向水体转移,活性磷酸盐和无机氮则由于沉积物类型的差异而表现为不同的迁移方向。

　　大气污染也成为海洋污染物的一个重要来源。从全球范围看,大气中的溶解性氮对海洋总输入量与河流输入相当(高会旺等,2002),在某些沿海区域,经由大气输入的痕量物质总量几乎相当于河流的输入量甚至更多(高原,1997)。2006～2007 年调查期间,ST05 区块海域营养盐大气干沉降对海洋的输入量巨大,无机氮的干沉降通量为 102.9 万吨(硝酸盐为 63.34 万吨,氨氮为 39.3 万吨,亚硝酸盐为 0.28 万吨),活性磷酸盐干沉降通量为 0.25 万吨。

12.2.2　赤潮灾害频发

　　随着我国近海海域环境污染日趋严重,赤潮发生频率逐年增高,进入 21 世纪,赤潮规模越来越大,持续时间越来越长,生物多样性指数呈下降趋势。东海海域富营养化面积居中国四大海区之首,并成为全国典型的赤潮高发区域。根据 2006、2007 年中国海洋环境质量公报统计,2006 年全国赤潮发生次数为 93 次,东海海域发生赤潮 63 次,占全国赤潮累计发生次数的 67.7%,累计影响面积达 15 170 km²;2007 年全国赤潮发生次数为 82 次,东海海域发生赤潮 60 次,占全国赤潮累计发生次数的 73.2%,累计影响面积为 9 787 km²。赤潮高发期主要集中在 5～7 月,高发区域主要集中在长江口外海域、浙江中南部海域。如 2007 年 7 月 22 日～7 月 31 日,在浙江舟山浪港山—朱家尖附近海域发生由扁面角毛藻和旋链角毛藻引发的赤潮,影响面积达 700 km²;8 月 24 日～28 日,在浙江南部洞头附近海域发生赤潮,影响面积达 600 km²(国家海洋局,2001～2010)。

　　目前已知全世界赤潮生物约 330 种,中国沿海有 150 余种(国家海洋局,2002)。根据本次调查结果,东海海域共发现赤潮生物 95 种,其中已有赤潮发生记录的就有 30 种。20

世纪 70 年代以前东海海域主要赤潮种类为夜光藻赤潮和骨条藻赤潮,70 年代,拟菱形藻成为新的赤潮种类,随着时间的推移,赤潮种类也在不断增加,至 21 世纪初东海海域有记录发生过赤潮的种类达 30 余种。赤潮生物种类呈现多样化,甲藻及有毒赤潮生物种类明显增多。据统计,2002~2007 年,浙江海域共发生有毒赤潮 42 次,占赤潮总次数的 20%,其中 2005 年有毒赤潮发生频率最高,达到当年赤潮总次数的 45%。引发有毒赤潮的主要代表种有米氏凯伦藻、塔玛亚历山大藻和链状亚历山大藻(表 12.1)。

表 12.1   东海海域主要赤潮生物种类历史演变

主要赤潮种类	20 世纪 70 年代前	20 世纪 70 年代	20 世纪 80 年代	20 世纪 90 年代	21 世纪初
夜光藻	√	√	√	√	√
骨条藻	√	√	√	√	√
拟菱形藻		√	√	√	√
鳍藻 *			√	√	√
血红哈卡藻				√	√
具齿原甲藻				√	√
米氏凯伦藻 *					√
短凯伦藻 *					√
塔玛亚历山大藻 *					√
链状亚历山大藻 *					√

注:"*"为有毒赤潮种。

营养盐是海洋生态系统的主要生源物质,是海洋初级生产力最重要的影响因子,是研究海洋生态系统的关键要素(唐启升,2005;任玲,2005)。赤潮的发生是物理、化学、生物和气候等各方面因素综合作用的结果(Bricelj and Lonsdale,1997),而不是由单一因素决定的。在众多影响要素中,由于人类活动引起的富营养化是赤潮发生的首要物质基础(Paerl,1997),赤潮高发区往往是无机氮和活性磷酸盐浓度严重超标海域。根据本次调查结果对东海海域主要赤潮生物种类分布情况描述,可以发现,以具齿原甲藻为代表的甲藻赤潮种,在春季密度最高,而以中肋骨条藻和尖刺拟菱形藻为代表的硅藻赤潮种,主要出现在夏季。我们对 21 世纪以来东海赤潮发生情况进行统计分析发现,东海甲藻赤潮大多发生在春季,而硅藻赤潮大多发生在夏季,反映出东海赤潮类型具有明显的季节更替。这一特点可能是由于营养盐结构的季节变化造成的。相关研究表明,在营养盐丰富的海域,硅藻类占有绝对优势,而其他藻类占很少一部分;但在磷或硅缺乏的海域,往往甲藻类占优势。从本次调查磷限制站位百分比、甲藻/硅藻的季节变化趋势,可以看出,春季东海海域一半以上受到磷限制,近海区域几乎全部为磷限制(图 12.2)。

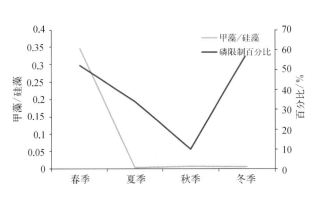

图 12.2   甲藻/硅藻、磷限制百分比季节变化趋势

随着水温的升高,甲藻开始生长发育,甲藻/硅藻比值达到全年最高,水体中的浮游植物生境被甲藻抢占,条件合适情况下可能逐步演化扩张为上千平方公里的甲藻赤潮,并可维持长达数周的时间。进入夏季,磷限制海域减少,硅藻大量繁殖,浮游植物生境重新被硅藻占据。虽然冬季磷限制海域范围为全年最高,但由于温度较低,不适宜甲藻的生长,因而甲藻仍处于劣势地位。

浙江近岸上升流区与赤潮多发区的位置基本吻合,表明上升流从底层往上层输送的营养盐对浮游植物和赤潮生物的大量生长繁殖有重要作用(杨东方等,2007)。同时,上升流也是赤潮生物从底部聚集到海面的通道(许卫忆等,2004)。近年来,浙江沿海频发大规模赤潮事件,通过对浙江沿岸上升流的不同累积频次和赤潮多发区的空间关系进行研究,发现两者的累积频次表现出明显的空间相关性,表明沿岸上升流对浙江沿海赤潮空间分布有着重要的影响(楼琇林,2010)。

12.2.3　上升流区域叶绿素 a 分布特征

上升流区通常是海洋初级生产力较高的海域,世界大洋许多海域均有较明显的上升流存在,按照其发生的所在区域,上升流可分为沿岸上升流、外海上升流和赤道上升流等几种。而其中尤以沿岸上升流与人类活动密切相关,世界上最大的几个渔场都分布在沿岸上升流海域,如秘鲁渔场、舟山渔场等。尽管海洋中沿岸上升流面积仅占世界整个海洋的 1‰ 左右,但区域渔获量却占世界总产量的 50%(楼琇林,2010)。沿岸上升流相对于其邻近海区,具有明显的环境特征——温度、溶解氧含量较低,盐度、营养盐含量较高,该特征是较深层水向上涌升的反映。生物群落中的浮游植物粒径较大,初级生产力水平很高,群落的多样性水平较低,食物链环节较少,鱼类多为生命周期较短的,偏向 γ-选择的类型(沈国英,2010)。

在 ST05 区块浙江近海 $27°30'\sim30°00'$N、$123°30'$E 以西海域存在明显的上升流现象,颜廷壮(1991)认为该区域的上升流现象属于海流-地形成因类,上升流区中心位置在夏季 $29°$N 附近近岸海域,一年四季常年存在,但强盛期为 $7\sim8$ 月。

根据本次调查结果,东海海域叶绿素 a 整体分布趋势由近海向外海递减,高值区均出现在近海上升流区域。春季近海中部出现一个高值区和南、北两个次高值区,最高值出现在 $122°$E、$29°$N 附近海域,叶绿素 a 值达 9.18 mg/m³;夏季明显分为南部、北部各一个高值区,最高值出现在 $122°50'$E、$29°40'$N 附近海域,北部中心最高值达 12.13 mg/m³,南部中心高值为 10.56 mg/m³;秋季仅在北部出现明显高值区,最高值出现在 $122°20'$E、$28°45'$N 附近海域,最高值为 5.62 mg/m³;冬季中部出现以 $123°$E、$27°50'$N 点为中心的高值区,最高值达 9.34 mg/m³。初级生产力高值与上升流强度息息相关,自春末夏初,随着季风由北转南,叶绿素 a 和初级生产力逐渐升高,在夏季上升流最强时达到顶峰,由夏入秋,随着上升流减弱,其所形成的高生产力区也逐渐消退。四季叶绿素 a 高值区的变动,表现出上升流中心区的移动,$27°30'\sim30°00'$N、$123°30'$E 以西之间海域为上升流区,然而其中心位置,从夏季的南、北各 1 个;秋季南部上升流减弱,表现为北部上升流中心向南移动;冬季上升流区中心移至中部区域;春季中部上升流区面积缩小,同时南、北部上升流开始增强(图 12.3)。

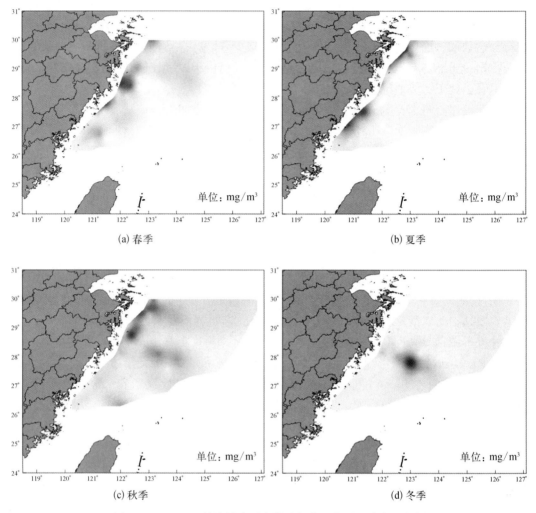

(a) 春季　　　　　　　　　　　(b) 夏季

(c) 秋季　　　　　　　　　　　(d) 冬季

图 12.3　ST05 区块海域表层水体叶绿素 a 含量四季水平分布

若干海洋科学问题
讨论与研究

13.1 大气物质干沉降通量研究

长期的研究证实,河流是海洋物质的重要来源,而近20年来进一步的研究表明,大气也是许多自然物质和污染物质由大陆输送到海洋的重要途径。从全球范围看,大气中溶解性氮对海洋总输入量与河流输入相当(高会旺等,2002),在某些沿海区域,经由大气输入的痕量物质总量几乎相当于河流输入量,甚至更多(高原,1997)。Zhang等研究显示大气沉降是陆源溶解无机氮和磷输入到黄海西部的主要途径(Zhang J el al.,1999)。

利用2006~2007年对东海大气中金属元素和营养要素的调查结果,估算了调查海域大气物质的沉降通量,分析了不同物质沉降通量的比重和季节变化规律等,以进一步研究以干沉降形式输入的大气物质对海洋生态系统的贡献和影响。

13.1.1 干沉降通量的估算模式

大气物质通常通过干、湿沉降入海,这一过程受控于海洋大气边界层特征,交换物质的物理、化学特征及其在不同介质中的浓度梯度,海洋表层的浪、流特征以及海洋中的生物地球化学过程等(高会旺等,2002)。大气物质入海量常用沉降通量定量描述。由于大气沉降速度受多种因素制约,如颗粒物的粒径、风速、相对湿度等(万小芳等,2002)。对于小一些的微粒,沉降速率变化范围很大,从小于0.1 cm/s到大于1 cm/s,大一些的海盐颗粒和硝酸盐微粒的沉降速率要高得多,很大程度上取决于空气动力迁移阻力。因此精确的估算沉降速度和沉降通量仍面临许多困难,本报告采用以下方法对ST05区块四个航次大气金属元素和营养盐的干沉降通量进行了初步估算。

干沉降通量计算公式为

$$F_d = V_d \times C_a$$

式中,F_d为干沉降通量,年通量单位为mg/(m² · a),月通量单位为mg/(m² · m);C_d为大气颗粒物中元素的浓度(mg/m³);V_d为干沉降速率,根据海洋污染科学问题专家组(GESAMP,1985)的推荐值,Zn、Cu、Pb、Cd,干沉降速率为0.1 cm/s;对Al、Fe,干沉降速率推荐值为1.0 cm/s;根据相关文献,对营养盐,干沉降速率为2.0 cm/s(万小芳等,2002)。

13.1.2 营养盐干沉降通量

营养盐(硝酸盐、亚硝酸盐、铵盐和磷酸盐)的干沉降通量为6 449.99 mg/m² · a,明显高于重金属的干沉降通量(835.03 mg/m² · a)。不同营养盐中,硝酸盐的通量最高,年通量约为 3 959 mg/m² · a,占到营养盐干沉降通量的 61.38%;氨次之,年通量约为 2 458 mg/m² · a,占38.11%;亚硝酸盐和磷酸盐的通量则较低,年通量分别为 17.3 mg/m² · a、15.66 mg/m² · a,分别占 0.27% 和 0.24%(表 13.1)。

表 13.1　ST05 区块海域大气物质干沉降通量

| 监测项目 | 春 季 | | 夏 季 | | 秋 季 | | 冬 季 | | 年平均/ |
	通量/ [(mg/cm² · m)]	比例 /%	通量/ [(mg/cm² · m)]	比例 /%	通量/ [(mg/cm² · m)]	比例 /%	通量/ [(mg/cm² · m)]	比例 /%	[(mg/cm² · a)]
铜	0.062 7	11.7	0.011 9	2.22	0.063 2	11.8	0.399	74.3	1.611
铅	0.192	25.1	0.034 2	4.47	0.117	15.3	0.422	55.1	2.299
镉	0.001 97	34.8	0.000 275	4.86	0.001 14	20.2	0.002 27	40.1	0.017
锌	0.625	17.2	0.482	13.2	0.503	13.8	2.03	55.8	10.92
铁	35.0	20.9	39.1	23.3	18.3	10.9	74.9	44.8	501.9
铝	27.5	25.9	1.65	1.56	11.6	10.9	65.3	61.6	318.2
磷酸盐	3.25	62.2	0.311	5.95	1.04	19.9	0.622	11.9	15.66
硫酸盐	81.1	33.1	39.5	16.1	70.9	28.9	53.7	21.9	732.9
亚硝酸盐	0.622	10.8	1.35	23.3	2.44	42.2	1.37	23.7	17.3
硝酸盐	398	30.2	161	12.2	408	30.9	353	26.7	3 959
氨	317	38.6	55.5	6.76	256	31.2	192	23.4	2 458

调查海域磷酸盐的干沉降通量低于南黄海和东海报道值,硝酸盐和氨的干沉降通量则远远高于文献值(表 13.2),表明不同海域大气营养盐的干沉降通量具有十分显著的地域差异。

表 13.2　不同海域海洋大气物质干沉降通量的文献报道值

[单位：mg/(m² · a)]

项目	北太 平洋[1]	南太 平洋[1]	南极半 岛海域[1]	南大 西洋[1]	北印 度洋[1]	近岸 海域[1]	南黄海[2]	东海[2]	兴化湾[3]	本文
铜	0.114	0.000 6	0.075	0.079	0.014 9	0.19	—	—	2.711	1.611
铅	0.062	0.023	0.042	0.395	0.060 9	0.549	—	—	3.833	2.299
镉	0.002 5	0.000 206	0.001 5	0.003	0.000 9	0.031			0.079 7	0.017
锌									14.39	10.92
铁	5.55	0.17	1.43	1.93	3.2	13.3				501.9
磷酸盐							50.9	28.1		15.66
亚硝酸盐										17.3
硝酸盐							709.2	87.6		3 959
氨							771.6	990		2 458

资料来源：(1) 陈立奇等,1994。
　　　　　(2) 万小芳等,2002,南黄海代表性站点为济州岛,东海海域数据来自黑潮海域、对马岛海域及厦门海域。
　　　　　(3) 龚香宜等,2006

从季节上看(图 13.1),各种营养盐大气干沉降通量的季节变化特征不尽相同。磷酸盐的通量为春季明显高于其他季节,占全年通量的62.2%;夏季最低,仅占5.95%。亚硝酸盐的通量为秋季最高,春季最低。硝酸盐的通量为秋季最高,夏季最低。氨的通量为夏季最低,其他三个季节差异较小。

13.1.3　金属元素干沉降通量

金属元素干沉降通量依次为铁＞铝＞锌＞铅＞铜＞镉;铁的干沉降通量高达 501.9 mg/m² · a,占金属元素干沉降总量的60.11%;铝次之,干沉降通量为318.2 mg/m² · a,占38.11%;铜、铅、锌、镉的通量较低,仅占1.78%(图13.2)。

与其他文献的调查结果相比(表13.2),金属元素的干沉降通量有显著的地域差异,调查海域的金属沉降通量远远高于南大西洋、北太平洋等海域

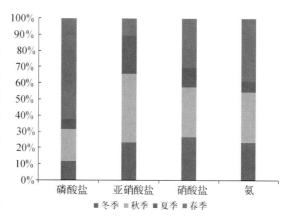

图13.1　营养盐干沉降通量季节百分比

(陈立奇等,1994),但略低于福建兴化湾海域金属元素的大气干沉降通量(龚香宜等,2006)。

从季节上看,各种金属元素月通量均为冬季最高,夏季或秋季最低,且季节差异十分显著,表明冬季是大气沉降对调查海域重金属输入最多的季节(图13.3)。

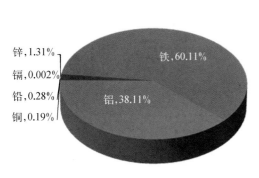

图13.2　金属大气干沉降通量比例

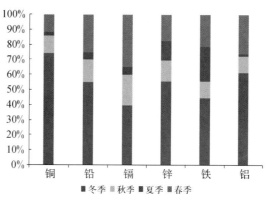

图13.3　金属元素干沉降通量季节百分比

13.1.4　结论

通过对调查海域大气物质干沉降通量进行估算和分析,得到以下主要结论。

(1)营养盐类物质的干沉降通量明显高于重金属。

(2)营养盐类物质中硝酸盐的通量最高,氨次之,亚硝酸盐和磷酸盐较低。

(3)氨、磷酸盐的干沉降通量为春季最高、夏季最低;亚硝酸盐为秋季最高,春季最低;硝酸盐为秋季最高,夏季最低。

（4）金属元素干沉降通量依次为铁＞铝＞锌＞铅＞铜＞镉。均为冬季最高,夏季或秋季最低,冬季是大气沉降对调查海域重金属输入最多的季节。

13.2 溶解氧低值区域分布特征及变化趋势研究

海水溶解氧是海洋生物赖以生存的物质基础,对海洋环境乃至整个海洋生态系统的健康与否有着重要的作用,当海水溶解氧含量降低时,会直接影响耗氧生物的生存状态,研究表明,溶解氧含量低至 125～187.5 μmol/L 时,水域的生态状况急剧恶化,鱼、虾等多种水生生物无法正常生活;同时,由于表层沉积物的氧化性环境遭到破坏,原先积聚在沉积物中的有毒有害化学物质可能重新活化,释放至水体,造成二次污染。

世界上许多河口区和沿岸海域都发现底层水体低氧现象,最典型的如墨西哥湾的大面积缺氧现象,低氧区(<125 μmol/L)面积曾达到 21 700 km²(Engle et al,1999);我国长江口外(李道季等,2002)、珠江口附近海域(罗琳等,2005)、海河口(熊代群等,2005)也出现季节性的底层低氧现象。水体低氧主要与水体层化、生物呼吸作用、有机质降解消耗、水体富营养化、海底地形和区域环流等有关(Rtch et al.,1994)。

2006～2007 年四个季节对 ST05 区块的调查结果表明,海水溶解氧的含量有明显的季节差异,不同层次海水溶解氧的平均含量均为夏季最低;另外,秋季底层海水有两个站位的调查结果低于 187.5 μmol/L,已经属于低氧水体。因此,以夏季和秋季为主,结合其他海水化学要素和水文要素的调查资料,讨论溶解氧低值区域的分布特征、变化趋势及主要影响因素。

13.2.1 夏季溶解氧低值区的变化及影响因素分析

夏季,底层海水溶解氧的含量低于其他水层,为 260.0～406.9 μmol/L;在浙江北部近海区域的溶解氧含量较低,但并未发现通常定义上的低氧区,最低值出现在象山附近,也高于低氧的定义(DO<187.5 μmol/L),为 260 μmol/L(图 13.4)。

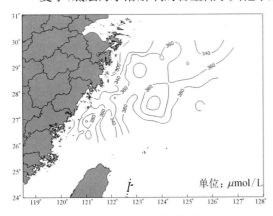

图 13.4 ST05 区块海域夏季底层
溶解氧分布状况图

这一调查结果与前人的研究成果有所不同,很多研究者认为长江口邻近海域存在低氧区,尤其夏季低氧程度最为明显,分布范围最大。邹建军等对 2006 年 9 月长江口邻近海域海水溶解氧的含量与分布特征进行了研究,得到了底层海水低氧区的范围(图 13.5),认为夏季低氧区具体范围为上以 123°E 为中心向东至 123.8°E,向西至 122.4°E;30.8°N 以南底层水为低氧水域(DO<187.5 μmol/L),但是贫氧范围不会超过 29°N(邹建军等,2006)。

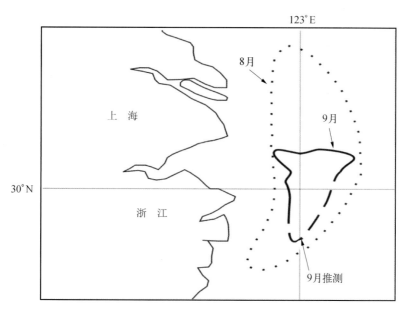

图 13.5　长江口海域底层水低氧范围

　　这一差异可能与调查区域的上升流的变化有关。通常认为在舟山群岛邻近海域常年存在夏强冬弱的上升流,但在本次调查中并未发现,因此上升流强度的减弱可能是夏季29°~30°N 海域低氧区消失的原因。

13.2.2　秋季溶解氧低值区的分布及主要影响因素

　　1) 溶解氧低值区域的范围

　　秋季,底层海水溶解氧在舟山群岛外海域出现一个溶解氧含量明显偏低的区域,其中有两个站位的溶解氧已属于低氧范畴(DO<187.5 μmol/L),分别为 JZ0106 和 JZ0305。该低值区的大致范围为 122.5°~124°E、29°~30°N 海域,溶解氧含量在173.8~246.2 μmol/L,平均值为205 μmol/L,比周围海域平均低 164.4 μmol/L 左右(图13.6)。

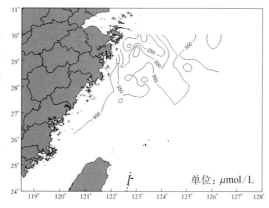

图 13.6　ST05 区块海域秋季底层
溶解氧分布状况图

　　结合水温、盐度的同步调查资料,应用Weiss 方程计算了饱和溶解氧含量,在此基础上,用表观耗氧量 AOU(饱和溶解氧与实测溶解氧差值)表示溶解氧亏损程度(Weiss,1974；Riley et al.，1975),结果表明：溶解氧低值区氧亏程度为207.5~288.1 μmol/L,平均达251.2 μmol/L,比周围海域高161.8 μmol/L。

　　该低值区域的范围位于邹建军等9月对长江口邻近海域溶解氧调查得到的低氧区范围(图13.5)之内,但低氧程度和范围有所减轻。由于低值区域出现在调查区的最北部,受调查范围所限,未观测到完整的低值区域,根据现有的调查结果及历史资料推测该低值区应扩展至 30°N 以北。

2) 溶解氧低值区域的深度

鉴于秋季底层海水溶解氧的低值区域主要出现在本次调查的 JZ01、JZ02 和 JZ03 断面,因此主要对这三条断面溶解氧的分布特征进行讨论,断面分布如图 13.7 所示。

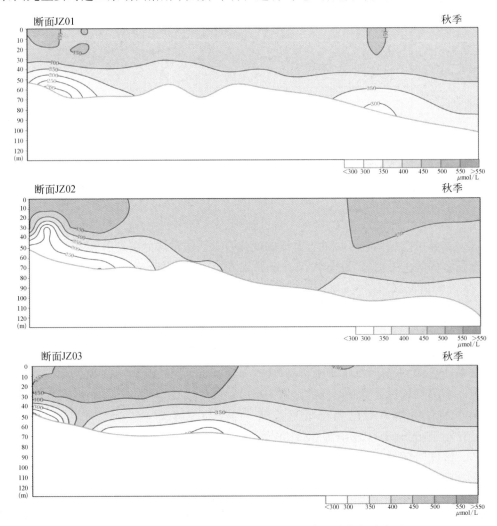

图 13.7 ST05 区块海域秋季 JZ01~JZ03 断面溶解氧分布图

由图可知,三条断面均有明显的层化现象,尤其在下层水体处,等值线密集,溶解氧降低,梯度明显,表明水体层化,上下层水体交换不良与底层海水出现低值区域关系密切。

JZ01 断面溶解氧低于 250 μmol/L 的水层出现在西部水下地形凹陷处,水深 55 m 以下溶解氧含量降低迅速,最大厚度为 10 m。这表明地形在低氧区形成的过程中可能起到了重要的作用,一方面,由于地形低洼不利于水体的垂直交换,限制了相对富氧的上层水体对底层海水溶解氧的补充;另一方面,大量上层水体沉降的有机碎屑易在此汇集,有机物的分解使海水中溶解氧含量进一步降低。因此,海底地形可能是出现溶解氧低值区的一个重要因素。

JZ02 断面底层海水溶解氧低于 250 $\mu mol/L$ 的面积有所增加,厚度约为 10 m,但在 123°E,30°N 处有明显涌升,溶解氧低于 250 $\mu mol/L$ 的水层厚度跃升至 30 m 左右。

JZ03 断面水体层化明显,尤其是 30 m 层水体以下,等值线基本与海平面平行。

3) 主要影响因素研究

秋季底层海水溶解氧与水温、盐度无明显的相关性,表明底层水体溶解氧的分布不是简单的水团混合等物理过程的结果,径流或外海水对其影响不显著。

溶解氧与硝酸盐、亚硝酸盐、铵盐等营养盐的相关系数较小,均低于临界值,表明溶解氧与生源要素之间相关性较差,这可能与底层海水中复杂的生物化学过程有关。一方面,底层海水中生物的光合作用减弱,生物活动以耗氧的呼吸作用为主,因此生物活动越旺盛,溶解氧含量越低,同时生物活动将消耗大量的营养盐,此时,溶解氧应与营养盐呈正相关关系;另一方面,沉降至底层的生物残体和代谢物发生分解作用时,虽然同样为耗氧过程,但营养盐却因再矿化作用得以重新进入水体而使海水中营养盐含量有所上升,此时,溶解氧则与营养盐呈现负相关性。两种相反的过程同时发生,互相补充,使溶解氧与营养盐无相关性。

分解再矿化过程的存在可以通过溶解氧与 pH 之间的相关性进行分析,两者之间的相关系数为 0.73,大于临界值 0.34($n = 90$,$\alpha = 0.001$),呈显著正相关性(图 13.8)。由于分解作用是按 Redfield 的再矿化作用方程式进行,即

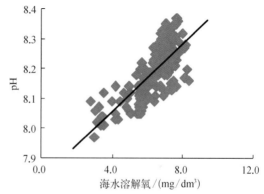

图 13.8   秋季底层溶解氧与 pH 相关性

$$(CH_2O)_{106}(NH_3)_{16}H_3PO_4 + 138O_2 \leftrightarrow 106CO_2 + 16HNO_3 + H_3PO_4 + 122H_2O$$

相当于每消耗 138 mol 的氧气可产生 106 mol 的二氧化碳。因此,在分解过程中,溶解氧被大量消耗,海水中溶解氧含量降低,而二氧化碳浓度增加,造成二氧化碳系统平衡向产生氢离子的方向移动,水体氢离子的浓度将有所增加,pH 也随之降低。因此,溶解氧与 pH 之间的显著相关性表明,秋季调查海域底层溶解氧受到了生物体或代谢物分解作用的影响。

13.2.3   结论

(1) 夏季,底层海水溶解氧的平均含量低于其他水层,但平面分布较均匀,未出现明显低值区域;这一现象可能是由于上升流的减弱或衰退造成的。

(2) 秋季,舟山群岛外海域出现一个溶解氧含量较低的区域,核心位置为 122.5°~124°E,29°~30°N;该低值区溶解氧平均含量为 205 $\mu mol/L$,比周围海域低 164.4 $\mu mol/L$;主要集中在 50 m 深度以下,厚度不超过 30 m。

(3) 秋季,底层出现溶解氧低值区域的主要因素为水体层化、生物的耗氧呼吸和生物体的分解。低凹的水下地形则为底层低氧提供了地质条件。

13.3 束毛藻的分布对全球气候变化的响应

远洋性海洋蓝藻束毛藻(*Trichodesmium* spp.)广泛分布于热带和亚热带贫营养盐海域的表层水面,是海洋初级生产力的主要贡献者之一。我国东南沿海束毛藻主要分布在水深 0~50 m 的表层海域,密度随水深呈减少趋势,最大生物量一般出现在水深为 20~30 m 的水域中,且群落密度具有明显的季节性变化,夏季群落密度可高达 1.0×10^7 束/m³,而冬季却很少见(张燕英等,2007)。在我国黄海和东海常被当作黑潮流系的指示种(杨清良,1998)。在全球变暖的大背景下,海洋气候也发生了明显变化。这必然对海洋生物产生影响,通过对束毛藻数量及分布的分析,初步研究其对全球气候变化的响应。

13.3.1 物种分布

春季,水温尚低(14.01~25.04℃),束毛藻出现率为 76.9%,细胞数量平均值为 5.49×10^4 个/m³,高值区出现在调查海区东南部,最高值达 3.14×10^6 个/m³。春季随着台湾暖流北上,海区南部 23℃等温线侵入到 27°N、122.5°E 附近,恰恰为高值区中心位置,此时温度成为限制束毛藻分布的最主要因素,体现出台湾暖流对其分布的影响(图 13.9)。

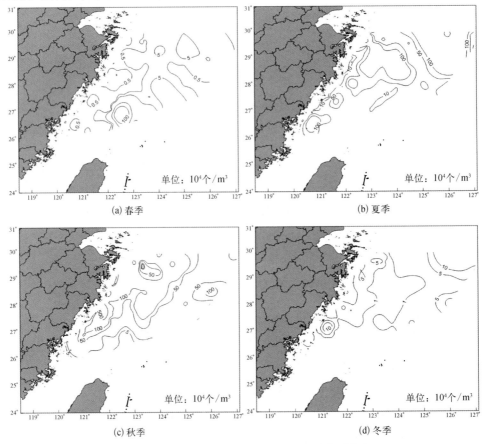

(a) 春季　　　　　　　　　　(b) 夏季

(c) 秋季　　　　　　　　　　(d) 冬季

图 13.9　ST05 区块海域束毛藻密度四季水平分布

夏季,随着水温的迅速升高(27.78～34.29℃),束毛藻出现率也升高至 91.2%。细胞数量平均值为 $9.41×10^5$ 个$/m^3$,在调查海区近海形成平行于海岸线的狭长形高值区,最高值达 $2.19×10^7$ 个$/m^3$,同时在调查海区东北部海域形成一个高值区。夏季全海区最低水温也达到 27.8℃,温度不再是限制束毛藻分布的因素,此时限制其分布的主要因素为营养盐,近海海域的高营养盐分布为束毛藻的大量繁殖提供了基础,因而其在近海形成高值区,高值区的分布在一定程度上反映出近海营养盐的分布状况(图 13.9)。

秋季,水温开始下降(19.58～26.24℃),但束毛藻在本区分布达到了全覆盖,出现率达 100%。细胞数量平均值为 $1.37×10^6$ 个$/m^3$,高值区域与夏季相同,平行于海岸线的狭长高值区域。研究表明,在铁元素含量较高时,磷元素在束毛藻生长和固氮过程中起主要限制作用。历史资料反映,东海区为磷限制海区。但是本次调查结果显示,本区夏、冬、春三季均为磷限制,而秋季为氮限制。秋季,磷不再成为限制因子,这一点,成为束毛藻大量繁殖的主导因素,从而导致,虽然秋季温度较夏季低,但其出现率及细胞数量均居四季之首(图 13.9)。

冬季,随着温度降至年度最低(9.5～23.4℃),束毛藻在本区的出现率也达到最低,为 74.7%。细胞平均数量同时达到最低,仅为 $2.55×10^4$ 个$/m^3$,相对高值区出现在调查海区东北部,最高值为 $3.04×10^5$ 个$/m^3$,该区域受黑潮水影响温度大于 20℃,保证了束毛藻的生长(图 13.9)。

13.3.2 暖流指示种的代表性

自从日本学者 Marumo 和 Asaoka(1974)提出束毛藻可作为黑潮指示种以来,这一观点被广为引用。该藻类在黑潮区内的细胞数量要明显高于其他海域,但是从本次调查结果来看,该属在本区的分布并未体现出其暖流指示作用。束毛藻的分布呈现明显季节变化,春季外海高于近海,受台湾暖流影响,高值区位于调查海区东南部;夏、秋两季近海均高于外海,高值区位于近海平行于海岸线的狭长区域内,且该区域束毛藻数量明显高于暖流区域;冬季外海高于近海,受黑潮暖流影响,高值区位于调查海区东北部。

东海区束毛藻分布主要取决于汉氏束毛藻和薛氏束毛藻。而这两种藻的分布在不同季节显示出不同的优势地位。春季该海域汉氏束毛藻的地位要高于薛氏束毛藻,而随着温度升高,薛氏束毛藻地位逐渐超越汉氏束毛藻,成为决定束毛藻分布的关键种类。虽然汉氏束毛藻较其他两种,数量及分布区域均小很多,但从其分布来看,更接近于暖流区域。

本次调查显示了束毛藻在本区的分布,春、冬两季受温度限制,夏、秋两季则受营养盐限制。因此,束毛藻在本区近海大范围、高密度存在,表明该属可能不再适宜作为暖流指示种,或仅在冬、春季有一定指示作用。三种束毛藻的分布情况不同,造成束毛藻在近海大范围出现的主要为汉氏束毛藻和薛氏束毛藻,因而,目前,汉氏束毛藻可能更能反映出暖流影响,适合为暖流的指示种。

13.3.3 分布对全球变暖的响应

海洋环境要素变化与全球和区域气候变化有密切关系,而海洋环境对海洋生态系统也是十分重要的影响因子。全球气候变暖已是毋庸置疑,根据政府间气候变化专门委员

第13章

会(IPCC)的第 4 次评估报告,最近 100 年中(1906～2005 年)气温上升了约 0.74℃,近 50 年(1956～2005 年)每 10 年气温升高 0.13℃(丁一汇等,2006)。在全球变暖的大背景下,海洋气候也发生了明显变化。首先最明显的是海水温度的变化。蔡榕硕等对我国近海和邻近海的海洋环境对最近全球气候变化的响应研究中发现,我国近海无论冬季或夏季,从 1976 年以后均呈升温趋势,升温幅度冬季大于夏季,近海大于邻近海,最大升温区位于台湾海峡到长江口的东海,相对于 1976 年以前,该海域在 1976 年之后冬季约升温1.4℃,而夏季约上升了 0.5℃。海水温度的升高会影响海洋生物新陈代谢过程,干扰海洋生物个体的生长、发育、摄食和死亡,出现暖性生物分布区扩大,冷水性生物分布区缩小以及物种北移等现象(蔡榕硕等,2006)。

我国针对束毛藻的研究较少,1977～1978 年杨清良对南黄海和东海陆架区束毛藻的分布特征进行分析,我们将本次调查结果与之进行比较(表 13.3)。由于以往对束毛藻是按条计数,本次调查采用细胞计数,因而,我们首先对密度以 50 个/条进行换算,再与之比较。从中可以看出,1977～1978 年调查,束毛藻密度最高值出现在夏季,密度为 17 933 条/m³,最低值出现在春季。而本次调查密度最高值出现在秋季,最高值为 27 400 条/m³(原始值为 1.37×10⁶ 个/m³),最小值出现在冬季。造成以上变化的主要原因可能为海水温度升高以及营养盐变化所致。1977～1978 年调查期间,夏季温度为 22.4～24.7℃,进入秋季后随着温度的降低,整个东海区束毛藻的数量锐减,高密度区退缩至 28°N 以南及外缘海域。而本次调查夏季温度为 27.78～34.29℃,远高于 1977 年夏,而秋季水温逐渐降低,但仍为 19.58～26.24℃,满足束毛藻生长繁殖,加之秋季 P 不再成为限制因子,从而导致最高值出现在秋季。

表 13.3　束毛藻密度及出现率历史资料比较

研究海域	南黄海和东海陆架区(历史资料)		ST05 区块		
计数单位	条/m³	出现率	个/m³	条/m³	出现率
春	1040	35.60%	5.49×10⁴	1 098	76.90%
夏	14 600	64.80%	9.41×10⁵	18 820	91.20%
秋	11 060	82.90%	1.37×10⁶	27 400	100%
冬	2 600	73.50%	2.55×10⁴	510	74.70%

注:历史资料引自杨清良(1998)。

1977～1978 年调查期间,冬季虽然温度较低,但受到黑潮及台湾暖流影响,在 28°N 以南及舟山群岛以东海域各形成一密集区,而至春季,温度较冬季(12 月～2 月)继续走低,并于 3 月达到全年温度最低值,而此时束毛藻密度也达到全年最低。本次调查,春季温度为 14.01～25.04℃,高于冬季 9.5～23.4℃,此时束毛藻分布的主要限制因子为温度,因而其密度最低值出现在温度最低的冬季。

从两次调查束毛藻密度来看,本次调查结果稍高于 1977～1978 年调查,但差异并不显著。无法明确体现出其对全球气候变暖的响应。我们再对该藻在调查中的出现率进行统计分析,发现本次调查束毛藻的出现率远远高于历史资料,尤其在春季更为明显,本次调查春季出现率较历史同期增加了 116%。出现率的增加反映出束毛藻分布范围的扩大。1977～1978 年该藻最高出现率为 82.90%,而本次调查秋季该藻在调查海区达到了全覆盖。由此我们推测,海水温度的升高是导致束毛藻分布区扩大的主要因素。

13.3.4　指示气候变化

在如何根据宏观的生物指标进行气候变化检测和预测方面,国内外已经开展了一些研究,主要集中在地衣等苔藓植物方面,通过对南极大陆地衣的研究,认为大范围的长时间的地衣生长面变化速率是一个很好的检测气候变化的手段,俄罗斯学者在以色列内盖夫高原的研究表明,生长在石头上的地衣可以作为指示生物,反映当地气候变化趋势,该研究小组基于地衣群落样地调查数据创立了一个气候趋势指数,该指数能反映年均温度 0.8℃ 的变化(房世波等,2008)。

目前针对海洋生物作为气候变化指示生物的研究还未见报道。针对束毛藻生态习性的研究表明,温度是影响其分布和生物量的重要因素,一般认为 20℃ 是保证其正常生长的最低温度。通过对本区束毛藻分布特征研究,发现束毛藻在本区分布范围正随着海水温度的升高逐渐增大,高值区由过去的外海暖流区向近海的高营养盐区迁移,基于以上认识,我们认为,束毛藻的分布在一定程度上可以反映出其对全球气候变暖的响应,通过研究其分布规律的变化与环境因子的相关性,可用于指示全球气候变化,具有重要的科学意义。我们推测,随着全球气候持续变暖,海水温度继续升高,束毛藻的分布范围可能会逐渐扩大,并向北迁移。

13.4　人类扰动对潮间带生物的影响——以象山港为例

象山港位于浙江北部沿海,是一个由东北至西南向内陆深入的狭长形半封闭的海湾,是著名的避风良港。浙江省于 2003 年开始在象山港湾内乌沙山和强蛟两地建设两座大型火力发电厂,2006 年底全部完工并正式投入运营。佛渡岛是位于象山港口外侧的一个小岛,隶属于舟山群岛,岛上工业主要为石油化工。该区域的四条潮间带为典型的人类开发活动区域,为研究电厂温排水及石油化工企业可能对该区域潮间带生物栖息环境产生的影响,对佛渡捕南村、强蛟、乌沙山、西沪港四条断面潮间带生物进行多样性评价。

13.4.1　ABC 曲线分析

根据 ABC 曲线法分析结果,如表 13.4 及图 13.10(只列出强蛟潮间带 ABC 曲线)所示,所有 20 个样方中,共有 18 个样方的大型底栖动物群落曾一次或多次显示受到不同程度的扰动。其中,3 个样方在 4 个季度的调查结果中均显示为受到扰动,包括佛渡捕南村潮间带的低潮区上带和下带 2 个样方,4 个季度均受到了中等程度的扰动,强蛟低潮区上带的调查结果显示,夏季和冬季该区受到中等程度的扰动,在春、秋两季则受到严重扰动。春季强蛟的低潮区 2 个站和乌沙山的中潮区中带,秋季强蛟低潮区上带都曾受到严重扰动。

表 13.4　象山港中低潮区潮间带大型底栖动物群落受扰动情况

断　面	潮　带	季　节			
		夏	冬	春	秋
佛渡捕南村	中　上	—	—	中度扰动	—
	中　中	—	中度扰动	—	—
	中　下	—	中度扰动	—	中度扰动
	低　上	中度扰动	中度扰动	中度扰动	中度扰动
	低　下	中度扰动	中度扰动	中度扰动	中度扰动
强　蛟	中　上	—	中度扰动	中度扰动	—
	中　中	—	—	中度扰动	—
	中　下	中度扰动	—	—	中度扰动
	低　上	中度扰动	中度扰动	严重扰动	严重扰动
	低　下	中度扰动	—	严重扰动	—
乌沙山	中　上	中度扰动	—	中度扰动	—
	中　中	—	—	严重扰动	—
	中　下	中度扰动	—	—	—
	低　上	—	—	—	—
	低　下	中度扰动	—	—	—
西沪港	中　上	—	—	中度扰动	中度扰动
	中　中	—	—	中度扰动	—
	中　下	—	—	—	中度扰动
	低　上	—	—	—	—
	低　下	—	—	中度扰动	—

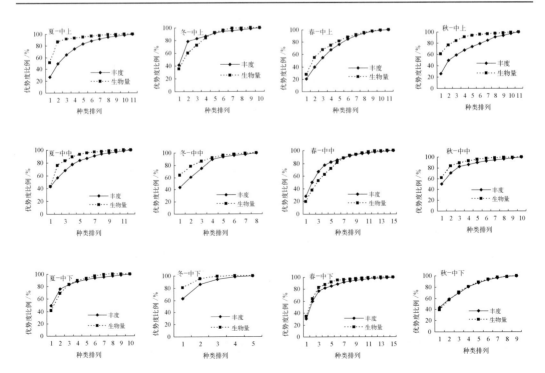

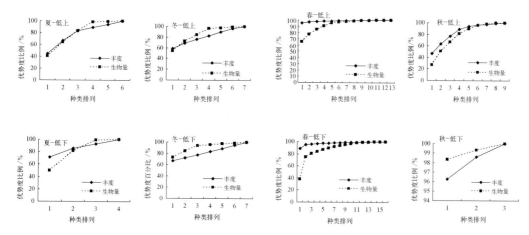

图 13.10　强蛟潮间带中低潮带四季大型底栖生物群落 ABC 区线

根据不同季节的调查结果,春季潮间带受扰动样方最多,20 个样方中,共 12 个样方受到扰动,其中 3 个受到严重扰动;冬季受扰动样方最少,共 6 个受到中度扰动。根据受扰动样方的断面分布,佛渡捕南村潮间带共 12 样方次受到中度扰动,受扰动面最广;强蛟潮间带 11 样方次受到扰动,乌沙山和西沪港潮间带 5 样方次受到扰动,而且均呈现随时间逐渐加深的趋势。

13.4.2　多样性指数分析

各样方 Shannon-wiener 种类多样性指数如表 13.5 所示,各样方四个季度种类多样性指数介于 0.26~3.47。其中,12 样方次种类多样性指数小于 1.50,占 15%,61 样方次种类多样性指数介于 1.50~3.00,占 76.25%,7 样方次种类多样性指数大于 3.00,占 8.75%。

按季节,夏季种类多样性指数低于 1.50 的样方只有 1 个,冬季 3 个,春季 4 个,秋季 4 个。按断面,种类多样性指数低于 1.50 的,佛渡 4 样方次,强蛟 5 样方次,乌沙山 1 样方次,西沪港 2 样方次。

13.4.3　扰动评价

根据 ABC 曲线法,同时结合物种多样性指数,四条潮间带均受到不同程度的扰动。强蛟潮间带受扰动最重,其中潮区受到中度扰动,多样性指数一般,低潮区受到严重扰动,多样性指数很低,低潮两个站物种多样性指数最低时分别仅为 0.40 和 0.26;佛渡潮间带各样方均受到中度扰动,尤其是低潮区,在历次调查结果中,均显示为中度扰动,这一结果与现场观察到的受油污扰动情况相符;乌沙山潮间带 4 个样方在夏季和春季显示出受到扰动,物种多样性指数一般。其中,中潮区中带在春季显示为严重扰动。低潮区上带物种多样性指数波动较大,最高时 3.45,最低时仅 0.85;西沪港在 4 条潮间带中受扰动程度最轻。该断面在夏、冬两季调查结果中显示未受扰动,但是于春秋两季的调查结果中,低潮区上带外的 4 样方受到中度扰动,该断面低潮区下带在春秋两季物种多样性指数较低,分比为 0.99 和 1.49,其余站次,物种多样性指数介于 1.52～3.47。

通过以上评价结果显示,象山港潮间带生物群落结构正受到不同程度地人为扰动,火电厂温排水及当地石油化工产业所造成的污染可能是造成其受扰动的主要因素。佛渡潮间带低潮区在各季节均显示为中度扰动,这一结果足以确定佛渡岛潮间带的环境受扰动程度。同时,据现场观察,该断面潮间带受石油及其产物影响较为明显。强蛟和乌沙山两地各有一座大型火电厂,电厂燃料码头及温排水等均会对附近潮间带生物造成一定程度的影响。强蛟和乌沙山潮间带受环境扰动情况均较西沪港严重,物种多样性指数最低值也均低于西沪港。强蛟由于地处港底湾内,扰动环境的因子不易被稀释,低潮区曾 3 站次被评价为受严重扰动,受扰动程度在三处象山港内断面中最为严重,物种多样性指数最低的三站次均出现在该断面。

表 13.5　象山港潮间带中低潮区各站物种多样性指数

断　面	潮　带		季　节		
		夏	冬	春	秋
佛渡捕南村	中　上	2.12	2.16	1.80	1.49
	中　中	2.25	1.46	3.08	2.65
	中　下	2.39	1.44	2.41	2.55
	低　上	2.42	2.12	2.93	1.78
	低　下	2.19	1.87	1.19	1.86
强　蛟	中　上	2.88	2.14	3.05	3.03
	中　中	2.71	2.30	2.98	2.24
	中　下	2.16	1.48	2.71	2.50
	低　上	2.13	2.02	0.40	2.29
	低　下	1.29	1.78	0.79	0.26
乌沙山	中　上	2.84	2.75	2.72	2.46
	中　中	2.63	2.76	1.93	2.55
	中　下	1.71	2.63	2.24	1.73
	低　上	2.51	2.32	3.45	0.85
	低　下	2.04	2.80	1.81	1.57
西沪港	中　上	2.78	2.77	1.93	2.84
	中　中	1.71	1.52	2.75	2.25
	中　下	1.88	3.42	3.47	1.63
	低　上	2.37	3.28	2.98	2.25
	低　下	2.02	2.67	0.99	1.49

参 考 文 献

闫向阳,马振东,任利民,等. 2005. 长江(湖北段)沉积物中微量元素的分布特征及镉的形态. 环境化学, 24(3): 260-264.

蔡德陵,Tan F C, Edmond J M. 1992. 长江口区有机碳同位素地球化学. 地球化学, 3: 305-311.

蔡榕硕,陈际龙,黄荣辉. 2006. 我国近海和邻近海的海洋环境对最近全球气候变化的响应. 大气科学, 30 (5): 1019-1033.

曹欣中. 1983. 影响浙江近海营养盐分布主要水动力因子的探讨. 海洋科学,(02): 36-38.

陈静生,邓宝山. 1990. 环境地球化学. 北京: 海洋出版社.

陈静生,陶澍,邓宝山,等. 1987. 水环境化学. 重庆: 高等教育出版社.

陈立奇,余群,杨绪林. 1994. 环球海洋大气气溶胶化学研究Ⅲ: 金属形态和入海通量. 大气科学, 18(2): 215-223.

崔毅,陈碧鹃,陈聚法. 2005. 黄渤海海水养殖自身污染的评估. 应用生态学报, 16(1): 180-185.

戴泽蘅,宋小棣,李家芳. 1998. 浙江省海岸带和海涂资源综合调查报告. 北京: 海洋出版社.

丁一汇,任国玉,石广玉,等. 2006. 气候变化国家评估报告(Ⅰ): 中国气候变化的历史和未来趋势. 气候 变化研究进展, 2(1): 3-8.

杜爱芳. 2003. 浙江近岸海域细菌学分析. 浙江大学学报, 9(5): 523-528.

杜宗军,王祥红,李海峰,等. 2003. 发光细菌的研究和应用. 高技术通讯, 12: 103-106.

房世波,冯凌,刘华杰,等. 2008. 生物土壤结皮对全球气候变化的响应. 生态学报, 28(7): 3312-3321.

冯士筰,李凤岐,李少菁. 1999. 海洋科学导论. 北京: 高等教育出版社.

高会旺,张英娟,张凯. 2002. 大气污染物向海洋的输入及其生态环境效应. 地球科学进展, 17(3): 326-330.

高学鲁,宋金明,李学刚,等. 2008. 长江口及杭州湾邻近海域夏季表层海水中的溶解无机碳. 海洋科学, 32(4): 60-67.

高原,Duce R A. 1997. 沿海海-气界面的化学物质交换. 地球科学进展, 12(6): 553-563.

龚香宜,祁士华,吕春玲,等. 2006. 福建省兴化湾大气重金属的干湿沉降. 环境科学研究, 19(6): 31-34.

管秉贤. 1986. 东海海流结构及涡旋特征概述. 海洋科学集刊, 27: 1-22.

郭炳火,葛人峰. 1997. 东海黑潮锋面涡旋在陆架水和黑潮水交换中的作用. 海洋学报, 19(6): 1-11.

郭炳火,李兴宰. 1998. 夏季对马暖流区黑潮水与陆架水的相互作用——兼论对马暖流的起源. 海洋学 报, 20(5): 1-12.

郭炳火,黄振宗,李培英,等. 2004. 中国近海及邻近海域海洋环境. 北京: 海洋出版社.

郭炳火,汤毓祥,葛人峰,等. 2000. 台湾暖流和入侵陆架水与黑潮水的季节变化. 海洋学报, 22(增刊): 24-38.

郭文路,黄硕琳,曹世娟,等. 2003. 东海区渔业资源的区域合作管理与共同养护. 自然资源学报, 18(4): 394-401.

郭育廷,何惠真. 1992. 台湾海峡西部海域表层沉积物氧化-还原环境探讨. 海洋与湖沼, 23(4): 396-406.

国家海洋局. 2001-2010年. 中国海洋环境质量公报.

国家海洋局. 2012. 全国海岛保护规划.

海洋图集编委会. 1992. 渤海黄海东海海洋图集(水文). 北京: 海洋出版社.

何德华,杨关铭,沈伟林,等.1987.浙江沿岸上升流区浮游动物生态研究.海洋学报,9(5):617-626.

贺宝根,周乃晟,袁宣民.1999.底泥对河流的二次污染浅析.环境污染与防治,21(3):41-43.

胡敦欣.1979.风生沿岸上升流及沿岸流的一个非稳态模式.海洋与湖沼,10(2):93-102.

黄荣祥.1996.闽中沿岸冬季存在上升流的现象.海洋科学,2:68-72.

黄祖珂,俞光耀,罗义勇,等.1996.东海沿岸潮致上升流的数值模拟.青岛海洋大学学报,26(4):405-412.

贾建军,闾国平.2000.中国东部边缘海潮波系统形成机制的模拟研究.海洋与湖沼,31(2):159-167.

经志友,齐义泉,华祖林.2007.闽浙沿岸上升流及其季节变化的数值研究.河海大学学报(自然科学版),35(4):464-470.

赖利 J R,切斯特 R.1985.化学海洋学.北京:海洋出版社.

李道季,张经,黄大吉,等.2002.长江口外氧的亏损.中国科学(D辑),32(8):686-694.

李福荣,陈国华,纪红.1999.珠江口海水碱度研究.青岛海洋大学学报,(增刊):49-54.

李连科,贾俊,范国全,等.1997a.大连海域大气气溶胶物质来源分析.重庆环境科学,19(5):18-23.

李连科,栗俊,高广智,等.1997b.大连海域大气气溶胶特征分析.海洋环境科学,16(3):46-52.

李荣冠.2003.中国海陆架及邻近海域大型底栖生物.北京:海洋出版社.

李学刚,宋金明,李宁,等.2005.胶州湾沉积物中氮与磷的来源及其生物地球化学特征.海洋与湖沼,36(6):562-570.

李玉,愈志明,曹西华,等.2005.重金属在胶州湾表层沉积物中的分布与富集.海洋与湖沼,36(6):580-586.

林凤翱,卞正和,关春江,等.2002.渤海、黄海沿岸几种经济贝类及其生存环境中的异养细菌.海洋学报,24(2):101-106.

林龙山,程家骅,凌建忠.2007.东海区底拖网渔业资源变动分析.海洋渔业,29(4):371-374.

刘坚,陆红锋,廖志良,等.2005.东沙海域浅层沉积物硫化物分布特征及其与天然气水合物的关系.地学前缘,12(3):259-262.

刘录三,李新正.2002.东海春秋季大型底栖生物分布现状.生物多样性,10(4):351-358.

刘瑞玉.1986.东海底栖生物的生态特点.海洋科学集刊,27:153-173.

刘瑞玉,徐凤山.1963.黄、东海大型底栖生物区系的特点.海洋与湖沼,5(4):306-321.

刘先炳,苏纪兰.1991.浙江沿岸上升流和沿岸锋面的数值研究.海洋学报,13(3):305-314.

楼琇林.2010.浙江沿岸上升流遥感观测及其与赤潮灾害关系研究.国家海洋局第二海洋研究所博士学位论文.

罗琳,李适余,厉红梅.2005.夏季珠江口水域溶解氧的特征及影响因素.中山大学学报(自然科学版),44(66):118-122.

罗义勇.1998.东海沿岸上升流的数值计算.海洋湖沼通报,3:1-6.

罗义勇,俞光耀.1998.风和台湾暖流引起东海沿岸上升流数值计算.青岛海洋大学学报,28(4):536-542.

毛汉礼,任允武,万国铭.1964.应用 T-S 关系定量地分析浅海水团的初步分析.海洋与湖沼,6(1):1-23.

梅惠,马振东,李长安.2007.长江与汉江现代沉积物元素组成分析.世界地质,26(2):208-212.

孟凡,黄凤朋,李钦亮,等.1990.1987 年夏季东海黑潮区的浮游动物//国家海洋局第一、第二海洋研究所.黑潮调查研究论文集.北京:海洋出版社:92-97.

宁修仁,刘子琳,胡钦贤.1985.浙江沿岸上升流区叶绿素 a 和初级生产力的分布特征.海洋学报,7(6):751-762.

农牧渔业部水产局,农牧渔业部东海区渔业指挥部.1990.东海区渔业资源调查和区划.上海:上海科学技术出版社.

潘玉萍,沙文钰.2004a.冬季闽浙沿岸上升流的数值研究.海洋与湖沼,35(3)：193-201.

潘玉萍,沙文钰.2004b.闽浙沿岸上升流的数值模拟.海洋预报,21(2)：86-95.

潘玉球,徐端蓉,许建平.1985.浙江沿岸上升流区的锋面结构、变化及其原因.海洋学报,7(4)：
    401-411.

祁铭华,马绍赛.2004.沉积环境中硫化物的形成及其与贝类养殖的关系.海洋水产研究,25(1)：85-89.

乔旭东,唐学玺,肖慧,等.2007.渤海湾近岸海域的细菌数量分析.中国海洋大学学报,37(2)：273-276.

丘书院.1997.论东海鱼类资源量的估算.海洋渔业,(2)：49-51.

丘耀文,颜文,王肇鼎,等.2005.大亚湾海水、沉积物和生物体中重金属分布及其生态危害.热带海洋学
    报,24(5)：69-76.

曲克明,辛福言,等.2000.鳌山湾氮、磷营养盐的分布及营养状况.海水水产研究,21(3)：1-5.

曲克明,崔毅,辛福言,等.2002.莱州湾东部养殖水域氮、磷营养盐的分布与变化.海洋水产研究,23(1)：
    37-46.

任玲,杨军.2005.海洋中氮营养盐循环及其模型研究.地球科学进展,15(1)：58-64.

赛英,葛人峰.1996.东海陆架水域营养盐的季节变化和物理输运的规律.海洋学报,18(5)：41-51.

上海台风研究所.1951-1988.台风年鉴.北京：气象出版社.

邵晓阳,尤仲杰,蔡如星,等.1999.浙江省海岛潮间带生态学研究Ⅰ.生物种类组成与分布.浙江海洋学
    院学报(自然科学版),18(2)：112-132.

邵晓阳,尤仲杰,蔡如星,等.2001.浙江省海岛潮间带生态学研究Ⅱ.数量种类组成与分布.浙江海洋学
    院学报(自然科学版),20(4)：279-286.

沈国英.2010.海洋生态学.北京：科学出版社.

盛立芳,高会旺,张英娟,等.2002.夏季渤海 NO_x、O_3、SO_2 和 CO 浓度观测特征.环境科学,23(6)：
    31-35.

宋金明.1997.中国近海沉积物-海水界面化学.北京：海洋出版社.

宋金明,李延,朱仲斌.1990.Eh 和海洋沉积物氧化还原环境的关系.海洋通报,9(4)：33-39.

苏纪兰.2005.中国近海水文.北京：海洋出版社.

孙湘平.2006.中国近海区域海洋.北京：海洋出版社.

谭燕,张龙军,王凡,等.2004.夏季东海西部表层海水中的 pCO_2 及海-气界面通量.海洋与湖沼,35(3)：
    239-245.

唐启升.2006.中国专属经济区海洋生物资源与栖息环境.北京：科学出版社.

唐启升,苏纪兰,孙松,等.2005.中国近海生态系统动力学研究进展.地球科学进展,20(12)：
    1288-1299.

唐质灿,徐凤山.1978.东海大陆架底栖生物数量分布和群落的初步分析//中国科学院海洋研究所.东海
    大陆架论文集.青岛：中国科学院海洋研究所：156-164.

万邦君,郭炳火.1992.台湾以北黑潮水与陆架水的混合与交换.黄渤海海洋,10(4)：1-8

万小芳,吴增茂,常志清,等.2002.南黄海和东海海域营养盐等物质大气入海通量的再分析.海洋环境科
    学,21(4)：14-18.

王保栋,战闰,藏家业.2002.长江口及其邻近海域营养盐的分布特征和输送途径.海洋学报,24(1)：
    53-58.

王芳,康建成,周尚哲,等.2008.东海外海海域营养盐的时空分布特征.资源科学,30(10)：1592-1599.

王娜.2008.山东青岛近岸海域浮游细菌的生态学研究.中国海洋大学硕士学位论文.

王守荣,苗长明,等.2008.浙江省气候资源环境及其变化.北京：气象出版社.

王文琪,钱振儒.2000.胶州湾异养细菌、大肠菌群和石油降解菌的生态分布.海洋科学,24(1)：37-39.

王小龙.2006.海岛生态系统风险评价方法及应用研究.国家海洋局第一海洋研究所博士学位论文.

温克刚,席国耀,徐文宁.2006.中国气象灾害大典 浙江卷.北京：气象出版社.

辛福言,陈碧娟,曲克明,等.2004.乳山湾表层海水 COD 与氮、磷营养盐的分布及其营养状况.海洋水产研究,25(5):52-56.

熊代群,杜晓明,唐文浩,等.2005.海河天津段与河口海域水体氮素分布特征及其与溶解氧的关系.环境科学研究,18(3):1-4.

徐敏芝,蒋加仑,陆斗定.1990.1986 年春季东海黑潮区及其邻近海域浮游植物现存量和种类组成//国家海洋局第一、第二海洋研究所.黑潮调查研究论文集.北京:海洋出版社,215-227.

徐永福,赵亮,浦一芬,等.2004.二氧化碳海气交换通量估计的不确定性.地学前缘,11(2):565-571.

许卫忆,朱德弟,卜献卫.2004.赤潮发生的关键物理过程//中国海洋学会.第一届中国赤潮研究与防治学术研讨会论文摘要汇编.北京:海洋出版社.

薛爽.2003.石油污染沉积物特征及其对水源水质的影响.西安建筑科技大学学位论文.

鄢明才,迟清华,顾铁新,等.1997.中国东部地壳丰度与岩石平均化学组成研究.物探与化探,21(6):451-459.

颜廷状.1991.中国沿岸上升流成因类型的初步划分.海洋通报,10(6):1-6.

杨东方,李宏,张越美,等.2000.浅析浮游植物生长的营养盐限制及其判断方法.海洋科学,24(12):47-50.

杨东方,王凡,高振会,等.2005.长江口理化因子影响初级生产力的探索.海洋科学进展,23(3):368-373.

杨东方,高振会,王凡,等.2007.长江口理化因子影响初级生产力的探索Ⅲ.长江河口区水域磷酸盐供给的主要水系组成.海洋科学进展,25(4):495-505.

杨纪明.1985.海洋渔业资源开发潜力估计//中国海洋学会.我国海洋开发战略研究论文集.北京:海洋出版社:107-113.

杨清良.1998.南黄海和东海陆架区束毛藻(*Trichodesmium* spp.)的分布特征.海洋学报,20(5):93-100.

杨守业,李从先.1999.长江与黄河现代表层沉积物元素组成及其示踪作用.自然科学进展,9(10):930-937.

于非,臧家业,郭炳火,等.2002.黑潮水入侵东海陆架及陆架环流的若干现象.海洋科学进展,30(3):21-28.

袁蕙,王瑛,庄国顺.2004.北京气溶胶中的甲基磺酸.科学通报,49(8):744-749.

臧家业.1991.东海黑潮区海水中磷酸盐的分布特征及成因探讨.黄渤海海洋,9(2):36-45.

曾成开,朱永其,王秀昌,等.1982.台湾海峡的底质类型与沉积分区.台湾海峡,1(1):54-61.

詹力扬,陈立奇.2006.海洋 N_2O 的研究进展.地球科学进展,21(3):269-277.

张保安,钱公望.2009.珠海海洋大气中甲磺酸粒子与季节变化的相关性.环境科学与技术,32(2):5-8.

张龙军,王彬宇,张经.1999.东海冬、夏两季表层海水的二氧化碳分压.青岛海洋大学学报,(增刊):149-153.

张燕英,董俊德,王汉奎,等.2007.海洋蓝藻束毛藻的研究进展.海洋科学,31(3):84-88.

章守宇,杨红,刘洪生.2000.东海物质输送及其影响因素分析.上海水产大学学报,9(2):152-156.

赵三军.2002.黄、东海海洋异养细菌的生态学研究.中国科学院研究生院.

赵一阳,鄢明才.1992.黄河、长江、中国浅海沉积物化学元素丰度比较.科学通报,13:1202-1204.

郑元甲,陈雪忠,程家骅,等.2003.东海大陆架生物资源与环境.上海:上海科学技术出版社.

朱白婢,陈宏,李春强,等.2007.海南红沙港海水中细菌污染调查与评价.环境监测管理与技术,19(1):19-27.

朱家彪.2008.东海区域地质.北京:海洋出版社.

祝陈坚,石晓勇,李铁.1996.东海磷酸盐的分布与再生.青岛海洋大学学报,26(1):75-82.

邹建军,杨刚,刘季花,等.2008.长江口邻近海域九月溶解氧的分布特征.海洋科学进展,26(1):65-73.

Berelson W M, Heggie D, Longmore A, et al. 1998. Benthic nutrient recycling in Port Phillip Bay, Australia. Estuarine, Coastal and Shelf Science, 46(6): 917-934.

Bricelj V M, Lonsdale D J. 1997. Aureococcus anophagefferens: causes and ecological consequences of brown tides in U S mid At lantic coastal waters. Limnology and Oceanography, 42(5): 1023-1038.

Dickson A G. 1990. Thermodynamics of the dissociation of boric acid in synthetic seawater from 273.15 to 318.15K. Deep Sea Research Part A. Oceanographic Research Papers, 37(5): 755-766.

Ditullio G R, Hutchins D A, Bruland K W. 1993. Interaction of iron and major nutrients controls phytoplankton growth and species composition in tropical North Pacific Ocean. Limnol. Oceanogr. Limnology and Oceanography, 38: 495-508.

Engle V D, Summers K J, Macauley J M. 1999. Dissolved oxygen conditions in northern Gulf of Mexico estuaries. Environmental Monitoring and Assessment, 57(1): 1-20.

GESAMP (Group of Experts on the Scientific Aspects of Marine Pollution). 1989. The atmospheric input of trace species to the world ocean. Rep. Stud. , GESAMP, 38: 111-112.

Hakanson L. 1980. An ecological risk index for aquatic pollution control: a sedimentological approach. Water Research, 14(8): 975-1001. http://baike.baidu.com/view/72897.htm

Khalil M A K, Rasmussen R A, Shearer M J. 2002 Atmospheric nitrous oxide: Patterns ofglobal change during recentdecades and centuries. Chemosphere, 47: 807-821.

Marumo R, Asaoka O. 1974. Distribution of pelagic blue-green algac in the North Pacific Ocean. Journal of the Oceanographical Society of Japan, 30: 77-85.

Millero F J. 1995. Thermodynamics of the carbon dioxide system in the oceans. Geochimca et Cosmochimica Acta, 59(4): 661-677.

Milliman J D, Xie Q C, Yang Z S. 1984. Transfer of particulate organic carbon and nitrogen from the Yangtze River to the ocean. American Journal of Science, 284: 824-834.

Ning X R, Liu Z L. 1988. The patterns of distribution of chlorophyll a and primary production in coastal upwelling area of Zhejiang. Acta Oceanologica Sinica,7(1): 126-136.

Paerl H W. 1997. Coastal eutrophication and harmful algal blooms: Importance of atmospheric deposition and groundwater as "new" nitrogen and other nutrient sources. Limnology and Oceanography, 42(5): 1154-1165.

Redfield A C, Ketchum B H, Richards F A. 1963. The influence of organisms on the composition of sea-water. Hill, 2: 26-27.

Riley J P, Skirrow G. 1975. Chemical Oceanography. Londong: Academic Press.

Rtch Q, Urner R E, Rowe G. 1994. Respiration rates and hypoxia on the Louisiana shelf. Estuaries, 17 (4): 862-872.

Wanninkhof R. 1992. Relationship between wind speed and gas exchange over the ocean. Journal of Geophysical Research, 97: 7373-7382.

Weiss R F. 1974. Carbon dioxide in water and seawater: the solubility of a non-ideal gas. Marine Chemistry, 2: 203-215.

Whitfield M, Turner D R. 1986. The carbon dioxide system in estuaries-an inorganic perspective. The Science of the Total Environment, 49: 235-255.

Zhang J, Chen S Z, Yu Z G. 1999. Factors influencing changes in rain water composition from urban versus remote regions of the Yellow Sea. Journal of Geophysical Research, 104: 1631-1644.

附录

附录 1　微生物克隆文库(OTU)

菌　群

Acidobacteriaceae；Gp10

Acidobacteriaceae；Gp17

Acidobacteriaceae；Gp21

Acidobacteriaceae；Gp22

Acidobacteriaceae；Gp23

Acidobacteriaceae；Gp3

Acidobacteriaceae；Gp5

Acidobacteriaceae；Gp6

Acidobacteriaceae；Gp9

Actinobacteria；unclassified_Actinobacteria

Actinomycetales；unclassified_Actinomycetales

Aeromonadaceae；Aeromonas

Aeromonadaceae；Oceanimonas

Alcaligenaceae；Achromobacter

Alcaligenaceae；Alcaligenes

Alcanivoraceae；Alcanivorax

Alphaproteobacteria；unclassified_Alphaproteobacteria

Alteromonadaceae；Alteromonas

Alteromonadales；unclassified_Alteromonadales

Anaerolineae；unclassified_Anaerolineae

Bacillaceae；Bacillus

Bacillales；unclassified_Bacillales

Bacteriovoracaceae；Bacteriovorax

Bacteroidetes；unclassified_Bacteroidetes

Betaproteobacteria；unclassified_Betaproteobacteria

BRC1；BRC1_genera_incertae_sedis

Burkholderiaceae；Limnobacter

Caldilineacea；unclassified_Caldilineacea

Caulobacteraceae；Brevundimonas

Chlamydiales；unclassified_Chlamydiales

Chromatiaceae；unclassified_Chromatiaceae

续表

菌 群

Chromatiales；unclassified_Chromatiales

Clostridia；unclassified_Clostridia

Comamonadaceae；Acidovorax

Comamonadaceae；unclassified_Comamonadaceae

Coxiellaceae；Coxiella

Crenotrichaceae；Salinibacter

Cryomorphaceae；Algoriphagus

Cyanobacteria；unclassified_Cyanobacteria

Deltaproteobacteria；unclassified_Deltaproteobacteria

Desulfobacteraceae；Desulfobacterium

Desulfobacteraceae；Desulfofaba

Desulfobacteraceae；Desulfotignum

Desulfobacteraceae；unclassified_Desulfobacteraceae

Desulfobulbaceae；Desulfobulbus

Desulfobulbaceae；Desulfotalea

Desulfobulbaceae；unclassified_Desulfobulbaceae

Desulfuromonaceae；Desulfuromonas

Desulfuromonaceae；unclassified_Desulfuromonaceae

Ectothiorhodospiraceae；

Ectothiorhodospiraceae；Thioalkalivibrio

Enterobacteriaceae；Citrobacter

Enterobacteriaceae；Serratia

Enterobacteriaceae；unclassified_Enterobacteriaceae

Family；unclassified_Family

Firmicutes；unclassified_Firmicutes

Flavobacteriaceae；Gelidibacter

Flavobacteriaceae；Gillisia

Flavobacteriaceae；unclassified_Flavobacteriaceae

Flavobacteriales；unclassified_Flavobacteriales

Flexibacteraceae；unclassified_Flexibacteraceae

Fusobacteriaceae；Propionigenium

Gammaproteobacteria；unclassified_Gammaproteobacteria

Haliangiaceae；Haliangium

Helicobacteraceae；Sulfurovum

Hyphomicrobiaceae；Prosthecomicrobium

Hyphomicrobiaceae；unclassified_Hyphomicrobiaceae

Incertae；Aquabacterium

Lactobacillaceae；Lactobacillus

Legionellaceae；Fluoribacter

Marinobacter；Unclassified

Methylobacteriaceae；Methylobacterium

Methylophilaceae；Methylophilus

Moraxellaceae；Acinetobacter

Moraxellaceae；Psychrobacter

Moraxellaceae；unclassified_Moraxellaceae

Myxococcales；unclassified_Myxococcales

附录

续表

菌 群
Nitrosomonadaceae；Nitrosospira
Nitrospiraceae；Magnetobacterium
Nitrospiraceae；Nitrospira
Oceanospirillaceae；Marinomonas
Oceanospirillaceae；Oceanobacter
Oceanospirillaceae；Oleispira
Oceanospirillales；unclassified_Oceanospirillales
Opitutaceae；Opitutus
Opitutaceae；Rubritalea
Oxalobacteraceae；Massilia
Peptococcaceae；unclassified_Peptococcaceae
Phyllobacteriaceae；unclassified_Phyllobacteriaceae
Piscirickettsiaceae；Methylophaga
Planctomycetaceae；Blastopirellula
Planctomycetaceae；Pirellula
Planctomycetaceae；Planctomyces
Planctomycetaceae；unclassified_Planctomycetaceae
Planococcaceae；Sporosarcina
Proteobacteria；unclassified_Proteobacteria
Pseudoalteromonadaceae；Pseudoalteromonas
Pseudomonadaceae；Pseudomonas
Pseudomonadaceae；unclassified_Pseudomonadaceae
Psychromonadaceae；Psychromonas
Rhizobiales；unclassified_Rhizobiales
Rhodobacteraceae；Loktanella
Rhodobacteraceae；Phaeobacter
Rhodobacteraceae；Shimia
Rhodobacteraceae；unclassified_Rhodobacteraceae
Rhodocyclaceae；unclassified_Rhodocyclaceae
Rhodospirillales；unclassified_Rhodospirillales
Rickettsiales；unclassified_Rickettsiales
Rikenellaceae；Rikenella
Rubrobacteraceae；unclassified_Rubrobacteraceae
Saprospiraceae；Haliscomenobacter
Saprospiraceae；Lewinella
Saprospiraceae；unclassified_Saprospiraceae
Shewanellaceae；Shewanella
Sphingomonadaceae；Sphingobium
Sphingomonadaceae；Sphingomonas
Subdivision；Subdivision
Syntrophobacterales；unclassified_Syntrophobacterales
unclassified_Ectothiorhodospiraceae
Verrucomicrobiaceae；Verrucomicrobiaceae_genera_incertae
Verrucomicrobiaceae；unclassified_Verrucomicrobiaceae
Verrucomicrobiaceae；Verrucomicrobiaceae_genera_incertae_sedis
Verrucomicrobiales；unclassified_Verrucomicrobiales

附录

续表

菌　群
Vibrionaceae；Vibrio
Victivallaceae；Victivallis
WS3；WS3_genera_incertae_sedis
Xanthomonadaceae；unclassified_Xanthomonadaceae

附录2　微型浮游生物

种　名	拉丁学名	春	夏	秋	冬
硅藻	**BACILLARIOPHYTA**				
茧形藻	*Amphiprora* sp.	+			+
细线条月形藻	*Amphora lineolata*	+	+		+
细线条月形藻中国变种	*Amphora lineolata* var. *chinensis*		+		
卵形双眉藻	*Amphora ovalis*				+
卵形双眉藻有柄变种	*Amphora ovalis* var. *pediculus*				+
月形藻	*Amphora* sp.		+		+
冰河拟星杆藻	*Asterionella glacialis*		+	+	
派格辊形藻	*Bacillaria paxillifera*		+		+
标志布莱克里亚藻	*Bleakeleya notata*	+			
异常角毛藻	*Chaetoceros abnormis*		+		
窄隙角毛藻	*Chaetoceros affinis*			+	+
大西洋角毛藻	*Chaetoceros atlanticus*	+			
北方角毛藻	*Chaetoceros borealis*		+		
扁面角毛藻	*Chaetoceros compressus*			+	
旋链角毛藻	*Chaetoceros cuevisetus*	+	+	+	+
柔弱角毛藻	*Chaetoceros debilis*				+
皇冠角毛藻	*Chaetoceros diadema*		+	+	
远距角毛藻	*Chaetoceros distans*		+		
异角角毛藻	*Chaetoceros diversus*		+		
爱氏角毛藻	*Chaetoceros eibenii*		+	+	+
垂缘角毛藻	*Chaetoceros laciniosus*		+		+
罗氏角毛藻	*Chaetoceros lauderi*		+		
短刺角毛藻	*Chaetoceros messanensis*				+
拟弯角毛藻	*Chaetoceros psedocurvisetus*				+
角毛藻	*Chaetoceros* sp.	+	+	+	+
细弱角毛藻	*Chaetoceros subtilis*		+		
圆柱角毛藻	*Chaetoceros teres*		+		
扭链角毛藻	*Chaetoceros tortissimus*				+
盾卵形藻小形变种	*Cocconeis scutellum* var. *parva*				+
卵形藻	*Cocconeis* sp.				+
圆筛藻	*Coscinodiscus* sp.				+
扭曲小环藻	*Cyclotella comta*				+
小环藻	*Cyclotella* sp.	+	+		+
条纹小环藻	*Cyclotella striata*		+		+

续表

种　　名	拉丁学名	春	夏	秋	冬
柱状小环藻	*Cyclotella stylorum*				+
新月柱鞘藻	*Cylindrotheca closterium*	+	+	+	+
桥弯藻	*Cymbella* sp.		+		+
矮小短棘藻	*Detonula pumila*	+	+	+	+
蜂腰双壁藻	*Diploneis bombus*	+	+	+	+
黄蜂双壁藻	*Diploneis crabro*		+		+
华美双壁藻	*Diploneis splendida*	+	+	+	+
布氏双尾藻	*Ditylum brightwellii*	+	+	+	+
直唐氏藻	*Donkinia recta*		+		
翼内茧藻	*Entomoneis alata*		+		+
角状弯角藻	*Eucampia cornuta*	+	+		+
浮动弯角藻	*Eucampia zodiacus*		+	+	+
柔弱井字藻	*Eunotogramma frauenfeldii*				+
井字藻	*Eunotogramma* sp.				+
脆杆藻	*Fragilaria* sp.				+
拟脆杆藻	*Fragillariopsis* sp.		+	+	+
波状斑条藻	*Grammatophora undulata*		+		+
影伸布纹藻	*Gyrosigma sciotense*				+
柔弱布纹藻	*Gyrosigma tenuissimum*				+
泰晤士旋鞘藻	*Helicotheca tamesis*		+		
霍氏半管藻	*Hemiaulus hauckii*	+	+	+	+
膜质半管藻	*Hemiaulus membranaceus*		+	+	
中华半管藻	*Hemiaulus sinensis*		+		
细弱明盘藻	*Hyalodiscus subtilis*				+
平滑明针杆藻	*Hyalosynedra laevigata*				+
针杆藻	*Hyalosynedra* sp.	+			
丹麦细柱藻	*Leptocylindrus danicus*	+	+	+	+
细筒藻	*Leptocylindrus minimus*	+	+	+	+
短楔形藻	*Licmophora abbreviata*	+			+
楔形藻	*Licmophora* sp.				+
波状石鼓藻	*Lithodesmium undulatum*		+		+
喙状胸隔藻	*Mastogloia rostrate*			+	
胸隔藻	*Mastogloia* sp.	+	+	+	
颗粒直链藻	*Melosira granulata*	+	+	+	+
狭形颗粒直链藻	*Melosira granulata* var. *angustissima*			+	+
尤氏直链藻	*Melosira juergensii*				+
念珠直链藻	*Melosira moniliformis*				+
货币直链藻	*Melosira nummuloides*				+
直链藻	*Melosira* sp.	+			+
具槽直链藻	*Melosira sulcata*	+	+	+	+
波形直链藻	*Melosira undulata*		+		
膜状缪氏藻	*Meuniera membranacea*		+	+	+
条纹小盘藻	*Minidiscus*				+
小盘藻	*Minidiscus* sp.				+
远距舟形藻	*Navicula distans*			+	+
舟形藻	*Navicula* sp.	+	+	+	+

续表

种　名	拉丁学名	春	夏	秋	冬
双头菱形藻	*Nitzschia bicapitata*				+
碎片菱形藻	*Nitzschia frustulum*				+
匈牙利菱形藻	*Nitzschia hungarica*				+
披针菱形藻	*Nitzschia lanceolata*				+
长菱形藻	*Nitzschia longissima*				+
洛氏菱形藻	*Nitzschia lorenziana*		+		+
粗点菱形藻	*Nitzschia punctata*		+		+
螺形菱形藻	*Nitzschia sigma*		+		+
菱形藻	*Nitzschia* sp.	+	+	+	+
羽纹藻	*Pinnularia* sp.		+		+
近缘斜纹藻	*Pleurosigma affine*		+		+
宽角斜纹藻	*Pleurosigma angulatum*	+	+	+	+
镰刀斜纹藻	*Pleurosigma falx*				+
微小斜纹藻	*Pleurosigma minutum*				+
舟形斜纹藻微小变种	*Pleurosigma naviculaceum* f. *minuta*				+
诺马斜纹藻化石变种	*Pleurosigma normanii* var. *fossilis*				+
海洋斜纹藻	*Pleurosigma pelagicum*		+		+
斜纹藻	*Pleurosigma* sp.	+	+	+	+
琴氏沙网藻	*Psammodictyon panduriforme*				+
柔弱拟菱形藻	*Pseudo-nitzschia delicatissima*	+	+		+
尖刺拟菱形藻	*Pseudo-nitzschia pungens*	+	+		+
双角缝舟藻	*Rhaphoneis amphiceros*				+
翼根管藻	*Rhizosolenia alata*	+	+		
细长翼鼻状藻	*Rhizosolenia alata* f. *gracillima*	+	+	+	+
柔弱根管藻	*Rhizosolenia delicatula*	+	+		+
脆根管藻	*Rhizosolenia fragilissima*	+	+	+	+
半棘钝根管藻	*Rhizosolenia hebetate* f. *semispina*		+		
刚毛根管藻	*Rhizosolenia setigera*	+	+	+	+
根管藻	*Rhizosolenia* sp.	+			
斯氏根管藻	*Rhizosolenia stolterforthii*	+	+		+
笔尖根管藻	*Rhizosolenia styliformis* Brightwell	+	+	+	+
优美旭氏藻	*Schroederella delicatula*				+
中肋骨条藻	*Skeletonema costatum*	+	+	+	+
骨条藻	*Skeletonema* sp.				+
华壮双菱藻	*Surirella fastuosa*				+
芽形双菱藻	*Surirella gemma*		+		+
双菱藻	*Surirella* sp.	+			+
平片针杆藻	*Synedra tabulata*				+
	Synedra tabulata var. *parva*				+
菱形海线藻	*Thalassionema nitzschioides*	+	+	+	+
菱形海线藻小形变种	*Thalassionema nitzschioides* var. *parva*				+
海线藻	*Thalassionema* sp.	+			
角海链藻	*Thalassiosira angulata*	+	+	+	
离心列海链藻	*Thalassiosira eccentrica*	+	+		+
细海链藻	*Thalassiosira leptopus*		+	+	+
诺氏海链藻	*Thalassiosira nordenskiöldii*	+	+		

续表

种　名	拉丁学名	春	夏	秋	冬
海链藻	*Thalassiosira* sp.	+	+	+	+
细弱海链藻	*Thalassiosira subtilis*	+			+
佛氏海毛藻	*Thalassiothrix frauenfeldii*	+	+	+	+
长海毛藻	*Thalassiothrix longissima*	+	+	+	
甲藻	**DINOPHYCEAE**				
链状亚历山大藻	*Alexandrium catenella*		+		
亚历山大藻	*Alexandrium* sp.	+	+	+	+
纺锤前沟藻	*Amphidinium fusiforme*		+		
长前沟藻	*Amphidinium longum*			+	+
前沟藻	*Amphidinium* sp.	+			
叉状角藻	*Ceratium furca*		+		+
梭角藻	*Ceratium fusus*	+	+	+	+
线性角藻	*Ceratium lineatum*		+		
旋沟藻	*Cochlodinium* sp.	+		+	
渐尖鳍藻	*Dinophysis acuminata*		+		+
具尾鳍藻	*Dinophysis caudata*				+
漏洞状鳍藻	*Dinophysis infundibulus*		+		
多纹膝沟藻	*Gonyaulax polyramma*		+		
膝沟藻	*Gonyaulax* sp.	+			+
具刺膝沟藻	*Gonyaulax spinifera*		+		
春膝沟藻	*Gonyaulax verior*		+		+
	Gymnodinium nelsonii			+	
裸甲藻	*Gymnodinium* sp.	+	+	+	+
渐绿裸甲藻	*Gymnodinium viridescens*		+		
多米尼环沟藻	*Gyrodinium dominans*				+
环沟藻	*Gyrodinium* sp.				+
螺旋环沟藻	*Gyrodinium spirale*		+		+
多面异沟藻	*Heteraulacus polyedricus*		+		
短凯伦藻	*Karenia brevis*			+	
米氏凯伦藻	*Karenia mikimotoi*	+	+	+	
	Oxytoxum gladiolus			+	
	Oxytoxum reticulatum			+	
节杖尖甲藻	*Oxytoxum sceptrum*				+
刺尖甲藻	*Oxytoxum scolopax*	+		+	+
尖甲藻	*Oxytoxum* sp.	+		+	+
多沟藻	*Polykrikos* sp.				+
具齿原甲藻	*Prorocentrum dentatum*	+	+	+	+
纤细原甲藻	*Prorocentrum gracile*	+	+	+	+
海洋原甲藻	*Prorocentrum micans*	+	+	+	+
微小原甲藻	*Prorocentrum minimum*	+	+	+	+
反曲原甲藻	*Prorocentrum sigmoides*		+		
原甲藻	*Prorocentrum* sp.	+	+		+
尖叶原甲藻	*Prorocentrum triestinum*		+		
微小原多甲藻	*Protoperidinium minutum*	+			
原多甲藻	*Protoperidinium* sp.	+	+	+	+
斯比藻	*Scrippsiella* sp.			+	

续表

种 名	拉丁学名	春	夏	秋	冬
锥状斯比藻	*Scrippsiella trochoidea*	+	+	+	+
金藻	**CHRYSOPHYTA**				
小等刺硅鞭藻	*Dictyocha fibula*	+	+		+
硅鞭藻	*Dictyocha* sp.			+	
六异刺硅鞭藻	*Distephanus speculum*		+		+
六异刺硅鞭藻八幅变种	*Distephanus speculum* var. *octonarius*	+	+		
贺胥黎艾氏颗石藻	*Emiliania huxleyi*	+			+
颗石藻	*Emiliania* sp.	+		+	
	Pavlova lutheri				+
定鞭金藻	*Prymnesium* sp.				+
隐藻	**CRYPTOPHYTA**				
蓝隐藻	*Chroomonas* sp.				+
隐藻	*Cryptomonas* sp.				+
	Hemiselmis sp.				+
伸长斜片藻	*Plagioselmis prolonga*				+
斜片藻	*Plagioselmis* sp.				+
尖尾全沟藻	*Teleaulax acuta*				+
裸藻	**EUGLENOPHYTA**				
	Euglena acusformis				+
裸藻	*Euglena* sp.				+
	Eutreptiella gymnastica				+
	Eutreptiella pertyi				+
	Eutreptiella sp.				+
绿藻	**CHLOROPHYTA**				
双角盘星藻	*Pediastrum duplex*				+
单角盘星藻	*Pediastrum simplex*	+	+		
二形栅藻	*Scenedesmus dimorphus*				+
四棘栅藻	*Scenedesmus quadricauda*		+		+
四爿藻	*Tetraselmis* sp.				+
蓝藻	**CYANOPHYTA**				
汉氏束毛藻	*Trichodesmium hildebrandtii*				+
薛氏束毛藻	*Trichodesmium thiebautii*	+	+	+	+
动鞭门	**ZOOFLAGELLATES**				
三裂醉藻	*Ebria tripartita*	+	+		+

附录3 小型浮游生物

种 名	拉丁学名	春	夏	秋	冬
硅藻	**BACILLARIOPHYTA**				
洛氏辐环藻	*Actinocyclus roperi*	+			
辐裥藻	*Actinoptychus* sp.			+	
色氏星形辐裥藻	*Actinoptychus stella* var. *thumii*	+			+
三舌辐裥藻	*Actinoptychus trlingulatus*	+	+	+	+

续表

种　名	拉丁学名	春	夏	秋	冬
细线条月形藻	*Amphora lineolata*	+		+	
蛛网藻	*Arachnoidiscus* sp.				+
日本星杆藻 *	*Asterionella japonica*	+	+	+	+
大星芒藻	*Asterolampra vanheurckii*	+		+	
美丽星脐藻	*Asteromphalus elegans*			+	
扇形星脐藻	*Asteromphalus flabellatus*			+	+
粗星脐藻	*Asteromphalus robustus*			+	
星脐藻	*Asteromphalus* sp.	+	+	+	
奇异棍形藻 *	*Bacillaria paradoxa*	+	+	+	+
丛毛辐杆藻	*Bacteriastrum comosum*	+	+	+	+
刚毛丛毛辐杆藻	*Bacteriastrum comosum* var. *hispida*				+
优美辐杆藻	*Bacteriastrum delicatulum*			+	
长辐杆藻	*Bacteriastrum elongatum*		+	+	+
透明辐杆藻	*Bacteriastrum hyalinum*	+	+	+	+
地中海辐杆藻	*Bacteriastrum mediterraneum*				+
辐杆藻	*Bacteriastrum* sp.			+	
变异辐杆藻	*Bacteriastrum varians*		+	+	+
锤状中鼓藻	*Bellerochea malleus*	+	+	+	+
钟形中鼓藻	*Bellerochea orologicalis*			+	
长耳盒形藻 *	*Biddulphia aurita*		+	+	
异角盒形藻	*Biddulphia heteroceros*	+			
活动盒形藻	*Biddulphia mobiliensis*	+			+
钝头盒形藻	*Biddulphia obtusa*		+	+	+
美丽盒形藻	*Biddulphia pulchella*		+		
高盒形藻	*Biddulphia regia*		+	+	+
中华盒形藻 *	*Biddulphia sinensis*	+	+	+	+
中华盒形藻热带型	*Biddulphia sinensis* 热带型		+	+	+
盒形藻	*Biddulphia* sp.			+	
马鞍藻	*Campylodiscus* sp.				+
海洋角管藻	*Cerataulina pelagica*	+	+	+	
窄隙角毛藻 *	*Chaetoceros affinis*	+	+	+	+
窄隙角毛藻威尔变种	*Chaetoceros affinis* var. *willei*			+	
桥联角毛藻	*Chaetoceros anastomosans*				+
大西洋角毛藻 *	*Chaetoceros atlanticus*		+	+	+
大西洋角毛藻那不勒斯变种	*Chaetoceros atlanticus* var. *neapolitana*	+		+	+
金色角毛藻	*Chaetoceros aurivillii*	+			
北方角毛藻	*Chaetoceros borealis*	+		+	+
短孢角毛藻	*Chaetoceros brevis*			+	
卡氏角毛藻	*Chaetoceros castracanei*				+
密聚角毛藻	*Chaetoceros coarctatus*		+	+	
双脊角毛藻	*Chaetoceros coastatus*			+	
扁面角毛藻 *	*Chaetoceros compressus*	+	+	+	+
缢缩角毛藻	*Chaetoceros constrictus*		+	+	
旋链角毛藻 *	*Chaetoceros curvisetus*	+	+	+	+
丹麦角毛藻	*Chaetoceros danicus*	+	+	+	+
柔弱角毛藻 *	*Chaetoceros debilis*			+	+

注：＊表示该种为赤潮生物

续表

种　名	拉丁学名	春	夏	秋	冬
并基角毛藻	*Chaetoceros decipiens*	+		+	+
密连角毛藻	*Chaetoceros densus*	+	+	+	+
齿角毛藻*	*Chaetoceros denticulatus*	+		+	+
皇冠角毛藻*	*Chaetoceros diadema*	+	+	+	+
双突角毛藻*	*Chaetoceros didymus*		+	+	+
双蛋白核角毛藻	*Chaetoceros dipyrenops*			+	
远距角毛藻	*Chaetoceros distans*		+	+	
爱氏角毛藻	*Chaetoceros eibenii*	+			+
印度角毛藻	*Chaetoceros indicum*	+	+	+	+
垂缘角毛藻*	*Chaetoceros laciniosus*		+		+
平滑角毛藻	*Chaetoceros laevis*			+	
罗氏角毛藻	*Chaetoceros lauderi*			+	
洛氏角毛藻*	*Chaetoceros lorenzianus*	+	+	+	+
短刺角毛藻	*Chaetoceros messanensis*	+	+	+	+
日本角毛藻	*Chaetoceros nipponica*			+	
奇异角毛藻	*Chaetoceros paradox*			+	
海洋角毛藻	*Chaetoceros pelagicus*			+	
秘鲁角毛藻*	*Chaetoceros peruvianus*	+		+	+
假弯角毛藻*	*Chaetoceros pseudocurvisetus*			+	+
嘴状角毛藻	*Chaetoceros rostratus*	+			+
暹罗角毛藻*	*Chaetoceros siamense*			+	
聚生角毛藻*	*Chaetoceros socialis*			+	+
角毛藻	*Chaetoceros* sp.	+		+	+
扭链角毛藻	*Chaetoceros tortissimus*	+		+	+
范氏角毛藻	*Chaetoceros vanheurcki*	+		+	+
双凹梯形藻	*Climacodium biconcavum*	+			
宽梯形藻	*Climacodium frauenfeldianum*	+	+	+	+
念珠梯楔形藻	*Climacosphenia moniligera*			+	
梯楔形藻	*Climacosphenia* sp.		+		+
盾卵形藻	*Cocconeis scutellum*			+	+
卵形藻	*Cocconeis* sp.		+		+
小环毛藻	*Corethron hystrix*	+		+	+
海洋环毛藻	*Corethron pelagicum*	+		+	+
环毛藻	*Corethron* sp.			+	
蛇目圆筛藻	*Coscinodiscus argus*	+		+	
星脐圆筛藻*	*Coscinodiscus asteromphalus*	+		+	
中心圆筛藻*	*Coscinodiscus centralis*		+		+
弓束圆筛藻	*Coscinodiscus curvatulus*	+	+	+	+
多束圆筛藻	*Coscinodiscus devisus*		+		+
偏心圆筛藻	*Coscinodiscus excentricus*	+	+	+	+
巨圆筛藻*	*Coscinodiscus gigas*	+	+	+	
格氏圆筛藻*	*Coscinodiscus granii*	+		+	+
琼氏圆筛藻*	*Coscinodiscus jonesianus*	+	+	+	+
库氏圆筛藻	*Coscinodiscus kuetzingi*	+			
具边线形圆筛藻	*Coscinodiscus marginato-lineatus*	+			
小眼圆筛藻	*Coscinodiscus oculatus*	+	+	+	+

注：＊表示该种为赤潮生物

续表

种　名	拉丁学名	春	夏	秋	冬
虹彩圆筛藻	*Coscinodiscus oculus-iridis*	+	+	+	+
辐射圆筛藻＊	*Coscinodiscus radiatus*	+	+	+	+
洛氏圆筛藻	*Coscinodiscus rothii*	+			
圆筛藻	*Coscinodiscus* sp.	+		+	+
有棘圆筛藻	*Coscinodiscus spinosus*		+		+
细弱圆筛藻	*Coscinodiscus subtilis*	+		+	
苏氏圆筛藻	*Coscinodiscus thorii*	+	+	+	+
威氏圆筛藻＊	*Coscinodiscus wailesii*	+	+	+	+
筛链藻	*Coscinosira polychorda*			+	
小环藻	*Cyclotella* sp.			+	+
条纹小环藻	*Cyclotella striata*	+	+	+	+
柱状小环藻	*Cyclotella stylorum*	+		+	
新月柱鞘藻	*Cylindrotheca closterium*	+		+	
地中海指管藻＊	*Dacthliosolen mediterraneus*	+	+	+	+
矮小短棘藻	*Detonula pumila*	+	+	+	+
蜂腰双壁藻	*Diploneis bombus*		+	+	
黄蜂双壁藻	*Diploneis crabro*		+		+
双壁藻	*Diploneis* sp.		+		+
华美双壁藻	*Diploneis splendida*	+	+	+	+
布氏双尾藻＊	*Ditylum brightwelli*	+	+	+	+
太阳双尾藻	*Ditylum sol*	+	+	+	+
唐氏藻	*Donkinia* sp.	+		+	
翼内茧藻	*Entomoneis alata*	+	+		+
长角弯角藻	*Eucampia cornuta*			+	+
浮动弯角藻＊	*Eucampia zoodiacus*	+	+	+	+
柔弱井字藻	*Eunotogramma debile*	+		+	
大洋脆杆藻	*Fragilaria oceanica*			+	
脆杆藻	*Fragilaria* sp.		+	+	+
拟脆杆藻	*Fragillariopsis* sp.	+			
热带环刺藻	*Gossleriella tropica*	+		+	
海生斑条藻	*Grammatophora marina*		+		
斑条藻	*Grammatophora* sp.		+		
波状斑条藻	*Grammatophora undulata*		+		+
萎软几内亚藻＊	*Guinardia flaccida*	+	+	+	+
扭布纹藻	*Gyrosigma distortum*	+			
结节布纹藻	*Gyrosigma nodiferum*			+	
布纹藻	*Gyrosigma* sp.		+		
双尖菱板藻	*Hantzschia amphioxys*			+	
泰晤士旋鞘藻	*Helicotheca tamesis*	+	+	+	+
膜质半管藻	*Hemiaulus membranaceus*	+	+	+	+
霍氏半管藻	*Hemiaulus hauckii*	+	+	+	+
印度半管藻	*Hemiaulus indicus*			+	
中华半管藻	*Hemiaulus sinensis*	+	+	+	
半管藻	*Hemiaulus* sp.			+	
楔形半盘藻	*Hemidiscus cuneiformis*	+	+		+
星形明盘藻	*Hyalodiscus stelliger*	+			

注：＊表示该种为赤潮生物

续表

种　名	拉丁学名	春	夏	秋	冬
针杆藻	*Hyalosynedra* sp.		+	+	+
北方劳德藻	*Lauderia borealis*	+	+	+	+
丹麦细柱藻 *	*Leptocylindrus danicus*	+	+	+	+
小细柱藻	*Leptocylindrus minimus*		+		+
短纹楔形藻	*Licmophora abbreviata*	+		+	+
楔形藻	*Licmophora* sp.		+		
波状石丝藻	*Lithodesmium undulatus*			+	
喙状胸隔藻	*Mastogloia rostrate*		+		
颗粒直链藻	*Melosira granulata*				+
念珠直链藻	*Melosira moniiformis*	+		+	+
直链藻	*Melosira* sp.				+
具槽直链藻 *	*Melosira sulcata*	+	+	+	+
膜状缪氏藻	*Meuniera membranacea*	+		+	
远距舟形藻	*Navicula distans*	+			
膜状舟形藻	*Navicula membranacea*		+	+	+
舟形藻	*Navicula* sp.	+	+	+	+
洛氏菱形藻	*Nitzschia Lorenziana*	+		+	+
新月菱形藻	*Nitzschia closterium*		+		+
簇生菱形藻	*Nitzschia fasciculata*			+	
匈牙利菱形藻	*Nitzschia hungarica*			+	
披针菱形藻	*Nitzschia lanceolata*			+	
长菱形藻 *	*Nitzschia longissima*		+	+	+
弯端长菱形藻	*Nitzschia longissima* var. *reversa*			+	+
钝头菱形藻刀形变种	*Nitzschia obtusa* var. *scalpelliformis*	+			
弯菱形藻	*Nitzschia sigma*	+		+	
菱形藻	*Nitzschia* sp.	+	+	+	+
透明菱形藻	*Nitzschia vitraea*		+		
哈德掌状藻	*Palmeria hardmaniana*	+	+	+	+
北方羽纹藻	*Pinnularia borealis*	+			
羽纹藻	*Pinnularia* sp.	+		+	+
具翼漂流藻	*Planktoniella blanda*	+	+	+	+
美丽漂流藻	*Planktoniella formosa*	+		+	+
太阳漂流藻	*Planktoniella sol*	+	+	+	
近缘斜纹藻	*Pleurosigma affine*	+		+	+
宽角斜纹藻	*Pleurosigma angulatum*	+		+	
宽角斜纹藻镰刀变种	*Pleurosigma angulatum* var. *falcatum*	+			
柔弱斜纹藻	*Pleurosigma delicatulum*	+		+	
镰刀斜纹藻	*Pleurosigma falx*	+			
美丽斜纹藻	*Pleurosigma formosum*			+	
大斜纹藻	*Pleurosigma major*			+	
舟形斜纹藻	*Pleurosigma naviculaceum*	+			
海洋斜纹藻	*Pleurosigma pelagicum*	+		+	+
斜纹藻	*Pleurosigma* sp.	+	+	+	+
佛焰足囊藻	*Podocystis spathulata*	+	+		
柔弱拟菱形藻	*Pseudo-nitzschia delicatissima*	+	+	+	+
尖刺拟菱形藻 *	*Pseudo-nitzschia pungens*	+	+	+	+

注：＊表示该种为赤潮生物

续表

种　名	拉丁学名	春	夏	秋	冬
成列拟菱形藻	*Pseudo-nitzschia seriata*			+	
范氏圆箱藻	*Pyxidicula weyprechtii*	+		+	
双角缝舟藻	*Rhaphoneis amphiceros*			+	
培氏根管藻	*Rhizosolenia bergonii*		+	+	
渐尖根管藻	*Rhizosolenia acuminata*	+		+	+
翼根管藻	*Rhizosolenia alata*	+	+	+	+
细长翼根管藻 *	*Rhizosolenia alata* f. *gracillima*	+	+	+	+
伯氏根管藻	*Rhizosolenia bergonii*				+
距端根管藻	*Rhizosolenia calcar-avis*	+	+	+	+
卡氏根管藻	*Rhizosolenia castracanei*	+	+	+	+
克氏根管藻	*Rhizosolenia cleivei*	+			
螺端根管藻	*Rhizosolenia cochlea*			+	
粗刺根管藻	*Rhizosolenia crassospina*		+	+	+
柔弱根管藻 *	*Rhizosolenia delicatula*	+	+	+	+
脆根管藻 *	*Rhizosolenia fragilissima*	+	+	+	+
透明根管藻	*Rhizosolenia hyalina*	+	+	+	+
覆瓦根管藻	*Rhizosolenia imbricata*	+	+	+	+
粗根管藻	*Rhizosolenia robusta*	+	+	+	+
刚毛根管藻 *	*Rhizosolenia setigera*	+	+	+	+
根管藻	*Rhizosolenia* sp.			+	
斯氏根管藻 *	*Rhizosolenia stolterforthii*	+	+	+	+
笔尖形根管藻 *	*Rhizosolenia styliformis*	+	+	+	+
笔尖形根管藻粗径变种	*Rhizosolenia styliformis* var. *latissima*	+	+	+	+
长笔尖形根管藻 *	*Rhizosolenia styliformis* var. *longispina*	+	+	+	
模式型翼根管藻	*Rhizosolenia. alata* f. *genuina*	+			
优美旭氏藻	*Schroederella delicatula*			+	+
中肋骨条藻 *	*Skeletonema costatum*	+	+	+	+
日本冠盖藻	*Stephanopyxis nipponica*			+	
掌状冠盖藻 *	*Stephanopyxis palmeriana*	+	+	+	+
塔形冠盖藻	*Stephanopyxis turris*	+	+	+	
印度扭鞘藻	*Streptothece indica*				+
楔形双菱藻	*Surirella cuneata*			+	
华壮双菱藻	*Surirella fastuosa*	+			
芽形双菱藻	*Surirella gemma*			+	
双菱藻	*Surirella* sp.		+	+	+
菱形海线藻 *	*Thalassionema nitzschioides*	+	+	+	+
菱形海线藻小型变种	*Thalassionema nitzschioides* var. *parva*	+		+	+
角海链藻	*Thalassiosira angulata*	+			
	Thalassiosira angusta-lineata			+	
透明海链藻 *	*Thalassiosira hyalina*			+	
诺氏海链藻 *	*Thalassiosira nordenskioldii*			+	
太平洋海链藻 *	*Thalassiosira pacifica*	+		+	
圆海链藻 *	*Thalassiosira rotula*	+	+	+	+
海链藻	*Thalassiosira* sp.	+	+	+	+
细海链藻	*Thalassiosira leptopus*	+		+	
细弱海链藻 *	*Thalassiosira subtilis*	+	+	+	+

注：＊表示该种为赤潮生物

附录

种　名	拉丁学名	春	夏	秋	冬
佛氏海毛藻 *	*Thalassiothrix frauenfeldii*	＋	＋	＋	＋
长海毛藻	*Thalassiothrix longissima*	＋	＋	＋	＋
粗纹藻	*Trachyneis* sp.	＋			
蜂窝三角藻	*Triceratium favus*	＋	＋		＋
精美三角藻	*Triceratium scitulum*				＋
三角藻	*Triceratium* sp.		＋		
甲藻	**DINOPHYCEAE**				
链状亚历山大藻 *	*Alexandrium catenella*	＋	＋	＋	
亚历山大藻	*Alexandrium* sp.	＋	＋		＋
塔玛亚历山大藻 *	*Alexandrium tarmaremse*		＋	＋	
二齿双管藻 *	*Amphisolenia bidentata*	＋	＋	＋	＋
羊头角藻	*Ceratium arietinum*	＋		＋	＋
亚速尔角藻	*Ceratium azoricum*	＋		＋	
贝氏角藻	*Ceratium begelowii*			＋	
尖角藻	*Ceratium belone*	＋	＋		
	Ceratium biceps				＋
波氏角藻	*Ceratium bohmii*	＋		＋	
短角藻 *	*Ceratium breve*		＋	＋	＋
短角藻平行变种	*Ceratium breve* var. *parallelum*				＋
	Ceratium bucephalum	＋		＋	
腊台角藻	*Ceratium candelabrum*	＋	＋	＋	＋
歧分角藻	*Ceratium carriense*	＋	＋	＋	＋
歧分角藻舞姿变种	*Ceratium carriense* f. *volans*	＋	＋	＋	＋
脑形角藻	*Ceratium cephalatum*	＋			＋
	Ceratium claviger			＋	
	Ceratium coissimum	＋			
扭角藻	*Ceratium contortum*	＋	＋	＋	＋
偏转角藻	*Ceratium deflexum*	＋		＋	
臼齿角藻	*Ceratium dens*		＋	＋	＋
奇长角藻	*Ceratium extensum*			＋	＋
镰角藻	*Ceratium falcatum*	＋		＋	＋
叉状角藻 *	*Ceratium furca*	＋	＋	＋	＋
梭角藻 *	*Ceratium fusus*	＋	＋	＋	＋
曲膝角藻	*Ceratium geniculatum*				＋
驼背角藻	*Ceratium gibberum*	＋	＋	＋	＋
驼背角藻异角变种	*Ceratium gibberum* var. *dispar*	＋			＋
圆头角藻	*Ceratium gravidum*	＋	＋		＋
矛形角藻	*Ceratium hastata*			＋	
网纹角藻	*Ceratium hexacanthum*	＋		＋	＋
网纹角藻角型	*Ceratium hexacanthum* f. *spirale*	＋			
粗刺角藻	*Ceratium horridum*	＋		＋	＋
粗刺角藻伸展变种	*Ceratium horridum* var. *patentissimum*		＋	＋	＋
低顶角藻	*Ceratium humile*	＋	＋	＋	
膨角藻	*Ceratium inflatum*	＋	＋		＋
	Ceratium inflexum			＋	
	Ceratium intermedium	＋			

注：＊表示该种为赤潮生物

续表

种　名	拉丁学名	春	夏	秋	冬
卡氏角藻	*Ceratium karstenii*	+			
科氏角藻	*Ceratium kofoidii*	+		+	
线形角藻	*Ceratium lineatum*	+		+	+
长顶角藻	*Ceratium longirostrum*				+
长角藻	*Ceratium longissimum*	+		+	+
新月角藻	*Ceratium lunula*	+		+	+
新月角藻矮顶变种	*Ceratium lunula* f. *brachyceros*			+	
大角角藻 *	*Ceratium macroceros*	+	+	+	+
大角角藻窄变种	*Ceratium macroceros* var. *gallicum*	+	+	+	+
马西里亚角藻 *	*Ceratium massiliense*	+	+	+	
马西里亚角藻具刺变种	*Ceratium massiliense* var. *armatum*			+	
柔软角藻	*Ceratium molle*			+	+
五角角藻	*Ceratium pentagonum*		+		
美丽角藻	*Ceratium pulchellum*	+			
指状角藻	*Ceratium ranipes*	+			+
反射角藻	*Ceratium reflexum*	+	+		
角藻	*Ceratium* sp.	+		+	+
	Ceratium sumatranum	+			
	Ceratium sumatranum f. *argulatum*	+			
对称角藻	*Ceratium symmetricum*	+	+	+	+
对称角藻窄变种	*Ceratium symmetricum* var. *coarctatum*		+	+	
圆柱角藻	*Ceratium teres*		+	+	
三叉角藻 *	*Ceratium trichoceors*	+	+	+	+
三角角藻 *	*Ceratium tripos*	+	+	+	+
三角角藻广盐变种	*Ceratium tripos* var. *subsalsum*		+		
兀鹰角藻	*Ceratium vultur*	+		+	+
兀鹰角藻棱角型	*Ceratium vultur* f. *angustum*			+	+
	Ceratium vultur var. *divergens*			+	
	Ceratocorys armatum	+		+	
长刺角甲藻	*Ceratocorys horrida*	+	+	+	
渐尖鳍藻 *	*Dinophysis acuninata*	+			+
具尾鳍藻 *	*Dinophysis caudata*	+	+	+	+
	Dinophysis cuneus	+			
倒卵形鳍藻 *	*Dinophysis fortii*		+		+
叉形鳍藻	*Dinophysis miles*		+		
卵鳍藻	*Dinophysis ovun*	+			
鳍藻	*Dinophysis* sp.	+	+		
微小盾翼藻	*Diplopeltopsis minor*	+			+
透镜翼藻	*Diplopsalis lenticula*			+	
轮拟翼藻	*Diplopsalopsis orbicularis*			+	
浅弧球甲藻	*Dissodinium gerbauti*		+		
多纹膝沟藻 *	*Gonyaulax polygramma*	+	+	+	+
膝沟藻	*Gonyaulax* sp.	+	+	+	+
具刺膝沟藻 *	*Gonyaulax spinifera*	+	+		
血红哈卡藻 *	*Akashiwo sanguinea*		+	+	+
链状裸甲藻 *	*Gymnodinium catenatum*			+	

注：* 表示该种为赤潮生物

附录

续表

种　名	拉丁学名	春	夏	秋	冬
渐绿裸甲藻	*Gymnodinium viridescens*			+	
裸甲藻	*Gymnodinium* sp.	+		+	+
短凯伦藻 *	*Karenia brevis*		+		
米氏凯伦藻 *	*Karenia mikimotoi*	+	+	+	+
环沟藻	*Gyrodinium* sp.				+
螺旋环沟藻 *	*Gyrodinium spirale*	+	+	+	+
多面异沟藻	*Heteraulacus polyedricus*			+	
异甲藻	*Heterodinium* sp.				
帆鳍藻	*Histioneis* sp.		+		
多边舌甲藻 *	*Lingulodinium polyedrum*	+		+	
夜光藻 *	*Noctiluca scintillans*	+	+	+	+
大鸟尾藻	*Ornithocercus magnificus*		+	+	
方鸟尾藻	*Ornithocercus quadratus*		+		+
	Ornithocercus serratus			+	
美丽鸟尾藻	*Ornithocercus splendidus*		+	+	
四叶鸟尾藻	*Ornithocercus steinii*	+	+	+	+
节杖尖甲藻	*Oxytoxum sceptrum*	+		+	
刺尖甲藻	*Oxytoxum scolopax*	+		+	
尖甲藻	*Oxytoxum* sp.	+	+	+	
掌状足甲藻	*Podolampas palmipes*			+	
多沟藻	*Polykrikos* sp.				+
	Pronoctiluca spinifera		+		
具齿原甲藻 *	*Prorocentrum dentatum*	+	+	+	+
纤细原甲藻 *	*Prorocentrum gracile*	+		+	
利马原甲藻 *	*Prorocentrum lima*		+		
海洋原甲藻 *	*Prorocentrum micans*	+	+	+	+
	Prorocentrum scutellum			+	
反曲原甲藻 *	*Prorocentrum sigmoides*		+	+	
原甲藻	*Prorocentrum* sp.	+	+		+
尖叶原甲藻 *	*Prorocentrum triestinum*		+	+	
球形原多甲藻	*Protoperidinium globulus*			+	
阿氏原多甲藻	*Protoperidinium abei*	+	+		
二角原多甲藻	*Protoperidinium bipes*				+
窄脚原多甲藻	*Protoperidinium claudicans*			+	
双曲原多甲藻	*Protoperidinium conicoides*			+	
锥形原多甲藻 *	*Protoperidinium conicum*	+	+	+	+
厚甲原多甲藻	*Protoperidinium crassipes*		+	+	+
扁形原多甲藻 *	*Protoperidinium depressum*	+	+	+	+
叉分原多甲藻 *	*Protoperidinium divergens*	+		+	
优美原多甲藻 *	*Protoperidinium elegans*	+	+	+	
优美原多甲藻颗粒型	*Protoperidinium elegans* f. *granulatum*				+

注：* 表示该种为赤潮生物

续表

种 名	拉丁学名	春	夏	秋	冬
大原多甲藻	*Protoperidinium grande*	+			
格氏原多甲藻	*Protoperidinium granii*			+	
里昂原多甲藻 *	*Protoperidinium leonis*		+	+	
墨氏原多甲藻	*Protoperidinium murrayi*			+	
长形原多甲藻	*Protoperidinium oblongum*	+			
海洋原多甲藻 *	*Protoperidinium oceanicum*	+	+	+	+
卵形原多甲藻	*Protoperidinium ovum*	+		+	
光甲原多甲藻 *	*Protoperidinium pallidum*	+	+	+	+
灰甲原多甲藻	*Protoperidinium pellucidum*	+		+	
五角原多甲藻 *	*Protoperidinium pentagonum*	+		+	+
点刺原多甲藻	*Protoperidinium punctulatum*	+		+	
梨形原多甲藻	*Protoperidinium pyriforme*		+	+	+
角原多甲藻	*Protoperidinium roseum*	+		+	
原多甲藻	*Protoperidinium* sp.	+	+	+	+
斯氏原多甲藻	*Protoperidinium steinii*	+		+	
亚梨状原多甲藻	*Protoperidinium subpyriforme*	+			
方格原多甲藻	*Protoperidinium thorianum*			+	
纺锤梨甲藻	*Pyrocystis fusiformis*	+	+	+	+
钩梨甲藻	*Pyrocystis hamulus*	+	+	+	+
钩梨甲藻异肢变种	*Pyrocystis hamulus* var. *inaeaqualis*	+		+	+
拟夜光梨甲藻	*Pyrocystis pseudonoctiluca*	+	+	+	+
粗梨甲藻	*Pyrocystis robusta*	+	+	+	+
钟扁甲藻	*Pyrophacus horologicum*	+	+	+	+
斯氏扁甲藻 *	*Pyrophacus steinii*			+	
锥状斯氏藻 *	*Scrippsiella trochoidea*	+	+	+	+
双角三管藻	*Triposolenia bicornis*	+			+
蓝藻	**CYANOPHYTA**				
红海束毛藻 *	*Trichodesmium erythraeum*	+	+	+	+
汉氏束毛藻 *	*Trichodesmium hildebrandtii*	+	+	+	+
薛氏束毛藻 *	*Trichodesmium thiebautii*	+	+	+	+
金藻	**CHRYSOPHYTA**				
小等刺硅鞭藻 *	*Dictyocha fibula*	+	+	+	+
六异刺硅鞭藻 *	*Distephanus speculum*				+
海洋桥球石藻	*Gephyrocapsa oceanica*			+	
绿藻	**CHLOROPHYTA**				
集星藻	*Actinastrum* sp.			+	
四棘栅藻	*Scenedesmus quadricauda*			+	
裸藻	**EUGLENOPHYTA**				
裸藻	*Euglena* sp.			+	
	Eutreptiella sp.				+
动鞭门	**ZOOFLAGELLATES**				
三裂醉藻 *	*Ebria tripartita*			+	

注：*表示该种为赤潮生物

附录4　浮游动物

种　　名	拉丁学名	春	夏	秋	冬
水螅水母类	**HYDROMEDUSAE**				
八手筐水母	*Aeginura grimaldii*		+		
多管水母	*Aequorea aequorea*		+	+	+
锥形多管水母	*Aequorea conica*	+			+
细小多管水母	*Aequorea parva*	+			
间囊水母科	Ageinidae unid.	+			
半口壮丽水母	*Aglaura hemistoma*	+		+	
鲍氏水母	*Bougainvillia bitentaculata*				+
高手水母	Bougainvillia sp.	+			
杜氏外肋水母	*Ectopleura dumontieri*	+			
和平水母	Eirene sp.	+			
真囊水母	*Euphysora* sp.	+			
贝氏真囊水母	*Euphysora bigelowi*	+			
印度感择水母	*Laodicea indica*	+			
四叶小舌水母	*Liriope tetraphylla*	+	+	+	+
薮枝螅	Obelia sp.	+			
八管水母	Octocannoidae sp.		+	+	+
其他水螅水母	Other hydromedusae	+			
酒杯水母	Phialidium sp.	+			
太阳水母	*Solmaris leuocostyla*	+			
两手对称筐水母	*Solmundella bitentaculata*	+	+	+	+
嵊山酒杯水母	*Sugiura chengshanense*	+			
管水母类	**SIPHONOPHORAE**				
小拟多面水母	*Abylopsis eschscholtzi*	+			
方拟多面水母	*Abylopsis tetragona*	+			
巴斯水母	*Bassia bassensis*	+			
拟双生水母	*Diphyes bojani*	+			
双生水母	*Diphyes chamissonis*	+	+	+	+
异双生水母	*Diphyes dispar*	+			
浅室水母	Lensia sp.			+	
拟细浅室水母	*Lensia subtiloides*	+			
五角水母	*Muggiaea atlantica*	+	+	+	+
气囊水母	*Physophora hydrostatica*	+			
无棱水母	Sulculeolaria sp.	+			
钵水母类	**SCYPHOMEDUSAE**				
白色霞水母	*Cyanea nozakii*			+	
霞水母	Cyanea sp.	+		+	
栉水母动物	**CTENOPHORA**				
瓜水母	*Beroe cucumis*	+	+	+	
球型侧腕水母	*Pleurobrachia globosa*	+	+	+	
桡足类	**COPEPODA**				
克氏纺锤水蚤	*Acartia clausi*		+	+	+
丹氏纺锤水蚤	*Acartia danae*	+	+		+

续表

种　名	拉丁学名	春	夏	秋	冬
小纺锤水蚤	*Acartia negligens*	+			
太平洋纺锤水蚤	*Acartia pacifica*	+	+	+	+
纺锤水蚤	Acartia sp.		+	+	
刺尾纺锤水蚤	*Acartia spinicauda*	+	+		
驼背隆哲水蚤	*Acrocalanus gibber*	+	+	+	
微驼隆哲水蚤	*Acrocalanus gracilis*	+	+	+	+
长角隆哲水蚤	*Acrocalanus longicornis*			+	
隆哲水蚤	Acrocalanus sp.	+	+	+	+
隆线拟哲水蚤	*Calanoides carinatus*		+		
椭形长足水蚤	*Calanopia elliptica*		+	+	+
小长足水蚤	*Calanopia minor*	+	+	+	
汤氏长足水蚤	*Calanopia thompsoni*	+			
中华哲水蚤	*Calanus sinicus*	+	+	+	+
孔雀丽哲水蚤	*Calocalanus pavo*	+	+	+	+
锦丽哲水蚤	*Calocalanus pavoninus*	+	+		
羽丽哲水蚤	*Calocalanus plumulosus*	+	+		+
丽哲水蚤	Calocalanus sp.	+	+		
针丽哲水蚤	*Calocalanus styliremis*	+	+		
黑斑平头水蚤	*Candacia aethiopica*	+	+	+	+
双刺平头水蚤	*Candacia bipinata*	+	+	+	+
伯氏平头水蚤	*Candacia bradyi*	+			
幼平头水蚤	*Candacia catula*	+	+	+	+
短平头水蚤	*Candacia curta*	+	+	+	+
异尾平头水蚤	*Candacia discaudata*	+	+	+	
厚指平头水蚤	*Candacia pachydactyla*	+	+	+	
平头水蚤	Candacia sp.	+	+		
微刺哲水蚤	*Canthocalanus pauper*	+	+	+	+
隆脊大眼剑水蚤	*Carycaeus carinata*		+		
弓角基齿哲水蚤	*Causocalanus arcuicornis*	+	+	+	
长尾基齿哲水蚤	*Causocalanus furcatus*	+	+		
短尾基齿哲水蚤	*Causocalanus pergens*		+		
基齿哲水蚤	Causocalanus sp.	+	+	+	
哲胸刺水蚤	*Centropages calaninus*		+		+
背针胸刺水蚤	*Centropages dorsispinatus*		+		+
叉胸刺水蚤	*Centropages furcatus*	+	+	+	+
瘦胸刺水蚤	*Centropages gracilis*		+	+	+
长角胸刺水蚤	*Centropages longicornis*		+		+
墨氏胸刺水蚤	*Centropages mcmurrichi*	+			
奥氏胸刺水蚤	*Centropages orsinii*				+
瘦尾胸刺水蚤	*Centropages tenuiremis*	+			
波氏袖水蚤	*Chiridius poppei*		+		
有额暴猛水蚤	*Clytemnestra rostrata*	+			+
硬鳞暴猛水蚤	*Clytemnestra scutellata*	+	+		+
暴猛水蚤	*Clytemnestra* sp.			+	
大桨剑水蚤	*Copilia lata*	+	+		
奇桨剑水蚤	*Copilia mirabilis*	+			

续表

种　名	拉丁学名	春	夏	秋	冬
方桨剑水蚤	*Copilia quadrata*		+		
近缘大眼剑水蚤	*Corycaeus affinis*	+	+	+	
活泼大眼剑水蚤	*Corycaeus agilis*	+			+
亮大眼剑水蚤	*Corycaeus andrewsi*	+			+
东亚大眼剑水蚤	*Corycaeus asiatius*	+	+		+
灵巧大眼剑水蚤	*Corycaeus catus*	+	+		
精致大眼剑水蚤	*Corycaeus concinnus*	+			
微胖大眼剑水蚤	*Corycaeus crassiusculus*	+	+	+	
平大眼剑水蚤	*Corycaeus dahli*	+	+		
红大眼剑水蚤	*Corycaeus erythraeus*	+			
柔大眼剑水蚤	*Corycaeus flaccus*	+	+		
叉大眼剑水蚤	*Corycaeus furcifer*	+	+		+
驼背大眼剑水蚤	*Corycaeus gibbulus*	+	+		
短大眼剑水蚤	*Corycaeus giesbrechti*				+
伶俐大眼剑水蚤	*Corycaeus lautus*	+	+		
菱形大眼剑水蚤	*Corycaeus limbatus*		+		
长尾大眼剑水蚤	*Corycaeus longicaudis*	+			
长刺大眼剑水蚤	*Corycaeus longisylis*	+	+		
小突大眼剑水蚤	*Corycaeus lubbocki*	+			
太平洋大眼剑水蚤	*Corycaeus pacificus*	+			
小型大眼剑水蚤	*Corycaeus pumilus*		+		+
粗大眼剑水蚤	*Corycaeus robustus*	+	+		+
大眼剑水蚤	*Corycaeus* sp.	+	+	+	+
美丽大眼剑水蚤	*Corycaeus speciosus*	+	+	+	
细大眼剑水蚤	*Corycaeus subtilis*	+			+
大型大眼剑水蚤	*Corycaeus typicus*	+			
典型大眼剑水蚤	*Corycaeus typicus*		+		
绿大眼剑水蚤	*Corycaeus viretus*	+			+
纪氏真鹰嘴水蚤	*Euaetideus giesbrechti*		+	+	
细真哲水蚤	*Eucalanus attemuatus*	+	+		
强真哲水蚤	*Eucalanus crassus*	+	+	+	+
瘦长真哲水蚤	*Eucalanus elongatus*	+	+	+	+
尖额真哲水蚤	*Eucalanus mucronatus*	+	+	+	+
伪细真哲水蚤	*Eucalanus pseudattenuatus*	+	+	+	+
亚强真哲水蚤	*Eucalanus subcrassus*	+	+	+	+
狭额真哲水蚤	*Eucalanus subtenuis*	+	+	+	+
精致真刺水蚤	*Euchaeta concinna*	+	+	+	+
长角真刺水蚤	*Euchaeta longicornis*	+	+		
海洋真刺水蚤	*Euchaeta marina*	+	+	+	+
平滑真刺水蚤	*Euchaeta plana*	+	+	+	+
真刺水蚤	*Euchaeta* sp.	+		+	
吴氏真刺水蚤	*Euchaeta wolfendeni*	+	+		+
尖额谐猛水蚤	*Euterpina acutifrons*	+	+		
小枪水蚤	*Gaetanus minor*		+		
小毛猛水蚤	*Genus aegisthus*		+	+	+
长角海羽水蚤	*Haloptilus longicornis*		+		

续表

种　名	拉丁学名	春	夏	秋	冬
乳突异肢水蚤	*Heterorhabdus papilliger*	+	+		+
尖刺唇角水蚤	*Labidocera acuta*	+	+	+	
双刺唇角水蚤	*Labidocera bipinnata*		+		
后截唇角水蚤	*Labidocera detruncata*	+	+		
真刺唇角水蚤	*Labidocera euchaeta*				+
克氏唇角水蚤	*Labidocera kroyeri*	+	+		
小唇角水蚤	*Labidocera minuta*		+	+	
孔雀唇角水蚤	*Labidocera pavo*	+			
掌刺梭剑水蚤	*Lubbockia aquillimana*		+		+
克氏光水蚤	*Lucicutia clausi*	+			
黄角光水蚤	*Lucicutia flavicornis*	+	+	+	+
光水蚤	*Lucicutia* sp.	+			
克氏长角哲水蚤	*Mecynocera clausi*	+			
红小毛猛水蚤	*Microsetella rosea*	+		+	+
小哲水蚤	*Nannocalanus minor*	+	+	+	+
瘦新哲水蚤	*Neocalanus gracilis*	+	+		+
粗新哲水蚤	*Neocalanus robustior*	+	+		+
细长腹剑水蚤	*Oithona attenuata*	+	+		+
短角长腹剑水蚤	*Oithona brevicornis*		+	+	
隐长腹剑水蚤	*Oithona decipiens*	+	+		
伪长腹剑水蚤	*Oithona fallax*	+	+		+
小长腹剑水蚤	*Oithona nana*	+	+		+
羽长腹剑水蚤	*Oithona plumifera*	+	+		
粗长腹剑水蚤	*Oithona robusta*	+	+		
刺长腹剑水蚤	*Oithona setigera*	+			
大同长腹剑水蚤	*Oithona similis*	+	+	+	+
简长腹剑水蚤	*Oithona simplex*	+	+		+
长腹剑水蚤	*Oithona* sp.	+	+	+	+
瘦长腹剑水蚤	*Oithona tenuis*	+	+		+
背突隆剑水蚤	*Oncaea clevei*	+			
角突隆剑水蚤	*Oncaea conifera*	+	+		+
齿隆剑水蚤	*Oncaea dentipes*		+		+
中隆剑水蚤	*Oncaea media*		+	+	
等刺隆剑水蚤	*Oncaea mediterranea*	+	+	+	+
小隆剑水蚤	*Oncaea minuta*	+			+
拟隆剑水蚤	*Oncaea similis*	+			+
隆剑水蚤	*Oncaea* sp.	+	+	+	+
丽隆剑水蚤	*Oncaea venusta*	+	+	+	
斑点厚剑水蚤	*Pachysoma punctatum*	+			+
针刺拟哲水蚤	*Paracalanus aculeatus*	+	+	+	+
强额拟哲水蚤	*Paracalanus crassirostris*	+	+	+	+
瘦拟哲水蚤	*Paracalanus gracilis*	+	+		+
小拟哲水蚤	*Paracalanus parvus*	+	+	+	+
拟哲水蚤	*Paracalanus* sp.	+		+	
截平头水蚤	*Paracandacia truncata*	+	+	+	+
芦氏拟真刺水蚤	*Pareuchaeta russelli*	+	+		+

续表

种　名	拉丁学名	春	夏	秋	冬
刺褐水蚤	*Phaenna spinifera*	+	+		
腹突乳点水蚤	*Pleuromamma abdominalis*	+	+	+	+
北方乳点水蚤	*Pleuromamma boraelis*	+	+	+	+
瘦乳点水蚤	*Pleuromamma gracilis*	+	+	+	
粗乳点水蚤	*Pleuromamma robusta*	+	+	+	+
剑乳点水蚤	*Pleuromamma xiphias*	+	+	+	+
叉刺角水蚤	*Pontella chierchiae*		+	+	
阔节角水蚤	*Pontella fera*		+		
腹斧角水蚤	*Pontella securifer*	+			
羽小角水蚤	*Pontellina plumata*	+	+		+
筒角水蚤	*Pontellopsis* sp.	+			
武装筒角水蚤	*Pontellopsis armatus*		+		
皇筒角水蚤	*Pontellopsis regalis*	+			
瘦尾筒角水蚤	*Pontellopsis tenuicauda*	+			
钝筒角水蚤	*Pontellopsis yamadae*	+			
角锚哲水蚤	*Rhincalanus cornutus*	+	+	+	+
鼻锚哲水蚤	*Rhincalanus nasutus*	+	+	+	+
狭叶剑水蚤	*Sapphirina angusta*		+		+
双齿叶剑水蚤	*Sapphirina bicuspidata*	+	+		
胃叶剑水蚤	*Sapphirina gastrica*	+	+		+
芽叶剑水蚤	*Sapphirina gemma*	+	+		
肠叶剑水蚤	*Sapphirina intestinata*		+		+
金叶剑水蚤	*Sapphirina metallina*		+		+
黑点叶剑水蚤	*Sapphirina nigromaculata*	+			+
玛瑙叶剑水蚤	*Sapphirina opalina*		+		
圆矛叶剑水蚤	*Sapphirina ovatolanceolata*		+		
弯尾叶剑水蚤	*Sapphirina sinuicauda*		+		+
叶剑水蚤	Sapphirina sp.	+	+	+	+
星叶剑水蚤	*Sapphirina stellata*		+		
火腿许水蚤	*Schmackeria poplesia*		+		
伯氏小厚壳水蚤	*Scolecithricella bradyi*		+		+
栉小厚壳水蚤	*Scolecithricella ctenopus*		+		
长刺小厚壳水蚤	*Scolecithricella longispinosa*	+	+		
小厚壳水蚤	Scolecithricella sp.	+	+	+	
丹氏厚壳水蚤	*Scolecithrix danae*	+	+	+	+
缘齿厚壳水蚤	*Scolecithrix nicobarica*	+	+	+	+
瘦长毛猛水蚤	*Setella gracilis*	+	+	+	
华哲水蚤	*Sinocalanus sinensis*	+			
粗刺哲水蚤	*Spinocalanus horridus*	+			
异尾宽水蚤	*Temora discaudata*	+	+	+	+
柱形宽水蚤	*Temora stylifera*	+	+	+	+
锥形宽水蚤	*Temora turbinata*	+	+	+	+
达氏波水蚤	*Undinula darwinii*	+	+	+	+
普通波水蚤	*Undinula vulgaris*	+	+	+	+
多刺黄水蚤	*Xanthocalanus multispinus*	+	+		

附录

续表

种　名	拉丁学名	春	夏	秋	冬
端足类	**AMPHIPODA**				
近节虫戎	Anchylomera blossevillei		+		+
壳短足虫戎	Brachyscelus crusculum	+	+		
雕盔头虫戎	Cranocephalus scleroticus	+	+		
斑真叶虫戎	Eupronoe maculata	+	+	+	
小真叶虫戎	Eupronoe minuta		+		+
钩虾	Gammarus sp.	+	+	+	+
长眼短脚虫戎	Hypera macrophthalma	+	+	+	+
乳短脚虫戎	Hyperia galba	+			
长足拟蛮虫戎	Hyperioides longipes	+			
拟蛮虫戎	Hyperoche sp.	+			
太平洋矛虫戎	Lanceola pacifica	+			
孟加拉蛮虫戎	Lestrigonus bengalensis	+			
大眼蛮虫戎	Lestrigonus macrophalmus	+	+	+	+
裂颏蛮虫戎	Lestrigonus schizogeneios	+	+		+
苏氏蛮虫戎	Lestrigonus shoemakeri	+			
蚤丽虫戎	Lycaea pulex	+	+		
三宝颜秀虫戎	Lycaeopsis zamboanmgae	+	+		
狼虫戎	Lycuea spp.	+			
瘦拟巧虫戎	Paraphronima gracilis			+	
拟叶虫戎	Parapronoe crustulum	+	+		
突拟臂虫戎	Parascelus edwardsi	+	+	+	
大巧虫戎	Phronima megalodom	+			
突巧虫戎	Phronima colletti	+			
长小巧虫戎	Phronimella elongata		+		
针筒巧虫戎	Phronimopsis spinifera		+		
半弯灵虫戎	Phrosina semilunata	+	+		
武装扁足虫戎	Platyscelus armatus		+		
卵扁足虫戎	Platyscelus ovoides	+			+
大足原虫戎	Primno macropa	+	+		+
伪狼虫戎属	Pseudolycaea claus	+			
棒体虫戎	Rhabdosoma sp.	+			
扁鼻虫戎	Sinmorhychotus sp.	+			
钳四盾虫戎	Tetrathyrus forcipatus	+	+	+	+
细长脚虫戎	Themisto gracilipes	+			
尖头巾虫戎	Tullbergella cuspidata	+	+	+	+
多毛类	**POLYCHAETES**				
盘首蚕	Lopadorhynchus sp.	+			
寡盘首蚕	Lopadorhynchus sp.	+			
瘤盘首蚕	Lopadorhynchus tuberculus	+			
四须蚕	Maupasia caeca	+			
水蚕	Naiades cantrainii	+	+		+
齿吻沙蚕	Nephtys sp.	+			
沙蚕	Nereis spp.	+			
圆瘤蚕	Orhynchus sp.	+			

续表

种　名	拉丁学名	春	夏	秋	冬
游蚕	*Pelagobis longicirrata*	+	+		
叶须虫	*Phyllodoce laminosa laminosa*	+			
游须蚕	*Pontodora pelagica*	+			
丝鳃稚齿虫	*Prionospio malmgreni*	+			
伪稚虫	*Pseudopolydora* sp.	+			
鼻蚕	*Rhynchonerella gracilis*		+		
箭蚕	*Sagitella kowalevskii*	+	+		
圆首蚕	*Tavisiopsis* sp.	+			
太平洋浮蚕	*Tomopteris pacifica*	+	+	+	+
等须浮蚕	*Tomopteris (Johnstonella) duccii*	+	+		
浮蚕	*Tomopteris* spp.	+	+		
盲蚕	*Typhloscolex muelleri*	+			
明蚕	*Vanadis* sp.	+			
有尾类	**APPENDICULATA**				
长吻纽鳃樽	*Brooksia rostrata*	+			
佛环纽鳃樽	*Cyclosalpa floridana*	+	+		
环纽鳃樽	Cyclosalpa sp.	+			
软拟海樽	*Dolioletta gegenbauri*	+	+	+	+
海樽	Doliolidae sp.	+	+		+
小齿海樽	*Doliolum denticulatum*	+	+		+
邦海樽	*Doliolum mationalis*	+			
贫肌纽鳃樽	*Pegea confoederata*		+		
梭形纽鳃樽	*Salpa fusiformis*	+			
纽鳃樽	Salpa sp.	+	+	+	+
双尾纽鳃樽	*Thalia democratica*	+			
东方萨利亚	*Thalia democratica* var. *orientalis*	+	+		
异体住囊虫	*Oikopleura dioica*	+	+	+	+
梭形住囊虫	*Oikopleura fusiformis*	+			
中型住囊虫	*Oikopleura interrmedia*	+			
长尾住囊虫	*Oikopleura longicauda*	+			
红住囊虫	*Oikopleura rufescens*	+		+	+
介形类	**OSTRACODA**				
翼萤	Alacia sp.	+			
大浮萤	*Conchoecia magna*	+			
浮萤	*Conchoecia* sp.	+			
尖尾海萤	*Cypridina acuminata*		+		
齿形海萤	*Cypridina dentata*	+	+	+	+
针刺真浮萤	*Euconchoecia aculeata*	+	+	+	+
短棒真浮萤	*Euconchoecia chierchiae*	+			
细长真浮萤	*Euconchoecia elongata*		+		
圆荚萤	*Euconchoecia* sp.	+			
肥胖吸海萤	*Halocypris brevirostris*	+			
兜甲萤	*Loricoecia loricata*	+			
圆形后浮萤	*Metaconchoecia rotundata*	+			
平滑后浮萤	*Metaconchoecia teretivalvata*	+			
拟浮萤	*Paraconchoecia* sp.	+			

续表

种　名	拉丁学名	春	夏	秋	冬
拟软萤	Paramollicia sp.	+			
葱萤	Porroecia porrecta	+			
糠虾类	**MYSIDACEA**				
长额刺糠虾	Acanthomysis longirostris	+			
中华刺糠虾	Acanthomysis sinensis			+	
近糠虾	Anchialina typica	+	+	+	
裂眼异糠虾	Anisomysis bipartoculata		+	+	
漂浮囊糠虾	Gastrosaccus pelagicus	+	+	+	+
美丽拟节糠虾	Hemisiriella pulchra	+	+		
刺拟红糠虾	Hyperythrops spinifera		+		
黑褐新糠虾	Neomysis awatschensis	+			
极小假近糠虾	Pseudanchialina pusilla		+		
宽额新糠虾	Pseudeuphausia latifrons	+			
中华节糠虾	Siriella sinensis		+		
节糠虾	Siriella sp.		+		
三刺节糠虾	Siriella trispina	+	+	+	
涟虫类	**CUMACEA**				
针尾涟虫	Diastylidae sp.	+			
无尾涟虫	Leueon sp.				+
磷虾类	**EUPHAUSLACEA**				
长额磷虾	Euphausia diomedeae	+	+	+	
鸟喙磷虾	Euphausia mutica	+	+	+	
小型磷虾	Euphausia nana	+	+	+	+
卷叶磷虾	Euphausia recurva	+	+	+	
双突磷虾	Euphausia sanzoi		+		
柔嫩磷虾	Euphausia tenera		+		
瘦线脚磷虾	Nematoscelis gracilis	+	+		
宽额假磷虾	Pseudeuphausia latifrons	+	+	+	+
中华假磷虾	Pseudeuphausia sinica	+	+	+	+
多形手磷虾	Stylocheiron affine	+	+		
隆突手磷虾	Stylocheiron carinatum	+	+		
两锥手磷虾	Stylocheiron microphthalma	+			
三锥手磷虾	Stylocheiron suhmii	+	+		
尖额樱磷虾	Thysanopoda acutifrons		+		
三刺樱磷虾	Thysanopoda tricuspidata	+	+	+	
毛颚类	**CHAETOGNATHA**				
太平洋撬虫	Krohnitta pacifica	+			
纤细撬虫	Krohnitta subtilis	+			
飞龙翼箭虫	Pterosagitta draco	+	+		
矮壮箭虫	Sagitta bedfordii	+	+		+
百陶箭虫	Sagitta bedoti	+	+	+	+
双斑箭虫	Sagitta bipunctata	+	+	+	
狭长箭虫	Sagitta bruani				+
强壮箭虫	Sagitta crassa	+	+	+	
多变箭虫	Sagitta decipiens	+	+	+	+

续表

种　名	拉丁学名	春	夏	秋	冬
肥胖箭虫	*Sagitta enflata*	+	+	+	+
凶形箭虫	*Sagitta ferox*	+	+	+	+
六鳍箭虫	*Sagitta hexaptera*	+	+	+	+
琴形箭虫	*Sagitta lyra*		+		
微型箭虫	*Sagitta minima*	+	+	+	+
海龙箭虫	*Sagitta nagae*	+	+	+	+
小型箭虫	*Sagitta neglecta*	+	+	+	+
太平洋箭虫	*Sagitta pacifica*	+			
假锯齿箭虫	*Sagitta pseudoserratodentata*	+	+	+	+
美丽箭虫	*Sagitta pulchra*	+	+	+	
规则箭虫	*Sagitta regularis*	+	+	+	+
粗壮箭虫	*Sagitta robusta*	+	+	+	+
隔状箭虫	*Sagitta septata*	+	+		+
中华箭虫	*Sagitta sinica*	+			
箭虫	Sagitta sp.				+
瘦形箭虫	*Sagitta tenuis*	+	+	+	+
时冈隆箭虫	*Sagitta tokiokai*	+	+		
十足类	**DECAPODA**				
日本毛虾	*Acetes japonicus*				+
中国毛虾	*Acetes chinensis*	+	+	+	+
鼓虾	Alpheus sp.		+		+
细螯虾	*Leptochela gracilis*	+	+	+	+
亨生莹虾	*Lucifer hanseni*	+	+	+	+
中型莹虾	*Lucifer intermedius*	+	+	+	+
刷状莹虾	*Lucifer penicillifer*	+	+	+	+
正型莹虾	*Lucifer typus*	+	+		+
翼足类	**PTEROPODA**				
无鳃螺	*Abranchaea chinensis*	+			
强卷螺	*Agadina syimpsini*	+	+	+	+
大口明螺	*Atlanta lesueuri*	+			
玫瑰明螺	*Atlanta rosea*	+	+	+	+
明螺	Atlanta sp.	+			
长吻龟螺	*Cavolinia longirostris*		+	+	+
尖笔帽螺	*Creseis acicula*	+		+	
杯笔帽螺	*Creseis caliciformis*		+		
棒笔帽螺	*Creseis clava*	+			
笔帽螺	Creseis sp.	+	+	+	+
锥笔帽螺	*Creseis virgula* var. *comica*	+			
蝴蝶螺	*Desmopterus papilio*	+	+	+	+
玻杯螺	*Hyalocyliz striata*	+	+		
泡琥螺	*Limacina bulimoides*	+			
马蹄琥螺	*Limacina trochiformis*	+	+	+	+
拟海若螺	*Paraclione longicaudata*	+	+	+	
皮鳃螺	*Pneumoderma atlanticum*	+			
枝角类	**CLADOCERA**				
诺氏僧帽溞	*Evadne noramanni*		+		

续表

种　　名	拉丁学名	春	夏	秋	冬
肥胖僧帽溞	*Evadne tergestina*		+		
尖头溞	*Penilia* sp.	+			
鸟喙尖头溞	*Penilia avirostris*		+		
多型大眼溞	*Podon polyphemoids*		+		
等足类	**ISOPODA**				
浪漂水虱	Cirolana sp.		+		
海洋昆虫	**INSECTA**				
三角铠角虫	*Ceratium tripos*			+	+
海洋昆虫	*Marina insecte*	+	+		+
浮游幼体	**PELAGIE LARVAE**				
阿利玛幼虫	*Alima larva*	+	+	+	+
海星幼体	*Asteroidea larva*	+			
短尾类幼体	*Brachyura larva*	+			
短尾类大眼幼体	*Brachyura megalopa*	+			
短尾类蚤状幼虫	*Brachyura zoea*	+	+	+	+
磷虾节胸幼体	*Calyptopis larva*	+	+	+	+
异尾类幼体	*Candacia discaudata*				+
平头水蚤幼体	*Candacia larva*		+		
头足类幼体	*Cephalopoda larva*	+			
幼蟹	*Chlorodiella larva*		+		
桡足类幼体	*Copepoda larva*	+			
桡足类六肢幼虫	*Copepoda nauplius larva*	+			
近缘大眼幼体	*Corycaeus larva*	+			
海胆长腕幼虫	*Echinopluteus larv*	+			
真刺水蚤幼体	*Euchaeta larva*	+	+	+	+
磷虾幼体	*Euphausia larva*	+			
鱼卵	*Fish eggs*	+	+	+	+
仔鱼	*Fish larva*	+	+	+	+
磷虾带叉幼体	*Furcilia larva*	+	+	+	+
幼螺	*Gastropod post larva*	+	+	+	+
幼蛤	*Lamellibranchia larva*	+	+	+	+
莹虾幼体	*Lucifer larva*	+			
长尾类幼体	*Macrura larva*	+	+	+	+
大眼幼虫	*Megalopa larva*	+	+	+	+
鳗鱼幼体	*Muraenesocidae larva*		+		+
沙蚕幼体	*Nereis larva*	+			
蛇尾长腕幼虫	*Ophiopluteus larva*	+			+
叶状幼虫	*Phyllosoma larva*	+			
多毛类幼体	*Polychaeta larva*	+	+		+
才女虫幼体	*Polydora larva*	+			
磁蟹蚤状幼体	*Porcellana zoea*		+		
磁蟹幼体	*Porcellana larva*	+			
箭虫幼体	*Sagitta larvae*	+	+	+	
目鱼幼体	*Sepia larva*	+	+		+
乌贼面盆幼体	*Sepia veliger larva*	+			

附录5　鱼类浮游生物

种(目、科)名	拉丁学名	春		夏		秋		冬	
		鱼卵	仔、稚鱼	鱼卵	仔、稚鱼	鱼卵	仔、稚鱼	鱼卵	仔、稚鱼
鲱形目	**Clupeiformes**								
鲱科	Clupeidae								
青鳞小沙丁鱼	*Sardinella zunasi*		+						
金色小沙丁鱼	*Sardinella aurita*	+							
斑鰶	*Konosirus punctatus*			+					
鳓鱼	*Ilisha elongata*			+					
无齿鰶	*Anodontostoma chacunda*			+					
鳀科	Engraulidae								
日本鳀	*Engraulis japonicus*	+	+	+	+	+	+	+	
小公鱼属一种	*Stolephorus* sp1			+					
梭鳀属一种	*Thrissa* sp1						+		
鲑形目	**Salmoniformes**								
钻光鱼科	Gonostomatidae								
钻光鱼科一种	Gonostomatidae sp1				+				
银鱼科	Salangidae								
银鱼科一种	Salangidae sp1				+				
灯笼鱼目	**Myctophiformes**								
狗母鱼科	Synodidae								
叉斑狗母鱼	*Synodus rubromarmoratus*				+				
长蛇鲻	*Saurida elongate*	+	+	+				+	
花斑蛇鲻	*Saurida undosquamis*				+				
多齿蛇鲻	*Saurida tumbil*		+	+	+	+			
灯笼鱼科	Myctophidae								
灯笼鱼科一种	Myctophidae sp1						+		
七星底灯鱼	*Benthosema pterotum*				+				+
底灯鱼属一种	*Benthosema* sp1				+				
底灯鱼属一种	*Benthosema* sp2						+		+
底灯鱼属一种	*Benthosema* sp3						+		+
底灯鱼属一种	*Benthosema* sp4						+		+
明灯鱼属一种	*Diogenichthys* sp1								+
眶灯鱼属一种	*Diaphus* sp1				+				
鳗鲡目	**Anguilliformes**								
蛇鳗科	Ophichthyidae								
蛇鳗科一种	Ophichthyidae sp1			+	+				
蛇鳗科一种	Ophichthyidae sp2		+		+	+			+
蛇鳗科一种	Ophichthyidae sp3						+		
蛇鳗属一种	*Ophichthus* sp1			+	+				
蚓鳗科	Moringuidae								
蚓鳗科一种	Moringuidae sp1			+	+				
鳕形目	**Gadiformes**								
犀鳕科	Bregmacerotidae								
犀鳕属一种	*Bregmaceros* sp1		+		+				+

续表

种(目、科)名	拉丁学名	春		夏		秋		冬	
		鱼卵	仔、稚鱼	鱼卵	仔、稚鱼	鱼卵	仔、稚鱼	鱼卵	仔、稚鱼
深水犀鳕	*Bregmaceros bathymaster*		+		+		+		
鲻形目	**Mugiliformes**								
魣科	Sphyraenidae								
油魣	*Sphyraena pinguis*		+		+				
鲻科	Mugilidaae								
鲛鱼	*Liza haematocheila*		+						
海鲂目	**Zeiformes**								
海鲂科	Zeidae								
海鲂科一种	Zeidae sp1								+
菱鲷科	Antigoniidae								
高菱鲷	*Antigonia capros*								+
鲈形目	**Perciformes**								
鮨科	Serranidae								
花鲈	*Lateolabrax japonicus*								+
姬鮨	*Tosana niwae*								
石斑鱼属一种	*Epinephelus* sp1				+				
方头鱼科	Branchiostegidae								
日本方头鱼	*Branchiostegus japonicus*		+						+
玉筋鱼科	Ammodytidae								
绿布氏筋鱼	*Bleekeria anguilliviridis*		+						
发光鲷科	Acropomatidae								
发光鲷	*Acropoma japonicum*		+		+				
天竺鲷科	Apogonidae								
细条天竺鲷	*Apogon lineatus*		+		+		+		
大眼鲷科	Priacanthidae								
斑鳍大眼鲷	*Heteropriacanthus cruentatus*				+				
谐鱼科	Emmelichthyidae								
许氏谐鱼	*Erythrocles schlegeli*				+				
鲹科	Carangidae								
鲹科一种	Carangidae sp1	+			+		+		
蓝圆鲹	*Decapterus maruadsi*		+	+					
竹荚鱼	*Trachurus japonicus*		+						
及达叶鲹	*Caranx djeddaba*								+
高体若鲹	*Caranx equula*								+
脂眼凹肩鲹	*Selar crumenophthalmus*								+
金钱鱼科	Scatophagidae								
金钱鱼	*Scatophagus arhus*								
鲯鳅科	Coryphaenidae								
鲯鳅	*Coryphaena hippurus*		+	+					
石首鱼科	Sciaenidae								
石首鱼科一种	Sciaenidae sp1			+		+			
石首鱼科一种	Sciaenidae sp2		+		+		+		
黄姑鱼	*Nibea albiflora*		+				+		
白姑鱼	*Argyrosomus argentatus*	+	+		+				
棘头梅童鱼	*Collichthys lucidus*				+				

续表

种（目、科）名	拉丁学名	春		夏		秋		冬	
		鱼卵	仔、稚鱼	鱼卵	仔、稚鱼	鱼卵	仔、稚鱼	鱼卵	仔、稚鱼
隆头鱼科	Labridae								
细拟隆头鱼	*Pseudolabrus gracilis*				＋				
雀鲷科	Pomacentridae								
光鳃鱼属一种	*Chromis* sp1				＋				
笛鲷科	Lutianidae								
笛鲷属	*Lutianus*			＋					
金线鱼科	Nemipteridae								
日本金线鱼	*Nemipterus japonicus*			＋					
羊鱼科	Mullidae								
条尾绯鲤	*Upeneus bensaai*			＋		＋			
鳄齿鱼科	Champsodontidae								
短鳄齿鱼	*Champsodon capensis*	＋	＋	＋		＋	＋	＋	＋
鳚科	Zoarcoidei								
鳚科一种	Zoarcoidei sp1		＋						
绵鳚	*Enchelyopus elongatus*				＋				
鲔科	Callionymidae								
鲔香	*Callionymus olidus*		＋		＋				
瞻星鱼科	Uranoscopidae								
日本瞻星鱼	*Uranoscopus japonicus*			＋					
带鱼科	Trichiuridae								
带鱼	*Trichiurus haumela*	＋	＋	＋	＋	＋	＋		＋
小带鱼	*Eupleurogrammus muticus*			＋					
鲭科	Scombridae								
鲐鱼	*Pneumatophorus japonicus*	＋	＋	＋					
鲅科	Cybiidae								
蓝点马鲛	*Scombermorus niphonius*	＋							
金枪鱼科	Thunnidae								
金枪鱼	*Thunnus thynnus*				＋				
鲔鱼	*Euthynnus affinis*			＋	＋				
鲾科	Leiognathidae								
鲾科一种	Leiognathidae sp1			＋	＋				
鲳科	Stromateidae								
银鲳	*Pampus argenteus*		＋						
刺鲳	*Psenopsis anomala*		＋						
鰕虎鱼科	Gobiidae								
鰕虎鱼科一种	Gobiidae sp1				＋				＋
鰕虎鱼科一种	Gobiidae sp2		＋				＋		＋
鰕虎鱼科一种	Gobiidae sp3						＋		＋
鰕虎鱼科一种	Gobiidae sp4								＋
六丝矛尾鰕虎鱼	*Chaeturichthys hexanema*		＋						
鳗鰕虎鱼科	Taenioididae								
红狼牙鰕虎鱼	*Odontamblyopus rubicundus*				＋				
弹涂鱼科	Periophthalmidae								
大弹涂鱼	*Boleophthalmus pectinirostris*				＋				

续表

种(目、科)名	拉丁学名	春		夏		秋		冬	
		鱼卵	仔、稚鱼	鱼卵	仔、稚鱼	鱼卵	仔、稚鱼	鱼卵	仔、稚鱼
鲉形目	**Scorpaeniformes**								
鲉科	Scorpaenidae								
褐菖鲉	*Sebastiscus marmoratus*		+				+		+
毒鲉科	Synanceidae								
日本鬼鲉	*Inimicus japonicus*		+						
鲂鮄科	Triglidae								
鲂鮄科一种	Triglidae sp1							+	+
绿鳍鱼	*Chelidonichthys kumu*		+					+	
红娘属一种	*Lepidotrigla* sp1								+
鲬科	Platycephalidae								
鳄鲬	*Cociella crocodila*		+						
鲬鱼	*Platycephalus indicus*		+				+		
鲽形目	**Pleuronectiformes**								
鲆科	Bothidae								
鲆科一种	Bothidae sp1	+	+						
牙鲆	*Paralichthys olivaceus*								+
纤羊舌鲆	*Arnoglossus tenuis*								+
斑鲆	*Pseudorhombus arsius*								
五眼斑鲆	*Pseudorhombus pentiphthalmus*		+						
鲽科	Pleuronectidae								
鲽科一种	Pleuronectidae sp1		+						
高眼鲽	*Cleisthenes herzensteini*		+						
木叶鲽	*Pleuronichthys cornutus*		+					+	+
鳎科	Soleidae								
条鳎	*Zebrias zebra*			+					
舌鳎科	Cynoglossidae								
舌鳎属一种	*Cynoglossus* sp1						+	+	+
日本须鳎	*Paraplagusia japonica*	+			+				
鮟鱇目	Lophiiformes								
鮟鱇科	Lophiidae								
黑鮟鱇	*Lophiomus setigerus*		+						
未定种	Sp1	+							
未定种	Sp2		+						+
未定种	Sp3						+		
未定种	Sp4		+	+		+		+	
未定种	Sp5	+					+		+

附录6　大型底栖生物

种　名	拉丁学名	春	夏	秋	冬
多毛类	**POLYCHAETES**				
双鳃内卷齿蚕	*Aglaophamus dibranchis*		+	+	+
杰氏内卷齿蚕	*Aglaophamus jeffreysii*		+		
中华内卷齿蚕	*Aglaophamus sinensis*		+		
内卷齿蚕属	*Aglaophamus* sp.				+
西方似蛰虫	*Amaeana occidentalis*		+		
似蛰虫属	*Amaeana* sp.		+	+	+
双栉虫	*Amphatete acutifrons*		+		+
双栉虫属	*Amphatete* sp.		+		
扇栉虫	*Amphicteis gunneri*		+	+	+
扇栉虫属	*Amphicteis* sp.		+	+	
乳突半突虫	*Anaitides papillosa*		+		+
半突虫属	*Anaitides* sp.		+		+
钩裂虫属	*Ancistrosyllis* sp.			+	
锥稚虫属	*Aonides* sp.		+		+
澳洲鳞沙蚕	*Aphrodita australis*				+
鳞沙蚕科	Aphroditidae sp.			+	
花索沙蚕	*Arabella iricolor*	+		+	+
独指虫	*Aricidea fragilis*		+	+	+
独指虫属	*Aricidea* sp.		+	+	+
中阿曼吉虫	*Armandia intermedia*		+		+
吻蛰虫属	*Artacama* sp.		+		
钩齿短脊虫	*Asychis cf. gangeticus*		+	+	+
异齿短脊虫	*Asychis disparidentata*		+		
五岛短脊虫	*Asychis gotoi*		+	+	
短脊虫属	*Asychis* sp.	+			+
项栉虫属	*Auchenoplax* sp.		+		
格裂虫属	*Brania* sp.		+		
钩虫属	*Cabira* sp.			+	
小头虫	*Capitella capitata*	+			+
红角沙蚕	*Ceratonereis erythraeensis*				+
角沙蚕属	*Ceratonereis* sp.				+
海毛虫	*Chloeia flava*			+	+
海毛虫属	*Chloeia* sp.		+		
紫斑海毛虫	*Chloeia violacea*				+
丝鳃虫	*Cirratulus cirratus*	+	+		
细丝鳃虫	*Cirratulus filiformis*				+
丝鳃虫属	*Cirratulus* sp.		+	+	+
襟节虫	*Clymenella* sp.	+			+
双形拟单指虫	*Cossurella dimorpha*		+	+	+
锦绣巢沙蚕	*Diopatra neotridens*				+
豆维虫属	*Dorvillea* sp.		+		
埃刺梳鳞虫	*Ehlersileanira incisa*		+	+	+

续表

种　名	拉丁学名	春	夏	秋	冬
持真节虫	*Euclymene annandalei*		+	+	+
真节虫属	*Euclymene* sp.		+	+	
巧言虫	*Eulalia viridis*	+		+	+
围巧言虫	*Eumida sanguinea*	+			+
矶沙蚕	*Eunice aphroditois*			+	
滑指矶沙蚕	*Eunice indica*		+	+	
矶沙蚕属	*Eunice* sp.		+	+	
特矶沙蚕属一种	*Euniphysa* sp1		+		+
特矶沙蚕属一种	*Euniphysa* sp2				+
特矶沙蚕属一种	*Euniphysa* sp3				+
须优鳞虫	*Eunoë cf. barbata*			+	
真裂虫亚科	Eusyllinae sp.		+		+
艾裂虫属	*Exogone* sp.				+
毛缘镰毛鳞虫	*Fimbrosthenelais hirsuta*			+	
蜂窝格鳞虫	*Gattyana deludens*				+
渤海格鳞虫	*Gattyana pohaiensis*				+
格鳞虫属	*Gattyana* sp.		+	+	+
长吻沙蚕	*Glycera chirori*	+	+	+	+
中锐吻沙蚕	*Glycera rouxii*			+	
吻沙蚕属	*Glycera* sp.		+		+
吻沙蚕科	Glyceridae sp.		+		
日本角吻沙蚕	*Goniada japonica*		+	+	+
长锥虫	*Haploscoloplos elongatus*	+		+	
复瓦哈鳞虫	*Harmothoë imbricata*			+	
哈鳞虫属	*Harmothoë* sp.				+
异须虫	*Heteromastides* sp.		+		
丝异须虫	*Heteromastus filiforms*			+	+
中华异稚虫	*Heterospio sinica*		+	+	+
无疣齿蚕	*Inermonephtys cf. inermis*	+			
须无疣齿吻沙蚕	*Inermonephtys palpata*			+	
金欧虫属	*Kinberponuphis* sp.				+
后指虫属	*Laonice* sp.		+	+	
后指虫	*Laonice cirrata*	+	+	+	+
光突齿沙蚕	*Leonnates persica*			+	
饭氏脆鳞虫	*Lepidasthenia izukai*		+		
脆鳞虫属	*Lepidasthenia* sp.		+		
隆线背鳞虫	*Lepidonotus carinulatus*			+	
有齿背鳞虫	*Lepidonotus dentatus*			+	
软背鳞虫	*Lepidonotus helotypus*	+			
背鳞虫属	*Lepidonotus* sp.		+	+	
拟刺虫属	*Linopherus* sp.		+		
扁蛰虫	*Loimia medusa*		+	+	+
双唇索沙蚕	*Lumbrineris cruzensis*		+	+	+
异足索沙蚕	*Lumbrineris heteropoda*			+	+
日本索沙蚕	*Lumbrineris japonica*	+			
短叶索沙蚕	*Lumbrineris latreilli*		+	+	+

附 录

ZHEJIANGJIFUJIANBEIBU

续表

种 名	拉丁学名	春	夏	秋	冬
长叶索沙蚕	*Lumbrineris longifolia*			+	+
纳加索沙蚕	*Lumbrineris nagae*		+		
索沙蚕属	*Lumbrineris* sp.	+	+	+	+
襟松虫	*Lysidice ninetta*			+	
尖叶长手沙蚕	*Magelona cincta*		+	+	+
太平洋长手沙蚕	*Magelona pacifica*		+		+
长手沙蚕	*Magelona* sp.		+		
缩头竹节虫	*Maldane sarsi*		+	+	
竹节虫科	Maldanidae sp.		+		
毡毛岩虫	*Marphysa stragulum*		+	+	+
中蚓虫	*Mediomastus californiensis*		+	+	+
中蚓虫属	*Mediomastus* sp.		+		
微齿吻沙蚕属	*Micronephtys* sp.			+	
双小健足虫	*Micropodarke dubia*		+	+	+
小健足虫属	*Micropodarke* sp.		+		
微锥头虫属	*Microrbinia* sp.		+		
日本刺沙蚕	*Neanthes japonica*	+			
刺沙蚕属	*Neanthes* sp.		+	+	+
全刺沙蚕	*Nectoneanthes* sp.		+		
多鳃齿吻沙蚕	*Nephthys polybranchia*		+	+	+
齿吻沙蚕科	Nephtyidae sp.		+		
加州齿吻沙蚕	*Nephtys californiensis*	+			
新多鳃齿吻沙蚕	*Nephtys neopolybranchia*		+		+
寡鳃齿吻沙蚕	*Nephtys oligobranchia*		+		+
齿吻沙蚕属	*Nephtys* sp.		+	+	+
沙蚕亚科	Nereinae sp.	+	+	+	
异须沙蚕	*Nereis heterocirrata*				+
沙蚕属一种	*Nereis* sp1		+	+	+
沙蚕属一种	*Nereis* sp2		+		
沙蚕属一种	*Nereis* sp3		+		
掌鳃索沙蚕	*Ninoë palmata*			+	+
背蚓虫	*Notomastus latericeus*		+	+	+
背蚓虫属	*Notomastus* sp.		+		
欧努菲虫	*Onuphis eremita*		+		
海蛹属	*Ophelia* sp.			+	
角海蛹	*Ophelina acuminata*		+	+	+
背毛蛇潜虫	*Ophiodromus agilis*		+	+	
狭细蛇潜虫	*Ophiodromus angustifrons*		+	+	+
欧文虫	*Owenia fusformis*		+		
漂蚕属	*Palola* sp.			+	
拟特须虫	*Paralacydonia paradoxa*		+		
拟特须虫属	*Paralacydonia* sp.				+
拟突齿沙蚕	*Paraleonnates uschakovi*		+		
足鳃虫属	*Paranorthia* sp.		+	+	+
奇异稚齿虫	*Paraprionospio pinnata*		+	+	+
异毛蚓虫属	*Parheteromastus* sp.			+	+

附录

●367●

续表

种　　名	拉丁学名	春	夏	秋	冬
拟欧虫属	*Paronuphis* sp.				+
乳突笔帽虫	*Pectinaria papillosa*	+			
双齿围沙蚕	*Perinereis aibuhitensis*	+			+
花节虫属	*Petaloproctus* sp.		+		+
孟加拉海扇虫	*Pherusa cf. bengalensis*		+	+	
海扇虫属	*Pherusa* sp.		+		
怪鳞虫属	*Pholoë* sp.				+
叶须虫科一种	Phyllodocidae sp.				+
矛毛虫	*Phylo felix*			+	
腹光矛毛虫	*Phylo nudus*		+		
叉毛矛毛虫	*Phylo ornatus*			+	
长鳃树蛰虫	*Pista brevibranchia*		+	+	+
太平洋树蛰虫	*Pista pacifica*		+		
树蛰虫属	*Pista* sp.		+		
蛇杂毛虫	*Poecilochaetus serpens*		+		+
杂毛虫属	*Poecilochaetus* sp.		+		
热带杂毛虫	*Poecilochaetus tropicus*		+		+
多毛类（种未定1）	Polychaetes sp1		+		
多毛类（种未定2）	Polychaetes sp2		+		
才女虫属	*Polydora* sp.			+	
多鳞虫	Polynoidae sp.	+			
多眼虫属	*Polyophthalmus* sp.		+		
刺缨虫属	*Potamilla* sp.		+		
简毛拟节虫	*Praxillella gracilis*		+		
太平洋拟节虫	*Praxillella pacifica*		+	+	+
拟节虫	*Praxillella praetermissa*	+	+		
拟节虫属	*Praxillella* sp.		+		
矮小稚齿虫	*Prionospio queenslandica*		+		
稚齿虫属	*Prionospio* sp.		+		+
伪小头虫属	*Pseudocapitella* sp.		+	+	
伪才女虫属	*Pseudopolydora* sp.				+
瑰节虫属	*Rhodine* sp.				+
光缨虫属	*Sabellastarte* sp.				+
萨欧虫属	*Sarsonuphis* sp.		+	+	+
刺管萨欧虫	*Sarsonuphis willemoesii*				+
梯额虫	*Scalibregma inflatum*	+	+		
腹沟虫属	*Scolelepis* sp.		+		+
鳞腹沟虫	*Scolelepis squamata*				+
平衡囊尖锥虫	*Scoloplos acmeps*		+		+
尖锥虫	*Scoloplos armiger*		+	+	+
刺尖锥虫亚属	*Scoloplos* sp.		+		
尖锥虫属	*Scoloplos* sp.		+	+	+
尖锥虫亚属	*Scoloplos* spp.				+
锡鳞虫科	Sigalionidae sp.				+
巴氏钩毛虫	*Sigambra bassi*		+		+
花冈钩毛虫	*Sigambra hanaokai*		+	+	+

续表

种　　名	拉丁学名	春	夏	秋	冬
钩毛虫属	*Sigambra* sp.				
海稚虫属	*Spio* sp.			+	
旋鳃虫	*Spirobranchus gigantens*	+			
不倒翁虫	*Sternaspis sculata*	+	+	+	+
强刺鳞虫	*Sthenolepis japonica*		+		
强鳞虫属	*Sthenolepis* sp.				+
裂虫科	Syllidae sp.		+	+	
裂虫亚科一种	Syllinae sp.			+	
蜇龙介	*Terebella* sp.				+
梳鳃虫属	*Terebellides* sp.		+		
梳鳃虫	*Terebellides strooemii*		+		+
刺三指鳞虫	*Thalenessa spinosa*		+		
独毛虫属	*Tharyx* sp.				+
侧口乳蜇虫	*Thelepus plagiostoma*			+	+
日本臭海蛹	*Travisia japonica*	+		+	
软体动物	**MOLLUSCA**				
指纹蛤	*Acila* sp.		+	+	
扁角樱蛤	*Angulus compressissimus*			+	
蚶科	Arcidae sp.		+	+	+
对称拟蚶	*Arcopsis symmetrica*		+	+	
片鳃科	Arminidae sp.			+	
双纹须蚶	*Barbatia bistrigata*				+
须蚶属	*Barbatia* sp.		+	+	
黄短口螺	*Brachytoma flaviculus*			+	+
蛙螺	*Bursa rana*	+	+	+	+
长吻龟螺	*Cavolinia longirostris*			+	
钩龟螺	*Cavolinia uncinata*			+	
假主棒螺	*Clavatrla pseudopriciplis*			+	
中国朽叶蛤	*Coecella chinensis*		+		
篮蛤科	Corbulidae sp.		+		
笔帽螺	*Creseis* sp.		+		
小刀蛏	*Cultellus attenuatus*		+		
褐蚶	*Didimacar tenebrica*	+			
凸镜蛤	*Dosinia gibba*	+	+	+	
日本镜蛤	*Dosinia japonica*		+		
镜蛤属	*Dosinia* sp.			+	
耳螺	*Ellobium aurisjudae*				+
圆筒原盒螺	*Eocylichna cylindrella*	+	+	+	
胶州湾角贝	*Episiphon kaochowwanense*		+		
橄榄蚶	*Estellarca olivacea*			+	+
双带光螺	*Eulima bifascialis*		+		
光螺科一种	Eulimidae sp.				+
长纺锤螺	*Fusinus albinus*			+	
幼螺	Gastropod post larvae			+	
中国绿螂	*Glauconome chinensis*			+	
双线血蛤	*Hiatula diphos*	+			

附录

续表

种　　名	拉丁学名	春	夏	秋	冬
日本艾达蛤	*Idasola japonica*			+	
幼蛤	*Lamellibranchia larva*				+
火枪乌贼	*Loligo beka*				+
白龙骨乐飞螺	*Lophiotoma leucotropis*		+	+	+
明细白樱蛤	*Macoma praetex*				+
白樱蛤属	*Macoma* sp.				+
斧光蛤蜊	*Mactrinula dolabrata*		+	+	
光蛤蜊属	*Mactrinula* sp.		+		
文蛤	*Meretrix meretrix*	+	+		
角偏顶蛤	*Modiolus metcalfei*				+
日本偏顶蛤	*Modiolus nipponicus*			+	
偏顶蛤属	*Modiolus* sp.				+
彩虹明樱蛤	*Moerella iridescens*	+	+	+	+
盾形单筋蛤	*Monia umbonata*			+	
浅缝骨螺	*Murex trapa*		+		
细肋肌蛤	*Musculus mirandus*			+	
厚壳贻贝	*Mytilus coruscus*				+
贻贝	*Mytilus edulis*	+		+	
织纹螺	*Nassariidae* sp.	+			
西格织纹螺	*Nassarius siquinjorensis*	+	+	+	+
红带织纹螺	*Nassarius succinctus*		+	+	+
纵肋织纹螺	*Nassarius variciferus*	+		+	+
斑玉螺	*Natica tigrina*	+			
扁玉螺	*Neverita didyma*	+	+	+	+
广大扁玉螺	*Neverita ampla*	+			
小亮樱蛤	*Nitidotellina minuta*		+		
小胡桃蛤	*Nucula paulula*		+		+
章鱼	*Octopodidae* sp.			+	
短蛸	*Octopus ocellatus*	+	+	+	
长蛸	*Octopus variabilis*		+		
微角齿口螺	*Odostomia subangulata*				+
红口榧螺	*Oliva miniacea*			+	
伶鼬榧螺	*Oliva mustelina*		+	+	
波纹巴非蛤	*Paphia undulata*				+
狭冠壳蛞蝓	*Philine kurodii*			+	
壳蛞蝓科	*Philinidae* sp.			+	
侧鳃海牛	*Pleurobranchidae* sp.			+	
光滑河篮蛤	*Potamocorbula laevis*		+		
菲律宾蛤仔	*Ruditapes philippinarum*			+	
毛蚶	*Scapharaca subcrenata*	+		+	+
胀毛蚶	*Scapharca globosa*		+	+	
乌贼	*Sepia* sp.		+	+	
曼氏无针乌贼	*Sepiella maindroni*		+		
双喙耳乌贼	*Sepiola birostrat*	+			+
小荚蛏	*Siliqua minima*				+
管角贝	*Siphonodentalium* sp.		+		

续表

种　名	拉丁学名	春	夏	秋	冬
大竹蛏	*Solen grandis*		+		
长竹蛏	*Solen strictus*		+		
泥蚶	*Tegilarca granosa*	+	+	+	+
三列笋螺	*Terebra triseriata*		+	+	+
脆壳理蛤	*Theora fragilis*			+	
三口螺属	*Triphora* sp.				+
爪哇拟塔螺	*Turricula javana*	+		+	+
棒锥螺	*Turritella bacillum*	+	+	+	+
白帘蛤	*Venus albina*	+	+	+	+
薄云母蛤	*Yoldia similis*				+
甲壳动物	**CRUSTACEAN**				
中国毛虾	*Acetes chinens*		+		+
疏毛杨梅蟹	*Actumnus setifer*	+			
鼓虾科	Alpheidae sp.	+	+	+	+
短脊鼓虾	*Alpheus brevicristatus*		+		+
鲜明鼓虾	*Alpheus distinguendus*	+	+	+	+
日本鼓虾	*Alpheus japonicus*	+	+	+	+
双眼钩虾	*Ampelisca* sp.		+		+
七刺栗壳蟹	*Arcania heptacantha*	+	+	+	+
五刺栗壳蟹	*Arcania quinquespinosa*	+			
十一刺栗壳蟹	*Arcania undecimspinosa*				+
卵圆涟虫	*Bodotria ovalis*				+
涟虫	*Bodotria* sp.				+
馒头蟹	Calappa sp.	+			
哈氏美人虾	*Callianassa harmundi*	+			
日本美人虾	*Callianassa japonica*	+			+
驼背涟虫属	*Campylaspis* sp.				+
锐齿蟳	*Charybdis acuta*				+
双斑蟳	*Charybdis bimaculata*				+
美人蟳	*Charybdis callianassa*				+
锈斑蟳	*Charybdis feriatus*			+	
钝齿蟳	*Charybdis hellerii*	+			
日本蟳	*Charybdis japonica*	+	+	+	+
蟳属	*Charybdis* sp.				+
隆背张口蟹	*Chasmagnathus convexus*	+		+	
日本圆柱水虱	*Cirolana japonensis*		+		
圆柱水虱科	Cirolanidae sp.			+	
蜾蠃蜚属	*Corophium* sp.	+	+		+
亚洲异针尾涟虫	*Dimorphostylis asiatica*		+		
端正关公蟹	*Dorippides cathayana*			+	
伪装关公蟹	*Dorippides facchino*			+	
走蟹	Dromia sp.	+	+		
绵蟹	Dromiidae sp.		+	+	
隆线强蟹	*Eucrate crenata*			+	
太平洋方甲涟虫	*Eudorella pacifica*		+		
脊尾白虾	*Exopalaemon carinicauda*		+		+

续表

种　　名	拉丁学名	春	夏	秋	冬
钩虾	Gammaridae sp.	+	+	+	+
长脚蟹科	Goneplacidae sp.		+		
方蟹科	Grapsidae sp.				+
日本关公蟹	Heikea japonica		+	+	
绒毛近方蟹	Hemigrapsus penicillatus				+
肉球近方蟹	Hemigrapsus sanguineus				+
锯眼泥蟹	Ilyplax serrata		+		
细长涟虫	Iphinoe tenera		+		+
尖尾细螯虾	Leptochela aculeocaudata				+
细螯虾	Leptochela gracilis	+		+	+
谭氏泥蟹	Llyoplaxdeschmpsi		+		
整洁琵琶蟹	Lyreidus integra			+	+
琵琶蟹	Lyreidus sp.	+			
三齿琵琶蟹	Lyreidus tridentatus	+	+	+	
戴氏赤虾	Metapenaeopsis dalei			+	
高脊赤虾	Metapenaeopsis lamellata	+	+	+	+
周氏新对虾	Metapenaeus joyneri	+	+	+	+
长眼对虾	Miyadiella podophthalmus				+
日本刺铠虾	Munida japonica				+
武装筐形蟹	Mursia armata	+			
短齿长臂蟹	Myra coalita			+	
遁行长臂蟹	Myra fugax			+	+
模糊新短眼蟹	Neoxenophthalmus obscurus		+		
无刺口虾蛄	Oratosquilla inornata		+		+
黑斑口虾蛄	Oratosquilla kempi		+	+	+
尖刺口虾蛄	Oratosquilla mikado				+
口虾蛄	Oratosquilla oratoria	+	+	+	+
细点圆趾蟹	Ovalipes punctatus		+		
寄居蟹	Paguroidea sp.	+	+		+
隆线拟闭口蟹	Paracleistostoma cristatum	+			
日本拟背尾水虱	Paranthura faponica		+	+	
刀额仿对虾	Parapenaeopsis cultrirostris	+	+	+	
哈氏仿对虾	Parapenaeopsis hardwickii	+		+	
细巧仿对虾	Parapenaeopsis tenella	+	+	+	+
长毛对虾	Penaeus penicillatus		+		
隆线拳蟹	Philyra carinata		+		
长腕红虾	Plesionika izumiae				+
看守长眼蟹	Podophthalmus vigil	+			
银光梭子蟹	Portunus argentatus			+	
纤手梭子蟹	Portunus gracilimanus	+	+	+	
矛形梭子蟹	Portunus hastatoides			+	+
红星梭子蟹	Portunus sanguinolentus		+		
三疣梭子蟹	Portunus trituberculatus		+		+
日本异指虾	Processa japonica		+		+
橄榄伪拳蟹	Pseudophilyra olivacea				+
绒毛细足蟹	Raphidopus ciliatus		+		+

续表

种　名	拉丁学名	春	夏	秋	冬
三强蟹属	*Ritodynamia* sp.		+	+	
圆球股窗蟹	*Scopimera longidactyla*		+		
相手蟹	Sesarma sp.	+			
高脊管鞭虾	*Solenocera alticarinata*				+
中华管鞭虾	*Solenocera crassicornis*	+	+	+	+
栉管鞭虾	*Solenocera pectinata*				+
管鞭虾	*Solenocera* sp.		+		
光辉圆扇蟹	*Sphaerozius nitidus*	+			
虾蛄	Squillidae sp.		+	+	
窄颚拟虾蛄	*Squilloides lata*		+		+
光背节鞭水虱	*Synidotea laevidorsalis*	+		+	+
长枪船形虾	*Tozeuma lanceolatum*				+
鹰爪虾	*Trachypenaeus curvirostris*	+	+	+	
中型三强蟹	*Tritodynamia intermedia*			+	+
蓝氏三强蟹	*Tritodynamia rathbunae*				+
裸盲蟹	*Typhlocarcinus nudus*				+
伍氏蝼蛄虾	*Upogebia wuhsienweni*				+
豆形短眼蟹	*Xenophthalmus pimnothoroides*	+	+		+
棘皮动物	**ECHINODERM**				
海地瓜	*Acaudina molpadioides*	+	+	+	+
模式辐瓜参	*Actinocucumic typicus*		+		
薄倍棘蛇尾	*Amphioplus praestans*	+	+	+	+
钩倍棘蛇尾	*Amphioplus ancistrotus*		+	+	+
洼颚倍棘蛇尾	*Amphioplus depressus*		+		+
印痕倍棘蛇尾	*Amphioplus impressus*				+
滩栖阳遂足	*Amphiura vadicola*	+	+		
海星	Asteroidea sp.	+	+	+	
镶边海星	*Craspidaster hesperus*		+		
瓜参科	Cucumariidae sp.			+	+
心形海胆	*Echinocardium cordatum*			+	
尖豆海胆	*Fibularia acuta*				+
棘蛇尾科	Ophiacanthidae sp.				+
近辐蛇尾	*Ophiactis affinis*	+		+	+
鳞蛇尾科	Ophiophragmus sp.		+		
蛇尾幼体	*Ophiopluteus larva*		+		+
刺蛇尾科	Ophiothrichidae sp.		+		+
马氏刺蛇尾	*Ophiothrix marenzelleri*	+		+	+
金氏真蛇尾	*Ophiura kingbergi*	+			
蛇尾	Ophiurae sp.			+	+
海棒槌	*Paracaudina chilensis*		+	+	+
裸五角瓜参	*Pentacta inorata*		+		
沙鸡子	*Phyllophorus* sp.		+	+	+
高骨片沙鸡子	*Phyllophorus hypsipyrgus*		+		
正环沙鸡子	*Phyllophorus ordinatus*			+	+
棘刺锚参	*Protankyra bidentata*	+	+	+	+
刺瓜参	*Pseudocnus echinatus*	+			

续表

种　名	拉丁学名	春	夏	秋	冬
海胆	*Schizaster* sp.		+		
凹裂星海胆	*Schizaster lacunosus*	+	+	+	+
骑士章海星	*Stellaster equestris*				+
刻肋海胆	*Temnopleurus* sp.	+			
哈氏刻肋海胆	*Temnopleurus hardwickii*			+	
细雕刻肋海胆	*Temnopleurus tereumaticus*		+		+
脊索动物	**CHORDATA**				
阿匍鰕虎鱼	*Aboma lactipes*				+
刺鰕虎鱼	*Acanthogobius flavimanus*				+
三齿躄鱼	*Antennarius pinniceps*	+			
中华尖牙鰕虎鱼	*Apocryptichthys sericus*				+
细条天竺鱼	*Apogonichthys lineatus*				+
天竺鱼	*Apogonichthys* sp.	+			
焦氏舌鳎	*Arelicus joyneri*	+			+
白姑鱼	*Argyrosomus argentatus*			+	
梨头鳐	*Bowmouth guitar fish*	+		+	
麦氏犀鳕	*Bregmaceros macclellandi*				+
犀鳕	*Bregmaceros* sp.			+	
六丝矛尾鰕虎鱼	*Chaeturichthys hexanema*		+		+
矛尾鰕虎鱼	*Chaeturichthys stigmatias*	+	+	+	+
高眼鲽	*Cleisthenes herzensteini*	+			
斑鰶	*Clupanodon punctatus*		+		
多棘腔吻鳕	*Coelorhynchus multispinulosus*			+	+
杜父鱼	*Cottus pollux*	+			
棘头梅童鱼	*Couichthys lucidus*			+	
丝鰕虎鱼	*Cryptocentrus* sp.				+
中华栉孔鰕虎鱼	*Ctenotrypauchen chinensis*	+		+	+
断线舌鳎	*Cynoglossus interruptus*				+
半滑舌鳎	*Cynoglossus semilaevis*	+		+	+
黑斑狗鱼	*Esox reicherti*	+			
鰕虎鱼	Gobiidae sp.	+	+	+	+
棘茄鱼	*Halieutaea stellata*	+			
青鳞鱼	*Harengula* sp.		+		
龙头鱼	*Harpodon nehereus*			+	+
皮氏叫姑鱼	*Johnius belengeri*		+		+
翼红娘鱼	*Lepidotrigla alata*				+
红娘鱼	*Lepidotrigla* sp.				+
阿部鲻鰕虎鱼	*Mugilogobius abei*				+
海鳗	*Muraenesox cinereus*	+	+		
红狼牙鰕虎鱼	*Odontamblyopus rubicundus*		+	+	+
拟矛尾鰕虎鱼	*Parachaeturichthy polynema*				+
牙鲆	*Paralichthys olivaceus*			+	+
裘氏小沙丁鱼	*Sardinops jussieu*		+		
长体蛇鲻	*Saurida elongata*	+			
石首鱼科	Sciaenidae sp.				+
黄鲫	*Setipinna taty*		+		+

续表

种　名	拉丁学名	春	夏	秋	冬
小公鱼	*Stolephorus* sp.		+		
孔鰕虎鱼	*Trypauchen vagina*			+	+
腔肠动物	**COELENTERA**				
海葵	Actiniaria sp.	+	+	+	
海仙人掌	*Cavernularia obesa*	+	+	+	+
海笔	Stachytilum sp.	+	+	+	+
缢虫动物门	**ECHIURIDA**				
短吻缢	*Listriolobus brevirostris*		+		+
纽形动物门	**NEMERTEA**				
纽虫	Nemertinea spp1	+	+	+	+
纽虫(暂定种)	Nemertinea spp2	+	+	+	+
星虫门	**SIPUNCULIDA**				
裸体方格星虫	*Sipunculus nudus*	+			
绿藻门	**CHLOROPHYTA**				
羽藻	*Bryopsis* sp.	+	+		
褐藻门	**PHAEOPHYTA**				
马尾藻	Sargassaceae sp.		+		
红藻门	**RHODOPHYTA**				
节荚藻	*Lomentaria* sp.	+			
海绵动物门	**PORIFERA**				
海绵	Porifera spp.			+	

附录7　潮间带生物

种　名	拉丁学名	春	夏	秋	冬
藻类	**ALGAE**				
顶群藻	*Acrosorium yendoi*	+	+	+	+
叉枝伊谷草	*Ahnfeltia furcellata*	+	+	+	
叉节藻	*Amphiroa zonata*	+	+		
盘苔	*Blidingia minima*	+			
海绿色刚毛藻	*Cladophora glaucescens*		+		
刺松藻	*Codium mucronatum*		+		
珊瑚藻	*Corallina officinalis*	+	+	+	+
无柄珊瑚藻	*Corallina sessilis*		+	+	
网地藻	*Dictyota dichotoma*		+		
缘管浒苔	*Enteromorpha linza*	+	+		+
扁浒苔	*Enteromorpha compressa*	+			
肠浒苔	*Enteromorpha intestinalis*	+			+
浒苔	*Enteromorpha prolifera*				+
管浒苔	*Enteromorpha tubulosa*	+			
石花菜	*Gelidium amansii*		+		
小石花菜	*Gelidium divaricatum*	+	+		+
大石花菜	*Gelidium pacificum*	+			

续表

种　　名	拉丁学名	春	夏	秋	冬
鹿角海萝	*Gloiopeltis tenax*	+			
叉枝藻	*Gymnoganyrus flablliformis*	+	+	+	+
铁钉菜	*Ishige okamurae*	+	+		
冈村凹顶藻	*Laurencia okamurai*		+		
节荚藻	*Lomentaria hakodatensis*		+		
礁膜	*Monostroma nitidum*	+			
厚膜藻	*Pachymenia carnosa*	+			
拟厚膜藻	*Pachymeniopsis elliptica*		+		
多管藻	*Polysiphonia urceolata*	+			
鸡毛菜	*Pterocladia capillacea*	+	+		+
半叶马尾藻	*Sargassum hemiphyllum*	+			
鼠尾藻	*Sargassum thunbergii*	+	+		+
鸭毛藻	*Symphyocladia latiuscula*				+
石莼	*Ulva lactuca*		+		
多毛类	**POLYCHAETES**				
双鳃内卷齿蚕	*Aglaophamus dibranchis*	+		+	
似蛰虫	*Amaeana trilobata*	+	+	+	+
锥稚虫属	*Aonides* sp.				+
五岛短脊虫	*Asychis gotoi*			+	
巴林虫属	*Barantobla* sp.	+	+		+
小头虫	*Capitella capitata*	+			
小头虫科	Capitellidae unid.		+		
角沙蚕属	*Ceratonereis* sp.				+
双形拟单指虫	*Cossurella dimorpha*	+			+
智利巢沙蚕	*Diopatra chilienis*	+	+	+	+
	Drilonereis sp.		+		
持真节虫	*Euclymene annandalei*		+		
长吻沙蚕	*Glycera chirori*	+	+	+	+
吻沙蚕	*Glycera unicornis*	+	+	+	+
寡节甘吻沙蚕	*Glycinde gurjanvae*		+		
日本角吻沙蚕	*Goniada japonica*		+		
覆瓦哈鳞虫	*Harmothoë imbricata*			+	
异须虫属	*Heteromastus* sp.	+			+
丝异须虫	*Heteromastus filiformis*	+		+	+
无疣齿吻沙蚕	*Inermonephtys inermis*		+		
等栉虫	*Isolda pulchella*				+
扁蛰虫	*Loimia medusa*	+			+
	Lumbrineris cf. shiinoi				+
双唇索沙蚕	*Lumbrineris cruzensis*	+		+	+
索沙蚕	*Lumbrineris fragilis*	+	+		+
异足索沙蚕	*Lumbrineris heteropoda*	+	+	+	+
日本索沙蚕	*Lumbrineris japonica*	+			+
长手沙蚕科	Magelonidae unid		+	+	
竹节虫科1	Maldanidae unid1		+		
竹节虫科2	Maldanidae unid2	+			+
岩虫	*Marphysa sanguinea*		+		+

续表

种　　名	拉丁学名	春	夏	秋	冬
中蚓虫	*Mediomastus* sp.				+
日本刺沙蚕	*Neanthes japonica*			+	
锐足全刺沙蚕	*Nectoneanthes oxypoda*	+			+
全刺沙蚕	*Nectoneanthes* sp.	+			+
多鳃齿吻沙蚕	*Nephthys polybranchia*		+		
齿吻沙蚕属	*Nephthys* sp.		+	+	
多鳃齿吻沙蚕	*Nephtys polybranchia*	+			
齿吻沙蚕属	*Nephtys* sp.	+	+		+
沙蚕属	*Nereis* sp.			+	
锥头虫科	Orbiniidae unid	+			+
	Paracleislostoma crcstatum		+		
拟突齿沙蚕	*Paraleonnates uschkovi*				+
奇异稚齿虫	*Paraprionospio pinnata*	+	+	+	+
异蚓虫	*Parheteromastus* sp.	+			+
双齿围沙蚕	*Perinereis aibuhitensis*	+	+	+	+
弯齿围沙蚕	*Perinereis camiguinoides*	+	+		+
多齿围沙蚕	*Perinereis nuntia*	+			+
围沙蚕属	*Perinereis* sp.			+	
多毛类（未定种1）	Polychaetes sp1		+		
多毛类（未定种2）	Polychaetes sp2		+		
多毛类（未定种3）	Polychaetes sp3		+		
才女虫属	*Polydora* sp.				+
稚齿虫属	*Prionospio* sp.				+
杂色伪沙蚕	*Pseudonereis variegata*				+
尖锥虫	*Scoloplos* (*Scoloplos*) *armiger*			+	
膜囊尖锥虫	*Scoloplos* (*Scoloplos*) *marsupialis*	+		+	+
锡鳞虫科一种	Sigalionidae unid.		+	+	
花冈钩毛虫	*Sigambra hanaokai*	+			+
不倒翁虫	*Sternaspis scutata*	+			+
梳鳃虫	*Terebellides stroemii*	+			
独毛虫	*Tharyx acutus*	+			+
疣吻沙蚕	*Tylorrhynchus heterochaetus*			+	
疣齿蚕	*Tylorrhynchus* sp.	+			+
软体动物	**MOLLUSCA**				
红条毛肤石鳖	*Acanthochiton rubrolineatus*	+	+	+	+
中国不等蛤	*Anomia chinensis*		+	+	+
盾形不等蛤	*Anomia cyteum*	+			
海兔	Aplysia sp.	+			
绯拟沼螺	*Assiminea latericea*	+	+	+	+
堇拟沼螺	*Assiminea violacea*	+		+	
青蚶	*Barbatia virescens*	+	+	+	+
泥螺	*Bullacta exarata*	+	+	+	+
甲虫螺	*Cantharus cecillei*	+			
嫁（虫戚）	*Cellana toreuma*	+	+	+	
珠带拟蟹守螺	*Cerithidea cingulata*	+	+	+	+
小翼拟蟹守螺	*Cerithidea microptera*	+		+	

续表

种　　名	拉丁学名	春	夏	秋	冬
中华拟蟹守螺	*Cerithidea sinensis*	+	+	+	+
紫藤斧蛤	*Chion semigranosus*	+	+	+	
银口凹螺	*Chlorostoma argyrostoma*	+	+	+	+
黑凹螺	*Chlorostoma nigerrima*		+		
锈凹螺	*Chlorostoma rustica*	+	+	+	+
小刀蛏	*Cultellus attenuatus*	+	+	+	+
青蛤	*Cyclina sinensis*	+	+		+
日本镜蛤	*Dosinia（Phacosoma）japonica*			+	
中国耳螺	*Ellobium chinensis*	+	+	+	+
圆筒原盒螺	*Eocylichna braunsi*		+		
橄榄蚶	*Estellarca olivacea*	+	+	+	+
中国绿螂	*Glauconme chinensis*	+	+	+	+
卵圆月华螺	*Haloa ovalis*	+			
渤海鸭嘴蛤	*Laternula marilina*	+		+	
朝鲜鳞带石鳖	*Lepidozona coreanica*	+	+	+	+
日本花棘石鳖	*Liolophura japonica*	+	+	+	+
粗糙滨螺	*Littoraria（Palustorina）articulata*		+		
黑口滨螺	*Littoraria（Palustorina）melanostoma*	+	+	+	
短滨螺	*Littorina（Littorina）brevicula*	+	+	+	+
中间拟滨螺	*Littorinopsis intermedia*	+	+	+	+
粒结节滨螺	*Littorna granularis*	+	+	+	+
微黄镰玉螺	*Lunatica gilva*	+	+	+	+
四角蛤蜊	*Mactra veneriformis*				+
马氏光螺	*Melanella martinii*	+			
丽核螺	*Mitrella bella*	+	+	+	+
带偏顶蛤	*Modiolus（Modiolus）comptus*	+	+	+	+
角偏顶蛤	*Modiolus（Modiolus）metcalfei*		+		
刀明樱蛤	*Moerella culter*				+
彩虹明樱蛤	*Moerella iridescens*	+	+	+	+
单齿螺	*Monodonta labio*	+	+	+	+
凸壳肌蛤	*Musculus senhousei*			+	+
厚壳贻贝	*Mytilus crassitesta*		+		
贻贝	*Mytilus edulis*	+	+	+	+
红带织纹螺	*Nassarius（Zeuxis）succinctus*	+	+	+	+
习见织纹螺	*Nassarius dealbatus*	+	+	+	+
西格织纹螺	*Nassarius siquinjorensis*	+	+	+	+
纵肋织纹螺	*Nassarius variciferus*	+	+	+	
玉螺	*Natica vitellus*	+			
条蜓螺	*Nerita（Ritena）striata*				+
齿纹蜓螺	*Nerita（Ritena）yoldii*	+	+	+	+
紫游螺	*Neritina（Dostia）violacea*	+	+	+	
史氏背尖贝	*Notoacmea schrenckii*	+	+	+		
豆形胡桃蛤	*Nucula faba*		+	+	+
胡桃蛤	*Nucula nucleus*	+	+		
海牛	Nudibnanchia unid.	+			
裸鳃目	Nudinanchia unid.			+	

续表

种　名	拉丁学名	春	夏	秋	冬
长蛸	*Octopus variabilis*	+	+	+	
石磺	*Onchidium verruculatum*			+	
团聚牡蛎	*Ostrea glomerata*	+	+	+	+
近江牡蛎	*Ostrea rivularis*		+		
牡蛎	*Ostrea* unid.	+			
矮拟帽贝	*Patelloida pygmaea*			+	
毛螺	*Pilosabia pilosq*	+			
蓝无壳侧鳃	*Pleurobranchaea novaezealandiae*	+			
侧鳃目	Pleurobranchomorpha unid.	+			
光滑河蓝蛤	*Potamocorbula laevis*	+	+		+
红肉河蓝蛤	*Potamocorbula rubromuscula*	+			
红螺	*Rapana bezoar*	+	+	+	+
婆罗囊螺	*Retusa borneengis*	+	+	+	+
草莓叉棘海牛	*Rostanga arbutus*	+			
毛蚶	*Scapharca subcrenata*			+	
僧帽牡蛎	*Sccostrea cucullata*	+	+	+	+
条纹隔贻贝	*Septifer virgatus*	+	+	+	+
小荚蛏	*Siliqua minima*	+	+		
缢蛏	*Sinonovacula constricta*	+	+	+	+
日本菊花螺	*Siphonaria japonica*	+	+	+	+
泥蚶	*Tegillarca granosa*	+	+	+	+
疣荔枝螺	*Thais clavigera*	+	+	+	+
蛎敌荔枝螺	*Thais gradata*		+		+
黄口荔枝螺	*Thais luteostoma*	+		+	
纹斑棱蛤	*Trapezium liratum*	+	+	+	+
毛贻贝	*Trichomya hirsuta*	+	+		
粒花冠小月螺	*Turbo coronatus granulatus*				+
黑荞麦蛤	*Vignadula atrata*	+	+	+	+
甲壳动物	**CRUSTACEAN**				
鲜明鼓虾	*Alpheus distinguendus*	+	+	+	+
日本鼓虾	*Alpheus japonicus*	+	+	+	+
藤壶	Balanus sp.		+		
白脊藤壶	*Balanus albicostatus*	+	+	+	+
涟虫	Borotria sp.				+
短尾类蚤状幼体	*Brachyura nouplius*		+		
龟足	*Capitulum mitella*	+	+	+	+
麦秆虫	*Caprella kroyeri*			+	
小翼拟蟹守螺	*Cerithidea microptera*		+		
日本蟳	*Charybdis japonica*	+	+	+	+
隆背张口蟹	*Chasmagnathus convexus*			+	
微小圆柱水虱	*Cirolana minuta*	+			
圆尾绿虾蛄	*Clorida rotundicauda*	+	+	+	
蝎形拟绿虾蛄	*Cloridopsis scorpio*			+	
蜾蠃蜚	*Corophium* sp.	+			+
狭颚绒螯蟹	*Eriocheir leptognathus*	+	+		+
隆线强蟹	*Eucrate crenata*		+		

续表

种　　名	拉丁学名	春	夏	秋	冬
安氏白虾	*Exopalaemon annandalei*		+		
脊尾白虾	*Exopalaemon carinicauda*	+	+	+	+
钩虾	Gammarus sp.	+	+	+	+
秉氏厚蟹	*Helice pingi*			+	+
天津厚蟹	*Helice tientsinensis*	+			
伍氏厚蟹	*Helice wuana*	+	+	+	
绒螯近方蟹	*Hemigrapsus peniciillatus*		+	+	+
肉球近方蟹	*Hemigrapsus sanguineus*	+	+		
中华近方蟹	*Hemigrapsus sinensis*	+	+	+	
裙痕相手蟹	*Heteropilumnus ciliatus*	+	+	+	
凹腹盖鳃水虱	*Idothea ochotensis*	+	+		
台湾泥蟹	*Ilyoplax formosensis*		+	+	+
宁波泥蟹	*Ilyoplax ningpoensis*	+	+	+	+
锯眼泥蟹	*Ilyoplax serrata*	+	+	+	+
淡水泥蟹	*Ilyoplax tansuiensis*	+			
水虱	*Isopoda* sp.		+		
葛氏长臂虾	*Leander gravieri*	+	+	+	|
海蟑螂	*Ligia exotica*	+	+	+	+
宽身大眼蟹	*Macrophthalmus* (*Macrophthalmus*) *dilatatum*		+		
日本大眼蟹	*Macrophthalmus* (*Mareotis*) *japonicus*	+	+	+	+
刺巨藤壶	*Megabalanus volcano*		+		
周氏新对虾	*Metapenaeus joyneri*	+			
长足长方蟹	*Metaplax longipes*	+	+	+	+
痕掌沙蟹	*Ocypode stimpsoni*		+	+	
沙蟹科	Ocypodidae unid.		+		
口虾蛄	*Oratosquilla oratoria*	+	+	+	+
粗腿厚纹蟹	*Pachygrapsus crassipes*	+	+	+	+
隆线拟闭口蟹	*Paracleistostoma cristatum*		+	+	
细巧仿对虾	*Parapenaeopsis tenella*	+			
隆线拳蟹	*Philyra carinata*	+	+		
橄榄拳蟹	*Philyra olivacea*	+	+	+	
马氏毛粒蟹	*Pilumnopeus makiana*		+	+	
毛刺蟹	*Pilumnus* sp.	+			
低平斜纹蟹	*Plagusia depressa*		+		
绒毛细足蟹	*Raphidopus ciliatus*	+	+		
蟹一种	Reptantia sp1				+
蟹一种	Reptantia sp2				+
锯缘青蟹	*Scylla serrata*		+	+	+
褶痕相手蟹	*Sesarma* (*Parasesarma*) *plicata*	+	+	+	+
光辉圆扇蟹	*Sphaerozius nitidus*				+
海底水虱	*Sphaerozmidae* sp.				+
日本笠藤壶	*Tetraclita japonica*	|	|	+	+
鳞笠藤壶	*Tetraclita squamosa*	+	+	+	+
中型三强蟹	*Tritodynamia intermedia*	+	+		
沟纹拟盲蟹	*Typhlocarinops canaliculata*	+			
弧边招潮	*Uca* (*Deltuca*) *arcuata*	+	+	+	+

附录

续表

种　　名	拉丁学名	春	夏	秋	冬
蝼蛄虾	*Upogebia pusilla*			+	
棘皮动物	**ECHINODERM**				
薄倍海蛇尾	*Amphioplus impressus*	+		+	
海蛇尾	*Ophiuroidea* sp.	+	+		+
海棒槌	*Paracaudina chilensis*		+		
沙鸡子	*Phyllophorus* sp.	+			
棘刺锚参	*Protankyra bidentata*	+	+	+	+
锚参	Synaptidae unid.	+			
腔肠动物	**COELENTERA**				
海葵一种	Actina sp1		+		
海葵一种	Actina sp2		+		
海葵一种	Actina sp3	+			+
等指海葵	*Actinia equina*	+		+	
小种侧花海葵	*Anlhopleura midori*				
亚洲侧花海葵	*Anthopleura asiatica*	+			
绿侧花海葵	*Anthopleura midori*	+		+	+
爱氏海葵	*Edwardsia* sp.			+	
星虫状海葵	*Edwardsia sipunculoides*	+	+		
柳珊瑚	*Gorgonia flabellum*	+		+	
纵条矶海葵	*Haliplanella luciae*	+	+		+
米卡泞花海葵	*Ilyanthus mitchellii*	+		+	
海笔纲	Omostelea unid.		+		
虫状珊瑚	*Oulangia* sp.		+		
绿海葵	*Sagartia* sp.		+	+	+
海笔	*Virgularia gustaviana*	+			
纽形动物	**NEMERTEA**				
纽虫	Nemertini sp.	+	+	+	+
纵沟纽虫	Lineus sp.	+	+	+	+
星虫	**SIPUNCULIDA**				
革囊星虫科	Phascolosomatidae unid.	+	+	+	+
脊索动物	**CHORDATA**				
阿匍鰕虎鱼	*Acanthogobius lactipes*		+		+
大弹涂鱼	*Boleophthalmus pectinirostris*		+	+	+
鰕虎鱼一种	Gobiidae unid1	+			
鰕虎鱼一种	Gobiidae unid2	+			
青鳞鱼	*Harengula zunasi*				+
棱鲮	*Liza carinatus*		+	+	+
鲻鱼	*Mugil cephalus*		+		
海鳗	*Muraenesox cinereus*	+	+		
裸鳍虫鳗	*Muraenichthys gymnopterus*		+		
红狼牙鰕虎鱼	*Odontamblyopus rubicundus*		+	+	+
斑头肩鳃鳚	*Omobranchus fasciolatoceps*	+			+
大鳞沟鰕虎鱼	*Oxyurichthys macrolepis*		+		
拟矛尾鰕虎鱼	*Parachaeturichthys polynema*		+		+
弹涂鱼	*Periophthalmus cantonensis*	+	+	+	+
幼鱼	Fish larva	+			

续表

种　名	拉丁学名	春	夏	秋	冬
青弹涂鱼	*Scartelaos vividis*			+	
斑尾复鰕虎鱼	*Synechogobius ommaturus*	+	+	+	+
舒氏海龙	*Syngnathus schlegeli*	+	+	+	
棱鳀	*Thrissa baelama*	+			
棱鳀属	*Thryssa sp.*			+	
钟馗鰕虎鱼	*Triaenopogon barbatus*		+		+
纹缟鰕虎鱼	*Tridentiger trigonocephalus*			+	
孔鰕虎鱼	*Trypauchen vagina*	+			

附录8　污损生物

种　名	拉　丁　学　名
藻类	**ALGAE**
长石莼	*Ulva linza*
石莼	*Ulva lactuca*
多管藻	Polysiphonia sp.
刚毛藻	Cladophora sp.
硬毛藻	Chaelomorpha sp.
肠浒苔	*Enteromorpha intestinalis*
管浒苔	*Enteromorpha fubulosa*
浒苔	Enteromorpha sp.
软丝藻	Ulothrix flacca
丝藻	Ulothrix sp.
萱藻	Scytosiphon sp.
长耳盒形藻	*Biddulphia aurita*
盒形藻	Biddulphia sp.
海绵动物	**PORIFER**
海绵	Porifer sp.
腔肠动物	**COELENTERA**
中胚花筒螅	*Tubularca mesembryanthemum*
海筒螅	*Tubularca marina*
厚丛柳珊瑚	Hicksonella sp.
单体珊瑚	Garyophyllia sp.
纤细薮枝螅	*Obelia graciliser*
曲膝薮枝螅	*Obelia geniculata*
胶钟螅	*Campanulariu gelatinosn*
薮枝螅	Obelia sp.
管状真枝螅	*Eudendrium capillare*
真枝螅	Eudendrium sp.
水螅	Hydrozoa sp.
纵条肌海葵	*Haliplanelia luciae*
太平洋侧花海葵	*Anthopleura pacifica*
苔藓虫	**BRYOZOA**
独角粗胞苔虫	*Scrupocellaria unicornis*

续表

种　名	拉 丁 学 名
西方三胞苔虫	*Tricellaria oceidenialis*
大盖粗胞苔虫	*Scrupocellaria maderensis*
苔藓虫	Bryozoa sp.
多毛类	**POLYCHAETES**
岩虫	*Marphysa sanguinea*
日本沙蚕	*Nereis japonica*
小头虫	*Capitella capitata*
龙介虫	*Serpula vermicularis*
背鳞虫	Lepidonotinae sp.
鳞虫	Halosydna sp.
旋鳃虫	*Spirobranc giganteus*
格盘管虫	*Hydroides grubei*
锯刺盘管虫	*Hydroides lunulifera*
双冠盘管虫	*Hydroides protulicola*
长鳃角虫节	*Caprella scauras*
华美盘管虫	*Hydroides elegans*
白盘管虫	*Hydroides albiceps*
软体动物	**MOLLUSCA**
三肋马掌螺	*Amathina tricarinata*
梯螺	Epitonium sp.
小帽螺	*Mitrella bicincta*
丽核螺	*Pyrene bella*
青蚶	*Arca virescens*
僧帽牡蛎	*Ostrea cucullata*
近江牡蛎	*Ostrea rivulayes*
石磺	*Onchidium verruculatum*
甲壳类	**CRUSTACEAN**
泥藤壶	*Balanus uliginosus*
白脊藤壶	*Balanus albicostatus*
网纹藤壶	*Balanus reticulatus*
鳞笠藤壶	*Tetralita squamosa*
糊斑藤壶	*Balanus cirratus*
三角藤壶	*Balanus trigonus*
高峰星藤壶	*Chirona amaryllis*
纹藤壶	*Balanus amphitritte*
水虱	Cirolana sp.
绿钩虾	*Hyale* sp.
圆鳃虫节	*Caprella acutifrons*
马尔他钩虾	*Melita* sp.
长鳃虫节	*Caprella equilibra*
鳃虫节	Caprella sp.
蜾蠃蜚	*Corophium crassicornes*
细足钩虾	Stenothoe sp.
藻钩虾	Ampithoe sp.
日本片足虫	*Elastyopus japonicus*
钩虾	Gammarus sp.

续表

种　名	拉　丁　学　名
光辉圆扇蟹	*Sphaerozius nitidus*
锯额瓷蟹	*Pisidia serratifrons*
桡足类	**COPEPODA**
小毛猛水蚤	Microsetella sp.
背针胸刺水蚤	*Centropages dorsis*
猛水蚤	Harpecticus sp.
拟哲水蚤	Paracalanus sp.
介形类	**OSTRACODA**
真刺真浮莹	*Euconchoecia aculeata*
毛颚动物	**CHAETOGNATHA**
百陶箭虫	*Sagitta Insecta*
海洋昆虫	**INSECTA**
海洋昆虫	Insecta sp.
海洋蜘蛛	Pycnoconida sp.
浮游幼体	**PELAGIE LARVAE**
蜉蝣幼虫	Ecdyonurus sp.
大眼幼虫	Megalopa larva
幼蛤	Lamellibrahia larva
线形动物	**NEMERTINEA**
线虫	Nematods sp.

附录9　游泳动物

种　名	拉丁学名	春季	夏季	秋季	冬季
多钩钩腕乌贼	*Abralia multihamata*	+	+	+	+
背点棘赤刀鱼	*Acanthocepola limbata*			+	
中国毛虾	*Acetes chinensis*				+
发光鲷	*Acropoma japonicum*	+	+	+	+
大奇鳗	*Alloconger major*	+			
鲜明鼓虾	*Alpheus distinguendus*	+			+
日本鼓虾	*Alpheus japonicus*				+
六丝钝尾鰕虎鱼	*Amblychaeturichthys hexanema*	+	+	+	+
齐头鳗	*Anago anago*		+		+
单斑鳍天竺鲷	*Apogon carinatus*	+	+	+	+
细条天竺鲷	*Apogon lineatus*	+	+		+
船蛸	*Argonauta argo*		+		
白姑鱼	*Argyrosomus argentatus*	+	+	+	+
印度无齿鲳	*Ariomma indica*	+			
拟穴美体鳗	*Ariosoma anagoides*				+
纤羊舌鲆	*Arnoglossus tenuis*		+		
东海羊舌鲆	*Arnoglossus yamanakai*	+			
星斑叉鼻鲀	*Arothron stellatus*			+	
圆舵鲣	*Auxis rochei*				+

续表

种　名	拉丁学名	春季	夏季	秋季	冬季
基岛深水[鱼衔]	Bathycallionymus kaianus		+		
七星底灯鱼	Benthosema pterotum	+	+	+	+
麦氏犀鳕	Bregmaceros macclellandi	+	+		+
多棘腔吻鳕	Caelorinchus multispinulosus	+	+		+
日本美尾[鱼衔]	Callionymus japonicus	+			
赤刀鱼	Cepola rubescens		+		
矛尾鰕虎鱼	Chaeturichthys stigmatias		+		
鳄齿鱼	Champsodon capensis	+	+	+	+
双斑蟳	Charybdis bimaculata		+	+	+
绿鳍鱼	Chelidonichthys kumu	+	+	+	+
新西兰绿虾	Chlorotocus novae-zealandiae	+	+	+	
长丝鰕虎鱼	Cryptocentrus filifer	+			
丝鰕虎鱼	Cryptocentrus sp.		+		+
鳞首方头鲳	Cubiceps squamiceps	+			
窄体舌鳎	Cynoglessus graclfls				+
蓝圆鲹	Decapterus maruadsi	+	+	+	
多斑扇尾鱼	Desmodema polystictum	+	+		
六斑刺鲀	Diodon holacanthus	+	+	+	+
赤鲑	Doederleinia berycoides				+
前肛鳗	Dysomma anguillare	+	+		+
云鳚	Enedrias nebulosus			+	
鳀	Engraulis japonicus	+			+
虹鲉	Erisphex pottii	+	+	+	+
四盘耳乌贼	Euprymna morsei	+	+		+
柏氏四盘耳乌贼	Euprymna berryi	+	+	+	+
长毛对虾	Fenneropenaeus penicillatus	+			
鳞烟管鱼	Fistularia petimba		+		+
毛烟管鱼	Fistularia villosa			+	
乌鲳	Formio niger			+	
月腹刺鲀	Gastrophysus lunaris			+	
棕斑腹刺鲀	Gastrophysus spadiceus		+		+
棘茄鱼	Halieutaea stellata		+		
龙头鱼	Harpodon nehereus	+	+	+	+
滑脊等腕虾	Heterocarpoides laevicarina	+	+	+	+
鰳	Ilisha elongata				+
叫姑鱼	Johniu sp.	+			+
黄斑鲾	Leiognathus bindus				+
鹿斑鲾	Leiognatnus ruconius			+	
深海红娘鱼	Lepidotrigla abyssalis	+			+
翼红娘鱼	Lepidotrigla alata	+	+		+
日本红娘鱼	Lepidotrigla japonica		+	+	
岸上红娘鱼	Lepidotrigla kishinouyi		+		+
短鳍红娘鱼	Lepidotrigla micropterus	+			
纺锤乌贼	Liocranchia reinhardti	+			
细纹狮子鱼	Liparis tanakae				+
火枪乌贼	Loligo beka	+			+

续表

种　名	拉丁学名	春季	夏季	秋季	冬季
中国枪乌贼	*Loligo chinensis*			+	
杜氏枪乌贼	*Loligo duvaucelii*	+	+		
剑尖枪乌贼	*Loligo edulis*	+	+	+	+
神户枪乌贼	*Loligo kobiensis*	+		+	+
尤氏枪乌贼	*Loligo uyii*	+	+	+	+
黄鮟鱇	*Lophius litulon*	+	+		+
脊条褶虾蛄	*Lophosquilla costata*	+			
日本囊对虾	*Marsupenaeus japonicus*			+	
短尾吻鳗	*Rhynchocymba sivicola*		+		
眼镜鱼	*Mene maculata*	+		+	
须赤虾	*Metapenaeopsis barbata*	+			+
戴氏赤虾	*Metapenaeopsis dalei*	+	+		+
圆板赤虾	*Metapenaeopsis lata*		+		+
长角赤虾	*Metapenaeopsis longirostris*	+			
虎鲉	*Minous pusillus*	+			+
金线鱼	*Nemipterus virgatus*		+		+
黑潮新鼬鳚	*Neobythites sivicola*	+	+		+
短蛸	*Octopus ocellatus*	+			
卵蛸	*Octopus ovulum*	+	+		+
条纹蛸	*Octopus striolatus*	+		+	+
日本爪乌贼	*Onychoteuthis borealijaponica*	+			
口虾蛄	*Oratosquilla oratoria*				+
细点圆趾蟹	*Ovalipes punctatus*	+	+	+	+
细颌鳗	*Oxyconger leptognathus*		+		
葛氏长臂虾	*Palaemon gravieri*				+
银鲳	*Pampus argenteus*			+	+
灰鲳	*Pampus cinereus*	+			+
哈氏仿对虾	*Parapenaeopsis hardwickii*				+
细巧仿对虾	*Parapenaeopsis tenella*				+
假长缝拟对虾	*Parapenaeus fissuroides*	+	+	+	+
长缝拟对虾	*Parapenaeus fissurus*	+			
六带拟鲈	*Parapercis sexfasciata*	+	+	+	+
拟蓑鲉	*Parapterois heterurus*				+
二长棘犁齿鲷	*Parargyrops edita*		+		+
鲬	*Platycephalus indicus*		+		
东海红虾	*Plesionika izumiae*	+	+	+	+
角木叶鲽	*Pleuronichthys cornutus*	+			
东方疣褐虾	*Pontocaris aegen*	+			
银光梭子蟹	*Portunus argentatus*	+	+	+	+
三疣梭子蟹	*Portunus trituberculatus*			+	+
短尾大眼鲷	*Priacanthus macracanthus*	+		+	+
日本异指虾	*Processa japonica*			+	
水母玉鲳	*Psenes arafurensis*		+		

附录

续表

种　　名	拉丁学名	春季	夏季	秋季	冬季
刺鲳	*Psenopsis anomala*	+	+	+	+
五眼斑鲆	*Pseudorhombus pentophthalmus*	+			+
大黄鱼	*Pseudosciaena crocea*				+
小黄鱼	*Pseudosciaena polyactis*	+	+	+	+
丝鳍斜棘［鱼衔］	*Repomucenus virgis*			+	
长蛇鲻	*Saurida elongata*	+			+
多齿蛇鲻	*Saurida tumbil*	+	+		
花斑蛇鲻	*Saurida undosquamis*	+	+	+	+
日本鲭	*Scomber japonicus*	+			
金乌贼	*Sepia esculenta*	+	+	+	+
神户乌贼	*Sepia kobiensis*		+		+
罗氏乌贼	*Sepia robsoni*		+		
曼氏无针乌贼	*Sepiella maindroni*	+			
黄鲫	*Setipinna taty*	+		+	+
高脊管鞭虾	*Solenocera alticarinata*	+	+	+	+
短足管鞭虾	*Solenocera comata*	+			
中华管鞭虾	*Solenocera crassicornis*	+			+
凹管鞭虾	*Solenocera koelbeli*	+	+	+	+
大管鞭虾	*Solenocera melantho*	+	+	+	+
栉管鞭虾	*Solenocera pectinata*	+	+	+	
路氏双髻鲨	*Sphyrna lewini*			+	
尖吻小公鱼	*Stolephorus heteroloba*				+
尖牙鲷	*Synagrops belhts*	+	+	+	+
叉斑狗母鱼	*Synodus macrops*	+	+		
小头乌贼	*Taonius* sp.	+	+		+
窄颅带鱼	*Tentoriceps cristatus*	+		+	+
细鳞鲫	*Therapon jarbua*				+
赤鼻棱鳀	*Thryssa kammalensis*				+
黑鳍蛇鲭	*Thyrsitoides marleyi*		+		
菱鳍乌贼	*Thysanoteuthis* sp.		+		
太平洋褶柔鱼	*Todarodes pacificus*	+	+	+	+
大头狗母鱼	*Trachinocephalus myops*				+
粗鳍鱼	*Trachipterus trachypterus*		+		
竹荚鱼	*Trachurus japonicus*	+	+	+	+
鹰爪虾	*Trachypenaeus curvirostris*	+	+	+	+
印太水孔蛸	*Tremoctopus violaceus*		+	+	
拟三刺鲀	*Triacanthodes anomalus*		+		
黄鳍马面鲀	*Triacanthus blochii*		+	+	
带鱼	*Trichiurus haumela*	+	+	+	+
条尾绯鲤	*Upeneus bensasi*		+		
黄羽腾	*Uranoscopus chinensis*	+			
日本腾	*Uranoscopus japonicus*	+			+
带鳚	*Xiphasia setifer*		+		
雨印亚海鲂	*Zenopsis nebulosus*			+	
日本海鲂	*Zeus japonicus*	+	+	+	+

附录 10 《浙江及福建北部海域环境调查与研究》项目人员表

一、项目组

组　　　长：房建孟　刘刻福

责任科学家：潘增弟

副　组　长：徐　韧　程祥圣　胡德宝

外业调查总指挥：项有堂

外业调查副总指挥：程祥圣　徐小弟　胡学军

项目协调：黄秀清

质量控制：邬益川

档案管理：孙　杰

成　　　员（按姓名笔画排序）：

卜建平	马道华	王东衬	王金辉	王周禹
王晓波	毛晓梅	尹显东	邓小东	石少华
石竹令	史立明	邢　健	师国权	朱金菊
朱惠琴	朱谦平	刘汉奇	刘材材	刘富平
刘鹏霞	齐安翔	江　河	江再寿	江志法
江恩祝	许彩燕	纪焕红	孙亚伟	杨元利
杨利民	杨　颖	李兴明	李志恩	李伯康
李　鹏	肖文军	吴振新	邱武生	邹海滨
应红妹	辛士河	忻丁豪	宋社新	张正龙
张华杰	张志伦	张丽旭	张　彤	张　勇
张　慧	张昊飞	张海波	陈　东	陈卫卫
陈小方	陈伯富	陈德参	茆洪卫	林振华
欧阳水清	金成法	金理西	周辉云	郑晓琴
项凌云	赵　平	赵秀玲	赵英姿	茹启根
施东生	姚圣康	秦玉涛	秦晓光	秦渭华

附录

袁国坚　　夏亚兵　　顾红伟　　倪文胜　　徐伟忠

徐丽丽　　徐国峰　　徐勇智　　徐晓玉　　殷世照

唐建江　　黄健仪　　曹　恋　　龚文浩　　龚婉卿

崔永平　　梁新友　　葛春盈　　董　翔　　蒋晓山

韩明国　　蔡　健　　蔡尚湛　　蔡燕红　　管琴乐

廖友根　　颜夏富　　戴冬友　　魏永杰

二、报告编写组

组　　　长：徐　韧

副 组 长：程祥圣　　石少华　　金成法　　王金辉　　胡学军

　　　　　　李　鹏

成　　　员（按姓名笔画排序）：

王晓波　　王晓亮　　邢　健　　刘材材　　刘鹏霞

齐安翔　　孙亚伟　　杨元利　　忻丁豪　　宋晨瑶

张　慧　　张丽旭　　张昊飞　　郑晓琴　　姚炎明

秦玉涛　　秦晓光　　秦铭俐　　秦渭华　　倪文胜

徐丽丽　　堵盘军　　曹　恋　　龚文浩　　龚婉卿

管琴乐　　魏永杰

图件绘制：李亿红　　龙绍桥　　李　鹏　　秦渭华　　李　阳

报告审核：潘增弟　　黄秀清　　项有堂　　叶属峰